GOVERT SCHILLING

DER ELEFANT IM UNIVERSUM

GOVERT SCHILLING ist ein international bekannter und mehrfach ausgezeichneter Autor zu Astronomie und Raumfahrt aus den Niederlanden. Seine Artikel erscheinen in renommierten Magazinen wie „New Scientist", „Sky & Telescope" und „BBC Sky at Night". Er hat über 50 Bücher verfasst, viele davon sind auch auf Englisch oder Deutsch erschienen, darunter im Kosmos Verlag „Unser Universum", „Das Kosmos-Buch der Astronomie", „Astronomie – die größten Entdeckungen", „Galaxien" und „Sternenbilder". Im Jahr 2007 hat die Internationale Astronomische Union (IAU) den Kleinplaneten (10986) Govert nach ihm benannt.

GOVERT SCHILLING

DER ELEFANT IM UNIVERSUM

DAS GROSSE RÄTSEL DER DUNKLEN MATERIE

Aus dem Englischen von Susanne Richter

KOSMOS

Welches Thema dich auch begeistert – auf unsere Expertise kannst du dich verlassen. Und das schon seit über 200 Jahren.

Unser Anspruch ist es, dich mit wertvollem Rat zu begleiten, dich zu inspirieren und deinen Horizont zu erweitern.

BEGEISTERUNG DURCH KOMPETENZ

Unsere Autorinnen und Autoren vereinen professionelles Know-how mit großer Leidenschaft für ihre Themen.

WISSEN, DAS DICH WEITERBRINGT

Leicht verständlich, lebensnah und informativ für dich auf den Punkt gebracht.

SACHVERSTAND, DEN MAN SEHEN KANN

Mit aussagestarken Fotos, Zeichnungen und Grafiken werden Inhalte besonders anschaulich aufbereitet.

QUALITÄT FÜR HEUTE UND MORGEN

Dafür sorgen langlebige Verarbeitung und ressourcenschonende Produktion.

Du hast noch Fragen oder Anregungen?
Dann kontaktiere unsere Service-Hotline: 0711 25 29 58 70
Oder schreibe uns: kosmos.de/servicecenter

INHALT

7 Die Blinden und der Elefant
9 Vorwort
12 Einleitung

21 **TEIL I: DAS OHR**
21 1. Materie, aber nicht wie wir sie kennen
34 2. Phantome des Untergrunds
47 3. Die Pioniere
63 4. Der Halo-Effekt
75 5. Die Kurve abflachen
88 6. Kosmische Kartografie
100 7. Big-Bang-Baryonen
113 8. Radio-Erinnerungen

127 **TEIL II: DER STOSSZAHN**
127 9. Ab in die Kälte
140 10. Wundersame WIMPs
153 11. Die Simulation des Universums
168 12. Die Ketzer
181 13. Hinter den Kulissen
196 14. MACHO-Kultur
211 15. Das rasende Universum
225 16. Kosmologische Kuchenstücke
236 17. Verräterische Muster

251	**TEIL III: DER RÜSSEL**
251	18. Die Xenon-Kriege
266	19. Den Wind einfangen
280	20. Boten aus dem All
295	21. Abtrünnige Zwerge
308	22. Kosmologische Spannung
321	23. Flüchtige Gespenster
334	24. Dunkle Krise
348	25. Das Unsichtbare sichtbar machen
361	Danksagung
362	Quellenangaben
390	Register
399	Bildnachweis
400	Impressum

DIE BLINDEN UND DER ELEFANT

Eine Hindu-Fabel

Sechs Männer fern in Industan,
voll Neugier wie es schien,
Erstrebten, obschon blind sie war'n,
den Elefant zu sehn,
Dass jeder durch den Augenschein
könnt' dieses Tier verstehn.

Der Erste, von Natur aus forsch, sich naht dem Elefant,
Befühlt die Seite des Geschöpfs und hat sogleich erkannt:
„Mein Gott, es ist ein Ungetüm; es ist wie eine Wand!"

Der Zweite nun den Stoßzahn fühlt und fragt: „Wo kommt das her?
So rund und glatt und spitz am End? Die Lösung ist nicht schwer;
Dies Ding von einem Elefant ist gleich als wie ein Speer!"

Darauf der Dritte sich nun naht, ergreift – ihm ward nicht bange –
Den Rüssel vorn am Kopf mit Kraft, und zögert auch nicht lange,
Den andern Blinden kundzutun: „Das Biest ist eine Schlange!"

Darob der Vierte nun erfühlt – beinahe wie im Traum –
Das linke Bein der Kreatur; umfasst es aber kaum:
Und spricht: „Es ist mir sonnenklar: Das Ding ist wie ein Baum."

Der Fünfte nun berührt das Ohr am Elefantenschädel
Und sagt: „Sogar ein blinder Mann und auch ein blindes Mädel
Weiß doch auf Anhieb, dass dies ist ein großer breiter Wedel."

Der Sechste tastet sich nun vor, grad bis zum Hinterteil,
Und sucht, dort wo der Schwanz sich regt, nun ebenfalls sein Heil,
Ruft dann, sobald er ihn erfasst: „Das Tier ist wie ein Seil!"

Sechs Blinde fern in Industan, nun stritten lang und laut,
ob dem, was jeder nur für sich als Elefant geschaut –
doch hatten, wiewohl teils im Recht, sie alle nur auf Sand gebaut.

So häufig im Gelehrten-Streit geschieht's im Handumdrehn
Dass Disputanten – scheinbar taub – sich einfach nicht versteh'n
Und zanken um 'nen Elefant, den niemand je geseh'n.

John Godfrey Saxe, 1872
ins Deutsche übertragen von Kurt Bangert

VORWORT

von Avi Loeb

Der Begriff „Dunkle Materie" wird verwendet, um den größten Teil der Materie im Universum zu beschreiben. Sie ist fünfmal häufiger als die gewöhnliche Materie, wie die Atome, aus denen Sterne und Planeten bestehen. Doch wie der Name schon sagt, können wir Dunkle Materie nicht sehen. Wir schließen nur indirekt auf ihre Existenz durch ihren Schwerkrafteinfluss auf die sichtbare Materie. So ist die Dunkle Materie der Inbegriff unserer Unwissenheit.

Das Rätsel der Dunklen Materie ist wie alle guten Geheimnisse ein beständiges. Es fasziniert die Wissenschaft schon seit einem ganzen Jahrhundert. Beobachtungen und wissenschaftliche Theorien deuten darauf hin, dass die Dunkle Materie aus einer beliebigen Anzahl hypothetischer Bausteine bestehen könnte: vielleicht aus schwach wechselwirkenden massereichen Teilchen oder aus sogenannten Axionen, vielleicht sogar aus Atomen, die weder mit gewöhnlicher Materie noch mit Licht wechselwirken. Heute sind sich die Wissenschaftler darüber einig, dass die Dunkle Materie wahrscheinlich während der Entstehung des Universums aus der feurigen Ursuppe hervorgegangen ist, aus einem Ozean von Teilchen, die sich anfangs nur wenig und rein zufällig bewegten. Obwohl bisher noch keines dieser unsichtbaren Teilchen nachgewiesen werden konnte, haben die Wissenschaftler zumindest die Spuren dieser Fluktuationen detektiert. Diese Dunkle-Materie-Fluktuationen zeigen sich in der leicht variierenden Intensität des kosmischen Mikrowellenhintergrunds, jener Strahlung, die vom Urknall übriggeblieben ist.

Der Erste, der eine dynamische Schätzung dessen vorlegte, was wir uns heute als Dunkle Materie vorstellen, war Lord Kelvin. Er stellte 1884 in einem Vortrag die These auf, dass es in der Milchstraße verborgene, dunkle Objekte geben könnte. Fast 50 Jahre und unzählige Theorien später vermutete der schweizerisch-amerikanische Astronom Fritz Zwicky, dass Galaxienhaufen mehr Masse besitzen müssten, als sich beobachten lässt. In den 1970er-Jahren wurde schließlich durch die bahnbrechende Arbeit von Vera Rubin, Kent Ford und Kenneth Freeman der Beweis für unsichtbare Teilchen erbracht. Sie zeigten, dass die Dynamik von Gas und Sternen in Galaxien darauf hindeutet, dass eine nicht sichtbare Masse in einem Halo existieren muss, der sich weit über den inneren Bereich der Galaxie, in dem die gewöhnliche Materie konzentriert ist, hinaus erstreckt. Im Jahr 1983 schlug Mordehai „Moti" Milgrom eine Theorie zur modifizierten Newtonschen Dynamik vor, um das Problem der fehlenden Masse zu erklären. In dieser alternativen Theorie der Schwerkraft postulierte Milgrom, dass die Newtonschen Gesetze nicht für Galaxien gelten würden.

Wie die meisten Vorstöße in der Wissenschaft, fanden auch die historischen Theorien zu Dunkler Materie ihre Befürworter und Kritiker. Milgroms einfache Annahme einer veränderten Dynamik bei niedrigen Beschleunigungen erklärt zwar auch nach vier Jahrzehnten der Prüfung noch sehr gut die nahezu flachen Rotationskurven in vielen Galaxienhalos, doch für die von Zwicky beobachteten Eigenschaften von Galaxienhaufen gibt sie keine zufriedenstellende Erklärung. Eine weitere Möglichkeit wäre, dass Dunkle Materie stark mit sich selbst wechselwirkt und die Zentren von Galaxien meidet. Die Hypothesen gehen immer weiter.

In diesem Buch nimmt uns Govert Schilling mit auf eine fesselnde Reise durch die Forschungen zu Dunkler Materie; zu den verschiedenen Theorien sowie den Bemühungen, Dunkle Materie nachzuweisen, von den Anfängen bis heute. Wir reisen mit ihm zu astronomischen Observatorien hier auf der Erde und im Weltall und zu Teilchendetektoren in unterirdischen Höhlen und Tunneln. Während wir den Globus umrunden, treffen wir die Wissenschaftlerinnen und Wissenschaftler, die die Protagonisten dieser Geschichte sind und die ihre Karriere der Suche nach der Lösung dieses Rätsels gewidmet haben. Die Bandbreite der Charaktere ist groß: Da gibt es herausragende und hochdekorierte Persönlichkeiten auf dem Gebiet der Dunkle-Materie-Forschung wie Jim Peebles und Jerry Ostriker. Und es gibt jüngere Wissenschaftler, wahre Gläubige, Skeptiker und sogar Ketzer. Durch ihre Geschichten erlangen wir einen außergewöhnlichen Einblick in die Vergangenheit, Gegenwart und Zukunft eines der größten Rätsel der Wissenschaft.

Der *Elefant im Universum* zeigt, dass die Suche nach Dunkler Materie eine fortlaufende Forschungsarbeit ist; daher auch die Fülle an wissenschaftlichen Interpretationen. Doch eines Tages werden alle Teile dieses Puzzles ihren Platz finden. Schließen wir uns also unter Schillings galaktischer Führung dem Feldzug der führenden Wissenschaftler an, um den Geheimnissen dieser unbekannten, uns in ihren Bann ziehenden Materie auf den Grund zu kommen und uns nebenbei an den Rätseln unseres Universums zu erfreuen.

EINLEITUNG

Im Jahr 1995 gaben Astronomen die Entwicklung von hochempfindlichen Spektrografen bekannt, mit denen es möglich sein sollte, die Geschwindigkeiten von Sternen präzise zu messen. Ich ging davon aus, dass diese Geräte innerhalb weniger Jahre dazu genutzt werden würden, um extrasolare Planeten zu entdecken: Detektieren die Spektrografen winzige periodische Störungen in der Geschwindigkeit eines Sterns, könnte es einen massereichen Planeten in der Nähe geben, dessen Gravitation die Bewegung des Muttersterns im All beeinflusst. Also beschloss ich, mit der Recherche für ein neues Buch über die Suche nach Exoplaneten zu beginnen und hoffte, dass ich in den letzten Kapiteln eine bahnbrechende Entdeckung würde beschreiben können.

Als Michel Mayor und Didier Queloz im Oktober desselben Jahres ihre Entdeckung von 51 Pegasi b bekanntgaben – dem ersten nachgewiesenen Planeten außerhalb unseres Sonnensystems, der einen sonnenähnlichen Stern umkreist – war mir klar, dass ich mich beeilen musste. Den größten Teil des Jahres 1996 arbeitete ich an kaum etwas anderem. Mein (niederländisches) Buch *Tweeling aarde* (Zwillingserde) wurde Anfang 1997 veröffentlicht. Es war eines der ersten Bücher über die Anfangszeit der Entdeckungen extrasolarer Planeten.

Eine ähnliche Geschichte spielte sich etwa 20 Jahre später ab. Anfang 2015 begann ich mit der Recherche für ein Buch über Gravitationswellen – winzige Wellen im Gewebe des Universums selbst, die durch energiereiche Ereignisse wie kollidierende Schwarze Löcher verursacht werden. Albert Einsteins Allgemeine Relativitätstheorie sagte Gravitationswellen bereits vor Jahrzehnten voraus und seither waren Wissenschaftler auf der Suche nach ihnen. Als ich mit meinen Recherchen begann, wusste ich, dass in wenigen Monaten fortschrittliche Gravitationswellendetektoren in Betrieb gehen würden – neue Versionen des Laser Interferometer Gravitational-Wave Observatory (LIGO) in den Vereinigten Staaten und des Virgo-Detektors in Italien. Es sah so aus, als wäre eine Entdeckung nicht mehr als ein paar Jahre entfernt.

Tatsächlich folgte die erste direkte Beobachtung von Gravitationswellen im September 2015 und wurde im Februar 2016 der Welt bekannt gegeben. Wieder legte ich alles beiseite, um das Buch so schnell wie möglich fertigzustellen. *Ripples in Spacetime* (Wellen der Raumzeit, erschienen unter dem Titel „Einsteins Ahnung") wurde im Sommer 2017 veröffentlicht.

Als ich Anfang 2018 damit begann, für ein neues Buch über Dunkle Materie zu recherchieren, sagte ich den Astro- und Teilchenphysikern bei meinen Interviews halb im Scherz, dass ich jeden Tag eine revolutionäre Entwicklung auf diesem Gebiet erwarte. Wäre es nicht großartig, wenn mein Buch das erste wäre, das über die lang erwartete Lösung des Rätsels der Dunklen Materie berichtete? Das Erste, das darlegen würde, was dieses mysteriöse Zeug, das angeblich das Gleichgewicht des Kosmos ausmacht, eigentlich ist?

Tja, das ist leider nicht geschehen. Deshalb hier der Spoiler: Wenn Sie die letzte Seite dieses Buches erreicht haben, werden Sie immer noch nicht wissen, woraus der größte Teil des materiellen Universums besteht. Aber das wissen auch die Wissenschaftler nicht. Trotz jahrzehntelanger Spekulationen, Recherchen, Studien und Simulationen bleibt die Dunkle Materie eines der größten Rätsel der modernen Wissenschaft. Dennoch werden Sie nach der Lektüre dieses Buches viel über das seltsame Universum erfahren haben, in dem wir leben, und über die Art und Weise, wie Astronomen und Physiker ihm seine Geheimnisse entlocken.

Dunkle Materie fordert unsere Vorstellungskraft heraus. Wie ein unsichtbarer Klebstoff ist sie das, was das Universum zusammen- und am Laufen hält. Ohne sie würden Galaxien auseinanderfallen, Galaxienhaufen sich auflösen und der Weltraum hätte sich längst bis ins Unendliche ausgedehnt. Die Dunkle Materie ist das Wichtigste, was es da draußen gibt, und doch haben wir erst in den letzten Jahrzehnten von ihr erfahren; eine Ahnung von ihrer wahren Natur hat bis heute niemand.

Zumindest haben wir dank der Arbeit Hunderter engagierter Wissenschaftler schon gelernt, was sie nicht ist. Dunkle Materie ist kein Ozean aus ultradunklen Zwergsternen. Sie ist kein alles durchdringender Schleier aus trübem Gas im intergalaktischen Raum. Dunkle Materie ist auch keine Ansammlung von Schwarzen Löchern, zumindest nicht die „normale" Art, die Astronomen langsam zu erforschen beginnen. Und Dunkle Materie besteht noch nicht einmal aus Atomen und Molekülen, wie wir sie kennen. Sie ist etwas ganz und gar Seltsames und Exotisches.

Dunkle Materie formte das Universum, in dem wir leben. Sie ist das Gerüst für den Bau der kosmischen Struktur. Sie ermöglichte die Bildung von Galaxienhaufen, Galaxien, Sternen, Planeten und schließlich von uns Menschen. Doch trotz der zahlreichen Fachgebiete und Wissenschaftler, die sich mit diesem Rätsel befassen, scheinen wir es nicht wirklich lösen zu können. Es gibt Andeutungen und Behauptungen, Indizienbeweise und Wunschdenken – aber bis heute keinen einzigen überzeugenden Nachweis und keinen Hinweis auf die wahre Identität der Dunklen Materie.

Die Geschichte der Suche nach Dunkler Materie reicht bis in die 1930er-Jahre zurück, obwohl das Rätsel an sich erst vor etwa 50 Jahren allgemein als solches anerkannt wurde. Damals begannen Astronomen, sich über die hohen Rotationsgeschwindigkeiten in den äußeren Teilen von Spiralgalaxien wie unserer eigenen Milchstraße zu wundern. Bald darauf traten Teilchenphysiker auf den Plan, denn es wurde klar, dass das Rätsel nicht gelöst werden konnte, ohne eine völlig neue Form der Materie zu bemühen. Und wegen ihrer zentralen Rolle bei der Entwicklung des Universums wurde diese neue verborgene Materie auch zu einem heißen Thema in der Kosmologie, die sich der Erforschung des Universums auf den größten Skalen widmet. Sie sehen: Die Dunkle Materie ist ein wahrhaft multidisziplinäres Forschungsgebiet, das Beobachter, Theoretiker, Experimentatoren und die Entwickler von Computermodellen seit Jahrzehnten beschäftigt.

Da so viele Menschen über einen so langen Zeitraum an diesem Problem gearbeitet haben, ist es schier unmöglich, allen in diesem Buch gerecht zu werden. Schließlich ist *Der Elefant im Universum* weder ein technisches Buch noch erhebt es den Anspruch, die endgültige Geschichte auf diesem Gebiet zu sein. Vielmehr bietet es einen umfassenden Überblick über die Erforschung der Dunklen Materie in ihrer ganzen verwirrenden Vielfalt. Persönliche Geschichten vieler Hauptakteure geben einen Vorgeschmack auf den Einfallsreichtum, die Beharrlichkeit und die manchmal nötige Hartnäckigkeit von Wissenschaftlern, die ihr Berufsleben der Lösung der großen Rätsel der Natur gewidmet haben.

Im Laufe des Buches begleite ich Sie, liebe Leserinnen und Leser, zu abgelegenen astronomischen Observatorien und unterirdischen Laboren. Wir werden an wissenschaftlichen Konferenzen teilnehmen und mit Nobelpreisträgern und promovierten Forschern sprechen. Unsere Reise deckt ein breites Spektrum von Themen rund um die Dunkle Materie ab. Obwohl die meisten der 25 Kapitel als eigenständige Geschichten gelesen werden können, habe ich ihre Reihenfolge so gewählt, dass der volle Umfang dieses Rätsels sowie seine Entwicklung deutlich wird.

Im ersten Kapitel wird der Physiker James Peebles vorgestellt, der als „Vater" des populären Modells der kalten Dunklen Materie (CDM) gilt und der für seine Beiträge zur theoretischen Kosmologie mit dem

Nobelpreis für Physik 2019 ausgezeichnet wurde. In Kapitel zwei gibt ein Besuch im unterirdischen Gran-Sasso-Labor in Italien einen ersten Vorgeschmack auf den experimentellen Ansatz zur Lösung des Rätsels der Dunklen Materie. Denn die Forschung an Dunkler Materie findet nicht nur in Computersimulationen und Konferenzbeiträgen statt. Derzeit stellen Dutzende von Wissenschaftlern auf der ganzen Welt die Theorie auf den Prüfstand, in der Hoffnung, das Rätsel zu lösen.

Nachdem ich Ihren Appetit mit dieser Einführung in Theorie und Praxis ein wenig angeregt habe, reisen wir in Kapitel drei ein Jahrhundert zurück. Dort entdecken wir die ersten Anzeichen dafür, dass etwas in unserem Verständnis des materiellen Inhalts des Universums nicht stimmten kann. Viel später, in den 1970er-Jahren, erkannten die Physiker, dass Galaxien wie unsere eigene Milchstraße ohne riesige, mehr oder weniger kugelförmige Halos aus Dunkler Materie nicht stabil sein können (Kapitel vier). Pioniere wie die Astronomin Vera Rubin begannen zu verstehen, dass die hohen Rotationsgeschwindigkeiten von Galaxien nur erklärt werden können, wenn sie aus viel mehr bestünden, als man auf den ersten Blick sieht (Kapitel fünf).

Heute ziert Rubins Name ein brandneues Teleskop: Das Vera C. Rubin Observatory soll im Jahr 2024 in Betrieb genommen werden. Nach seiner Fertigstellung wird es eines der leistungsstärksten Observatorien auf der Erde sein; ein Instrument, das für die Messungen der Wissenschaftler, die dreidimensionale Verteilung von Galaxien im Weltraum zu kartieren, von zentraler Bedeutung ist. Dieses Projekt ist ein wichtiger Aspekt der Erforschung von Dunkler Materie und Gegenstand von Kapitel sechs. In Kapitel sieben befassen wir uns dann mit dem Ursprung der Elemente, um herauszufinden, warum Dunkle Materie nicht aus gewöhnlichen Atomen und Molekülen bestehen kann. Die entscheidende Rolle der Radioastronomie beim

Nachweis der Existenz von Dunkler Materie ist das Thema von Kapitel acht. Damit ist der erste Teil des Buches, der sich weitgehend auf die astronomische Forschung konzentriert, abgeschlossen.

Teil II beginnt zunächst mit zwei Kapiteln, die von der wachsenden Überzeugung in der zweiten Hälfte der 1970er-Jahre handeln, dass der geheimnisvolle Stoff aus sich relativ langsam bewegenden („kalten") Elementarteilchen bestehen muss. Solche Teilchen passen bemerkenswert gut in die Theorie der Supersymmetrie – ein vielversprechender Kandidat für die lange gesuchte Weltformel, der Theorie von Allem. So begann die Dunkle Materie auch in der Teilchenphysik eine wichtige Rolle zu spielen.

Kapitel elf beschreibt Computersimulationen, die die Entwicklung von großräumigen Strukturen im Universum zeigen. Sie scheinen eine Erklärung für den Inhalt der Dunklen Materie zu liefern: schwach wechselwirkende massereiche Teilchen (engl.: Weakly Interacting Massive Particles, kurz: WIMPs). Doch gerade als sich die WIMP-Hypothese herauskristallisierte, begannen einige Wissenschaftler daran zu zweifeln, dass die Dunkle Materie überhaupt real ist. Ihre Theorie der modifizierten Newtonschen Dynamik (engl.: Modified Newtonian Dynamics, kurz: MOND), die in Kapitel zwölf behandelt wird, geht von einem völlig neuen Verständnis der Schwerkraft aus – die Jäger der Dunklen Materie jagen vielleicht doch nur einem Hirngespinst hinterher.

In den Kapiteln 13 und 14 lernen wir den Gravitationslinseneffekt als mächtige Beobachtungstechnik kennen – die Ablenkung des Lichts durch die Schwerkraft massereicher Objekte. Mithilfe dieses Effekts wurde nicht nur die MOND-Theorie widerlegt, sondern er hilft den Wissenschaftlern auch dabei, die alternativen Kandidaten für Dunkle Materie zu finden: die MACHOs (Massive Compact Halo Objects). Leider verlief die Suche nach MACHOs bisher nahezu ergebnislos. Stattdessen tat sich in den späten 1990er-Jahren ein anderes Geheimnis auf: die Dunkle Energie. Wissenschaftler erkannten, dass sich der leere Raum immer schneller ausdehnt – eine direkte Folge der Dunklen Energie. Diese Entdeckung und was sie für die Gesamtkomposition des Universums bedeuten könnte, ist das Thema der Kapitel 15 und 16.

Die Dunkle Energie und die Theorie der kalten Dunklen Materie wurden in ein einziges kosmologisches Modell integriert, das als Lambda-CDM bekannt ist, wobei der griechische Buchstabe Lambda (Λ) für die Dunkle Energie steht. Untersuchungen des kosmischen Mikrowellenhintergrunds (manchmal auch „das Nachglühen der Schöpfung" genannt) liefern starke Belege für dieses Modell. Und mehr noch: In Kapitel 17 wird beschrieben, wie diese Reliktstrahlung mit der gegenwärtigen großräumigen Struktur des Universums verglichen werden kann, um ein detailliertes Bild der kosmischen Entwicklung zu erhalten, in der die Dunkle Materie eine unverkennbare Rolle spielt. Auch wenn wir immer noch nicht wissen, was Dunkle Materie ist, haben wir erkannt, dass sie ein wichtiger Bestandteil der Kosmologie ist.

Teil III befasst sich mit der aktuellen und zukünftigen Suche nach Dunkler Materie sowie mit einigen der Herausforderungen, denen sich die Kosmologen heute gegenübersehen. In den Kapiteln 18 und 19 erfahren Sie von Hightech-Experimenten, die versuchen, Teilchen der Dunklen Materie direkt aufzuspüren. Dazu nutzen die Forscher hochempfindliche Instrumente, die – zum Schutz vor kosmischer Strahlung – in tiefen Höhlen und Tunneln installiert sind, da sonst die Messungen gestört würden. Überraschenderweise kann die kosmische Strahlung verräterische Fingerabdrücke von zerfallenden Teilchen der Dunklen Materie tragen – das Thema von Kapitel 20.

In den Kapiteln 21 und 22 werden einige besorgniserregende Probleme beschrieben, die in letzter Zeit in Bezug auf das Lambda-CDM-Modell aufgetreten sind. Noch weiß niemand, wie schwerwiegend diese Probleme sind, doch die Theoretiker sind bereits drauf und dran, eine Reihe von alternativen Ideen und Hypothesen zu erforschen, von denen einige in den Kapiteln 23 und 24 vorgestellt werden. Das letzte Kapitel versucht, einen Blick in die Zukunft zu werfen, wobei es jedoch unmöglich ist, vorherzusagen, welches zukünftige Experiment oder Observatorium das Rätsel der Dunklen Materie endgültig lösen wird. Hoffen wir, dass es nicht weitere 100 Jahre dauert!

Als Wissenschaftsjournalist, der sich auf alles jenseits der Erdatmosphäre spezialisiert hat, liegt mein Fokus vermutlich etwas stärker auf der Astronomie als auf der Teilchenphysik. Dennoch habe ich mich bemüht, beide Bereiche ausgewogen vorzustellen. Außerdem habe ich bewusst mehr Gewicht auf vergangene Entwicklungen, bewährte Ideen und aktuelle Experimente gelegt als auf neue, spekulative Theorien, unbestätigte Ergebnisse und mögliche zukünftige Experimente. Wenn derartige Neuheiten tatsächlich von Dauer sind, werden Sie zweifellos in einem zukünftigen Buch darüber lesen.

Die Jagd nach der Dunklen Materie geht weiter. Obwohl sie noch nicht abgeschlossen ist, hat sie uns bereits ein tieferes Verständnis einer Vielzahl astronomischer und physikalischer Phänomene gebracht – von sich schnell drehenden Galaxien, Gravitationslinsen und der großräumigen Struktur des Universums bis hin zur Geburt von Atomkernen beim Urknall und verräterischen Mustern im Nachglühen der Schöpfung. Und diese Jagd hat auch andere vielversprechende Theorien hervorgebracht, die Spekulationen über Supersymmetrie und noch unentdeckte Bewohner des Teilchenzoos anheizen. Auf der Suche nach der wahren Identität des Hauptbestandteils des Universums haben die Wissenschaftler einige der am besten behüteten Geheimnisse der Natur gelüftet und die atemberaubende Komplexität des Universums enthüllt, in dem wir leben.

Dark Matter Halo

TEIL I
DAS OHR

1. MATERIE, ABER NICHT WIE WIR SIE KENNEN

Phillip James Edwin Peebles, der im Jahr 2000 emeritierte Inhaber der Albert-Einstein-Professur für Naturwissenschaften an der Princeton University, Mitglied der American Physical Society und der Royal Society, Nobelpreisträger für Physik 2019 und Pate der Theorie der kalten Dunklen Materie, erhebt sich langsam von seinem Schreibtisch und geht zu einem Bücherregal an der gegenüberliegenden Wand. Dort nimmt er zwei leere Plastikflaschen zur Hand.[1]

Er bläst Luft über die Öffnung der größeren Flasche. Ein leises, flirrendes Geräusch erfüllt den Raum. Dann setzt er die kleinere Flasche an seine Lippen. Ein weiteres Geräusch in einer viel höheren Tonlage erklingt. „Es ist dasselbe Prinzip", sagt Peebles mit dem für ihn typischen sanften Lächeln auf den Lippen. „Jede Größe bevorzugt ihre eigene Frequenz und umgekehrt."

Moment mal! Für etwas so Einfaches bekommt man doch keinen Nobelpreis, oder? Nun, man bekommt ihn doch, wenn man das

Prinzip erfolgreich auf Schallwellen im neugeborenen Universum überträgt. Wenn man nachweisen kann, dass Galaxien ohne eine große Menge mysteriöser Dunkler Materie nicht stabil sein können. Und wenn man damit dann den Grundstein für unser derzeitiges Standardmodell der Kosmologie legt.

Und so erhielt Peebles am Dienstag, den 8. Oktober 2019, um 5 Uhr morgens den magischen Anruf von der Schwedischen Akademie der Wissenschaften. Er teilte sich den Preis – „für theoretische Entdeckungen in der physikalischen Kosmologie" – mit zwei anderen, erhielt jedoch die Hälfte des Preisgeldes von insgesamt 910.000 Dollar. „Großer Gott!", sagte seine Frau Alison, als sie die Neuigkeiten hörte. Anschließend machte sich Peebles auf seinen täglichen, eine Meile langen Weg von seinem Haus zu seinem Büro im zweiten Stock von Jadwin Hall, und sein 84-jähriger Kopf war voll von Gedanken.

Dabei hatte es sich James Peebles eigentlich nie vorstellen können, Kosmologe zu werden. Der kleine Jimmy, geboren 1935 in der kanadischen Stadt Saint Boniface (heute gehört sie zum Großraum Winnipeg), war ein Tüftler – ein Daniel Düsentrieb, der die Seiten von *Mechanics Illustrated* genau studierte, elektrische Apparate baute, mit Schießpulver experimentierte und sich in Dampflokomotiven verliebte. Klar, er ging hinaus, wenn die Nordlichter am Winterhimmel von Manitoba ihren stillen Tanz aufführten, und natürlich wusste er, wie man den Polarstern findet. Aber wirklich erobert hatte die Astronomie seinen technikversessenen Geist eigentlich nie. Als er als Doktorand dann zum ersten Mal etwas über Kosmologie lernte, fand er es „äußerst langweilig, unüberlegt und unglaubwürdig", wie er dem Astronomen Martin Harwit einmal sagte.[2]

Doch das sollte sich ändern, nachdem er im Herbst 1958 in Princeton ankam. Peebles war Doktorand in der Forschungsgruppe des brillanten Physikers Robert Dicke. Jeden Freitagabend organisierte Dicke Seminare, in denen Studenten, Postdocs und Professoren frei über jedes wissenschaftliche Thema diskutieren konnten, das ihr Interesse weckte. Anfangs eingeschüchtert durch die Kenntnisse der anderen über Quantenphysik oder die Allgemeine Relativitätstheorie, lernte Peebles diese informellen Treffen mit der Zeit immer mehr zu schätzen – und das nicht nur wegen des gelegentlichen Biertrinkens danach. Robert Dickes Begeisterung für die Kosmologie erwies sich als ansteckend.

1962 beendete Peebles seine Dissertation über die Frage, ob die Stärke der elektromagnetischen Kraft mit der Zeit variierte. Er blieb in Princeton und arbeitete als Postdoc mit Dicke und zwei weiteren Postdocs, David Wilkinson und Peter Roll, zusammen. Auf einem verwaschenen Foto aus den 1960er-Jahren, das er während seines Nobelvortrags zeigte, sieht man Peebles groß und schlank, mit dunklem, glattem Haar, einer Brille und einem isländischen Pullover. Doch nicht nur optisch lag ein weiter Weg zwischen der Hochschule und der Nobelpreis-Gala in Stockholm.

Abb. 1: David Wilkinson (links), James Peebles (Mitte) und Robert Dicke (rechts) in den frühen 1960er-Jahren mit dem Empfangsgerät, das sie zur Untersuchung des kosmischen Mikrowellenhintergrunds gebaut hatten.

Peebles' Karriere als physikalischer Kosmologe begann an einem schwülen Tag im Sommer 1964. Auf dem stickigen Dachboden des Palmer Physical Laboratory in Princeton entfaltete Dicke seine ehrgeizigen Pläne zur Suche nach der Strahlung, die vom neugeborenen Universum übriggeblieben war – eine primordiale Feuersbrunst, die Millionen von Grad heißer war als jeder Dachboden. Die Wissenschaftler waren sich sicher, dass die Strahlung dieses lang zurückliegenden Ereignisses da draußen war – man müsste sie nur finden. Und so wurden Wilkinson und Roll damit beauftragt, die für den Nachweis der Strahlung erforderliche Ausrüstung zu bauen. „Also, Jim", sagte Dicke, „warum beschäftigst du dich nicht mit der Theorie, die hinter all dem steckt?"

Und so berechnete Peebles, wie das heiße Plasma des frühen expandierenden Universums – ein Durcheinander aus elektrisch geladenen Teilchen – mit der energiereichen Strahlung interagiert haben musste, um eine dichte, zähe Ursuppe zu bilden, die mit niederfrequenten Schallwellen schwappt und vibriert. Später, etwa 380.000 Jahre nach dem Urknall, als die Temperaturen so weit gesunken waren, dass sich neutrale Atome bilden konnten, „entkoppelten" Materie und Strahlung voneinander: Die Eigenschaften des einen beherrschten nicht mehr das Verhalten des anderen. Und während sich die Strahlung nun ungehindert im Universum ausbreiten konnte – und zu dem schwachen kosmischen Hintergrundglühen abkühlte, nach dem Dicke suchte –, blieb die Materie mit einem Muster von Verdichtungen und aufgelockerten Gebieten zurück: Regionen, in denen die Dichte nur ein klein wenig höher oder niedriger als der Durchschnitt war, und mit Ausmaßen, die von den Frequenzen der ursprünglichen Schallwellen bestimmt wurden.

Die Größe hängt also mit der Frequenz zusammen und umgekehrt, wie Peebles mit seinen zu Musikinstrumenten umfunktionierten Plastikflaschen demonstriert hatte. Das gleiche Prinzip gilt für das

Universum als Ganzes und erzeugt dieses verräterische Muster, das die Physiker als baryonische akustische Oszillationen bezeichnen. Im Laufe der Zeit sollte sich die Materie in überdichten Regionen dann weiter zu Galaxien zusammenballen. Das ist der Grund dafür, warum Galaxien nicht zufällig im dreidimensionalen Raum verteilt sind: Sie neigen dazu, dort aufzutauchen, wo die frühen akustischen Wellen die dichtesten Materieanhäufungen hinterlassen haben. Mit anderen Worten: Die derzeitige großräumige Struktur des Universums ist auf Ereignisse zurückzuführen, die kurz nach dem Urknall stattfanden.

Doch das ist eine komplizierte Angelegenheit, die Sie vielleicht erst einmal wieder vergessen sollten – wir werden in Kapitel 17 auf die baryonischen akustischen Schwingungen zurückkommen. Im Moment genügt es zu sagen, dass Jim Peebles um seinen 30. Geburtstag herum ein Talent dafür entwickelte, die gewaltigsten Überlegungen anzustellen – zwar nicht unbedingt über das Leben, dafür aber über das Universum und den ganzen Rest. Dafür muss man nicht erst 42 werden.

Peebles war noch nicht einmal beunruhigt davon, dass die Radioingenieure Arno Penzias und Robert Wilson der Princeton-Gruppe mit der Entdeckung der kosmischen Hintergrundstrahlung zuvorgekommen waren. In den Bell Laboratories im nahegelegenen Holmdel, New Jersey, machten Penzias und Wilson die Entdeckung nämlich bereits im Jahr 1964, nur wenige Monate nachdem Dicke sein Team einberufen hatte. „Nun, Jungs, ich glaube, wir wurden überholt", sagte ein enttäuschter Dicke zu ihnen, nachdem er den Anruf über die Entdeckung erhalten hatte. Aber Peebles erinnert sich, dass er aufgeregt war. Die Entdeckung bedeutete, dass er und seine Kollegen sich nicht nur mit bloßen Spekulationen beschäftigten, sondern dass es da draußen tatsächlich etwas gab, das untersucht werden konnte. Und so war Peebles vom Kosmologie-Fieber gepackt worden, das ihn seither nicht mehr losgelassen hat. Schon bald hielt er sogar Vorträge über ein Thema, das ihm zuvor außerordentlich langweilig und unglaubwürdig erschienen war. Sein Buch *Physical Cosmology* wurde im Herbst 1971 veröffentlicht, ein Jahr bevor er zum ordentlichen Professor ernannt wurde.[3] Die erste Ausgabe steht im Bücherregal neben seinem Schreibtisch – in der Nähe einer Albert-Einstein-Actionfigur.

Physical Cosmology – Physikalische Kosmologie. Seit Jahrhunderten, nein, seit Jahrtausenden wurde die Entstehung und Entwicklung des Universums im Ganzen als etwas Metaphysisches betrachtet. Ein Universum, das auf dem Rücken von Elefanten und Riesenschildkröten ruht, ein göttlicher Schöpfungsakt in nicht allzu ferner Vergangenheit. Doch schließlich begannen sich die mythologischen Nebel zu lichten; die sakralen Geschichten machten Platz für wissenschaftliche Untersuchungen und physikalische Erkundungen. Die Kosmologie wurde zu etwas, das man anfassen, auseinandernehmen, verstehen und bestaunen konnte. Und man konnte sich sogar in sie verlieben – wie in eine Dampflokomotive.

Ein halbes Jahrhundert später beugt sich der Nobelpreisträger Phillip James Edwin Peebles, ein hochgewachsener Mann in blauen Jeans und einem moosgrünen Pullover, über seinen Computermonitor und nimmt seine Brille ab, um die winzigen Zeichen auf dem Bildschirm zu erkennen. Er sucht in archivierten wissenschaftlichen Abhandlungen und verliert sich in historischen Details. In den letzten fünf Jahrzehnten ist so viel passiert. So viele bahnbrechende Entdeckungen und so viele Sackgassen. So viele Rätsel! Aber vor allem die allmähliche Erkenntnis, dass unser Universum, ja sogar unsere Existenz, von einer geheimnisvollen Substanz beherrscht wird. Von einem rätselhaften Stoff, der in Ermangelung eines besseren Verständnisses als Dunkle Materie bezeichnet wird. Um es frei nach *Star Trek* zu sagen: „Materie, Jim, aber nicht wie wir sie kennen."

Dabei gab es bereits in den 1930er-Jahren Andeutungen und Hinweise. Aber erst in den 1970er- und frühen 1980er-Jahren sprang die Dunkle Materie auf die Bühne, wie ein überraschender Protagonist, der im dritten Akt auftaucht und dann die Handlung des Stücks dramatisch verändert. „Es gibt mehr Dinge zwischen Himmel und Erde, Horatio, von denen sich eure Schulweisheit nichts träumen lässt."

Die Details müssen noch warten, doch so viel sei gesagt: Es gibt zahlreiche Erkenntnisse, die nur in einem Universum voller Dunkler Materie Sinn ergeben. Peebles' eigene Forschungen über die Häufung von Galaxien im Weltraum, lange bevor Astronomen in der Lage waren, zuverlässige dreidimensionale Karten zu erstellen, erwiesen sich als vielversprechend. Seine theoretischen Arbeiten, die er zusammen mit dem Princeton-Kollegen Jeremiah Ostriker durchführte, schienen darauf hinzuweisen, dass die Stabilität von Scheibengalaxien nur dann gewährleistet ist, wenn sie von großen Halos aus Dunkler Materie umgeben sind. Wenig später wiesen Vera Rubin und Kent Ford von der Carnegie Institution of Washington als Erste (waren sie das?) überzeugend nach, dass die äußeren Teile von Galaxien viel schneller rotieren, als es ohne Dunkle Materie der Fall wäre.

Und es gab immer detailliertere Beobachtungen der kosmischen Mikrowellenhintergrundstrahlung, der Reststrahlung des neugeborenen Universums, die sich so glatt wie eine Babyhaut entpuppte. Dieses unerwartete Ergebnis brachte Peebles 1982 dazu, sein Modell der kalten Dunklen Materie vorzuschlagen. Doch hier ergibt sich ein Problem: Entweder war das heiße Plasma des frühen Universums zu gleichmäßig verteilt oder die heutige großräumige Struktur des Kosmos ist zu klumpig. Man kann nicht alles haben: Die schwache Gravitationskraft, die in einem sich ständig expandierenden Universum wirkt, bringt einen niemals vom glatten Dort und Damals zum klumpigen Hier und Jetzt.

Es sei denn ...

Es sei denn, Dunkle Materie ist etwas *wirklich* Seltsames. Zum Beispiel eine neue Art von Teilchen, das auf die Schwerkraft reagiert, aber nicht auf andere fundamentale Naturkräfte wie Elektromagnetismus oder die starke Kernkraft; nicht an das heiße Strahlungsbad des frühen Universums gekoppelt und langsam genug – „kalt" genug, wie man in der Teilchenphysik sagt –, um sich zu einem unsichtbaren Gerüst zu verklumpen, lange bevor die kosmische Hintergrundstrahlung überhaupt freigesetzt wurde. Ein kosmisches Spinnennetz aus unbekanntem Material, das später gewöhnliche Atome anzog, die dann die leuchtenden Galaxien und Haufen bildeten, die wir heute sehen. Kalte Dunkle Materie.

„Theoretische Entdeckungen in der physikalischen Kosmologie" – dafür wurde die Hälfte des Nobelpreises für Physik 2019 verliehen. Sicher, in den vier Jahrzehnten, seit Peebles die kalte Dunkle Materie vorgeschlagen hatte, wurde die Theorie populär und ein wesentlicher Bestandteil von dem, was heute als Lambda-CDM-Modell bekannt ist. (Ein weiterer wichtiger Bestandteil dieses Modells ist die Dunkle Energie, die nicht weniger geheimnisvoll ist als die Dunkle Materie und in Kapitel 16 behandelt wird). Doch Peebles ist keiner, der damit prahlt. Er meint, er habe allen Grund, bescheiden zu sein.

Zunächst einmal, sagt er, rangierten theoretische Entdeckungen nach „echten" Entdeckungen an zweiter Stelle. Die andere Hälfte des Physik-Nobelpreises 2019 ging an die beiden Astronomen Michel Mayor und Didier Queloz, die 1995 den ersten Planeten außerhalb unseres Sonnensystems fanden, der einen sonnenähnlichen Stern umkreist. Wenn das mal keine „echte" Entdeckung ist. Oder was ist mit dem Higgs-Teilchen, das 2012 gefunden wurde? Gravitationswellen, 2015. Das waren einmalige Ereignisse, bei denen Wissenschaftler bestätigten, was ansonsten nur (sehr wohl überlegte) Spekulation war. Doch die Theorie der kalten Dunklen Materie ist nichts dergleichen.

Zweitens stand Peebles, zumindest eine Zeit lang, weniger hinter seiner Theorie als andere Physiker. Besonders als das Modell der kalten Dunklen Materie noch in den Kinderschuhen steckte, fühlte er sich unwohl angesichts des enthusiastischen Entgegenkommens der Kosmologen. Persönlich nahm er das Modell nicht so ernst, jedenfalls nicht damals. „Hey Leute, ich versuche nur, das Problem der Glätte zu lösen, und das ist das einfachste Modell, das mir einfällt und zu den Beobachtungen passt. Wie kommt ihr darauf, dass es richtig ist? Ich könnte auch andere Modelle entwickeln." Tatsächlich hat er das sogar getan und einige dieser anderen Modelle brauchten überhaupt keine Dunkle Materie. Aber zugegebenermaßen haben sie den Test der Zeit nicht bestanden. Die kalte Dunkle Materie schon.

Und zum Dritten erkennt Peebles die Grenzen seines Modells. Wir haben vielleicht diese wunderbare Theorie, dieses Lambda-CDM-Modell, die sowohl die Eigenschaften der kosmischen Hintergrundstrahlung als auch die Verteilung der Galaxien im Universum erklärt. Aber sie ist voller Löcher. Wie Peebles mir erklärte, ist die Dunkle Materie nur eine Art Behelfslösung, und jetzt sitzen wir mit diesem lächerlichen Zeug fest, das wir uns selbst ausdenken und von Hand in unser Verständnis des Universums einbauen mussten. Wir brauchen die Dunkle Materie, aber wir wissen nicht, was sie ist. Es gibt einfach zu viele offene Fragen.

Was nicht heißen soll, dass wir nichts über Dunkle Materie wissen. Ihre Fingerabdrücke sind überall zu finden und wir werden ihnen im weiteren Verlauf des Buches nach und nach begegnen. Und indem wir untersucht haben, wie dieser geheimnisvolle Stoff seine Umgebung beeinflusst, haben wir zumindest einige Fortschritte beim Verständnis seiner Eigenschaften gemacht.

Aber trotzdem erscheint die Situation von Zeit zu Zeit einfach seltsam und schier unglaublich. Es ist zwar nicht sonderlich erstaunlich, etwas Neues im Universum zu finden, aber wie konnten wir

85 Prozent des gesamten gravitativ wechselwirkenden Materials da draußen übersehen, wie die Dunkle-Materie-Forscher behaupten? Haben wir sie nicht einfach von Hand eingefügt, wie Peebles sagte, um unsere Beobachtungen zu erklären? All diese astrophysikalischen Fingerabdrücke mögen ein überzeugender Beweis sein, aber wie lange sind wir noch bereit dazu, auf den unwiderlegbaren Nachweis zu warten? Wie gekünstelt ist unsere Lösung? Wie hypothetisch ist unsere Theorie?

Was, wenn es die Dunkle Materie gar nicht gibt?

Ich muss gestehen, dass ich hin und wieder Zweifel hege. Dunkle Materie, Dunkle Energie, die rätselhafte inflationäre Geburt des Universums, des Multiversums, um Himmels Willen – das alles scheint mir zu weit hergeholt, zu erfunden. Die Natur kann doch nicht so verrückt, hinterlistig und grausam sein, oder? Oder fehlt es mir einfach an Vorstellungskraft? Die Unfähigkeit zu akzeptieren, dass die Natur nicht gezwungen ist, meine Erwartungen zu erfüllen? Bin ich wie Peter Pan, der nicht erwachsen werden will und weiterhin an Tinker Bell glaubt, an das einfache, verständliche Universum, das ich als Kind kennengelernt habe?

Die Sache ist: Einsteins Allgemeine Relativitätstheorie (obwohl ich sie nicht ganz verstehe) oder die Existenz von Neutrinos, um nur zwei Beispiele zu nennen, schockieren mich hingegen überhaupt nicht. Aber hätte ich im 19. Jahrhundert gelebt und von der Relativitätstheorie und ihren Auswirkungen gehört – Schwarze Löcher, Gravitationswellen, Raumkrümmung und Verlangsamung der Zeit: Hätte ich irgendetwas davon ohne überzeugende Beweise geglaubt? Wenn mir jemand gesagt hätte, dass zig Milliarden von ungeladenen, fast masselosen Teilchen – Neutrinos – jede Sekunde mit Lichtgeschwindigkeit durch meinen Körper fliegen, wäre ich dann nicht in Gelächter ausgebrochen? Aber Einsteins Theorie aus dem Jahr 1915 wurde vier Jahre später bestätigt und Neutrinos wurden zum ersten Mal 1956 entdeckt; in dem Jahr, in dem ich geboren wurde. Beide gehören zu dem Universum, mit dem ich aufgewachsen bin. Das Universum, das ich mittlerweile akzeptiere. Was die neueren und ebenso kontraintuitiven Launen der Natur angeht, bin ich vielleicht einfach zu konservativ.

Dennoch müssen wir vorsichtig sein. Wissenschaftler haben sich schon früher geirrt. Und zwar sehr oft, um ehrlich zu sein. Der Weg zu einem besseren und vollständigeren Verständnis des Universums ist übersät mit verworfenen Theorien und falschen Annahmen, die sich länger gehalten haben, als sie sollten.

Der Grund dafür ist, dass Wissenschaftler ein konservatives Völkchen sind. Selbst angesichts widersprüchlicher Beweise ändern sie lieber eine bestehende Theorie, um sie an die widersprüchlichen Daten anzupassen, als sie über den Haufen zu werfen. Es sei denn, es wird eine noch erfolgreichere Theorie entwickelt.

Nachdem der niederländische Physiker Christiaan Huygens im 17. Jahrhundert seine Wellentheorie des Lichts veröffentlicht hatte, gingen die Wissenschaftler beispielsweise lange Zeit davon aus, dass der „leere" Raum von etwas ausgefüllt sein muss, das als Äther bezeichnet wurde – ein Medium, in dem sich die Lichtwellen angeblich ausbreiteten. Als spätere Experimente die ersten einfachen Vorstellungen über diese geheimnisvolle Substanz widerlegten, verwarfen die Physiker das Konzept nicht, sondern passten es an, damit es besser mit den Beobachtungen übereinstimmte. Schlussendlich hatten sie sich selbst in eine finstere Ecke befördert, in der der Äther eine unendliche, transparente, masselose, nicht-viskose, aber unglaublich starre Flüssigkeit sein musste. Erst als Einstein 1905 mit seiner Speziellen Relativitätstheorie den magischen Äther überflüssig machte, schafften die Wissenschaftler ihn ab.

Etwas Ähnliches geschah im späten 18. Jahrhundert, als die Chemiker widerwillig zugeben mussten, dass es so etwas wie Phlogiston nicht gab. Man nahm an, dass dieses feuerähnliche Element bei der Verbrennung bestimmter Stoffe freigesetzt werde. Ein Stoff konnte nur so lange brennen, wie er Phlogiston freisetzen konnte; die Tatsache, dass Feuer stirbt, wenn ihm die Luft ausgeht, wurde so verstanden, dass eine bestimmte Menge Luft begrenzt viel Phlogiston aufnehmen kann. Die verlockende Idee wurde um 1700 von dem deutschen Chemiker Georg Stahl propagiert und hatte eine große Anhängerschaft, selbst als Experimente ergaben, dass einige Metalle, wie Magnesium, beim Verbrennen schwerer wurden (eine bizarre Erkenntnis, wenn man bedenkt, dass – nach der Theorie – notwendigerweise ein Teil der Materie freigesetzt wurde). Die Befürworter der Phlogiston-Theorie schlossen hingegen daraus, dass das mysteriöse Zeug eben einfach ein negatives Gewicht haben müsse! Sie gaben schließlich auf, als der französische Chemiker Antoine Lavoisier 1783 überzeugend nachwies, dass die Verbrennung ein chemischer Prozess ist, für den Sauerstoff benötigt wird – ein Element, dessen Eigenschaften erst zu diesem Zeitpunkt bekannt wurden.

Und zu guter Letzt kann ich nicht widerstehen, das bekannteste Beispiel dafür zu nennen, dass Wissenschaftler auf das falsche Pferd gesetzt haben: Ptolemäus' Theorie der Epizykel. Ausgehend von zwei (zumindest für die antiken Griechen) sehr plausiblen Annahmen – nämlich, dass sich die Erde im Zentrum des Universums befindet und dass sich die Himmelskörper in perfekten Kreisen und mit konstanter Geschwindigkeit bewegen – entwickelte Ptolemäus sein cleveres geozentrisches Weltbild. Dem Gelehrten aus dem zweiten Jahrhundert zufolge bewegte sich ein Planet auf einem kleinen Kreis (einem Epizykel), dessen leerer Mittelpunkt die Erde auf einer größeren Kreisbahn umkreist, die Deferent genannt wird.

Um mit den beobachteten Bewegungen der Planeten am Himmel übereinzustimmen, benötigte Ptolemäus' Modell eine große Anzahl von Epizykeln sowie weitere Erfindungen, wie z. B. eine willkürliche

Verschiebung des Mittelpunkts eines Deferenten von der Erde. Dennoch überlebte das komplizierte und schwerfällige Modell nicht weniger als 14 Jahrhunderte, bis uns Nikolaus Kopernikus und Johannes Kepler schließlich das heutige heliozentrische Weltbild servierten, in dem sich die Planeten mit unterschiedlichen Geschwindigkeiten auf elliptischen Bahnen um die Sonne bewegen.

Und hier sind wir nun. Wir haben die Dunkle Materie noch nie gesehen, aber wir glauben, dass sie existieren muss. Dennoch sollten wir uns immer der stillschweigenden Annahmen bewusst sein, die in unsere Argumente einfließen. Und wir sollten uns stets über die Anzahl der Korrekturen und Verbesserungen Gedanken machen, die wir uns erlauben einzuflechten, um unsere theoretischen Räder am Laufen zu halten. Wir wollen doch nicht wieder von Epizykeln in die Irre geführt werden, oder?

Das ist ein beunruhigender Gedanke. Entweder gibt es da draußen jede Menge Dunkle Materie, die sich auf frustrierende Weise der Entdeckung durch die hochempfindlichen Instrumente von heute entzieht. Oder all diese fleißigen Wissenschaftler jagen einem Phantom hinterher.

Jim Peebles ist nicht zuversichtlich, dass wir jemals eine endgültige, definitive Antwort auf die Frage nach der Dunklen Materie oder gar einer Weltformel finden werden. Und selbst wenn wir zu einer solchen allumfassenden Beschreibung der Natur kämen, wäre nicht garantiert, dass wir sie mit dem realen Universum abgleichen könnten, sagt er. Warum sollte uns die Natur überhaupt einen Beweis liefern? Sicher, in der Vergangenheit waren wir ganz erfolgreich dabei, die nötigen Beweise zu finden, um Theorien zu belegen oder zu widerlegen, aber das könnte sich in Zukunft durchaus ändern. Vielleicht werden wir an eine Grenze stoßen, ab der es unmöglich ist, die benötigten Beweise zu finden. Dieser Gedanke beunruhigt ihn hin und wieder: die schreckliche Möglichkeit, dass wir am Ende eine völlig in sich konsistente Theorie haben, die wir nicht überprüfen können. Leider gibt es keine Garantie dafür, dass dies nicht passiert.

Peebles lässt sich jedoch von der Tatsache, dass er die Lösung des Rätsels der Dunklen Materie vielleicht nicht mehr erlebt, nicht entmutigen. In seiner Nobelpreis-Vorlesung sagte er: „Ich freue mich, viele interessante Forschungsfragen, die ich nicht lösen konnte, an eine jüngere Generation weiterzugeben."[4] Zwei Monate zuvor hatte Peebles in einem Interview mit Adam Smith, dem Chefredakteur der Nobelpreis-Website, die Hoffnung geäußert, dass diese jüngere Generation von der Entdeckung der Natur der Dunklen Materie überrascht sein werde. „Das ist mein romantischer Traum: dass wir wieder einmal überrascht werden."[5]

Ob in astronomischen Observatorien, in Laboren für Teilchenphysik oder in Weltraumforschungsinstituten auf der ganzen Welt: Überall arbeiten viele Hunderte junger, brillanter Wissenschaftler hart daran, Jim Peebles' romantischen Traum wahr werden zu lassen. Sie sind nicht nur bereit dazu, sich überraschen zu lassen, sondern begierig darauf.

Es sieht ganz so aus, als ob die Dunkle Materie gekommen ist, um zu bleiben. Und jetzt wollen wir wissen, was sie ist.

2. PHANTOME DES UNTERGRUNDS

Junji Naganoma sitzt an seinem Schreibtisch und studiert Diagramme und Zahlen auf seinem Computerbildschirm. „Business as usual", könnte man meinen. Aber dies ist kein gewöhnliches Büro. Der Schreibtisch ist umgeben von Regalen, Kisten und aufgestapelten Kartons. Naganoma trägt einen Schutzhelm und einen Parka – es sind höchstens zehn Grad Celsius und es gibt kein Tageslicht. Naganomas „Büro" ist eine 100 Meter lange Höhle, die von Scheinwerfern an den feuchten Wänden schwach beleuchtet wird und von Rohren und Kabeln durchzogen ist. Riesige Gerätschaften, deren Funktion sich auf den ersten Blick nicht erschließen lässt, stehen hier und dort herum und Servicetunnel, die breit genug sind, damit Lastwagen hindurchfahren können, verbinden die Höhle mit zwei weiteren von ähnlicher Größe. Der gesamte Komplex liegt unter mehr als einem Kilometer Fels in den italienischen Apenninen.

Willkommen in den Laboratori Nazionali del Gran Sasso, dem größten unterirdischen Physiklabor der Welt![1] In Halle B bauen Wissenschaftler und Techniker aus 24 Ländern XENONnT auf, die neueste und empfindlichste Version ihres Experiments zum direkten Nachweis von Teilchen der Dunklen Materie. Naganoma, ein Postdoktorand aus Japan, prüft die Testergebnisse in einem behelfsmäßigen Reinraum; die Kisten enthalten Dutzende zerbrechliche Photomultiplier-Röhren, die von einer deutschen Universität hergestellt wurden und bereit zum Einbau sind. Während meines Besuchs Ende 2019 steht XENONnT kurz vor der Fertigstellung.[2] Während Sie dieses Buch lesen, sammelt es bereits aktiv Daten, um unsichtbaren Dingen auf die Spur zu kommen.

Die Astronomie hat eine lange Historie, wenn es um die Entdeckung neuer Dinge geht, von denen wir vorher nichts wussten. Im Laufe der Zeit – vor allem nach der Erfindung des Teleskops vor etwas mehr als vier Jahrhunderten – wurde unsere kosmische Inventurliste immer länger. Astronomen entdeckten Monde im Orbit um Jupiter, Planeten im äußeren Sonnensystem, zig Milliarden Sterne, interstellare Gaswolken und unzählige Galaxien, die unserer eigenen Milchstraße ähneln. Aber all diese kosmischen Bewohner kann man sehen, entweder mit einem klassischen „optischen" Teleskop oder mit Instrumenten, die Röntgenstrahlen, ultraviolettes Licht oder Radiowellen aufspüren – Frequenzen des Lichts, die nur von speziell entwickelten Empfängern erkannt werden können.

Unsichtbare Dinge aufzuspüren, ist etwas anderes. Sie können nur gefunden werden, wenn sie in ihrer sichtbaren Umgebung Spuren hinterlassen, indem sie die Eigenschaften oder das Verhalten dieser Umgebung beeinflussen. Der Inhalt eines versiegelten Kartons auf meinem Dachboden ist unsichtbar, aber ich weiß, dass etwas da drin ist, denn es macht den Karton schwerer und schwieriger zu bewegen. Ein Magnet, der unter einem Tisch versteckt ist, erzeugt verräterische Muster in Eisenspänen auf der Tischplatte. Griffin, der treffend benannte Protagonist in H. G. Wells' Science-Fiction-Roman *Der Unsichtbare* (1897), hinterlässt Fußabdrücke im Schlamm, die für jeden sichtbar sind.[3] Ganz nach dem Motto: „Es gibt mehr, als das Auge sehen kann."

In den Weiten des Universums ist es in der Regel die Schwerkraft, die Spuren hinterlässt und damit den Forschern das Vorhandensein von etwas Unsichtbarem suggeriert. Die Auswirkungen der Schwerkraft sind relativ leicht zu erkennen, da die Schwerkraft einzigartig im Universum ist. Sie ist die einzige weitreichende Kraft in der Natur, die immer anziehend wirkt. Je mehr Masse, desto mehr Schwerkraft, desto stärker die Wirkung. (Im Gegensatz dazu kann die elektromagnetische Kraft, die auf geladene Teilchen wirkt, sowohl anziehend als auch abstoßend sein und auf größeren Skalen heben sich ihre Effekte normalerweise auf.) Die Schwerkraft bestimmt die Bewegungen der Planeten, die Struktur der Galaxien und die Entwicklung des Universums als Ganzes. Und natürlich die Art und Weise, wie Äpfel von Bäumen fallen, wie Isaac Newton bemerkte, als er sich im Garten seiner Familie erholte, einige Jahre vor der Formulierung seines Gravitationsgesetzes im Jahr 1687.

Indem sie die Auswirkungen der Schwerkraft genau untersuchten, kamen Astronomen dem Planeten Neptun, dem Weißen Zwergstern-Begleiter des Sterns Sirius, extrasolaren Planeten und dem supermassereichen Schwarzen Loch im Zentrum unserer Milchstraße auf die Spur. Wie der unsichtbare Griffin hinterließen all diese Objekte ihren Fußabdruck im kosmischen Schlamm und offenbarten so ihre Existenz.

Doch was geschieht, wenn man zwar die Spuren im Schlamm sieht, aber es nicht gelingt, den Unsichtbaren zu entdecken? Das macht erstmal nichts, denn man weiß ja, dass er dort sein muss. Indem man seine Fußabdrücke noch genauer untersucht, lernt man immer mehr über ihn. Nehmen wir das Beispiel der Exoplaneten: Basierend auf ihren Beobachtungen schließen Astronomen nicht nur auf die Zeit, die ein Planet für einen Umlauf um seinen Mutterstern benötigt, sondern auch auf die Entfernung zu diesem Stern (und daraus auch auf die Oberflächentemperatur des Planeten) und können sogar die Masse des Planeten abschätzen. Dazu müssen sie den Planeten nicht direkt gesehen haben; seinen gravitativen Einfluss zu untersuchen, reicht völlig aus.

Auch im Gran-Sasso-Labor versuchen die Wissenschaftler, etwas über die unsichtbare Materie zu erfahren, indem sie ihren sichtbaren Fingerabdruck untersuchen. In diesem Fall wird der Fingerabdruck jedoch nicht durch die Schwerkraft erzeugt. Die Forscher in der Höhle suchen nach Teilchen der Dunklen Materie, die, wenn es sie gibt, zwar eine Masse besitzen, aber nicht durch ihren Gravitationseinfluss nachgewiesen werden können. In der Größenordnung einzelner Teilchen ist die Schwerkraft nämlich nur schwach. Ihre Auswirkungen zeigen sich nur auf großen Skalen, wenn sich die anziehenden Kräfte großer Ansammlungen von Teilchen addieren. Ein einzelnes Teilchen der Dunklen Materie wird also nie genug Anziehungskraft ausüben, um sich allein dadurch bemerkbar zu machen. Da aber Teilchen, einschließlich der mutmaßlichen Teilchen der Dunklen Materie, eine Masse haben, könnte es möglich sein, sie durch ihre extrem seltenen Kollisionen mit Kernen „normaler" Materie – wie Xenon, dem Element, das die Wissenschaftler in Gran

Dunkle Materie durchdringt Gestein, aber kosmische Strahlung wird aufgehalten
Dunkle Materie interagiert nicht mit normaler Materie

Sasso verwenden – nachzuweisen. Eine Wechselwirkung zwischen einem Teilchen der Dunklen Materie und einem Xenon-Kern erzeugt einen winzigen Lichtblitz, den die Wissenschaftler nachzuweisen hoffen. Daher die Photomultiplier-Röhren.

Experimente wie das in Gran Sasso haben allerdings einen kleinen Haken. Dieselben Lichtblitze treten nämlich auch auf, wenn ein Atom von weniger mysteriösen subatomaren Geschossen getroffen wird: von der kosmischen Strahlung. Kosmische Strahlung ist der energiereiche Bote aus dem Weltall. Die meisten dieser Strahlungsteilchen sind Protonen, die Kerne von Wasserstoffatomen. Beim Eintritt in die Erdatmosphäre stoßen sie mit Atomen und Molekülen von Stickstoff und Sauerstoff zusammen, bevor sie die Oberfläche unseres Planeten erreichen. Das Ergebnis ist ein „Schauer" von Sekundärteilchen, die die Oberfläche erreichen.

Wenn man nach Wechselwirkungen mit Dunkler Materie sucht, sind diese sekundären Teilchen der kosmischen Strahlung eine Quelle für experimentelles Rauschen. Und wie wir alle wissen, ist es in einer lauten Umgebung schwer, eine Stecknadel fallen zu hören. Hier kommt der Apenninen-Kalkstein ins Spiel. Denn während die Dunkle Materie problemlos einen Kilometer Gestein durchdringen kann (schließlich interagiert das seltsame Zeug nur selten mit normaler Materie, sonst hätten wir es schon längst entdeckt), werden die meisten sekundären Teilchen der kosmischen Strahlung – hauptsächlich negativ geladene Myonen – effektiv aufgehalten. Was die Teilchenwechselwirkungen angeht, ist das Gran-Sasso-Labor also extrem „leise".

So weit, so gut. Aber wie finanziert, baut und verwaltet man ein unterirdisches Labor, das so groß wie eine mittelalterliche Kathedrale ist? Welche Strippen gezogen werden mussten, wusste damals, im Jahr 1980, der Kernphysiker Antonino Zichichi ganz genau: Italienische Politiker dachten über den Bau eines Autobahntunnels unter den Apenninen nach, um eine schnelle Verbindung zwischen Rom am Tyrrhenischen Meer und der Adria an der Ostküste zu schaffen. Zichichi, der damals Präsident des Italienischen Instituts für Kernphysik (INFN) war, schlug vor, noch ein wenig weiter zu graben. Ein großes unterirdisches Physiklabor in der Nähe des Tunnels würde Italiens führende Position auf diesem Gebiet festigen.

Und tatsächlich funktionierte es genauso, wie es sich Zichichi erhofft hatte. Der Tunnel wurde 1984 fertiggestellt und das INFN-Labor im folgenden Jahr eingerichtet. Bereits 1989 lief das erste unterirdische Experiment, bei dem – leider erfolglos – nach magnetischen Monopolen gesucht wurde, seltsamen hypothetischen Teilchen, die vom Urknall übriggeblieben sein sollen. In den Folgejahren wurde die Anlage auf gewaltige 180.000 Kubikmeter erweitert und rund 1100 Wissenschaftler aus aller Welt arbeiten an den Experimenten.

Der Gran-Sasso-Tunnel liegt östlich der mittelalterlichen Stadt L'Aquila (der Adler), der Hauptstadt der italienischen Region Abruzzen.[4] Die Autostrada 24 schlängelt sich von Rom nach L'Aquila durch eine so abwechslungsreiche Landschaft und durchquert dabei so viele Nationalparks und Naturschutzgebiete, dass sie auch als Strada dei Parchi (Straße der Parks) bekannt ist. Als ich selbst in L'Aquila ankam, wurde ich schmerzlich daran erinnert, dass die natürliche Schönheit ihren Preis hat. Die Apenninen – das geologische Rückgrat Italiens – sind ein Erdbebengebiet und große Teile des berühmten Stadtzentrums von L'Aquila wurden in den frühen Morgenstunden des 6. Aprils 2009 durch ein „Terremoto" der Stärke 6,3 zerstört – über 300 Menschen kamen ums Leben.

Davon erholt sich L'Aquila nur langsam. Die Skyline wird von Baukränen dominiert, aber viele der jahrhundertealten Kirchen warten noch immer auf ihren Wiederaufbau. Die steilen Kopfsteinpflasterstraßen sind voll mit Betonmischern und Schubkarren, in der Luft liegt ein ständiges Klirren und Hämmern. Überall stehen Pylone und Absperrungen. Die meisten Häuser sind in Gerüste und Schuttnetze gehüllt. Es ist ein deprimierender Anblick und ich kann mir kaum vorstellen, welche Ausdauer und Entschlossenheit nötig sind, um eine Stadt wieder aufzubauen, nur um auf das unvermeidliche nächste Beben zu warten. Plötzlich erscheint mir die Beharrlichkeit von Teilchenphysikern, die nach Dunkler Materie suchen, im Vergleich dazu zwecklos und verschwenderisch.

In der Nähe des Wahrzeichens von L'Aquila, der Fontana Luminosa, einem beleuchteten Brunnen mit zwei bronzenen Frauenskulpturen, holt mich Auke Pieter Colijn ab, um gemeinsam mit mir die restlichen zehn Kilometer zu den oberirdischen Büros des Labors am Westhang des Gran-Sasso-Massivs zu fahren. Colijn ist der technische Koordinator von XENONnT. Er ist auch derjenige, der sich den seltsamen Namen des Experiments ausgedacht hat. Das frühere Dunkle-Materie-Experiment des Gran-Sasso-Massivs verwendete etwa eine Tonne flüssiges Xenon als Dunkle-Materie-Detektor und hieß deshalb XENON1T. Die Xenonmenge für das neue Experiment stand jedoch lange Zeit nicht fest, sodass Colijn den Namen XENONnT vorschlug, wobei n für eine beliebige Zahl steht. Die Xenonmenge des Experiments betrug schließlich acht Tonnen, aber der schräge Name blieb.

Colijn ist ein großer, schlanker und gelassener Physiker Ende 40, der seine Zeit entweder am niederländischen Nationalen Institut für subatomare Physik, an den Universitäten Amsterdam und Utrecht oder im Gran-Sasso-Labor verbringt. In Italien kennen ihn die meisten seiner Kollegen einfach als AP, da sein niederländischer Name so schwer auszusprechen ist. Nachdem Colijn und ich einen kurzen Besuch in den „externen Einrichtungen" des Labors gemacht haben – einer losen Ansammlung von Büros, Werkstätten und einer Kantine, in der fantastischer Espresso serviert wird – fahren wir wieder auf die A24, um von östlicher Richtung durch den Traforo del Gran Sasso (Gran-Sasso-Tunnel) zu fahren. Wenige Minuten später befinden wir uns unter 1400 Meter dichtem Fels, sicher abgeschirmt von lärmenden kosmischen Strahlungsteilchen. Aber Moment mal, wo ist das Labor?

Es befinde sich auf der Nordseite der Autobahn, erklärt mir Colijn, und es sei nur vom Westtunnel aus zugänglich. Er folgt einer Ausfahrt zum „Nerd-Kreisverkehr" – dem einzigen Weg zurück zum Tunnel und zum Eingang der unterirdischen Anlage. Ein ziemlich frustrierender Umweg, wenn man mal seinen Schraubenzieher vergisst, scherzt er. Nachdem wir eine Sicherheitsschleuse passiert und das Auto geparkt haben, beginnen wir unsere Höhlenwanderung mit festem Schuhwerk und Schutzhelmen.

Hier hoffen die Physiker also, das Rätsel der Dunklen Materie zu lösen, sage ich mir. Wenn ihre Theorien richtig sind, sind die Phantomteilchen überall um uns herum – man muss sie bloß einfangen.

Es ist unerwartet still in den drei riesigen Kavernen, die senkrecht zum Autobahntunnel ausgerichtet sind. Im Durchschnitt arbeiten zu jeder Zeit um die zwei Dutzend Menschen unter der Erde, aber die Anlage ist so überwältigend groß, dass man sie kaum bemerkt. Jede düstere Halle ist etwa 100 Meter lang, 20 Meter breit und 18 Meter hoch. Wo man auch hinkommt, hört man das leise Brummen von Geräten und Maschinen, unterbrochen von dem gelegentlichen lauteren Rumpeln riesiger Ventilatoren und Klimaanlagen.

Aber Gran Sasso hat noch mehr zu bieten als XENONnT. Unsere Höhlenwanderung führt uns um die Tanks des Borexino-Experiments herum und wir stehen staunend vor dem Large Volume Detector. Das sind zwei riesige Anlagen zur Erforschung von Neutrinos – schwer fassbare, ungeladene subatomare Teilchen, die eine Schlüsselrolle bei der Lösung des Rätsels der Dunklen Materie spielen könnten (siehe Kapitel 23).[5] Wir kommen an einer Vielzahl anderer physikalischer Experimente vorbei, einige von bescheidener Größe, andere so groß wie ein Haus. Sie tragen gekünstelte Akronyme als Namen, wie CUPID,

VIP, COBRA und GERDA, und verrichten alle eifrig ihre Arbeit: hier ein zischendes Ventil, dort eine vibrierende Zeigerscheibe und überall Gestelle mit Computerausrüstung und flackernde Kontroll-LEDs.[6]

Mit seinen fremden Geräten, der gespenstischen Atmosphäre inmitten dieser unheimlichen Trostlosigkeit, wirkt das unterirdische Labor wie ein verlassenes außerirdisches Frachtschiff oder wie die postapokalyptischen Überreste einer geheimen Militärbasis. Was werden wohl zukünftige Archäologen von unseren Zielen und Motiven halten, wenn sie in Tausenden von Jahren auf diesen seltsamen Ort stoßen?

Schließlich erreichen wir XENONnT in Halle B. Obwohl ich bereits viele Bilder gesehen habe, ist das Experiment in der Realität nicht weniger beeindruckend. Unmittelbar neben einem riesigen zylindrischen Tank zieht das auffällige, rechteckige, dreistöckige Kontrollgebäude mit seinen futuristischen Glaswänden die Blicke auf sich. An einer Seite des Kontrollgebäudes führt eine Treppe hinauf, während die andere Seite an den Tank grenzt. Die Glasstruktur scheint so transparent zu sein wie das Universum für die Dunkle Materie selbst. Die kryogene Ausrüstung, mit der das flüssige Xenon auf −95 Grad Celsius gehalten wird, befindet sich auf der obersten Ebene, der Kontrollraum und die Datenerfassungssysteme sind auf der zweiten Ebene untergebracht.

Die Xenon-Lagerung und die Reinigungsinstrumente befinden sich im Erdgeschoss – all das, um diese mysteriöse Materie aufzuspüren, über deren Existenz sich niemand so recht im Klaren ist.

Die Außenseite des zehn Meter hohen Tanks ist mit einer riesigen Plane bedeckt, auf die ein Foto des Innenraums gedruckt ist. So entsteht der Eindruck, dass auch der Tank selbst transparent wäre. Der Tank enthält 700.000 Liter Wasser, worin der Detektor hängt. Dieser besteht aus einem weiteren Behälter, der mit etwas mehr als acht Tonnen ultra-reinem und ultra-kühlem flüssigem Xenon gefüllt ist.

Abb. 2: Das XENON-Experiment im Gran Sasso National Laboratory, Italien. Links steht der riesige Wassertank, in dem der Detektor untergebracht ist, rechts das Kontrollgebäude.

Am oberen und unteren Ende des Behälters befinden sich Platten, an denen Hunderte von empfindlichen Photomultipliern angebracht sind, die das schwache und kurze Aufblitzen von ultraviolettem Licht detektieren sollen, das ausgesandt wird, wenn ein Xenonkern von einem Teilchen der Dunklen Materie getroffen wird. Um die Wahrscheinlichkeit zu erhöhen, den Blitz zu entdecken, sind die Innenwände des Wassertanks zusätzlich mit Teflon verkleidet, das ein hohes UV-Reflexionsvermögen besitzt.

Mit besonders großer Sorgfalt wird darauf geachtet, dass alle Wechselwirkungen zwischen Teilchen vermieden werden, die ein Signal erzeugen könnten, das dem ähnelt, was die Wissenschaftler von der Kollision eines Xenonkerns mit einem Dunkle-Materie-Teilchen erwarten. Selbst 1400 Meter festes Gestein reichen nicht aus, um jedes einzelne Myon der kosmischen Strahlung aufzuhalten: Eines von einer Million dringt bis zu dieser großen Tiefe vor und wechselwirkt mit dem Gestein. Dann werden Neutronen erzeugt, die schnell das Experiment stören können. Denn auch durch sie werden, sobald sie auf einen Xenonkern treffen, UV-Blitze ausgesandt. Das ist übrigens auch einer der Gründe, warum sich das Instrument in einem großen Tank mit gereinigtem Wasser befindet: Wasser ist ein effizienter Absorber für Neutronen.

Hinzu kommt die natürliche Radioaktivität, bei der schwere Atomkerne allmählich in leichtere zerfallen und dabei Alphateilchen, Elektronen und energiereiche Gammastrahlenphotonen aussenden. Alle diese Zerfallsprodukte verursachen ein Hintergrundrauschen in den Messungen. Aus den Schweißnähten des Xenonbehälters treten ständig radioaktive Radonatome aus. Spuren von radioaktivem Krypton finden sich buchstäblich überall auf unserem Planeten, seit wir beschlossen haben, Atomwaffen zu testen und einzusetzen. Und kommerziell gekauftes Xenon enthält immer winzige Mengen an radioaktivem Tritium. Um die unerwünschten Auswirkungen dieser Verunreinigungen zu minimieren, wird das flüssige Xenon in der riesigen Destillationsanlage im transparenten Gebäude neben dem Tank kontinuierlich gereinigt.

Die Idee für das Nachweisverfahren (mehr über die Einzelheiten erfahren Sie in Kapitel 18) stammt aus dem späten 20. Jahrhundert. Das XENON-Projekt wurde 2001 von Elena Aprile ins Leben gerufen, einer italienischen Physikerin an der Columbia University, die laut Colijn „eine ziemliche Marke" ist. Die ständig wachsende internationale Kollaboration baute immer größere Detektoren, vom ersten Drei-Kilogramm-Prototyp bis zum aktuellen Acht-Tonnen-Ungetüm. So konnte die Empfindlichkeit des Experiments mit jedem Schritt erhöht werden. Aprile selbst ist noch immer die Leiterin des Projekts.

Colijn erzählt mir auch von dem großen Konkurrenten von XENONnT, einem ähnlichen Experiment namens LUX-ZEPLIN, das in der Sanford Underground Research Facility in South Dakota läuft. Der Leiter des Projekts, der Physiker Richard Gaitskell von der Brown

University, arbeitete einige Jahre lang mit Aprile an XENON zusammen, doch 2007 ging die Zusammenarbeit in die Brüche. Die meisten der an XENON beteiligten US-Gruppen beschlossen, gemeinsam mit Gaitskell ihren eigenen Detektor zu entwickeln. Und dann ist da noch PandaX, ein großes Xenon-Experiment zum Nachweis Dunkler Materie in einem Untergrundlabor im chinesischen Jinping, ein weiterer Anwärter auf den ersten direkten Nachweis Dunkler Materie.

Trotz Jahrzehnte ohne Ergebnisse und trotz der befremdlichen Atmosphäre des Ortes inspiriert mich der Besuch der Laboratori Nazionali del Gran Sasso. Hier und in den wenigen anderen Laboratorien dieser Art setzen brillante Physiker die empfindlichsten Instrumente ein, die die Menschheit je gebaut hat, um zu erforschen, was ihrer Meinung nach der am häufigsten vorkommende und zugleich geheimnisvollste Bestandteil des Universums ist. Das Engagement dieser Forscher ist beeindruckend, ihre Zuversicht ist ansteckend. Natürlich stehen wir kurz davor, diese bahnbrechende Entdeckung zu machen – wenn nicht mit XENONnT oder seinen Konkurrenten, dann wahrscheinlich mit einem der anderen, kleineren Experimente zur Dunklen Materie in Gran Sasso, die Namen wie DarkSide, CRESST, DAMA und COSINUS tragen.[7] Wenn sich diese eigensinnigen Teilchen nur endlich dazu entschließen würden, sich zu offenbaren – und sei es auch nur kurz, indem sie eine winzige, aber nachweisbare Spur auf unseren Hightech-Gerätschaften hinterlassen.

Oder ist es vielleicht doch nur die Jagd nach einem Phantom? Könnte es sein, dass alle unsere Bemühungen vergeblich sind? Sind wir zum Scheitern verurteilt, entweder weil kein Detektor diese verborgenen Teilchen jemals isolieren könnte oder weil es sie vielleicht gar nicht gibt? Unser Tag in Gran Sasso ist zu Ende. Während wir zum Auto gehen und dann aus dem Tunnel ins Sonnenlicht fahren, frage ich Colijn nach seinen Gedanken zu diesem möglichen Szenario, zur Frustration, die die Physik der Dunklen Materie mit sich bringt. Was ist, wenn man sich seine ganze Karriere lang auf einer aussichtslosen Jagd befindet?

Erstaunlicherweise lässt sich Colijn von der Aussicht auf Scheitern nicht aus der Ruhe bringen. Zum einen ist er sich über die Existenz der Dunklen Materie noch nicht einmal selbst sicher; er hat sich nicht für eine Seite entschieden. „Ich werde es erst glauben, wenn ich es sehe", sagt er. Und andererseits: Was Colijn antreibt, ist gar nicht der Wunsch, das Teilchen der Dunklen Materie zu entdecken. Vielmehr ist er an der technischen Herausforderung des Experiments selbst interessiert – der Möglichkeit, ein unglaublich leises Instrument zu bauen, das frei von jeder denkbaren Form von externen oder internen Störungen ist. Der Bau von Detektoren wie XENONnT werde der Wissenschaft unabhängig von den Ergebnissen zugutekommen, sagt er. Eine neue Generation von Physikern lerne, bis an die Grenze zu gehen und von dort aus die Grenzen zu verschieben. Colijns höchste Belohnung? Die reine Freude an der Arbeit mit einem großartigen Team.

An diesem Abend esse ich mit Colijn und sechs seiner Teammitglieder, darunter Junji Naganoma, zu Abend. In einem Lokal namens Arrosticini Divini in der Via Castello in L'Aquila, nahe den Überresten der mittelalterlichen Chiesa di Santa Maria Paganica, genießen wir Genziana-Likör, traditionelle Lammspieße aus den Abruzzen und Montepulciano-Wein aus der Region. Mehr als zehn Jahre nach dem verheerenden Erdbeben sind die meisten der mit Ziegeln gedeckten Gebäude im zerstörten Stadtzentrum noch immer unbewohnt, aber in den Bars und Restaurants herrscht reges Treiben. Die Einwohner von L'Aquila geben nicht auf und sind entschlossen, selbst die größte Krise zu überwinden. Auch die jungen Männer und Frauen am Tisch – in meinen Augen wirken sie fast noch wie Jungen und Mädchen – sind entschlossen, sich jeder Herausforderung zu stellen und jeden Rückschlag auf ihrer wissenschaftlichen Suche nach der Antwort auf eines der größten Rätsel, das die Natur je gestellt hat, zu überwinden. Sie waren noch nicht einmal geboren, als Astronomen in den 1970er-Jahren die ersten eindeutigen Hinweise für die Existenz Dunkler Materie fanden. Ich hoffe, dass sie es noch erleben werden, wie das Geheimnis gelüftet wird. Den Pionieren auf diesem Gebiet war dieses Glück nicht vergönnt.

3. DIE PIONIERE

Jacobus Cornelius Kapteyn starb am 18. Juni 1922. In diesem Jahr veröffentlichte er die Idee, dass Dunkle Materie ein notwendiges Merkmal der Struktur und Dynamik des Universums sein könnte.

Jan Hendrik Oort starb am 5. November 1992. 60 Jahre zuvor hatte er als Erster die Menge an Dunkler Materie quantitativ bestimmt, die sich in der zentralen Ebene unserer Milchstraße befinden sollte.

Fritz Zwicky starb am 8. Februar 1974 und somit 41 Jahre nachdem er als Erster Beweise für große Mengen Dunkler Materie in einem weit entfernten Galaxienhaufen gefunden hatte.

Kapteyn, Oort und Zwicky waren Pioniere auf diesem Gebiet. Sie erkannten, dass das Universum unsichtbare Materie enthält und machten sich eingehende Gedanken über die Natur dieses Rätsels. Alle drei starben, ohne dessen Lösung zu erleben. Das alte Rätsel der Dunklen Materie plagt uns immer noch; wie ein lästiger Virus, mit dem wir irgendwie zu leben gelernt haben.[1]

Natürlich, Geheimnisse können verschwinden. Heute ist es beispielsweise nur schwer vorstellbar, wie wenig man am Ende des 19. Jahrhunderts über unser Universum wusste. Die Astronomen kannten acht Planeten, die die Sonne umkreisen. Sie hatten Monde, Ringe, Asteroiden und Kometen entdeckt, aber der Ursprung des Sonnensystems war unbekannt. Sie begriffen, dass unsere Sonne nur einer von vielen Milliarden Sternen war, aber niemand hatte eine Ahnung, woher die Sonne ihre Energie bezog. Prominente Denker schlugen vor, dass einschlagende Meteoriten die Sonne mit Energie versorgten oder dass die glühende Kugel langsam aber stetig schrumpfe und dabei Wärme freisetze. Manche glaubten sogar, die Sonne würde Kohle verbrennen.

Die Astronomie jenseits unseres Sonnensystems war nicht viel mehr als ein Briefmarkensammeln. In riesigen Katalogen waren zwar die Positionen, Helligkeiten, Farben und manchmal sogar die Entfernungen von Sternen aufgelistet, doch über ihre Zusammensetzung, Struktur und Entwicklung war wenig bekannt – das Fachgebiet der Astrophysik gab es noch nicht. Und obwohl fleißige Astronomen mit immer größeren Teleskopen Tausende von schwachen, unscharfen „Spiralnebeln" entdeckt hatten, die dem berühmten großen Nebel im Sternbild Andromeda ähnelten, war sich niemand über die wahre Natur dieser Himmelsobjekte sicher. Einige hielten sie für relativ nahe gelegene, wirbelnde Gaswolken, die sich eines Tages zu neuen Sternen verdichten würden. Andere dachten, es seien riesige Ansammlungen von Sternen, die viele Millionen Lichtjahre entfernt sind.

Das war also das Universum, in das Jacobus Kapteyn am 19. Januar 1851 in einem kleinen Dorf namens Barneveld in den Niederlanden hineingeboren wurde.[2] Als zehntes von 15 Kindern eines strengen und frommen Schulmeisters und seiner Frau besuchte Kapteyn das Jungeninternat seiner Eltern, bevor er an der Universität von Utrecht Mathematik und Physik studierte. Einige Jahre lang arbeitete er am Observatorium von Leiden, der ältesten Universitätssternwarte der Welt. Im Jahr 1878 wurde er zum Professor der Astronomie in Groningen ernannt.

Obwohl die Universität Groningen zu dieser Zeit keine eigene Sternwarte besaß, konnte Kapteyn wichtige Beiträge zur Astronomie leisten. Weltweite Bekanntheit erlangte er durch die Erstellung der ersten fotografischen Himmelsdurchmusterung überhaupt. Dazu arbeitete er mit dem schottischen Astronomen David Gill zusammen, der ein spezielles 15-Zentimeter-Teleskop am Royal Observatory am Kap der Guten Hoffnung benutzte, um viele Hundert fotografische Platten des Südhimmels aufzunehmen. Diese wurden nach Groningen verschifft, wo Kapteyn fünfeinhalb Jahre damit verbrachte, die Positionen von nicht weniger als 454.875 Sternen akribisch von Hand zu messen. Die daraus resultierende *Cape Photographic Durchmusterung* wurde zwischen 1896 und 1900 in drei Bänden veröffentlicht.

Die Arbeit an der Himmelsdurchmusterung weckte Kapteyns Interesse an der Struktur und Dynamik dessen, was er „das siderische System" nannte: Wie waren all diese Sterne im dreidimensionalen Raum angeordnet und wie bewegten sie sich dort? Durch die Zusammenarbeit mit Gill wurde ihm die Bedeutung und der Nutzen von internationalen Kooperationen in der Astronomie bewusst, insbesondere für ein kleines Land wie die Niederlande. Zwischen 1908 und 1914 verbrachte Kapteyn jedes Jahr drei Monate am Mount Wilson Observatory in der Nähe von Los Angeles, wo der Direktor – der berühmte amerikanische Astronom George Ellery Hale – extra das Kapteyn-Cottage errichten ließ, um Jacobus und seine Frau Elise während ihrer häufigen Besuche zu beherbergen. (Das Cottage existiert übrigens noch immer und kann sogar angemietet werden.)

Das waren mit Sicherheit aufregende Zeiten! Im Jahr 1908 war das 60-Zoll-Teleskop des Mount Wilson gerade fertiggestellt worden und der örtliche Geschäftsmann John D. Hooker hatte Mittel für den Bau eines 100-Zoll-Instruments bewilligt, das 1917 erstmals in Betrieb ging. Mount Wilson war mit seinen riesigen Teleskopen ein wahres Mekka der Astronomie, dazu bestimmt, die Geheimnisse der Sonne, der Sterne und des Universums zu entschlüsseln.

Und an Geheimnissen mangelte es zu dieser Zeit gewiss nicht. So entdeckte Vesto Slipher am Lowell Observatory in Flagstaff, Arizona, im Jahr 1912, dass sich die meisten Spiralnebel mit vermutlich hohen Geschwindigkeiten von uns entfernten. Doch niemand wusste, was man mit dieser Information anfangen sollte. Würde das 100-Zoll-Teleskop in der Lage sein, die wahre Natur dieser seltsamen Strudel endlich zu entschlüsseln?

In Groningen und als er später nach Leiden zurückkehrte, brachte Kapteyn seine eigenen Vorstellungen über das Universum voran. Aus der Verteilung der Sterne am Himmel schlussfolgerte er, dass wir in einer mehr oder weniger linsenförmigen Ansammlung von fast 50 Milliarden Sonnen leben, die einen Durchmesser von etwa 45.000 Lichtjahren hat. Und das war's, Kapyteyns Einschätzung nach. Jenseits dieser Ansammlung von glitzernden Lichtern – unserer Milchstraße – gäbe es nichts als leeren Raum. Die rätselhaften Spiralnebel seien nur weitere Einwohner dieses „Kapteyn-Universums", so seine feste Überzeugung. Möglicherweise gäbe es auch noch andere, unsichtbare Bewohner. Dunkle Materie.

Kapteyn war der Erste, der die Form und Größe der Milchstraße beschrieb und sogar die Dunkle Materie miteinbezog. Diese Beschreibung wurde in einem berühmten Artikel veröffentlicht, der im Mai 1922 im *The Astrophysical Journal* erschien. Er gab seinem Aufsatz den schlichten Titel „First Attempt at a Theory of the Arrangement and Motion of the Sidereal System" (Erster Versuch einer Theorie über die Anordnung und Bewegung des Sternsystems). Doch wenn man es genau nimmt, war Kapteyns Versuch alles andere als bescheiden.[3] Da war dieser eine Mensch, der – in astronomischen Maßstäben – gerade eben erst auf einem winzigen Planeten geboren wurde, der einen unscheinbaren 0815-Stern umkreist. Und dieser eine Mensch versuchte nun, die Struktur von allem, was es gibt und jemals gegeben hat, zu erklären. Ziemlich ehrgeizig, wenn Sie mich fragen.

Was die Dunkle Materie betrifft, so erkannte Kapteyn wie schon Lord Kelvin zuvor, dass es durch die Kartierung der Bewegungen der

Sterne und die Anwendung von Newtons Gravitationsgesetz möglich sein würde, die Massenverteilung des „siderischen Systems" zu bestimmen.⁴ Schließlich ist die Gravitation der große kosmische Tanzlehrer, der die Dynamik des Universums vorgibt. Frühere grobe Schätzungen von Kapteyn sowie dem britischen Astronomen James Jeans deuteten jedoch darauf hin, dass die Anzahl der sichtbaren Sterne nicht ausreiche, um die Schwerkraft zu erzeugen, die zur Erklärung der beobachteten Sternbewegungen nötig ist. In der langen Zusammenfassung seines 26-seitigen Artikels schreibt Kapteyn: „Im Übrigen bin ich der Meinung, dass, sollte die Theorie vervollkommnet sein, es möglich sein könnte, die Menge der Dunklen Materie anhand ihrer Gravitationswirkung zu bestimmen." An anderer Stelle schrieb er: „Wir haben somit die Mittel, die Masse der Dunklen Materie im Universum abzuschätzen."⁵

Die Mittel, ja. Die genaue Antwort – noch nicht. Doch Kapteyn sollte nicht mehr dazu kommen, seine Theorie zu perfektionieren. Sechs Wochen nach der Veröffentlichung seiner monumentalen Arbeit starb er in Amsterdam im Alter von 71 Jahren.

Der Tod kommt immer zu früh. Doch in diesem speziellen Fall war es ganz besonders tragisch, dass der Sensenmann nicht noch zehn Jahre warten konnte, bedenkt man, welche Fortschritte die astronomische Arbeit zu dieser Zeit machte. Nur 16 Monate nach Kapteyns Tod entdeckte Edwin Hubble (nach dem das Hubble Space Telescope benannt wurde), dass die Spiralnebel in Wirklichkeit kleine „Inseluniversen" waren – also nichts anderes als Galaxien –, die sich weit entfernt von unserer eigenen Galaxis befinden. Sechs Jahre später untersuchten Hubble und der belgische Kosmologe Georges Lemaître die Geschwindigkeiten, mit denen sich diese anderen Galaxien von unserer eigenen entfernen. Dazu nutzten sie Daten, die zuvor von Slipher, Milton Humason und anderen Astronomen gesammelt worden waren. Ihre Entdeckung: Wir leben in einem expandierenden

Universum. 1932 kam Kapteyns ehemaliger Schüler Jan Oort, die Arbeit seines Lehrers fortführend, zu dem Schluss, dass die zentrale Ebene unserer Milchstraße große Mengen Dunkler Materie enthalten müsse. Kapteyn wäre von all dem begeistert gewesen.

Im Laufe der 1920er-Jahre, vor allem durch die Bemühungen von Harlow Shapley, entdeckten Astronomen auch, dass die Milchstraße viel größer und flacher ist als „Kapteyns Universum" – eher wie ein türkisches Fladenbrot anstelle eines Brötchens – und dass sich die Sonne und die Erde etwa 25.000 Lichtjahre von ihrem Zentrum entfernt befinden. Darüber hinaus konnte Oort 1927 nachweisen, dass sich die Milchstraße dreht und dass sie sich in der Nähe des Zentrums schneller und zum äußeren Rand hin langsamer dreht. Die lemmingartigen Bewegungen der einzelnen Sterne werden durch die Schwerkraft des Gesamtsystems gesteuert.

Oort war einer der größten Astronomen des 20. Jahrhunderts: Als Vater der Radioastronomie beleuchtete er auch zahlreiche andere Themen wie die galaktische Rotation, Supernova-Explosionen, Galaxiensuperhaufen und den Ursprung von Kometen.[6] Jan Hendrik Oort wurde am 28. April 1900 geboren und wuchs in Oegstgeest auf, einem Dorf in der Nähe von Leiden. Im Jahr 1917 beschloss er, im 200 Kilometer nördlich gelegenen Groningen Physik und Astronomie zu studieren. Die Reise lohnte sich, denn, wie Oort sagte, „Dort war Kapteyn". Zeit seines Lebens brachte Oort große Bewunderung für den Mann und seine Arbeit zum Ausdruck. Als brillanter Student – und nebenbei gesagt passionierter Ruderer und Schlittschuhläufer – war Oort besonders von den Hochgeschwindigkeitssternen fasziniert, den seltenen Draufgängern in der Milchstraße, die aus irgendeinem Grund dort herumflitzen, wo andere nur kriechen. Eine völlig neue Dynamik, ganz im Sinne von Kapteyns eigener Forschung. Und so sollte dies schließlich auch das Thema von Oorts Doktorarbeit aus dem Jahr 1926 werden.[7]

Im September 1922, kurz nach dem Tod seines Mentors, wechselte Oort an die Yale University, um mit dem amerikanischen Astronomen Frank Schlesinger zu arbeiten. 1924 kehrte Oort dann endgültig in die Niederlande zurück. Am Observatorium von Leiden, wo er den Rest seiner Karriere verbrachte, führte er bahnbrechende Untersuchungen über die Rotationseigenschaften der Milchstraße durch. Diese Forschung führte zu der bereits erwähnten Arbeit von 1932. Sie wurde im *Bulletin of the Astronomical Institutes of the Netherlands* veröffentlicht und trug den bescheidenen Titel „The Force Exerted by the Stellar System in the Direction Perpendicular to the Galactic Plane and Some Related Problems" (Die Kraft, die vom Sternsystem senkrecht zur galaktischen Ebene ausgeübt wird, und einige damit verbundene Probleme).[8] Sie ist heute einfach als die Arbeit über die Dunkle Materie bekannt.

Es ist eine schwierige, 38 Seiten umfassende Lektüre mit vielen Tabellen, Diagrammen und Gleichungen. Oort wendet im Wesentlichen die Techniken an, die Kapteyn zehn Jahre zuvor beschriebenen hatte, und kommt zu dem Schluss, dass die zentrale Ebene der Milchstraße ziemlich viel unsichtbare Masse enthalten müsse – etwas, worauf Jeans bereits 1922 und 1926 der schwedische Astronom Bertil Lindblad hingedeutet hatten.

Oorts neuartige Herangehensweise bestand jedoch darin, die Bewegung der Sterne „auf und ab" in Bezug auf die zentrale Ebene der Milchstraße zu untersuchen. Aus dieser Bewegung konnte er auf die Menge der gravitativ wirksamen Materie innerhalb der Ebene schließen. Die Sterne drehen sich um das Zentrum der Galaxis; die Sonne beispielsweise vollendet alle 225 Millionen Jahre eine galaktische Umlaufbahn. Doch die Sterne wippen auch langsam auf und ab, wie Pferde auf einem Karussell. Diese Bewegung verleiht der Milchstraße ihre vertikale Ausdehnung von etwa 1000 Lichtjahren. Die Schwerkraft verhindert dabei allerdings, dass sich die Sterne zu weit über oder unter die Ebene hinwegbewegen: Die Materie – sichtbare, wie unsichtbare – in der zentralen Ebene zieht die driftenden Sterne also wieder zurück.

Indem man die vertikale Verteilung der Sterne in unserer Nachbarschaft kartiert und ihre Auf- und Abwärtsgeschwindigkeiten misst, kann man die lokale Dichte der gravitativen Materie in der galaktischen Ebene ermitteln. Vergleicht man diese mit der Anzahl und der geschätzten Masse der sichtbaren Sterne, erhält man einen Richtwert für die Menge an Dunkler Materie.

Die so von Oort ermittelte lokale Materiedichte betrug lediglich 0,000.000.000.000.000.000.000.0063 Gramm pro Kubikzentimeter ($6{,}3 \times 10^{-24}$ g/cm³) plus/minus 20 Prozent. Dies ist ein extrem kleiner Wert – das Universum ist ja schließlich auch größtenteils nur leerer Raum. Dennoch ist der Wert etwa dreimal größer als das, was allein durch Sterne und interstellare Gaswolken erklärt werden könnte. Oort stellte fest, dass es in der Galaxie viel mehr Masse geben müsse, als man auf den ersten Blick sieht – ein Zeichen für beträchtliche Mengen an Dunkler Materie. Außerdem kam Oort zu dem Schluss, dass die Dunkle Materie anders verteilt sein müsse als die sichtbare Materie. In der Zusammenfassung der Arbeit schrieb er: „Es gibt einen Hinweis darauf, dass die unsichtbare Masse stärker auf die galaktische Ebene konzentriert ist als die der sichtbaren Sterne."

Da Oorts Arbeit in einer holländischen Zeitschrift erschien – wenn auch in englischer Sprache – dauerte es eine Weile, bis sie bekannter wurde. Dennoch wusste der schweizerisch-amerikanische Astronom Fritz Zwicky wahrscheinlich schon 1933 davon, als er im Coma-Galaxienhaufen große Mengen Dunkler Materie vermutete. Zwickys Veröffentlichung in einer anderen unbekannten europäischen Zeitschrift erschien ein Jahr nach der von Oort, aber die Beweise waren sowohl überzeugender als auch alarmierender. Tatsächlich waren Zwickys Ergebnisse so beunruhigend, dass die meisten Astronomen sie einfach ignorierten, in der leisen Hoffnung, dass das Problem von selbst verschwinden würde. Jahrzehntelang war Zwickys Entdeckung der Dunklen Materie der unsichtbare Elefant im kosmologischen Raum.

Zwicky wurde am 14. Februar 1898 in Varna an der bulgarischen Schwarzmeerküste geboren.[9] Seine Eltern waren jedoch Schweizer und so lebte Zwicky von seinem sechsten Lebensjahr an bei seinen Großeltern in Glarus, einem Dorf in den Ostschweizer Alpen. Er studierte Mathematik und Physik an der Eidgenössischen Technischen Hochschule in Zürich, an der auch schon Albert Einstein im Jahr 1900 sein Lehrdiplom erhalten hatte. 1925 wechselte Zwicky an das California Institute of Technology, um Robert Millikan zu assistieren. Dieser war damals ein Gigant auf dem Gebiet der Festkörperphysik und hatte zwei Jahre zuvor den Nobelpreis erhalten. Schon bald verlor Zwicky jedoch das Interesse an der Festkörperphysik und wechselte zur Astronomie. Das Caltech-Institut in Pasadena lag nur einen Katzensprung vom Mount Wilson Observatory mit seinen Weltklasseforschern und -teleskopen entfernt. Und so arbeitete Zwicky schon bald mit den besten Astronomen der damaligen Zeit zusammen, darunter George Ellery Hale, Edwin Hubble und Walter Baade. Zwicky war brillant, schillernd, unverblümt und ikonoklastisch und wurde schnell selbst zu einer Berühmtheit.

In seiner Arbeit von 1933 setzte Zwicky eine der wichtigsten Beobachtungstechniken der Astronomie ein: die Messung der Rotverschiebung. Die Rotverschiebung ist eine leichte Veränderung der Wellenlänge, die wir im Licht einer sich schnell entfernenden Lichtquelle wahrnehmen. Je schneller sich ein Objekt von uns wegbewegt, desto röter erscheint sein Licht. Dies ist vergleichbar mit dem Doppler-Effekt, den wir alle kennen, wenn ein Krankenwagen vorbeifährt. Obwohl die Sirene die ganze Zeit den gleichen Ton erzeugt, hören wir einen höheren Ton (eine kürzere Wellenlänge), wenn sich der

Krankenwagen nähert, und einen tieferen Ton (eine längere Wellenlänge), wenn er sich von uns entfernt. Die wahrgenommene Änderung der Wellenlänge ist proportional zur Bewegung des Krankenwagens auf uns zu oder von uns weg. Lichtwellen verhalten sich ähnlich: Wenn sich eine Lichtquelle auf uns zubewegt, nehmen wir eine kürzere Wellenlänge wahr (eine blauere Farbe), während das Licht einer sich entfernenden Lichtquelle etwas röter erscheint.

In den frühen 1930er-Jahren hatten Astronomen die Rotverschiebungen von Dutzenden von Galaxien gemessen. Überraschenderweise waren diese Rotverschiebungen – und damit die entsprechenden Fluchtgeschwindigkeiten – bei weiter entfernten Galaxien stets größer. Diese bemerkenswerte Tatsache veranlasste Lemaître und Hubble zu der Schlussfolgerung, dass die kosmischen Entfernungen nicht deshalb zunehmen, weil sich die Galaxien durch den intergalaktischen Raum von uns fortbewegten, sondern weil sich der Raum selbst ausdehne und dabei die in ihm liegenden Galaxien mitnehmen würde.

Obwohl Zwicky die Idee eines sich ausdehnenden Universums zunächst verabscheute, verbrachte er viel Zeit mit der Untersuchung galaktischer Rotverschiebungen. In Galaxienhaufen – riesigen Ansammlungen von Hunderten Galaxien im Weltraum – scheinen sich die einzelnen Mitglieder des Haufens alle von uns wegzubewegen; schließlich vergrößert sich ja der Abstand zum Haufen infolge der kosmischen Expansion. Aber auch die Galaxien des Haufens selbst bewegen sich wie Bienen in einem Schwarm. Das führt dazu, dass sie alle leicht verschiedene Fluchtgeschwindigkeiten haben. Einige bewegen sich in unsere Richtung, sodass ihre Fluchtgeschwindigkeit (und damit ihre Rotverschiebung) etwas geringer ist als der Wert für den gesamten Haufen. Andere bewegen sich in die entgegengesetzte Richtung und somit zusätzlich von uns weg, sodass sich ihre Geschwindigkeit und die entsprechende Rotverschiebung leicht erhöhen und über dem Durchschnitt des Haufens liegen. Die beobachtete Streuung der Rotverschiebungen der Galaxien gibt Aufschluss über die Bewegungen der Galaxien innerhalb des Haufens, deren Geschwindigkeiten ebenfalls streuen. Und auch in diesem Fall werden die Bewegungen von der Schwerkraft des Haufens als Ganzes bestimmt, so wie die Bewegungen der Sterne in unserer Heimatgalaxie von der Masse der Milchstraße bestimmt werden.

Anhand von Beobachtungsdaten, die andere mit dem 100-Zoll-Teleskop am Mount Wilson gewonnen hatten, schätzte Zwicky die Anzahl der Galaxien im Coma-Haufen (benannt nach dem Ort, an dem er am Himmel zu sehen ist, dem Sternbild Coma Berenices) ab. Dann nahm er an, dass jede Galaxie etwa eine Milliarde Mal massereicher als die Sonne sei, und berechnete auf dieser Grundlage die sichtbare Gesamtmasse des Coma-Haufens zu etwa $1{,}6 \times 10^{45}$ Gramm. Angesichts der räumlichen Ausdehnung des Haufens würde man erwarten, dass die einzelnen Mitgliedergalaxien des Haufens eine Geschwindigkeitsdifferenz von etwa 80 Kilometern pro Sekunde aufweisen.

Die acht Galaxien des Haufens, die hell genug waren, um den Astronomen die Messung ihrer Rotverschiebung zu ermöglichen, wiesen jedoch eine viel größere Geschwindigkeitsspanne auf und unterschieden sich um bis zu 2500 Kilometer pro Sekunde voneinander. Das ist weitaus mehr als die geschätzte Fluchtgeschwindigkeit des Haufens selbst. Mit anderen Worten: Die Schwerkraft von $1{,}6 \times 10^{45}$ Gramm der Haufenmaterie reicht nicht aus, um die Mitglieder des Haufens zusammenzuhalten, die mit solch enormen Geschwindigkeiten durch den Raum rasen. Um zu verhindern, dass die rasenden Galaxien in die Weiten des Universums davonfliegen, müsste die Gesamtmasse des Haufens also größer sein. Deutlich größer.

„Um [die beobachtete Geschwindigkeitsverteilung] zu erreichen, müsste die durchschnittliche Dichte im Coma-System mindestens

Abb. 3: Der Coma-Galaxienhaufen, in dem Fritz Zwicky Hinweise auf die Existenz Dunkler Materie gefunden hatte.

400-mal größer sein als diejenige, die sich aus den Beobachtungen der leuchtenden Materie ergibt", schreibt Zwicky. „Sollte sich dies bestätigen, würde es zu dem überraschenden Ergebnis führen, dass Dunkle Materie in viel größerer Dichte existiert als leuchtende Materie." Zwicky veröffentlichte diese elegante, aber ziemlich beunruhigende Analyse in der Schweizer Physikzeitschrift *Helvetica Physica Acta*.[10] Der Titel des Artikels lautet „Die Rotverschiebung von extragalaktischen Nebeln" und lässt nichts von der überraschenden Erkenntnis darin erahnen.

Überraschend in der Tat, um nicht zu sagen unglaublich. Jacobus Kapteyn hatte noch mit dem Gedanken gespielt, dass das Universum zumindest ein unsichtbares Material enthalten könnte. Schön und gut. Jan Oort schätzte, dass diese Dunkle Materie in der Ebene unserer Milchstraßengalaxie etwa doppelt so häufig vorkommt wie die sichtbare Materie. Unerwartet vielleicht, aber nicht völlig verrückt. Doch nun behauptet Fritz Zwicky, dass die leuchtenden Sterne und Nebel im Universum nicht mehr als 0,25 Prozent von allem ausmachen, was es gibt! Kein Wunder, dass nur wenige Astronomen dieser Entdeckung ihre Aufmerksamkeit schenkten, schien sie doch einfach zu bizarr und abwegig. Hinzu kam, dass das gesamte Konzept der Fluchtgeschwindigkeiten und der kosmischen Expansion zu dieser Zeit noch sehr neu war. Sicher musste es eine befriedigendere Erklärung für das geben, was Zwicky als „noch nicht geklärtes Problem" bezeichnete.

Fast 90 Jahre später ist das Problem der Dunklen Materie noch immer nicht gelöst. Im Gegenteil, es ist immer komplizierter geworden. Während Kapteyn, Oort und Zwicky davon ausgingen, dass die Dunkle Materie aus extrem schwachen Zwergsternen oder nicht-leuchtenden Wolken aus kaltem Gas bestehe, wissen wir heute, dass sie nicht aus den uns bekannten Elementarteilchen bestehen kann. „Es ist Materie, Jim, aber nicht wie wir sie kennen." Und während damals die ersten quantitativen Erkenntnisse über dieses unsichtbare Zeug in kleineren Zeitschriften veröffentlicht wurden und nicht allzu viel Aufmerksamkeit auf sich zogen, ist das lästige Rätsel der Dunklen Materie heute in aller Munde und beschäftigt Hunderte von Astrophysikern, Kosmologen und Teilchenphysikern gleichermaßen.

Kapteyn wusste natürlich nichts von dieser Entwicklung. Er starb 1922 und somit in einer Zeit, die wir heute als Vorgeschichte der Kosmologie betrachten. Seine Ideen über den Aufbau des Universums waren revolutionär, aber wir wissen heute, dass sie größtenteils schlichtweg falsch waren.

Auch Zwicky hatte sich geirrt, obwohl es einige Zeit dauerte, bis die Astronomen dies erkannten. Seine anfänglichen Schlussfolgerungen von 1933 über die unglaublichen Mengen Dunkler Materie in

Galaxienhaufen schienen zunächst sogar durch die Beobachtung der Rotverschiebung von 30 Galaxien im Virgo-Haufen bestätigt zu werden, die Sinclair Smith am Mount Wilson Observatory 1936 durchführte. Zwickys eigene detailliertere Untersuchung des Coma-Haufens im Jahr 1937 untermauerte ebenfalls seine früheren Erkenntnisse.[11] Diese und andere Ergebnisse fasste er 1957 in seiner Monografie *Morphologische Astronomie* zusammen.[12] Heute wissen wir jedoch, dass Zwicky die Anzahl der Galaxien in dem Haufen sowie die durchschnittliche Sternmasse dieser Galaxien unterschätzt hatte. Zudem war seine Schätzung für die Entfernung des Coma-Haufens viel zu hoch, was seine Ergebnisse zusätzlich verfälschte.

Doch selbst wenn man Zwickys Fehler berücksichtigt und korrigiert bleibt eine Diskrepanz von etwa einem Faktor 100 zwischen der „sichtbaren" Masse und der „dynamischen" Masse von Galaxienhaufen wie dem Coma-Haufen. Und auch die Entdeckung in den frühen 1970er-Jahren, dass Galaxienhaufen riesige Mengen an heißem, Röntgenstrahlen emittierendem Gas im Raum zwischen den einzelnen Galaxien enthalten, lässt eine Diskrepanz von etwa einem Faktor zehn übrig.

Als Zwicky 1974 plötzlich an einem Herzinfarkt starb, sahen sich die Astronomen also noch immer mit seinem 42 Jahre alten, ungeklärten Problem konfrontiert.

Und was ist mit dem dritten Pionier? Nach dem Zweiten Weltkrieg wurde Oort Direktor des Observatoriums in Leiden und forschte weiter auf den verschiedensten Gebieten. In den späten 1950er-Jahren kehrte er schließlich zu seiner Arbeit über die Menge der Dunklen Materie in der zentralen Ebene der Milchstraße zurück. Mit zwar besseren Daten kam er dennoch mehr oder weniger zu denselben Ergebnissen wie 1932. Diese veröffentlichte er 1960 in einem weiteren Aufsatz im *Bulletin of the Astronomical Institutes of the Netherlands*.[13]

Die Ergebnisse von Oort waren jedoch nicht von Dauer, denn in den späten 1980er-Jahren wiesen der belgische Astronom Koen Kuijken und sein Doktorvater Gerry Gilmore von der Universität Cambridge nach, dass Oorts Arbeit mit systematischen Fehlern behaftet war. So musste er seine Untersuchungen auf Beobachtungen eines bestimmten Typs von Riesensternen stützen, da diese die einzigen waren, die damals hell genug für spektroskopische Geschwindigkeitsmessungen waren.[14] Unglücklicherweise ist es jedoch äußerst schwierig, die wahre Helligkeit und damit die Entfernungen dieser sogenannten K-Riesen abzuschätzen. Zudem wissen wir heute, dass sie nicht wirklich repräsentativ für die stellare Bevölkerung der dünnen galaktischen Scheibe sind. Beide Aspekte verfälschten somit Oorts Schlussfolgerungen.

Mit einem neuartigen und sehr effizienten Multi-Objekt-Spektrografen am 3,9-Meter-Anglo-Australian-Telescope in Coonabarabran, New South Wales, beobachteten Kuijken und Gilmore einige „normalere" Sterne und führten eine viel gründlichere Analyse durch. In drei Veröffentlichungen in den *Monthly Notices of the Royal Astronomical Society* kamen sie zu dem Schluss, dass „die verfügbaren Daten ... keine haltbaren Beweise für die Existenz einer fehlenden Masse in der galaktischen Scheibe liefern".[15]

Zu dieser Zeit hatten Astronomen bereits erkannt, dass unsere Milchstraße von einem ausgedehnten, mehr oder weniger kugelförmigen Halo aus Dunkler Materie umgeben sein musste (wir werden im nächsten Kapitel darauf zurückkommen). Aber offenbar gibt es in der zentralen Ebene unserer Heimatgalaxie keinen nennenswerten Überschuss an Dunkler Materie. Oort hatte sich also geirrt.

Um 1988 hielt Kuijken in einem der Hörsäle des Observatoriums von Leiden ein Kolloquium, in dem er über seine und Gilmores Forschungen berichtete. Jan Oort, zerbrechlich und taub, saß im Publikum, sein Hörgerät fast direkt an Kuijkens Mikrofon angeschlossen. Er interessierte sich sehr für die neuen Ergebnisse und schickte dem jungen Astronomen später einen anerkennenden Brief. Kuijken zog 2002 nach Leiden und arbeitete dort von 2007 bis 2012 als wissenschaftlicher Direktor des Observatoriums. Selbst in seinem letzten Lebensabschnitt war Oort noch begierig auf das, was Kuijken, seine Zeitgenossen und seine Nachfolger lernen würden. Als ich Oort 1987 interviewte, spekulierte er darüber, dass „die riesigen Mengen an Dunkler Materie, die man in großen Maßstäben im Universum findet, vielleicht durch etwas ... völlig Neues erklärt werden müssen ... Aber im Moment habe ich keine Ahnung, wo [die Lösung] zu finden sein könnte".[16]

Das wusste niemand. Im November 1992 starb Oort, so alt wie das Jahrhundert, in dem er so viele wertvolle Spuren hinterlassen hatte. Das Hubble-Weltraumteleskop war zwei Jahre zuvor gestartet worden, litt aber immer noch unter verschwommener Sicht aufgrund des leicht deformierten Spiegels; Astronomen hatten gerade die allerersten detaillierten Satellitenmessungen der kosmischen Hintergrundstrahlung durchgeführt; und Teilchenphysiker spielten mit dem Konzept von Xenon-Detektoren. Das goldene Zeitalter der Erforschung Dunkler Materie hatte gerade begonnen.

Doch trotz der enormen Fortschritte der letzten 25 Jahre tappen die heutigen Wissenschaftler noch immer im Dunkeln, nicht anders als Kapteyn vor etwa einem Jahrhundert, als er den Begriff „Dunkle Materie" erstmals in einer englischsprachigen Publikation einführte.

Wann werden wir also endlich die Antwort auf das größte Rätsel des Universums finden?

4. DER HALO-EFFEKT

> *Mein Mann sagt, Dunkle Materie sei real*
> *und nicht nur eine Theorie, erfunden von halbwüchsigen*
> *Computern.*
> *Er kann beweisen, dass sie existiert und überall vorkommt.*
>
> *Dass sie unsichtbare Halos um alles formt*
> *und irgendwie, mithilfe der Schwerkraft,*
> *alles lose zusammenhält.*

Die ersten sechs Zeilen des Gedichts „Dark Matter and Dark Energy" (Dunkle Materie und Dunkle Energie), geschrieben 2015 von der preisgekrönten Poetin Alicia Suskin Ostriker, fasst gut die frühe Arbeit ihres Ehemannes, des theoretischen Astrophysikers Jeremiah Ostriker, zusammen. Beide versuchen, einem Mysterium auf die Spur zu kommen: Alicia, indem sie akribisch Sätze formt und zu Papier bringt, Jerry, indem er fieberhaft Gleichungen auf eine Tafel kritzelt. Bislang hat keine der beiden Herangehensweisen das Rätsel gelöst. In der neunten Zeile des Gedichts heißt es: „[W]e don't know what it is but we know it is real." (Wir wissen nicht, was es ist, aber wir wissen, dass es real ist.)[1]

Jerry Ostriker hat es eilig. In weniger als einer Stunde muss er zu einem Treffen, bei dem es um die Entstehung von Schwarzen Löchern geht. Passend, wo wir doch gerade eh schon bei Mysterien waren! Aber das sollte mehr als genug Zeit sein, um über seine Arbeiten aus den 1970er-Jahren zu Halos aus Dunkler Materie zu sprechen, oder? In seinem kleinen ordentlichen Büro im zehnten Stock des Pupin Building der Columbia University beginnt Ostriker zu referieren, während er die ganze Zeit Gleichungen auf einen Notizblock kritzelt. Ab und zu geht er mit Kreide in der Hand zur Tafel an der Wand, um seine Argumente mit Formeln und groben Diagrammen zu untermauern oder zu erklären.[2]

Ein kleiner, freundlicher, aber ernster Mann mit schütterem Haar in seinen frühen Achtzigern, der es eilig hat – das ist Ostriker. Er will die Lösung des Rätsels sehen oder vielleicht sogar finden. In den letzten Jahren hat er sich dem neuartigen und spekulativen Konzept der „fuzzy" (unscharfen) Dunklen Materie gewidmet (mehr dazu in Kapitel 24). Es mag verrückt klingen, doch bisher hat noch niemand einen Weg gefunden, dieses Konzept zu widerlegen. Die Chance sei 50:50, dass es richtig ist, sagt er. Er habe aber keine Zeit, die Details zu erklären. „Lesen Sie meinen Artikel."

Dabei war in den 1950er-Jahren die Astronomie gar nicht Ostrikers erste Wahl. Er entschied sich für Chemie und Physik. Doch als er in der Zeitschrift *Fortune* einen Artikel über den großen Astrophysiker Subrahmanyan Chandrasekhar las, beschloss er, sich für das Doktorandenprogramm der Universität von Chicago zu bewerben. Dort arbeitete der berühmte indisch-amerikanische Wissenschaftler zu dieser Zeit am Yerkes-Observatorium der Universität und forschte zur Sternentwicklung, während er gleichzeitig das renommierte *Astrophysical Journal* herausgab.

Chandrasekhar ist vor allem für seine Arbeiten über Weiße Zwerge bekannt, ultra-dichte Sterne, bei denen die Masse der Sonne auf ein Volumen vergleichbar mit dem der Erde komprimiert ist. In einigen Milliarden Jahren, am Ende ihres Lebens, wird unsere eigene Sonne zu solch einem seltsamen, kompakten Objekt kollabieren, wobei jeder Kubikzentimeter so viel wiegt wie ein kleiner Geländewagen. Während ihres finalen Kollapses wird die Sonne extrem schnell rotieren. Und hier lag auch der Schwerpunkt von Ostrikers Doktorarbeit: die Stabilität dieser sich schnell drehenden Weißen Zwerge. Würden sie Masse verlieren oder gar auseinanderfliegen, wenn sie sich schnell genug drehten? Er kämpfte immer noch mit dem Stabilitätsproblem, als er an die Universität von Cambridge wechselte, um als Postdoc mit dem Astrophysiker Donald Lynden-Bell zu arbeiten. Das war Mitte der 1960er-Jahre; auch Stephen Hawking war damals Doktorand in Cambridge.

Wie so oft in der Astronomie ist die Stabilität eines rotierenden Sterns nicht etwas, das man einfach im Labor überprüfen kann. Und auch analytisch mit einer Reihe von Gleichungen können all die kleinen Details des Problems nicht gelöst werden. Ostriker musste stattdessen numerisch an die Lösung herangehen, indem er seine Überlegungen auf Computersimulationen stützte.

Heutzutage mag das einfach klingen, aber damals füllten Computer ganze Räume und es gab keine standardisierte Programmiersprache. Stattdessen mussten die Zeilen des Codes händisch eingegeben werden, indem man Löcher in Papierstreifen stanzte. Daher sollte es bis ins Jahr 1968 dauern, bis Ostriker seinen Code zum Laufen brachte. Zu dieser Zeit war er bereits zurück in Princeton in den Vereinigten Staaten und verfasste in den Folgejahren bis 1973 nicht weniger als acht Schriften zum Thema „Rapidly Rotating Stars" (schnell rotierende Sterne).[3]

Wo liegt also die Antwort? Was passiert mit einem Weißen Zwerg – oder irgendeinem anderen Stern –, der außer Kontrolle gerät? Wir sind zurück in Ostrikers Büro, wo er wieder Gleichungen aufschreibt. Drehimpuls. Trägheit. Viskosität. Potenzielle Energie. Ziemlich kompliziert, wenn man alles berücksichtigen muss. Aber das Ergebnis ist immer dasselbe: Zuerst beginnt der Stern an den Polen abzuflachen, genau wie die Erde oder jeder andere rotierende Körper. Aber dann passiert etwas Seltsames. Wenn die Rotationsgeschwindigkeit zunimmt, verändert der Stern seine Form. Er wird länglich und ähnelt nicht länger einem achsensymmetrischen Kürbis, sondern eher einem taumelnden Hundeknochen. Schließlich kann sich der Stern sogar in zwei Teile spalten.

Ich bin nicht besonders gut mit Gleichungen. Was Ostriker als „einfache Physik" beschreibt, ist für mich schwer zu begreifen. Aber wenn er es einfach ausdrückt, kommt die Botschaft an: Rotierende Objekte mit viel Drehimpuls sind glücklicher, wenn sie länglich wie ein Schokoriegel sind und taumeln wie ein Majorettenstab. Er wirft einen Blick auf seine Uhr. Wir haben noch nicht einmal angefangen, über Galaxienhalos zu sprechen, aber wir sind fast am Ziel. Also: Warum sollte diese Vorliebe für eine längliche Form nur bei Sternen funktionieren? Was ist mit scheibenförmigen Galaxien wie unserer eigenen Milchstraße?

In Princeton hatte Ostriker ein Büro im Peyton-Hall-Gebäude, nur einen Steinwurf von Jadwin Hall entfernt, wo Jim Peebles sich mit der kosmischen Hintergrundstrahlung und der Kosmologie im Allgemeinen befasste. Jim und Jerry verstanden sich sehr gut und diskutierten über so unterschiedliche Themen wie primordiale Nukleosynthese, Pulsare, die großräumige Struktur des Universums, kosmische Strahlung und Computerprogrammierung. Oh, und natürlich über die Stabilität von Spiralgalaxien.

Peebles versuchte sich selbst an numerischen Berechnungen, weil er sich für die Gravitationswirkung der Dunklen Materie in Galaxienhaufen interessierte. Da Princeton damals nicht über ausreichend leistungsfähige Computer verfügte, um die für dieses Problem relevanten Berechnungen durchzuführen, verbrachte er 1969 einen Monat am Los Alamos National Laboratory in New Mexico, wo er die Rechenmaschinen des Energieministeriums nutzen konnte. Um sicherzugehen, dass er die geheimen Programme in diesem staatlichen Waffenlabor – denn das war es letztendlich – nicht störte, stand Peebles, der damals noch kanadischer Staatsbürger war, unter ständiger Beaufsichtigung, meist durch eine romanlesende Sekretärin.

Die Simulation der Schwerkraft mit einem Computer ist recht einfach. Man beginnt mit einer anfänglichen Verteilung von „Testteilchen", von denen jedes seine eigene bestimmte Masse besitzt. Mithilfe der Newtonschen Gesetze ermittelt man dann die Kraft, die auf jedes Teilchen infolge der Anziehungskraft aller Teilchen wirkt. Als Nächstes berechnet man, an welcher Position jedes Teilchen nach einer gewissen Zeit aufgrund dieser Kraft landet. Daraus erhält man eine neue Konfiguration, die man als Grundlage für die nächste Simulationsrunde verwendet. Eine größere Anzahl an Testteilchen und kleinere Zeitschritte erhöhen die Präzision der Simulation, aber erhöhen leider auch drastisch die benötigte Rechendauer.

Damit kenne ich mich aus. In den frühen 1980er-Jahren schrieb ich ein einfaches BASIC-Programm für meinen nigelnagelneuen Acht-Bit-Commodore-64-Homecomputer. Das Programm sollte das Chaos simulieren, das aus der Kollision zweier rotierender Scheibengalaxien entsteht – ok, zugegeben, *so* schlecht bin ich nun doch nicht, was Gleichungen angeht. Jedenfalls dauerte es damals 15 Minuten, bis jede Simulationsrunde berechnet war. Nachdem das Programm einen Tag lang gelaufen war, war ich der Meinung, dass die Ergebnisse durchaus beeindruckend seien, obwohl es vermutlich wenig (wenn überhaupt) Zusammenhang zwischen den Punktmustern auf meinem Monitor und der Realität gab. (Wir werden auf diese Art der Modellierung, die als hochauflösende N-Körper-Simulation bekannt ist, noch in Kapitel elf zurückkommen.)

Peebles' Erfahrungen in Los Alamos weckten Ostrikers Interesse. Was wäre, wenn sie Peebles' Code ein wenig abändern und damit die Entwicklung einer Scheibengalaxie simulieren könnten, um ihre langfristige Stabilität – oder deren Fehlen – zu untersuchen? Angesichts der Tatsache, dass sich schnell rotierende Sterne verformen und aufspalten können, schien es unmöglich, dass eine flache, rotierende Scheibe aus Milliarden von Sternen wie unsere Milchstraße überhaupt stabil sein könnte. Einfach ausgedrückt, würde man erwarten, dass sich das türkische Fladenbrot in ein Sandwich-Baguette verformt, so wie sich ein kürbisförmiger Stern in einen Hundeknochen verwandelt, wenn man ihn schnell genug dreht.

Tatsächlich zeigten die allerersten zweidimensionalen numerischen Simulationen rotierender Scheibengalaxien, die 1970 von den Astronomen Richard Miller, Kevin Prendergast und Bill Quirk sowie 1971 von Frank Hohl veröffentlicht wurden, genau das: Die ursprünglich kreisförmige Scheibe verwandelt sich in eine längliche, balkenartige Struktur, und die Sterne der Galaxie enden in wilden elliptischen Bahnen – ganz anders als die geordneten kreisförmigen Bahnen, die in der Milchstraße beobachtet werden.[4] Mithilfe von Ed Groth aus Princeton entwickelten Peebles und Ostriker ein Programm, das auf dem Computer der Universität lief und den Simulationen eine dritte Dimension hinzufügte. Ihre Ergebnisse stimmten sehr gut mit denen von Miller, Prendergast, Quirk und Hohl überein. Ostriker und Peebles schrieben in *The Astrophysical Journal*: „Achsensymmetrische, flache Galaxien sind extrem und unabänderlich instabil."[5]

Doch ihr inzwischen berühmt gewordener Aufsatz vom Dezember 1973 ging noch viel weiter. Es war eine Sache zu zeigen, dass geordnet rotierende Scheibengalaxien instabil sind; es war jedoch etwas ganz anderes zu erklären, warum wir sie noch immer überall im Universum sehen. Was ermöglicht es unserer Milchstraße, ihr geordnetes Erscheinungsbild aufrechtzuerhalten? Was verhindert, dass sie auseinanderfliegt?

Erwartungsvoll schaut Ostriker von seinem Notizblock auf, gerade so, als ob ich ihm die Antwort geben müsste. Das sei ganz einfache, intuitive Physik, sagt er. Jeder hätte darauf kommen können. Sich drehende, massearme Galaxien sind instabil – also würde mehr Masse helfen. Befände sich diese zusätzliche Masse jedoch auch in der rotierenden Scheibe, wäre die Galaxie genauso instabil wie zuvor – schließlich haben die Simulationen gezeigt, dass es die Scheibenform selbst ist, die zur Instabilität führt. Nein, die zusätzliche Masse muss

Abb. 4: Künstlerische Visualisierung des unsichtbaren Halos aus Dunkler Materie (dargestellt als diffuse Wolke), der eine milchstraßenähnliche Spiralgalaxie umgibt.

in einem riesigen, mehr oder weniger kugelförmigen Halo verteilt sein, der nicht an der geordneten Rotation der Scheibe teilnimmt.

Die Intuition steht hier an erster Stelle, die Mathematik folgt an zweiter. Neue Computersimulationen, bei denen derselbe Code, aber eine ganz andere Anfangsverteilung der Testteilchen verwendet wurde, bestätigten die Vermutung: Wenn viel gravitativ wirksame Masse in einem kugelförmigen Halo vorhanden ist (vielleicht bis zum 2,5-Fachen der Masse in der Scheibe), bleibt die flache, rotierende Galaxie stabil und behält ihr regelmäßiges Aussehen. Wie Ostriker und Peebles in ihrer Arbeit schreiben, „scheint ein massiver Halo die wahrscheinlichste Lösung für unsere eigene Galaxie zu sein". Und natürlich auch für andere „kalte", das heißt geordnet rotierende Scheibengalaxien.

Ihre bahnbrechende Veröffentlichung „A Numerical Study of the Stability of Flattened Galaxies: Or, can Cold Galaxies Survive?" wird in jedem Sammelband über die Erforschung der Dunklen Materie genannt. Dort wird man überall lesen, dass Ostriker und Peebles die Ersten waren, die überzeugend nachweisen konnten, dass Galaxien wie unsere eigene Milchstraße ohne riesige, massereiche Halos aus Dunkler Materie nicht stabil sein können. (Spätere Forschungen haben gezeigt, dass große, zufällige Sternbewegungen in den Kernen von Galaxien auch flache, rotierende Scheiben stabilisieren können, aber die meisten Astronomen glauben trotzdem, dass die ursprüngliche Vermutung richtig war.) Der Begriff „Dunkle Materie" taucht in der 14-seitigen Abhandlung übrigens kein einziges Mal auf. Denn auch wenn die Wissenschaftler diese Halos inzwischen als Werk der geheimnisvollen Dunklen Materie betrachten, waren Ostriker und Peebles 1973 nicht bereit, so weit zu gehen. Es war zwar offensichtlich, dass die Masse im Halo nicht viel Licht aussenden konnte – schließlich ist nicht beobachtet worden, dass Spiralgalaxien in leuchtende Sphären eingebettet sind. Aber wer weiß, eine große Anzahl sehr schwacher Sterne wäre ebenfalls denkbar.

Tatsächlich kannten die Astronomen galaktische Halos bereits – der Begriff tauchte erstmals in den 1920er-Jahren auf. Und sie wussten auch, dass diese Halos stellare Bewohner enthalten. So schwärmen beispielsweise Dutzende sogenannter Kugelsternhaufen, die jeweils bis zu einigen Hunderttausend Einzelsternen enthalten, in einer grob kugelförmigen Verteilung um das Zentrum unserer Milchstraße, wobei sich die größte Konzentration im Zentrum befindet. Für Ostriker und Peebles gab es daher keinen offensichtlichen Grund, weshalb der Halo nicht auch zahllose schwache Zwergsterne beherbergen könnte, die die Masse des Halos ausreichend erhöhen, um die Milchstraße zu stabilisieren. Jan Oort schrieb bereits 1965: „Etwa fünf Prozent der Gesamtmasse der Galaxie besteht aus [orangen und roten] Zwergsternen. Es gibt keine Möglichkeit, abzuschätzen, wie viel mehr Masse noch in Form von schwächeren Sternen vorhanden sein könnte. Die tatsächliche Masse des Halos bleibt völlig unbekannt."[6]

Wie massereich sind also Galaxienhalos? Oder mit anderen Worten: Wie massereich sind Spiralgalaxien? Dies war das Thema eines zweiten, kürzeren Artikels im *Astrophysical Journal*, den Ostriker und Peebles 1974 und somit nur ein Jahr nach ihrem ersten Artikel gemeinsam mit dem israelischen Astrophysiker Amos Yahil der Princeton University verfassten.[7] „Tatsächlich ist dies der wichtigere der beiden Artikel", sagt Ostriker. Allerdings beginnt das Meeting zum Thema Schwarze Löcher im Pupin-Gebäude in etwa 15 Minuten, sodass keine Zeit mehr für eine ausführliche Diskussion bleibt. „Lesen Sie einfach den Artikel", drängt er.

Es ist eine gewagte Veröffentlichung mit einem gewagten Titel: „The Size and Mass of Galaxies, and the Mass of the Universe" (Die Größe und Masse von Galaxien und die Masse des Universums) – gespickt mit einer ganzen Reihe gewagter Thesen. Schon die erste Zeile mag 1974 einige Leser schockiert haben: „Es gibt zunehmend mehr und bessere Gründe", schrieben die Autoren, „zu glauben, dass die Massen gewöhnlicher Galaxien um einen Faktor zehn oder mehr unterschätzt worden sind." Auf nur vier Seiten fassen Ostriker, Peebles und Yahil die verschiedenen Hinweise darauf zusammen, dass dünn aussehende Spiralgalaxien in Wirklichkeit fettleibige Schwergewichte sein könnten und sie viel mehr Masse besitzen, als man aufgrund ihres Aussehens vermuten würde.

Klar, man kann eine Galaxie nicht auf eine Waage stellen, aber es gibt andere Möglichkeiten, ihre Masse zu bestimmen. Zum Beispiel, indem man sich anschaut, wie stark sie an ihren Nachbarn zerren. Unsere Milchstraße ist von Zwerggalaxien umgeben. Die Dimensionen – und ihre relativ scharfen Kanten – dieser Satellitengalaxien werden durch das Zusammenspiel zwischen ihrer eigenen inneren Schwerkraft und der Masse der Milchstraße bestimmt. An anderer Stelle liefert die Dynamik kleiner Galaxiengruppen und Galaxienpaare, die sich gegenseitig umkreisen, Informationen über die Masse der Galaxien. Und wo auch immer man hinschaut, sieht man dasselbe: Beweise für viel mehr Masse, als man aufgrund der Lichtmenge, die man sieht, erwarten würde. Oder wie Astrophysiker sagen würden: ein sehr hohes Verhältnis von Masse zu Licht.

Apropos zerren: Unsere Milchstraße und die benachbarte Andromeda-Galaxie liefern ein weiteres gutes Argument für riesige Galaxienmassen. Trotz der Gesamtexpansion des Universums nähern sich die beiden Galaxien heute mit einer relativen Geschwindigkeit von 110 Kilometern pro Sekunde an und interagieren gravitativ miteinander. Bereits 1959 kamen Franz Kahn von der Universität Manchester und der Leidener Astrophysiker (und ehemalige Oort-Schüler) Lodewijk Woltjer zu dem Schluss, dass die hohe Annäherungsgeschwindigkeit nur erklärt werden kann, wenn die Gesamtmasse der beiden Galaxien und alles, was sich zwischen ihnen befindet, in der Größenordnung von einer Billion Sonnenmassen liegt – wiederum ein sehr hohes Verhältnis von Masse zu Licht.[8]

Auf kleineren Skalen betrachtet gab es außerdem brandneue Ergebnisse aus der Radioastronomie (mehr Details dazu finden Sie in Kapitel acht), die ebenfalls nahelegten, dass Spiralgalaxien ein hohes Masse-zu-Licht-Verhältnis haben müssten. Diese eher vorläufigen Befunde schienen darauf hinzuweisen, dass die äußeren Regionen von Spiralgalaxien unerwartet schnell rotieren, was wiederum dafürsprach, dass die Galaxien sehr viel Masse enthalten. Wenn dem nicht so wäre, würden sie bei derart hohen Geschwindigkeiten auseinandertreiben. Die sichtbare Lichtausbeute einer Galaxie nimmt jedoch in einer bestimmten Entfernung vom Zentrum stark ab. Auch hier stimmt also die Menge des ausgestrahlten Lichts nicht mit der Menge der Masse überein, die vorhanden sein muss.

Eine stärkere Anziehungskraft, eine größere Ausdehnung, eine größere Masse: Es sah ganz danach aus, als hätten Astronomen die Bedeutung von Galaxien stark unterschätzt – die Schwere der Angelegenheit, sozusagen. Aber wo könnte sich all diese leuchtschwache Materie verstecken? Ganz richtig: im Halo, dessen Notwendigkeit für die Stabilität von Galaxien Ostriker und Peebels ja bereits gezeigt hatten. In ihrer Veröffentlichung von 1974 mit Yahil schlugen sie trotzdem noch immer vor, dass der Galaxienhalo hauptsächlich aus schwachen Sternen bestehen könnte (auch in diesem zweiten Artikel fand der Begriff „Dunkle Materie" übrigens noch immer keine Erwähnung), doch inzwischen fühlte sich das alles ein wenig gekünstelt an. Eine Verzehnfachung der Masse – könnte es wirklich derart viele schwache Zwergsterne geben?

Außerdem war da ja noch der zweite Teil im Titel ihrer Arbeit: die Masse des Universums. Kennt man das durchschnittliche Masse-zu-Licht-Verhältnis von Galaxien und schätzt die Anzahl sichtbarer Galaxien bis zu einer bestimmten Entfernung, lässt sich sehr einfach die durchschnittliche Dichte des lokalen Universums berechnen (das kann sogar ich). Ostriker, Peebels und Yahil kamen so auf 2×10^{-30} Gramm pro Kubikzentimeter. Das entspricht etwa einem Wasserstoffatom pro Kubikmeter, wenn man die Masse all dieser Galaxien gleichmäßig im Raum verteilen würde. In der Zeitschrift *Nature* kamen die drei estnischen Astronomen Jaan Einasto, Ants Kaasik und Enn Saar unabhängig zu einem ähnlichen Ergebnis.[9]

Doch diese Zahl, so unglaublich klein sie auch ist, schien unvorstellbar groß. In den frühen 1970er-Jahren begannen Kosmologen und Kernphysiker, die Entstehung der Elemente während des Urknalls zu verstehen. Im Vergleich war die beobachtbare Menge an Deuterium (schwerem Wasserstoff) im Universum und somit die aktuelle Massendichte des Universums viel geringer. (Mehr dazu erfahren Sie in Kapitel sieben.) Mit anderen Worten: Es sah so aus, als wären einfach nicht genügend Atome im Universum vorhanden, um die ungeheuren Massen von Galaxien zu erklären, die das Princeton-Team und die Esten errechnet hatten.

Materie, aber nicht wie wir sie kennen.

Zurück im Hier und Jetzt muss Ostriker nun gehen. Er gibt mir noch eine Ausgabe von *Heart of Darkness*, dem Buch, das er 2013 gemeinsam mit dem britischen Astronomen und Wissenschaftsjournalisten Simon Mitton geschrieben hatte.[10] Im Fahrstuhl erzählt er mir von einem Vortrag, den er 1976 auf der Tagung der National Academy of Sciences in Washington, D.C., gehalten hat und in dem er seine Arbeit mit Peebles und Yahil beschrieb. „Viel später fragte mich mal jemand, warum ich die Arbeit von Vera Rubin in diesem Vortrag nicht erwähnt habe", sagt er. Ich nicke verständnisvoll. War sie nicht die Erste, die feststellte, dass die äußeren Teile von Galaxien zu schnell rotieren? „Vera war eine großartige Astronomin", fährt Ostriker fort, „aber zu dieser Zeit hatte sie nur sehr vorläufige Ergebnisse. Die Arbeit, die ihr den wohlverdienten Ruhm einbrachte, wurde erst 1980 veröffentlicht."

Ich verlasse den Campus der Columbia University etwas verwirrt. Leider kann ich nicht mehr mit Vera Rubin sprechen; sie ist 2016 gestorben. Aber ihr Kollege, Kent Ford, müsste noch irgendwo sein. Was hätte er zu erzählen? In einem Starbucks-Café gegenüber vom Broadway checke ich meine E-Mails und ordne meine Notizen. In den 1970er-Jahren, also vor fast einem halben Jahrhundert, ist so viel passiert. So viele überraschende Ergebnisse, die alle in dieselbe Richtung wiesen: Unser expandierendes Universum wird von einem dunklen, geheimnisvollen Stoff beherrscht, der vielleicht nicht einmal der Materie ähnelt, aus der Sterne, Planeten und Menschen bestehen.

Draußen, in der Kälte des Januars, ziehen kleine Gruppen von Studenten, junge Eltern mit Kindern, eilige Geschäftsleute und ein endloser Strom von Autos und Taxis vorbei. Wir sind alle damit beschäftigt, unser Leben so gut wie möglich zu leben, normalerweise ohne uns unseres Platzes in der Milchstraße bewusst zu sein, geschweige denn der riesigen, dunklen Hülle, in der sie gebettet liegt.

Völlig unwissend, dass wir ohne diese geheimnisvolle Substanz wahrscheinlich nicht hier wären.

So wichtig, und doch wissen wir nicht, was es ist.

Ich schlage die letzten Zeilen des Gedichts „Dark Matter and Dark Energy" nach, das Alicia Ostriker in dem Jahr schrieb, in dem ihr Mann mit dem renommierten Gruber-Preis für Kosmologie ausgezeichnet wurde. Und so schön die Verse auch sein mögen, bieten sie doch keine Antworten:

> *Die Art und Weise, wie jeder Mensch und jedes Atom*
> *durch den Raum eilen, eingehüllt in ihren unsichtbaren*
> *Halo, in diesen großen Schatten – das ist Dunkle Materie.*
>
> *Liebling, während sich die Galaxien*
> *im Reichtum ihrer grimmigen Schutzblasen anstarren*
>
> *unfähig, davon abzulassen*
> *stolz*
> *zurückweichend*

5. DIE KURVE ABFLACHEN

Nach W. Kent Ford Jr. wurde ein Käfer benannt: Der *Pseudanophthalmus fordi*, entdeckt von Tom Malabad von der Virginia Division of Natural Heritage in zwei der zahlreichen Karsthöhlen im ländlichen Virginia. Und da sich sowohl die Russell's-Reserve-Höhle als auch die Witheros-Höhle auf dem Grundstück von Ford befinden, wurde die neue Art nach dem Astronomen im Ruhestand benannt.

Unter den Gegenständen, die Ford für meinen Besuch zurechtgelegt hat, befindet sich eine Plakette mit dem Namen sowie ein Foto des seltenen Käfers. Auf dem Couchtisch vor dem freundlichen, untersetzen und fast glatzköpfigen 88-Jährigen türmt sich ein Stapel Bücher und Papiere auf. Große Abzüge von Schwarz-Weiß-Fotografien hängen an der Wand und sind auf der Kommode und dem Sofa aufgestellt.[1]

„Das ist Vera an der Plattenmessmaschine im DTM", sagt er und meint damit die Abteilung für terrestrischen Magnetismus an der Carnegie Institution of Washington. „Das ist sie am Teleskop in Kitt Peak. Hier ist eine Nahaufnahme meiner Bildröhre. Dieses Bild ist viel später entstanden: Wir umarmen uns, als wir uns bei einem Carnegie-Kolloquium treffen."

Das Herzstück seiner visuellen Reise in die Vergangenheit ist die berühmte Darstellung der Rotation der Andromeda-Galaxie. Gemeinsam mit Vera Rubin zeigte Ford, dass die äußeren Teile der Andromeda-Galaxie viel schneller rotieren als die Wissenschaftler erwartet hatten. Diese Entdeckung wird allgemein als der erste überzeugende Beweis für die Existenz Dunkler Materie gefeiert. „Erst durch Rubins Arbeiten wurde die Dunkle Materie bewiesen", schrieb die Carnegie Institution in einer Pressemitteilung zu ihrem Tod am 25. Dezember 2016.

Die DTM in Washington, D.C. – hier verbrachte Ford seine gesamte Karriere, seit er sich im Sommer 1955 für einen Ferienjob beworben hatte. Dort wirkte er auch an der Entwicklung der Carnegie Image Tube mit, einem elektronischen Gerät, das es Astronomen erlaubte, viel lichtschwächere Objekte zu untersuchen, als sie es mit den altmodischen fotografischen Platten konnten. Das alles ist nun schon Jahrzehnte her.

Ellen Ford – zum Zeitpunkt meines Besuches 81 Jahre alt – gab mir die Wegbeschreibung zum roten Farmhaus des Paares mitten im Nirgendwo: vorbei am Millboro Mercantile und der Windy-Cove-Kirche, die Schotterstraße hoch, hinter der großen Pferdescheune. Als

Abb. 5: Vera Rubin an der Plattenvermessungsmaschine der Abteilung für terrestrischen Magnetismus am Carnegie-Institut in Washington, D.C.

ich ankomme, empfängt sie mich auf der Veranda, ausgestattet mit Gummistiefeln und Allwetterjacke, auf der ein Anstecker „NEIN" zur geplanten Pipeline entlang der Atlantikküste verkündet. Im Haus angekommen, bereitet sie Schinken-Sandwiches mit Senf zu – Kents Lieblingsessen.

Nein, einsam sei es hier draußen nicht, sagt Kent Ford als wir uns im Wohnzimmer hinsetzen, umgeben von den Fotografien aus der Vergangenheit. Aber er vermisse den DTM-Lunch-Club, in dem die wissenschaftlichen Mitarbeiter abwechselnd die Mahlzeiten zubereiteten, in dem Hamburger und Hot Dogs einmal in der Woche erlaubt waren und in dem jedes erdenkliche Thema diskutiert wurde. Während eines dieser mittäglichen Treffen im Jahr 1965 stellten Ford und der Radioastronom Bernard Burke Vera Rubin als ihre neue Kollegin vor – die erste Frau unter der wissenschaftlichen Belegschaft des DTM, man mag es kaum glauben.

Doch für Rubin war es nicht die erste Begegnung mit der männlichen Vorherrschaft in der Wissenschaft. Nachdem sie 1948 ihren Bachelor-Abschluss in Astronomie erworben hatte, wollte sie zunächst an die Graduiertenschule von Princeton wechseln. Da dort allerdings keine weiblichen Astronomiestudenten angenommen wurden – eine offenkundige Form der Geschlechterdiskriminierung, die bis 1975 bestehen bleiben sollte – ging Rubin an die Cornell-Universität. 1954 erlangte sie schließlich ihren Doktortitel an der Georgetown University, wo sie 1962 eine Assistenzprofessur für Astronomie antrat. Und sogar zu diesem Zeitpunkt war es nicht leicht für sie, Beobachtungszeit an den großen Teleskopen des Palomar Observatory in Südkalifornien zu bekommen, denn es hatte dort einfach noch nie eine Beobachterin gegeben.

Als sie am DTM ankam – nur wenige Gehminuten von ihrem Haus entfernt, was durchaus praktisch war, da das jüngste ihrer vier Kinder 1965 gerade einmal fünf Jahre alt war – stand Rubin vor der Wahl, mit wem sie sich ein Büro teilen sollte: mit Bernie Burke oder mit Ford. Die filigranen Teile von Fords Bildröhrenspektrografen, die überall auf seinem Schreibtisch verstreut lagen, zogen sie in ihren Bann. „Sie entschied sich für den Spektrografen", sagt Ford und lächelt. Sie teilten sich das Büro 15 Jahre lang.

Besagter Bildröhrenspektrograf – heute zu sehen im National Air and Space Museum in der National Hall – war das Gerät, das Rubins und Fords bahnbrechende Beobachtungen erst ermöglichte. Spektrografen mit Prismen oder feinen Gittern, die das Licht in die Farben des Regenbogens aufspalten, werden üblicherweise genutzt, um die Bewegungen von Sternen oder Nebeln zu untersuchen. Dunkle Linien im resultierenden Spektrum – die „Fingerabdrücke" diverser chemischer Elemente – werden leicht ins Rote oder Blaue verschoben, je nachdem, ob sich das Objekt von uns entfernt oder sich auf uns zu bewegt. Die Verschiebung der Wellenlänge hängt dabei von der Geschwindigkeit des Objekts ab. Dieselbe sogenannte Doppler-Technik wurde auch schon von Vesto Slipher im Jahr 1912 angewandt, um die scheinbaren Fluchtgeschwindigkeiten von Galaxien zu ermitteln, die durch die Expansion des Universums verursacht werden (siehe Kapitel drei).

Um jedoch die Spektren von schwachen Nebeln auf einer fotografischen Platte festzuhalten, werden extrem lange Belichtungszeiten benötigt, teilweise bis zu zwei Nächte. Die Carnegie-Bildröhre, die von Ford entworfen und von der Elektrofirma RCA gefertigt wurde, wirkt wie ein Bildverstärker, sodass weniger leuchtstarke Objekte schneller aufgenommen werden können. Ohne zu sehr in die technischen Details zu gehen: Trifft ein Photon die sogenannte Kathode, wird ein Elektron frei. Der darauffolgende Kaskadeneffekt innerhalb der Vakuumröhre sorgt dafür, dass immer mehr Elektronen frei werden. Der so erzeugte Elektronenstrahl erzeugt schließlich einen leuchtenden Pixel auf einem Phosphorschirm, der viel heller als das ursprüngliche Photon ist. Dieselbe Technik wird übrigens auch in den Nachtsichtgeräten des Militärs genutzt.

Mithilfe dieses neuartigen Gerätes konnten mit Belichtungszeiten von wenigen Stunden die Spektren leuchtschwacher Objekte aufgenommen werden – eine enorme Verbesserung. Und während Slipher der Erste war, der Spektren für ganze Galaxien aufnahm und daraus ihre Geschwindigkeit ermittelte, war es mit Fords Spektrograf nun möglich, dasselbe für einzelne Objekte innerhalb der Galaxien zu tun, zumindest, wenn die Galaxie nicht zu weit entfernt war. Damit ließen sich wertvolle Informationen über die Rotationsgeschwindigkeiten innerhalb von Spiralgalaxien in Bezug auf das galaktische Zentrum gewinnen, wodurch wiederum Rückschlüsse auf die Masse der Galaxie und ihre Masseverteilung möglich waren.

Ein ähnlicher Zusammenhang zwischen Rotationsgeschwindigkeit und Masse findet sich in vielen anderen flachen, rotierenden Strukturen im Universum, seien es das Ringsystem des Planeten Saturn, unser Sonnensystem als Ganzes oder protoplanetare Scheiben in der Umgebung von neugeborenen Sternen. In all diesen Fällen – wie auch in Scheibengalaxien wie der Milchstraße oder der Andromeda-Galaxie – werden die Bewegungen grundsätzlich von der Gravitation bestimmt und Geschwindigkeitsmessungen geben Aufschluss über die Masseverteilung innerhalb dieser rotierenden Systeme.

Nehmen wir beispielsweise einmal das Sonnensystem: Kennt man die Geschwindigkeit, mit der sich ein Planet um die Sonne bewegt, sowie seinen Bahnradius (die durchschnittliche Entfernung zwischen diesem Planeten und der Sonne), ist es ein Leichtes, die Masse der Sonne zu berechnen. Sogar dann, wenn wir nichts über die Größe der Sonne oder ihre Zusammensetzung wüssten – ja selbst, wenn wir die Sonne noch nie gesehen hätten – ließe sich ihre Masse sofort berechnen, nur, indem wir die Bewegungen der Planeten beobachteten.

In unserem Sonnensystem macht die Masse der Sonne 99 Prozent der Gesamtmasse aus. In einer Scheibengalaxie wie der Andromeda sieht es etwas anders aus: Dort ist die Masse viel stärker verteilt. Die Folge ist, dass die Umlaufgeschwindigkeit eines Sterns in einem bestimmten Abstand zum Galaxienzentrum nicht nur durch die Masse des zentralen Objekts im Galaxienkern bestimmt wird (wie unsere Milchstraße besitzt auch die Andromeda-Galaxie ein supermassereiches Schwarzes Loch im Zentrum), sondern auch durch jegliche andere Masse – sichtbar, wie unsichtbar – innerhalb der Umlaufbahn des Sterns. Das wäre, als wenn Millionen von Riesenplaneten zwischen Jupiter und der Sonne kreisen würden. Ihre Masse würde Jupiters Umlaufgeschwindigkeit deutlich erhöhen.

Natürlich würde man erwarten, dass die Umlaufgeschwindigkeiten mit zunehmendem Abstand zum Galaxienzentrum abnehmen.

Schließlich ist die Sterndichte an den äußeren Rändern von Galaxien deutlich geringer als nahe am Galaxienkern – deshalb zeigen sich die äußeren Bereiche von Galaxien übrigens auch nur auf Langzeitaufnahmen. Trüge man also die Umlaufgeschwindigkeiten in Abhängigkeit von der Entfernung zum Zentrum auf, sollte das Diagramm eine stetige Abnahme zeigen. Ein solches Diagramm wird Rotationskurve genannt. Die Form der Rotationskurve einer Galaxie gibt Aufschluss über ihre Masse sowie ihre Massenverteilung – genau, wonach Rubin und Ford für die Andromeda-Galaxie gesucht hatten.

Die Andromeda-Galaxie mag zwar die nächste große Nachbargalaxie der Milchstraße sein, dennoch ist sie noch immer 2,5 Millionen Lichtjahre von uns entfernt. Diese Entfernung machte es schlichtweg unmöglich, das Spektrum einzelner Sterne innerhalb der Galaxie aufzunehmen, sogar mit Fords leistungsstarkem Gerät. Stattdessen konzentrierten sich die beiden Astronomen auf sogenannte HII-Regionen (sprich: Ha-zwei): leuchtende Wolken aus heißem, ionisiertem Wasserstoffgas, ähnlich wie im berühmten Orion-Nebel, nur um ein Vielfaches größer. Auch diese Regionen bewegen sich um das Zentrum der Galaxie und ihre Geschwindigkeiten werden ebenfalls von der Gesamtmasse innerhalb ihrer Umlaufbahn bestimmt.

Ab Dezember 1966 war der klobige Bildröhrenspektrograf am 72-Inch-Teleskop des Lowell Observatory in Flagstaff, Arizona, montiert und wurde für Beobachtungen über mehrere Nächte eingesetzt. Für jede HII-Region wurde das Teleskop präzise ausgerichtet, um das schwache Licht des Nebels einzufangen und in ein Spektrum zu zerlegen. Mithilfe einer modifizierten Plattenkamera wurden die Spektren dann von der Phosphorplatte abfotografiert – eine automatische elektronische Anzeige gab es damals noch nicht.

Trotz der wundersamen Verstärkung durch die Bildröhre mussten die zwei mal zwei Zoll großen Platten nach wie vor zwei bis drei Stunden belichtet werden. Während dieser Zeit musste das Teleskop ständig manuell nachgeführt werden, um sicherzustellen, dass es der langsamen Bewegung der Andromeda-Galaxie am Himmel folgte, die sich aus der Erdrotation ergibt. Das alles geschah in einer Kuppel, in der es genauso kalt wie in freier Natur war, und in vollkommener Dunkelheit, da Streulicht die Beobachtungen ruinieren konnte.

In manchen Fällen luden Rubin und Ford ihre Ausrüstung in einen Transporter, nachdem sie mit ihrer Arbeit am Lowell-Observatorium fertig waren, und begaben sich dann noch auf den 300 Meilen langen Weg von Flagstaff nach Tucson – über die spätere Interstate 17 –, um mit dem 84-Inch-Teleskop am Kitt Peak National Observatory zusätzliche Aufnahmen zu machen. Wenn schließlich alle Platten entwickelt waren, wurden sie zurück nach Washington gebracht, wo Rubin die Wellenlängen der Spektrallinien mithilfe eines Spezialmikroskops exakt vermaß.

Die Schwarz-Weiß-Fotografien in Fords Wohnzimmer ergeben viel mehr Sinn, nachdem ich ihn über diese wunderbaren Monate in den späten 1960er-Jahren habe plaudern hören. Eine charmante Rubin im Sommerkleid am unteren Ende eines Teleskops, offensichtlich bei Tageslicht aufgenommen. Aber auch eine Rubin, wie sie einen dicken Wintermantel und Handschuhe trägt, ihr Auge am Okular des Teleskops; offenbar während einer dieser stundenlangen Beobachtungen auf dem kalten, 2150 Meter hohen Berggipfel. Rubin an der Plattenvermessungsmaschine am DTM. Und natürlich das finale Diagramm: die Rotationskurve der Andromeda-Galaxie.

67 HII-Regionen in verschiedenen Entfernungen zum Galaxienzentrum, bis zu 78.000 Lichtjahre. 67 Spektren, Wellenlängenmessungen, Geschwindigkeitsbestimmungen und zugehörige Punkte im Diagramm – die Ernte von fast einem Jahr harter Arbeit. Noch nie hatte jemand etwas Vergleichbares in dieser Detailtiefe und über einen so großen Entfernungsbereich gemacht. Die Ergebnisse waren jedoch etwas überraschend, denn selbst in den äußeren Regionen der Andro-

meda-Galaxie, in denen kaum noch Sternenlicht zu finden war, schienen die Rotationsgeschwindigkeiten nicht wie erwartet abzufallen. Die Rotationskurve blieb flach.

Im Dezember 1968 präsentierten Rubin und Ford schließlich ihre vorläufigen Ergebnisse auf einem Treffen der American Astronomical Society in Austin, Texas. Nur etwas mehr als ein Jahr darauf, im Februar 1970, erschien ihr Artikel „Rotation of the Andromeda Nebula from a Spectroscopic Survey of Emission Regions" (Die Rotation der Andromeda-Galaxie anhand spektroskopischer Untersuchungen von Emissions-Regionen) im *Astrophysical Journal*.[2]

Anhand ihrer Daten kamen die Astronomen zu dem Schluss, dass die Masse der Andromeda-Galaxie etwa 185 Milliarden Sonnenmassen beträgt und sich etwa die Hälfte dieser Masse innerhalb von 30.000 Lichtjahren rund um das Zentrum der Galaxie befindet.

Masse und Massenverteilung – ihr ursprüngliches Ziel hatten sie erreicht. Aber natürlich konnten die Ergebnisse keine Aussage darüber liefern, was in den äußeren Regionen wirklich vonstattenging. Wenn die Geschwindigkeiten selbst bis in eine Entfernung von 78.000 Lichtjahren vom Kern der Andromeda-Galaxie nahezu konstant blieben, was würde dann in noch größeren Entfernungen passieren? Wie viel Masse könnte sich möglicherweise noch hinter den äußersten HII-Regionen, die sie beobachtet hatten, verbergen?

Rubin und Ford beschlossen, darüber nicht zu spekulieren. In ihrer Veröffentlichung von 1970 erwähnen sie so etwas wie Dunkle Materie nicht und beziehen sich auch nicht auf die früheren Arbeiten von Kapteyn, Oort und Zwicky. „Die Extrapolation über diese [äußerste] Entfernung hinaus ist eindeutig eine Frage des Geschmacks", schrieben sie.

Was hat es nun also mit dem berühmten Schwarz-Weiß-Foto der Andromeda-Galaxie auf sich, über das die Rotationskurve mit Datenpunkten weit über den sichtbaren Rand der Galaxie gelegt ist?

Ford erhebt sich von der Couch und schlurft langsam zur Kommode hinüber, von wo mich seit über einer Stunde eine Version dieses Bildes anstarrt. „Nun", sagt er, nachdem er sich das Diagramm etwas genauer angeschaut hat, „das ist nicht aus unserem ersten Artikel. Es entstand später. Bei den äußeren Datenpunkten handelt es sich um Daten aus Radiobeobachtungen von Mort Roberts, Mitte der 1970er-Jahre."

Erst viel später schlugen Rubin und Ford vor, dass ihre Ergebnisse ein Hinweis auf große Mengen „fehlender Masse" oder „nicht-leuchtender Materie" sein könnten. Im Laufe der 1970er begannen sie damit, weiter entfernte Spiralgalaxien verschiedener Größen und Massen zu beobachten. Dazu nutzten sie modernere Geräte an größeren Instrumenten – die fast identischen Vier-Meter-Teleskope am Kitt Peak in Arizona und auf dem Cerro Tololo in Chile.

In einem gemeinsamen Artikel mit Norbert Thonnard, der im November 1978 in den *Astrophysical Journal Letters* veröffentlicht wurde, beschreiben Rubin und Ford ihre Ergebnisse für zehn Galaxien und fassen zusammen, dass die „Rotationskurven leuchtstarker Spiralgalaxien bis zu Entfernungen vom Galaxienkern von r = 50 kpc [163.000 Lichtjahre] flach [sind]."[3] Aber was könnte das bedeuten? Die Theoretiker Ostriker, Peebles und Yahil hatten zu diesem Zeitpunkt bereits vorgeschlagen, dass Scheibengalaxien möglicherweise in einen weitläufigen, massereichen Halo eingebettet sind (siehe Kapitel vier). Könnten die neuen Ergebnisse vielleicht der empirische Beweis für das Halo-Modell sein?

Die Autoren blieben zurückhaltend. „Die hier dargestellten Beobachten sind … zwar eine notwendige, jedoch nicht ausreichende Voraussetzung für massereiche Halos", schrieben sie. Mit anderen Worten: Ja, ein großer, mehr oder weniger kugelförmiger Halo würde eine flache Rotationskurve verursachen, doch flache Rotationskurven können genauso gut durch zusätzliche Materie innerhalb der Scheibenebene der Galaxie hervorgerufen werden. „Die Wahl zwischen einem kugelförmigen und einem scheibenförmigen Modell wird durch die Beobachtungen nicht eingeschränkt."

Rubins und Fords berühmtester Artikel erschien im Dezember 1980, abermals im *Astrophysical Journal* und wieder mit Thonnard als Co-Autor.[4] Dieses Mal präsentierten sie die Beobachtungen von nicht weniger als 21 Galaxien, und alle – sogar UGC 2885, ein Ungetüm, mindestens doppelt so groß wie unsere Milchstraße – zeigten flache Rotationskurven. In manchen Fällen schienen die Umlaufgeschwindigkeiten zu den Rändern der Galaxien hin sogar zuzunehmen.

„Die Schlussfolgerung, dass nicht-leuchtende Materie außerhalb der optisch sichtbaren Galaxie existiert, ist unausweichlich", schrieben Rubin, Ford und Thonnard. Was die Menge dieser unsichtbaren Materie anging, konnten sie jedoch nur faszinierende Fragen anbieten: „Wenn wir außerhalb des optischen Bereichs beobachten könnten: Würden die Geschwindigkeiten, vor allem bei kleineren Galaxien, weiterhin zunehmen? Macht die leuchtende Materie vielleicht nur einen kleinen Teil der Gesamtmasse einer Galaxie aus?"

Im Nachhinein betrachtet, entwickelte sich der Artikel von 1980 im Laufe der Jahre immer mehr zu einer Art Revolution in der Erforschung Dunkler Materie. „Vera Rubin gelang es, die Dunkle Materie von einem Thema, über das es in erster Linie nur Spekulationen gab, zu einem unübersehbaren Problem zu wandeln", schrieben die Astronomen Wallace und Karen Tucker in ihrem 1988 erschienenen Buch *The Dark Matter* (Die Dunkle Materie).[5]

Als Rubin, Ford und Thonnard ihre Ergebnisse jedoch veröffentlichten, gab es keine großen Schlagzeilen in den Zeitungen oder wissenschaftlichen Magazinen darüber. Was die Astronomie angeht, interessierten sich die Redakteure mehr für die atemberaubenden Fotografien von Saturn, die die NASA-Sonde Voyager 1 im November 1980 an die Erde gefunkt hatte.

Im Jahr 1989 ging Kent Ford in den Ruhestand. Er und Ellen zogen in ihr abgelegenes rotes Farmhaus in Millboro Springs, an den Ufern des Cowpasture Rivers. Natürlich blieb er mit Rubin in Kontakt, und ab und zu trafen sie sich auf Partys oder Konferenzen. Als Ford im Jahr 2011 seinen 80. Geburtstag feierte, konnte sie aufgrund einer gebrochenen Hüfte nicht dabei sein. Rubin zog nach Princeton, um näher bei ihrem Sohn zu leben. Als ihre Tochter Judy im Jahr 2014 starb, war sie am Boden zerstört. Mit der Zeit wurde sie vergesslich und ihr Gesundheitszustand verschlechterte sich. Am ersten Weihnachtsfeiertag 2016 kam schließlich der gefürchtete Anruf der Abteilung für terrestrischen Magnetismus aus Carnegie.

Zu diesem Zeitpunkt hatte sich die Dunkle Materie – einst ein eher obskures astrophysikalisches Konzept – zum größten ungelösten Rätsel der Wissenschaft entwickelt, mit dem sich Hunderte von Astronomen, Kosmologen und Teilchenphysikern beschäftigten. Und Vera Rubin wurde von vielen als die Person angesehen, die mehr als jede andere dazu beigetragen hatte, dass die Dunkle Materie ganz nach vorne in der wissenschaftlichen Forschung gerückt war. Darüber hinaus hatte sie sich zu einer großen Unterstützerin von Frauen in der Wissenschaft und zu einer Inspiration für Mädchen und jungen Frauen entwickelt, die eine Karriere in der Wissenschaft, Technologiebranche, im Ingenieurswesen oder in der Mathematik anstrebten.

Am 4. Januar 2017 schrieb die Harvard-Physikerin Lisa Randall in der *New York Times*:

> *Von all den großen Fortschritten in der Physik des 20. Jahrhunderts sollte [die Vorlage überzeugender Beweise für die Dunkle Materie] sicherlich an der Spitze stehen und wäre mehr als würdig, die weltweit wichtigste Auszeichnung auf diesem Gebiet – den Nobelpreis – verliehen zu bekommen. Doch bis zum heutigen Tag ist dies nicht geschehen und wird*

> *vielleicht auch nie passieren, denn die Wissenschaftlerin, die die Existenz Dunkler Materie salonfähig gemacht hat, Vera Rubin, ist am ersten Weihnachtsfeiertag gestorben.*

Auf die vielen anderen Wissenschaftlerinnen verweisend, die bei der Vergabe des Nobelpreises schon übergangen wurden, fügte Randall hinzu: „Das unausgesprochene Problem ist das Geschlecht."[6]

Hier auf seinem Sofa, mitten im Nirgendwo, lächelt Kent Ford nur freundlich. „Zu diesem Thema habe ich keine große Meinung", sagt er nachdenklich. „Ich erinnere mich, dass der Direktor des DTM einst sagte, dass er hoffe, dass wir niemals den Nobelpreis bekämen, da uns all die öffentliche Aufmerksamkeit von der Arbeit abhalten würde. Nun, dazu kam es nicht und das ist gut so." Für den Moment ist Ford froh, dass die Leute der Arbeit an den Rotationskurven von vor mehr als 40 Jahren auch heute noch ihre Aufmerksamkeit schenken. „Es macht Spaß, hier draußen auf dem Land zu sitzen und in der *New York Times* darüber zu lesen."

In der Zwischenzeit sollten die Leute jedoch die Radiobeobachtungen nicht vergessen, sagt er und spielt auf die hinteren Datenpunkte im Diagramm der Rotationskurve der Andromeda-Galaxie an, das er inzwischen wieder auf die Kommode gestellt hat. „Sie sollten auf jeden Fall mit Mort Roberts sprechen."

Den Namen habe ich mir bereits in meinem Notizbuch notiert. Bevor ich gehe, frage ich Ford noch nach der Doktorarbeit des niederländischen Radioastronomen Albert Bosma von 1978, auf die er und Rubin in ihrer Veröffentlichung im *Astrophysical Journal* 1980 verwiesen. „Tut mir leid", sagt er, „damit bin ich nicht vertraut. Vera hat immer das Schreiben übernommen."

6. KOSMISCHE KARTOGRAFIE

„NSF Vera C. Rubin Observatory", so lautet der Text auf Steve Kahns schwarzem T-Shirt, dem Direktor des Large Synoptic Survey Telescope (LSST). Wir schreiben den 6. Januar 2020 und es ist das erste Mal, dass Kahn dieses T-Shirt in der Öffentlichkeit trägt. An diesem Tag, auf der 235. Tagung der American Astronomical Society in Honolulu, wird der neue Name des LSST erstmals offiziell von Ralph Gaume, Leiter der Abteilung Astronomical Sciences der National Science Foundation (NSF), bekannt gegeben. Wenig später trägt fast jeder LSST-Mitarbeiter das gleiche Shirt.

Doch es ist nicht nur der neue Name, den Gaume im Raum 301 des Hawaii Convention Center bekanntgibt. Das Observatorium im nördlichen Chile wird nach Vera Rubin benannt, „welche wichtige Beweise für die Existenz der Dunklen Materie erbrachte", wie die NSF in einer zugehörigen Pressemitteilung erklärt. Doch zusätzlich wird auch das leistungsstarke Teleskop des Observatoriums umbenannt und von nun an Simonyi Survey Telescope heißen, nach einem frühen privaten Spender des Projekts. Und schließlich gibt es auch noch ein wenig Trost für diejenigen Astronomen, die sich an das aus vier Buchstaben bestehende Akronym LSST gewöhnt haben: Fortan läuft das Programm, das vom Teleskop ausgeführt wird, unter dem Namen Legacy Survey of Space and Time (Vermächtnis-Studie zu Raum und Zeit).[1]

Very Rubin wäre stolz gewesen. Mit seinem 8,4 Meter großen Hauptspiegel wird das Simonyi-Teleskop zwar nicht den Größen-Weltrekord brechen, doch es wird mit Abstand das „schnellste" Teleskop der Welt sein. Dreimal in der Woche wird es den kompletten Himmel über dem Observatorium mithilfe seiner 3,2-Gigapixel-Kamera kartografieren; übrigens die größte jemals gebaute Digitalkamera. Speziell kreierte Algorithmen werden diese riesigen Datenmengen – etwa

20 Terabyte pro Nacht – anschließend nach Asteroiden mit Kurs auf die Erde, nach schwachen Supernova-Explosionen und vielen anderen vorübergehenden Erscheinungen im nahen und fernen Universum absuchen.

Vor allem aber soll der LSST-Survey ein neues Licht auf die Rätsel der Dunklen Materie und Dunklen Energie werfen. Das Programm wird „unser Verständnis des Universums dramatisch verbessern", wie Kahn sagt. Und wer weiß? Vielleicht wird es so ja wirklich möglich, das Rätsel der Dunklen Materie endlich zu lösen. Tatsächlich sprach der Astronom Anthony Tyson, als er erstmals die Idee für dieses großartige neue Gerät hatte, von einem Dunkle-Materie-Teleskop.

Das war im Jahr 1996. Tyson, damals ein Forscher an den AT&T Bell Laboratories in Murray Hill, New Jersey, hatte sich zum weltweit führenden Experten für schwache Gravitationslinsen entwickelt – ein Phänomen, bei dem die Schwerkraft der Materie im relativ nahen Universum Bilder von weiter entfernten Hintergrundgalaxien leicht verformt (wir werden in Kapitel 13 auf das Thema Gravitationslinsen zurückkommen). Tyson erkannte, dass, wenn man diese winzigen Effekte am gesamten Himmel genau kartieren könnte, man auf die Verteilung der gravitativ wirksamen Materie – sowohl der sichtbaren als auch der Dunklen – über Raum und Zeit hinweg schließen könnte. Und damit war das Konzept für das Dunkle-Materie-Teleskop geboren.

Es sollte eine Weile dauern, bis die Arbeiten am Teleskop begannen, doch 2008 erhielt das Projekt einen großen Schub, als der Microsoft-Softwarearchitekt, Weltraumtourist und Milliardär Charles Simonyi über den Charles and Lisa Simonyi Fund for Arts and Sciences 20 Millionen Dollar für das Projekt spendete, das als Large Synoptic Survey Telescope bekannt wurde. Bill Gates steuerte weitere zehn Millionen Dollar bei. Zwei Jahre später wurde das LSST im maßgebenden Zehnjahresplan der National Academy of Sciences zur obersten Priorität unter den bodengestützten Instrumenten für Astronomie und Astrophysik erklärt, und 2014 sicherte die National Science Foundation die restliche Finanzierung für das futuristische Teleskop. Die riesige Kamera sollte vom SLAC National Accelerator Laboratory Center des Energieministeriums gebaut werden. Am 14. April 2015 legte die chilenische Präsidentin Michelle Bachelet in einer traditionellen Primera-Piedra-Zeremonie den Grundstein für die neue Anlage auf dem Berg Cerro Pachón. First light, also die Inbetriebnahme und erste Beobachtung, wird nun für das Jahr 2024 erwartet.

Der Cerro Pachón befindet sich in der Bergregion östlich der chilenischen Küstenstadt La Serena. In diesem Gebiet wurden bereits mehrere professionelle Observatorien errichtet, darunter das Cerro Tololo Inter-American Observatory, das Las-Campanas-Observatorium sowie weiter nördlich die europäische Südsternwarte auf La Silla. Dank des meist wolkenlosen Himmels, der stabilen und trockenen Atmosphäre sowie der geringen Lichtverschmutzung ist die Region ein wahres Paradies für Astronomen. In den letzten Jahrzehnten hat sich das Gebiet außerdem zu einem beliebten Ziel von Astrotouristen entwickelt. Die ausgeschilderte Ruta de las Estrellas (Straße der Sterne) führt Besucher entlang einer wachsenden Zahl von öffentlichen Sternwarten und Beobachtungsplätzen.

Am schnellsten erreicht man die Gegend über den Highway 41, der vom Pazifik nach Osten in das üppige Valle del Elqui führt. Im Juni 2019 entscheide ich jedoch, mit meinem Pickup mit Allradantrieb auf der kargen Bergstraße D-595 von der kleinen Stadt Samo Alto langsam nach Norden durch das Pichasca National Monument zu fahren. Es ist eine herrliche Fahrt durch eine sanfte Hügellandschaft, die mit kleinen grünen Vegetationsflecken übersät ist und von tiefen Tälern durchzogen wird.[2]

Zwischen den Dörfern Seron und Hurtado bietet sich mir plötzlich ein kurzer, aber beeindruckender Blick auf das LSST, das weit oben auf einem Bergkamm im Norden thront. Neben dem Gebäude erkenne ich einen hoch aufragenden Kran – der Bau des Teleskops ist noch in vollem Gange.

Das Teleskop kann nicht mehr als zehn Kilometer Luftlinie entfernt sein, aber um dorthin zu gelangen, ist eine weitere 100-Kilometer-Fahrt erforderlich, hauptsächlich auf steilen, kurvenreichen Schotterstraßen.

Nachdem ich das Cordón-Paranao-Gebirge überquert habe, fahre ich durch die Stadt Vicuña, in der sich die Tourismusindustrie auf Tausende Besucher zur Sonnenfinsternis am 2. Juli vorbereitet. Von Vicuña aus sind es nur 15 Minuten Fahrt bis zur Control Puerta am Beginn der kurvenreichen und unbefestigten, 40 Kilometer langen Zufahrtsstraße zum Cerro Pachón. Auf diesem befinden sich außerdem das Acht-Meter-Teleskop Gemini South und das 4,1 Meter große Southern Astronomical Research Telescope.[3]

Als ich schließlich in 2700 Metern Höhe über Normalnull auf dem Gipfel ankomme, bin ich von der schieren Größe des LSST überwältigt. Das zylindrische Teleskopgehäuse („Ja, wir nennen es eine Kuppel", erklärt mir Bauleiter Eduardo Serrano) ist immer noch eine offene Stahlkonstruktion, so hoch wie ein neunstöckiger Wohnblock. Doch der schlanke, mehrstöckige untere Teil des riesigen Gebäudes, der so konzipiert ist, dass er so wenig Luftturbulenzen wie möglich erzeugt, ist bereits fertig. Der leere Kontrollraum des Teleskops auf der obersten Ebene des Gebäudes dient derzeit als behelfsmäßiger Büro- und Aufenthaltsraum sowie als Kantine für die Bauarbeiter. In der unteren Etage befinden sich die in Deutschland gebauten Beschichtungskammern für die Spiegel des Teleskops. Tatsächlich sollte dort der 3,4 Meter große konvexe Sekundärspiegel des LSST nur drei Wochen nach meinem Besuch mit einer dünnen reflektierenden Silberschicht überzogen werden. Der ricsige 8,4-Meter-Hauptspiegel kam im Mai 2019 auf dem Berg an und wird zu einem späteren Zeitpunkt seine Aluminiumbeschichtung erhalten.

Abb. 6: Künstlerische Darstellung des Vera-C.-Rubin-Observatoriums auf dem Cerro Pachón in Chile.

In der Zwischenzeit werde die eigentliche Konstruktion des Teleskops in Spanien hergestellt und warte auf den Transport nach Chile, sobald die Kuppel fertiggestellt ist, sagt Serrano. „Die italienische Baufirma, die die Kuppel baut, liegt etwa zwei Jahre hinter dem Zeitplan zurück", beklagt er und blickt auf die unfertige Konstruktion, die sich gegen den kristallklaren blauen Himmel abhebt. In Ermangelung eines Teleskops, das er mir zeigen könnte, führt er mich um den riesigen hohlen Betonpfeiler mit einem Durchmesser von 16 Metern, der das 350 Tonnen schwere Instrument tragen wird. Mit Stolz zeigt er mir außerdem den riesigen Aufzug, der gebaut wurde, um die Spiegel von der Teleskopebene herunter zu transportieren, wenn sie neu beschichtet werden müssen.

Dreimal in der Woche den gesamten Himmel in einer noch nie dagewesenen Detailtiefe zu kartografieren, wird mit ziemlicher Sicherheit auch viele andere Ergebnisse – jenseits der Masse, ihrer Verteilung im Universum und wo Dunkle Materie zu finden sein könnte – liefern. Zumindest war das bei bisher allen groß angelegten Bestandsaufnahmen des Himmels der Fall; seit Gill und Kapteyns *Cape Photographic Durchmusterung* und des Mitte des 20. Jahrhunderts durchgeführten Palomar Observatory Sky Survey, der fast 2000 fotografische Platten des Nachthimmels umfasste. Doch während sich die früheren kosmischen Kartografen vor allem damit beschäftigten, die Verteilung der Sterne am Himmel aufzuzeichnen, hat sich das Ziel inzwischen auf die Kartierung der Galaxienverteilung im Universum verlagert. Vorzugsweise in drei Dimensionen, oder, wenn man die Zeit mit einbezieht, in vier.

Die Bestrebungen, die Galaxienverteilung zu kartieren, begannen mit der Hand und mit dem Auge. Ab 1948 zählten die Astronomen Donald Shane und Carl Wirtanen elf Jahre lang akribisch Hunderttausende von Galaxienbildern, die sie mithilfe des 20 Zoll großen Carnegie-Doppel-Astrografen am Lick-Observatorium auf dem Mount Hamilton, Kalifornien, auf 1390 Fotoplatten festgehalten hatten. Ihre statistische Analyse der Verteilung der Galaxien am Himmel wurde jedoch erst 1967 veröffentlicht, und es sollte weitere zehn Jahre dauern, bis Michael Seldner in Zusammenarbeit mit Bernie Siebers, Ed Groth und Jim Peebles die Galaxienzählungen in einem beeindruckenden Bild darstellten.[4] Ihre Karte mit dem Titel „One Million Galaxies" (Eine Million Galaxien), die heute die Wände von Astronomie-Instituten auf der ganzen Welt schmückt, zeigt ein kompliziertes, filamentartiges Muster, das visuell darstellt, worauf die Statistiken die ganze Zeit hingedeutet hatten: Die großräumige Verteilung der Galaxien im Universum ist nicht gleichmäßig, sondern klumpig. Wie ist das passiert?

Eine zweidimensionale Karte gibt nur begrenzt viele Informationen her. Schließlich ist sie nur die Projektion einer dreidimensionalen Realität – Galaxien, die am Himmel nahe beieinander zu liegen scheinen, können sich in Wirklichkeit in sehr unterschiedlichen Entfernungen befinden. Um eine 2D-Karte in eine 3D-Karte umzuwandeln, muss man also nicht nur wissen, wo sich eine Galaxie am Himmel befindet (das himmlische Äquivalent zu den irdischen Längen- und Breitengraden), sondern auch, wie weit sie entfernt ist: Man muss ihren Standort in der dritten Dimension kennen.

Im Prinzip ist das ganz einfach. Erinnern Sie sich an Kapitel drei: Das Licht einer sehr fernen Galaxie wird durch die kosmische Expansion rotverschoben. Der Grad der Rotverschiebung gibt an, wie weit die Galaxie entfernt ist. In der Praxis ist die Bestimmung der Entfernung einer Galaxie jedoch eine schwierige und zeitraubende Aufgabe. Ein einzelnes Foto kann zwar die Himmelspositionen von Tausenden von Galaxien auf einmal liefern, doch um die Rotverschiebung zu messen, muss man den Spektrografen nacheinander auf jede einzelne Galaxie richten. Hinzu kommt, dass für die Aufnahme eines Spektrums eine viel längere Belichtungszeit nötig ist als für ein simples Einzelbild.

Im Jahr 1977, demselben Jahr, in dem die „One Million Galaxies"-Karte veröffentlicht wurde, stellte sich Peebles' ehemaliger Student Marc Davis vom Harvard Smithsonian Center for Astrophysics (CfA) in Cambridge, Massachusetts, dieser Herausforderung. Gemeinsam mit seinen Kollegen John Huchra, David Latham und John Tonry bestimmte Davis die Rotverschiebungen und die entsprechenden Entfernungen von 2400 Galaxien in einem relativ schmalen Streifen des Himmels. Huchra, der ein erfahrener Beobachter war, nahm fast alle Spektren mit dem 1,5-Meter-Teleskop am Mount Hopkins in Arizona und einem Spektrografen auf, der mithilfe von Stephen Shectman vom Carnegie-Institut gebaut wurde.

Es sollte fünf Jahre dauern, bis das Team diese wegweisende Rotverschiebungsvermessung vollendet hatte. Die daraus resultierende Karte von 1982 zeigt einen „Ausschnitt des Universums" (engl.: Slice of the universe) mit der dreidimensionalen Galaxienverteilung in einem dünnen 135-Grad-Keil, der eine Entfernung von etwa 600 Millionen Lichtjahren abdeckt.[5] Aus der Karte wird klar ersichtlich, dass die Galaxien in relativ dünnen Mauern (engl.: walls) gebündelt sind, zwischen denen sich riesige, mehr oder weniger leere Hohlräume befinden. Eine genauere Untersuchung der Eigenschaften dieser Anhäufungen von Galaxien könnte mehr Licht auf die Entstehung der großräumigen Struktur des Universums werfen. Und auf das, was diesen Prozess in Gang gesetzt hat. Auf die Dunkle Materie.

John Huchra war fasziniert. Gemeinsam mit Margaret Geller, einer Harvard-Kollegin und ebenfalls ehemaligen Peebles-Schülerin, sowie mit der französischen Astrophysikerin Valérie de Lapparent startete er eine noch ehrgeizigere Durchmusterung desselben Himmelsareals. Bei diesem zweiten CfA-Rotverschiebungssurvey zwischen 1985 und 1995 wurden die 3D-Positionen von nicht weniger als 18.000 Galaxien kartiert.[6] Eine extrem zeitaufwändige Arbeit – aber sie war es wert. Damit war die kosmische Kartografie endlich erwachsen geworden.

In der Zwischenzeit wuchs auch die Multi-Objekt-Spektroskopie heran. Die Idee: Man legt eine Aluminiumplatte in die Brennebene des Teleskops, in die Hunderte von kleinen Löchern gebohrt werden, und zwar genau an den Stellen, an denen das Licht der Galaxien im Sichtfeld des Teleskops landen wird. Führt man dieses Licht dann über Hunderte von Glasfasern zum Spektrografen, kann man die Spektren all dieser Galaxien auf einen Schlag aufnehmen. Klar, man braucht zwar für jede neue Ausrichtung des Teleskops auch eine neue „Bohrplatte", aber diese Technik spart dennoch enorm viel Zeit am Teleskop.

Mithilfe der Multi-Objekt-Spektroskopie am 3,9-Meter-Teleskop des Anglo-Australian Telescope (demselben Instrument, mit dem Koen Kuijken und Gerry Gilmore in den späten 1980er-Jahren gezeigt hatten, dass sich Oort geirrt hatte) führte ein Team unter der Leitung von Matthew Colless von der Australian National University den Two Degree Field (2dF) Galaxy Redshift Survey durch. Zwischen 1997 und 2002 bestimmten sie die Rotverschiebungen von sage und schreibe 230.000 Galaxien bis zu einer Entfernung von rund 2,5 Milliarden Lichtjahren. Für ihre Messungen nutzten sie roboterpositionierte Glasfasern anstelle von Bohrplatten.[7] Endlich rückten die angestrebten eine Million Galaxien etwas näher: Die ursprüngliche „One Million Galaxies"-Karte war nur zweidimensional; es wäre ein riesiger Erfolg, wenn Wissenschaftler die 3D-Positionen einer ähnlichen Anzahl von Galaxien untersuchen könnten.

Darüber hinaus begann die 2dF-Durchmusterung, die vierte Dimension – die Zeit – mit zu berücksichtigen. Schließlich sind Teleskope auch so etwas wie Zeitmaschinen, die uns stets einen Blick in die Vergangenheit geben. Das Licht eines weit entfernten Objekts braucht Zeit, um uns zu erreichen; Galaxien in einer Entfernung von 2,5 Milliarden Lichtjahren sehen wir daher so, wie sie vor 2,5 Milliarden Jahren aussahen. Blickt man in die Vergangenheit zurück, wird es möglich, die Entwicklung der großräumigen Struktur des Universums zu untersuchen. Und sollten die kosmischen Strukturen im jungen Universum tatsächlich von der Schwerkraft der Dunklen Materie bestimmt worden sein, könnten derart tiefe Galaxiendurchmusterungen verräterische Hinweise auf die wahre Natur dieses geheimnisvollen Stoffes liefern.

Eines der ehrgeizigsten und erfolgreichsten 4D-Kartierungsprojekte ist der Sloan Digital Sky Survey (SDSS), der im Jahr 2000 begann, noch immer läuft und fast jedes Jahr riesige Mengen neuer Daten liefert.[8] Die Sloan-Kollaboration besteht aus Hunderten von Wissenschaftlern Dutzender Institutionen aus aller Welt. Für die Durchmusterung wird ein spezielles 2,5-Meter-Teleskop am Apache Point Observatory in New Mexico eingesetzt. Neben atemberaubenden Fotos, die zwischen 2000 und 2009 mit einer riesigen 120-Megapixel-Kamera aufgenommen wurden, lieferte die Sloan-Durchmusterung bisher mehr als vier Millionen Spektren von Sternen und Galaxien, einschließlich sogenannter Quasare (weit entfernte Galaxien mit extrem leuchtstarken Kernen) in Entfernungen von Milliarden von Lichtjahren. Das ist ein ziemlicher Sprung von den 2400 Galaxien der ersten CfA-Rotverschiebungsdurchmusterung von Marc Davis in den frühen 1980er-Jahren.

Von der Playa El Faro am Fuße des Faro Monumental (Großer Leuchtturm) von La Serena streift mein Blick über den Pazifik. Weiter südlich, auf den Strandterrassen der Restaurants entlang der Avenida del Mar, genießen Touristen die ruhige Brandung und den farbenprächtigen Sonnenuntergang. Um dieses riesige Gewässer zu erforschen und die vielen Tausend großen und kleinen Inseln zu kartieren, die sich über die Wellen erheben, benötigten Seefahrer Jahrhunderte. Doch innerhalb von nur vier Jahrzehnten ist es den Astronomen gelungen, viele Millionen Galaxien – einst wurden sie als „Inseluniversen" im kosmischen Ozean von vielen Milliarden Lichtjahren Größe beschrieben – zu kartieren und zu studieren. Wohlgemerkt, ohne dass sie jemals den Hafen verlassen mussten.

In wenigen Jahren wird das LSST eine weitere neue Ära der kosmischen Kartografie einläuten. Während der zehnjährigen Durchmusterungskampagne wird das Teleskop voraussichtlich unglaubliche 20 Milliarden Galaxien aufspüren, abbilden und ihre Lichtleistung in sechs Wellenlängenbereichen messen. Im Falle einer sehr weit entfernten Galaxie liefert diese Energieverteilung eine grobe Schätzung der Rotverschiebung – wiederum ein Anhaltspunkt für die Entfernung der Galaxie vom Beobachter –, ohne dass ein detailliertes Spektrum erfasst werden muss. Die Daten werden es Kosmologen ermöglichen, das Wachstum von Strukturen über Milliarden von Jahren der kosmischen Geschichte zu rekonstruieren. Darüber hinaus wird das LSST Tysons Traum erfüllen, die Verteilung der Dunklen Materie durch Raum und Zeit zu kartieren, indem es die winzigen Unregelmäßigkeiten in den Formen all dieser Galaxien, die durch schwache Gravitationslinsen verursacht werden, statistisch untersucht.

Es ist die Kartierung eines unsichtbaren Universums. Geradezu so, als würde ich den Faro Monumental besteigen, um den wogenden Pazifik zu studieren und diese verräterischen Muster nutzen, um etwas über unsichtbare Luftströme, unterirdische Meeresströmungen und verborgene Reliefs auf dem Meeresboden zu erfahren. Für Kapitän James Cook wäre das die reine Zauberei gewesen.

Um ehrlich zu sein, fühle ich mich auch ein wenig so, wenn ich mir die technischen Daten der LSST-Kamera ansehe und über den erwarteten wissenschaftlichen Ertrag des neuen Teleskops lese – es ist nicht weniger als ein Wunder. Dank seines einzigartigen optischen Designs hat das 8,4-Meter-Instrument ein Sichtfeld, das siebenmal so groß ist wie der Vollmond. Das Teleskop ist so unglaublich empfindlich, dass es nicht mehr als 15 Sekunden braucht, um Sterne und Galaxien zu entdecken, die fast eine Milliarde Mal schwächer sind als das, was das bloße Auge sehen kann. Nach jeder Aufnahme benötigt das massive, aber sehr steif und kompakt gebaute Teleskop nur fünf Sekunden, um zum nächsten Teil des Himmels zu schwenken und eine neue Aufnahme zu machen. Mit rund 200.000 Bildern pro Jahr, von denen jedes 3,2 Milliarden Pixel enthält, ist das LSST in der Tat eine kosmische Ultra-High-Definition-Filmkamera. Abgesehen von 20 Milliarden Galaxien wird es auch eine Fülle von kurzlebigen Phänomenen und bewegten Objekten beobachten, beispielsweise entfernte Supernova-Explosionen, nahe Asteroiden oder eisige Objekte im äußeren Sonnensystem. Die Astronomen werden mit Daten und

Informationen geradezu überschwemmt werden. Aber wie wird das Vera-C.-Rubin-Observatorium zur Lösung des Rätsels der Dunklen Materie beitragen? Wird das neue Teleskop in der Lage sein, die Rolle der unsichtbaren Materie bei der Entstehung und Entwicklung der großräumigen Struktur des Universums vollständig zu klären? Könnte es sogar Licht auf die physikalischen Eigenschaften dieser geheimnisvollen Substanz werfen? Das wird nur die Zeit zeigen, doch die Astronomen können es kaum erwarten, es herauszufinden.

Am Dienstagnachmittag, dem 2. Juli 2019, raste der Schatten des Mondes über den Pazifischen Ozean in Richtung Osten. Mit einem Durchmesser von 145 Kilometern fegte er mit fünf Kilometern pro Sekunde über La Serena und durch das Valle del Elqui. In dem kleinen Dorf Villaseca, östlich von Vicuña, haben sich Hunderte von Touristen versammelt, um das beeindruckendste Schauspiel zu erleben, das die Natur zu bieten hat: eine totale Sonnenfinsternis.

Durch meine Sonnenfinsternisbrille sehe ich, wie sich die dunkle Scheibe des Mondes über das helle Antlitz der Sonne schiebt. Das Tageslicht scheint langsam aus der Landschaft gesaugt zu werden. Die Schatten werden messerscharf und der Himmel färbt sich in einem gespenstigen Stahlblau. Hunde beginnen zu bellen, Vögel verstummen. Unterhalb der dünnen Sichel des Sonnenlichts wird die Venus sichtbar. Dann, ganz plötzlich, tauche ich in die Dunkelheit ein, zusammen mit den Teleskopen auf dem Cerro Pachón, etwa 20 Kilometer weiter im Südwesten.

Um die tintenschwarze Silhouette des Mondes herum offenbart sich die heiße, zarte Atmosphäre der Sonne, die normalerweise im grellen Licht der Sonnenscheibe untergeht. Eine majestätische, silbrig-weiße Krone aus weichem Licht. Für gerade einmal 146 Sekunden wird das Unsichtbare für alle sichtbar.

Es ist ein überwältigend schöner Anblick.

7. BIG-BANG-BARYONEN

Im März 1972 steckte ich mich mit dem Astro-Virus an. Damals war ich 15 Jahre alt und im Garten von Wim Gielingh, einem Amateurastronomen aus meinem Dorf, hatte ich meinen ersten Blick auf den Saturn durch ein anständiges Teleskop geworfen. Davon sollte ich mich nie erholen. Ehe ich's mich versah, trat ich einem Jugendastronomie-Verein bei, fertigte Bleistiftskizzen von Mondkratern an und lernte die Sternbilder mit *Norton's Sky Atlas and Reference Handbook*.

Damals ahnte ich noch nicht, dass zu dieser Zeit auch das Mysterium der Dunklen Materie immer prominenter werden sollte. Im Jahr 1972 analysierten Peebles und Ostriker ihre Computersimulationen von rotierenden Scheibengalaxien und entdeckten, dass diese ohne zusätzliche Materie nicht stabil sein können. Rubin und Ford begannen, die Rotationskurven von Spiralgalaxien jenseits der Andromeda-Galaxie zu messen und stellten fest, dass auch sie sich zu schnell drehten. Obwohl die Dunkle Materie in den Astronomiezeitschriften, die ich damals las, noch nicht erwähnt wurde, dämmerte es der wissenschaftlichen Gemeinschaft langsam, dass dies ein Problem war, das nicht verschwinden würde.

Ebenfalls an mir vorbei ging damals, dass die Kosmologie zu dieser Zeit gerade im Begriff war, erwachsen zu werden. Peebles' *Physical Cosmology* wurde im selben Jahr veröffentlicht, in dem ich meine astronomische Erleuchtung hatte. Die Entdeckung der kosmischen Hintergrundstrahlung im Jahr 1964 – nur 7,5 Jahre vor meinem Saturn-Erlebnis – hatte der Urknalltheorie endlich ein überzeugendes praktisches Gewicht in Form von Beobachtungen verliehen.

Auf diese Entwicklungen hatte man rund 50 Jahre lang hingearbeitet. In den ersten zwei Jahrzehnten des 20. Jahrhunderts entdeckten amerikanische Astronomen, dass sich andere Galaxien von unserer Milchstraße zu entfernen scheinen. Bald darauf kam Georges

Lemaître in Belgien auf die Idee eines sich ausdehnenden Universums, das in einem, wie er es nannte, „Uratom" oder „kosmischen Ei" geboren wurde. Die Wissenschaft hatte sich ihre eigene Version der Schöpfung zurechtgelegt, doch anstatt diese Erklärung als einzige Wahrheit zu akzeptieren, begannen Astronomen damit, sie zu konkretisieren, ihre Schlussfolgerungen zu überprüfen und – wenn überhaupt möglich – mit Beobachtungen zu testen.

Was die Wissenschaftler damals nicht wussten, war, dass ihre Bemühungen letztendlich – genauer gesagt in den frühen 1970er-Jahren – zu einer völlig unabhängigen Beweislinie für die Existenz der Dunklen Materie führen würden. Zu Dunkle-Materie-Teilchen.

Wenn das Universum nicht vor 6000 Jahren von einem göttlichen Wesen erschaffen wurde, und wenn es nicht schon immer existiert hat, kann man die Frage, warum und wie es sich zu seinem heutigen Zustand entwickelt hat, nicht länger ignorieren. Und so begannen vor allem die Physiker des 20. Jahrhunderts, sich über die chemische Zusammensetzung des Kosmos Gedanken zu machen.

Im Jahr 1925 zeigte die 25-jährige Cecilia Payne in ihrer brillanten Doktorarbeit, dass die Sonne – und folglich jeder Stern im Universum – hauptsächlich aus Wasserstoff besteht, dem leichtesten Element der Natur.[1] Payne – geboren im Jahr 1900 – kann als Vera Rubin avant la lettre betrachtet werden. Als junge Frau in England studierte Payne Chemie und Physik. Da die Universität Cambridge jedoch keine Abschlüsse an weibliche Studenten vergab, zog sie 1923 in die Vereinigten Staaten, wo sie als erste Frau in Harvard einen Doktortitel im Bereich Astronomie erhielt.

Paynes bahnbrechende Arbeit stieß zunächst auf großen Widerstand, vor allem von einflussreichen männlichen Astrophysikern. Doch innerhalb nur weniger Jahre waren alle davon überzeugt, und in den späten 1930er-Jahren zeigten Carl Friedrich von Weizsäcker und Hans Bethe, wie Protonen (die Kerne von Wasserstoffatomen) unter den enormen Temperaturen und Drücken im Zentrum der Sonne zu schwereren Heliumkernen verschmelzen können. Dabei wird Energie freigesetzt, genau wie es der berühmte britische Astrophysiker Arthur Eddington 1920 vorgeschlagen hatte. In einem sehr eloquenten *Nature*-Artikel mit dem Titel „The Internal Constitution of the Stars" (Die innere Beschaffenheit der Sterne) schrieb Eddington, dass „die subatomare Energie in den Sternen frei verwendet wird, um ihre großen Öfen aufrechtzuerhalten", auch wenn er damals noch nicht wusste, woraus die Sonne überhaupt besteht.[2]

Schön, Wasserstoff kann also zu Helium, dem zweitleichtesten Element, werden. Nachfolgende Kernreaktionen könnten möglicherweise noch eine Vielzahl weiterer leichter Elemente erzeugen, zum Beispiel Kohlenstoff, Stickstoff und Sauerstoff. Aber was ist mit den vielen schwereren chemischen Elementen im Periodensystem, wie Schwefel, Eisen, Gold und Uran? Im kosmischen Maßstab mag es sie zwar nicht so häufig geben, dennoch muss man klären, wie sie entstehen.

Direkt nach dem Zweiten Weltkrieg schlugen Astronomen und Physiker gleich zwei vollkommen unterschiedliche Erklärungen vor. Die eine besagte, dass die beeindruckende chemische Vielfalt der Natur das Ergebnis der Kernfusion in der heißen und dichten Urmaterie ist. Schließlich waren die Bedingungen im neugeborenen Universum denen im Kern der Sonne sehr ähnlich, sodass man ähnliche Reaktionen erwarten konnte. Diese Theorie wurde in einem berühmten Artikel in der *Physical Review* 1948 veröffentlicht, der als $\alpha\beta\gamma$-Paper bekannt wurde.[3] (Der Artikel wurde am 1. April veröffentlicht, was allerdings eher ein Zufall und kein Aprilscherz gewesen sein dürfte.)

Ich habe viel von dieser Arbeit („The Origin of the Chemical Elements", dt.: Der Ursprung der chemischen Elemente) gehört und gelesen. Und ich kenne auch die Geschichte, wie der sowjetisch-amerikanische Atomphysiker und Scherzkeks George Gamow, der die Arbeit zusammen mit seinem Doktoranden Ralph Alpher schrieb, den Namen seines Kollegen und Freundes Hans Bethe in die Autorenliste einfügte, um etwas zu erhalten, das wie die ersten drei Buchstaben des griechischen Alphabets klang. Aber bis vor Kurzem hatte ich den Artikel noch nie nachgeschlagen. Zu meiner Überraschung ist das αβγ-Paper kaum mehr als eine kurze Notiz: etwa 600 Wörter, zwei Gleichungen und eine Grafik.

Im Gegensatz dazu führte die konkurrierende Ansicht, dass alle schweren Elemente im Inneren von Sternen entstehen, zu einer Reihe sehr umfassender Arbeiten, die allesamt vom berühmten britischen Astronomen Fred Hoyle verfasst oder mitverfasst wurden. Hoyle glaubte nie an Lemaîtres Uratom oder das kosmische Ei oder wie auch immer man es nennen will. In einem BBC-Radiointerview am 28. März 1949 versuchte er sogar, sich über die Theorie lustig zu machen, indem er sie „Urknall" nannte – eine Wortschöpfung, die sich als so treffend herausstellen sollte, dass sich nie jemand einen besseren Namen für den Beginn des Universums einfallen ließ.

Anstatt anzunehmen, dass die gesamte Materie im Universum vor Milliarden von Jahren auf einmal entstanden ist, glaubte Hoyle, dass ständig neue Wasserstoffatome gebildet würden und die Gesamtdichte des Universums trotz der kosmischen Expansion konstant bleibe. In diesem sogenannten Steady-State-Modell, das er 1948 zusammen mit seinem Cambridge-Kollegen Thomas Gold veröffentlichte, gab es keinen Raum für die Nukleosynthese – die Produktion neuer Atomkerne – in einem primitiven Feuerball. Stattdessen wären alle Atome, die schwerer sind als Wasserstoff, im feurigen Inneren von Sternen entstanden.

1946, zwei Jahre vor der Veröffentlichung von Alphers und Gamows αβγ-Paper, hatte Hoyle bereits 40 Seiten über die stellare Nukleosynthese in den *Monthly Notices of the Royal Astronomical Society* geschrieben. Acht Jahre später lieferte er weitere Einzelheiten in einem 25-seitigen Artikel im *Astrophysical Journal Supplement*. Schließlich schloss er sich mit dem amerikanischen Physiker Willy Fowler und den britisch-amerikanischen Astrophysikern Margaret und Geoffrey Burbidge zusammen – eine Zusammenarbeit, die in einem monumentalen und bahnbrechenden Artikel in den *Reviews of Modern Physics* gipfelte.[4]

„Synthesis of the Elements in Stars" (Die Synthese der Elemente in Sternen) wurde 1957 veröffentlicht und ist inzwischen allgemein als B²FH-Paper bekannt, nach den Initialen der vier Autoren. Ein weiterer Meilenstein in der Geschichte der Astrophysik, und ein weiterer schrulliger akronymisierter Spitzname. Doch während das αβγ-Paper nur sechs Absätze lang war, umfasste der B²FH-Artikel satte 108 Seiten mit 13 Kapiteln voller Grafiken, Gleichungen, Tabellen und Diagrammen von Kernreaktionen.

Heute wissen wir, dass Alpher und Gamow mit ihrer Behauptung, Helium sei beim Urknall entstanden, recht hatten; die spätere stellare Nukleosynthese fügte nur geringe Mengen Helium hinzu. Aber die Burbidges, Fowler und Hoyle trafen mit ihrer Behauptung den Nagel auf den Kopf, dass Elemente wie Kohlenstoff, Stickstoff, Sauerstoff, Natrium, Aluminium, Silizium, Chlor, Kalzium und sogar Eisen in den nuklearen Kesseln im Inneren der Sterne – Eddingtons großen Öfen – gekocht werden. Das B²FH-Paper begann mit einem treffenden Zitat aus Shakespeares *König Lear*: „It is the stars, The stars above us, govern our conditions," (Die Sterne, die Sterne bilden unsre Sinnesart). Das tun sie in der Tat, nicht im astrologischen, sondern im wörtlichen Sinne: Unsere innerlichste Substanz – die Kohlenstoffatome in unseren Muskeln, das Kalzium in unseren Knochen und das Eisen in unserem Blut – hat eine stellare Herkunft. „Wir sind Sternenstaub, Milliarden Jahre alter Kohlenstoff", wie die Folksängerin Joni Mitchell 1969 in ihrer Ballade *Woodstock* schrieb.

Okay, die Theorie der stellaren Nukleosynthese, wie sie in dem umfangreichen B²FH-Paper beschrieben wird, sagt uns also etwas über den Ursprung der uns vertrauten Welt: die atomaren Bausteine von Mäusen, Motorrädern und Bergen. Doch um mehr über die geheimnisvolle Dunkle Materie im Universum zu erfahren, müssen wir uns wieder auf den kurzen αβγ-Artikel konzentrieren, wie Peebles gleich nach der Entdeckung der kosmischen Hintergrundstrahlung erkannte.

Diese Entdeckung von Arno Penzias und Robert Wilson aus dem Jahr 1964 (kurz beschrieben in Kapitel 1) war der dritte und letzte Nagel im Sarg von Hoyles und Golds Steady-State-Modell. Der erste war die allmähliche Erkenntnis, dass das Universum eine große Menge Helium enthält – etwa 24 Prozent der gesamten Atommasse des Kosmos liegen in Form dieses zweitleichtesten Elements vor. (Etwa 75 Prozent der atomaren Masse des Universums sind Wasserstoff; alle anderen Elemente zusammen machen weniger als zwei Prozent aus.) Es stimmt zwar, dass Helium auch im heißen Inneren von Sternen erzeugt wird, aber nicht in so großen Mengen – dafür kommt nur die primordiale Nukleosynthese wenige Augenblicke nach dem Urknall infrage.

Der zweite Beweis für die Urknalltheorie kam in den frühen 1960er-Jahren. Damals entdeckten Radioastronomen, dass Galaxien im weit entfernten Universum andere Eigenschaften haben als Galaxien in unserer kosmischen Nachbarschaft. Und da das Licht einer weit entfernten Galaxie zunächst Milliarden von Jahren brauchte, um uns zu erreichen, bedeutete diese Beobachtung, dass Galaxien in der Vergangenheit anders aussahen als heute. Mit anderen Worten: Das Universum befindet sich nicht in einem konstanten Zustand, sondern entwickelt sich weiter. Genau so, wie es die Urknalltheorie besagt.

Die Entdeckung der kosmischen Hintergrundstrahlung – wegen ihrer maximalen Wellenlänge von etwa einem Millimeter auch als kosmischer Mikrowellenhintergrund bekannt – schloss die Fallakte zugunsten des Urknalls endgültig: Die Strahlung wird zurecht als „Nachglühen der Schöpfung" bezeichnet. (Ich werde auf die Besonderheiten des kosmischen Mikrowellenhintergrunds in Kapitel 17 zurückkommen.)

Als Bob Dicke seinen kanadischen Postdoc fragte: „Jim, warum beschäftigst du dich nicht mit der Theorie, die hinter all dem steckt?", ahnte Peebles bereits, dass seine Untersuchungen des frühen Universums Licht auf die chemische Zusammensetzung des Kosmos werfen würden. Abgesehen von der Ausbreitung von über- und unterdichten Regionen in der heißen, zähen Teilchen- und Strahlungssuppe, untersuchte er auch, wie das Ergebnis von Kernreaktionen in den ersten Minuten des jungen Universums – und insbesondere die Menge des Deuteriums – von der immer geringer werdenden Dichte der kosmischen Materie abhängt.

Dies hier ist kein Buch über den Urknall, also erwarten Sie bitte nicht, dass ich zu sehr ins Detail gehe, aber das Wichtigste ist, dass sich elementare Teilchen, die sogenannten Quarks, zu den ersten Nukleonen (Protonen und Neutronen, den Bestandteilen aller Atomkerne) vereinigten, als das Universum etwa eine Sekunde alt war. Aufgrund ihrer Masse werden Protonen und Neutronen auch als Baryonen bezeichnet, was aus dem Griechischen stammt und „schwer" bedeutet.

Zunächst war die Anzahl der Protonen fast genauso groß wie die der Neutronen, doch schon bald änderte sich das drastisch. Aufgrund der extremen Temperaturen des neugeborenen Universums konnten sich die einzelnen Baryonen noch nicht zu Kernen verbinden. Und während die Neutronen in einem Atomkern stabil sind, zerfallen sie ungebunden langsam aber sicher zu Protonen. Innerhalb weniger Minuten nahm die Zahl der Neutronen daher deutlich ab, während die Protonen immer zahlreicher wurden.

Als die Temperaturen auf etwa eine Milliarde Grad gesunken waren (niedrig genug, um mit der Bildung von Atomkernen zu beginnen), bestand nur noch ein Achtel der gesamten baryonischen Masse im Universum aus Neutronen; der Rest aus Protonen. Durch verschiedene Kernreaktionen landeten die meisten Neutronen schließlich in Heliumkernen, die sich aus zwei Protonen und zwei Neutronen zusammensetzen. Die restlichen Protonen blieben als Kerne von Wasserstoffatomen zurück. Kerne schwerer als Helium konnten sich kaum bilden, und nach einer kurzen, aber extrem energiereichen Zeit der Nukleosynthese sanken die Temperaturen sowie die Dichte im frühen Universum noch weiter ab und die Fusionsreaktionen kamen zum Stillstand.

Das Ergebnis dieses urzeitlichen nuklearen Chaos lässt sich inzwischen ganz einfach ermitteln. Wenn man richtig rechnet, findet man heraus, dass etwa drei Viertel der gesamten baryonischen Masse des Universums in Form von Wasserstoff vorliegt, während etwa ein Viertel der Masse in Form von Helium existiert. Das stimmt mit den Messungen der kosmischen Häufigkeiten dieser beiden Elemente zufriedenstellend überein. Mit anderen Worten: Die Urknall-Nukleosynthese liefert uns eine saubere Erklärung für die beobachtete chemische Zusammensetzung des Universums – etwas, das das Steady-State-Modell (und eine göttliche Schöpfung erst recht) nicht leisten kann.

Was ist nun mit dem Deuterium und der kosmischen Dichte? Was hat es mit der Arbeit von Peebles auf sich? Nun, Heliumkerne bilden sich nicht auf einen Schlag. Es ist nicht so, dass zwei einsame Protonen und zwei einsame Neutronen zufällig genau zur gleichen Zeit aufeinanderstoßen. Stattdessen gibt es eine Reihe von möglichen Zwischenschritten, von denen Deuterium der wichtigste ist und auf den wir uns hier konzentrieren.

Während ein Wasserstoffkern nur aus einem Proton besteht, setzt sich ein Deuteriumkern (manchmal auch Deuteron genannt) aus einem Proton und einem Neutron zusammen, die durch die starke Kernkraft miteinander verbunden sind. Es ist immer noch Wasserstoff – chemische Elemente werden schließlich durch die Anzahl der Protonen in ihren Kernen definiert –, aber er ist fast doppelt so schwer, woher auch der geläufige Name „schwerer Wasserstoff" kommt. Schon bald nach ihrer Entstehung nehmen die Deuteriumkerne an einer weiteren Reihe von Kernreaktionen teil, die schließlich zur Erzeugung von Helium führen. Doch für diese Reaktionen blieb nicht viel Zeit: Durch die Expansion des Universums sanken die Temperaturen rapide und die primordiale Nukleosynthese kam ins Stocken, sodass ein Teil des Deuteriums ungenutzt blieb.

In einem im November 1966 im *Astrophysical Journal* erschienenen Artikel zeigte Peebles, dass die relative Menge an Deuterium im Universum entscheidend von der Dichte der (baryonischen) Materie während der kurzen Epoche der Nukleosynthese abhängt.[5] Je höher die Dichte, desto effizienter laufen die Kernreaktionen ab und desto weniger Deuterium bleibt als Rückstand übrig. Im Gegensatz dazu hätte eine geringere Dichte während dieser kritischen Epoche zu einer größeren Deuteriumhäufigkeit geführt. Ähnliche Argumente gelten für einige andere seltene Atomkerne, darunter Helium-3, das zwei Protonen, aber nur ein Neutron enthält, doch die Abhängigkeit zeigt sich bei Deuterium am deutlichsten.

Misst man also die aktuelle Häufigkeit von Deuterium im Universum, gibt das Aufschluss über die kosmische Dichte während der Urknall-Nukleosynthese. Davon ausgehend ist es nicht schwer, die aktuelle Dichte der baryonischen Materie im Universum zu berechnen; nach Milliarden von Jahren der kosmischen Expansion. Mit anderen Worten: Präzise Untersuchungen des Deuteriums können Aufschluss über die durchschnittliche Dichte der „normalen" Materie geben, die hauptsächlich aus Atomkernen (Baryonen) besteht.

Fünf Monate, nachdem Peebles seine Berechnungen veröffentlicht hatte, wurden sie in einem weiteren (und viel detaillierteren) Artikel im *Astrophysical Journal* von Robert Wagoner und Willy Fowler vom Caltech bestätigt. Auch Hoyle, der dem Urknall zwar immer noch kritisch gegenüberstand, aber dennoch wichtige theoretische Beiträge zu dieser Idee leistete, beteiligte sich daran.[6] Im Januar 1973 veröffentlichte Wagoner, damals an der Cornell University, eine aktualisierte Studie mit dem Titel „Big-Bang Nucleosynthesis Revisited" (Die Nukleosynthese des Urknalls wieder aufgegriffen).[7] Es schien, als hätten die Wissenschaftler die heikle Frage nach dem Ursprung der leichten Elemente im jungen, heißen Universum tatsächlich gelöst. Jetzt brauchten sie nur noch die relative Deuteriumhäufigkeit zu messen und sie würden die aktuelle baryonische Massendichte des Universums kennen.

Die direkte Messung der Häufigkeit kosmischen Deuteriums ist zwar schwierig, doch die Weltraumforschung schaffte Abhilfe. Am 21. August 1972, nur wenige Monate nachdem ich meinen ersten Blick durch ein Teleskop auf den Saturn geworfen hatte, startete die NASA ihre dritte Orbiting-Astronomical-Observatory-Sonde (OAO-3), die nach dem polnischen Astronomen Kopernikus benannt wurde, dessen Geburtstag sich Anfang 1973 zum 500. Mal jährte. Eines der Instrumente des Kopernikus-Observatoriums war ein 80-Zentimeter-Ultraviolett-Teleskop mit Spektrometer, das in Princeton entwickelt worden war. Detaillierte Spektren von hellen Sternen im UV-Bereich (die vom Boden aus nicht erfasst werden können) sollten Absorptionslinien von interstellarem Wasserstoff und Deuterium aufdecken, indem sie bestimmte Wellenlängen des ultravioletten Lichts herausfiltern. Aus den relativen Absorptionsmengen ließe sich dann das Häufigkeitsverhältnis von Deuterium berechnen.

Im Dezember 1973 veröffentlichten Peebles' Princeton-Kollegen John Rogerson und Donald York im *Astrophysical Journal* die ersten

Abb. 7: Techniker prüfen den 81-Zentimeter-Spiegel des Teleskops an Bord des Kopernikus-Satelliten der NASA. Als es 1972 gestartet wurde, war es das größte Weltraumteleskop, das jemals ins All geschickt worden war.

Ergebnisse, die auf den Kopernikus-Beobachtungen des hellen Sterns Agena (Beta Centauri) auf der Südhalbkugel beruhten.[8] Ihre Schlussfolgerung: Der interstellare Raum enthält nur einen Deuteriumkern auf 70.000 Wasserstoffkerne. Ein winziger Rest also, der bei den Kernreaktionen im neugeborenen Universum übriggeblieben ist. Aus diesem Wert ließ sich dann die Menge der baryonischen Materie im Universum ableiten – im Grunde also die Anzahl der Atomkerne.

Mithilfe der neuesten Berechnungen von Wagoner kamen Rogerson und York auf eine durchschnittliche kosmische Baryonendichte von $1{,}5 \times 10^{-31}$ Gramm pro Kubikzentimeter. Eine Arbeit aus dem Jahr 1976, die sich auf Ultraviolettbeobachtungen von vier weiteren Sternen (darunter Spica, der hellste Stern im Sternbild Jungfrau) stützt, kam mehr oder weniger zum selben Ergebnis.[9] So hatten die Astronomen endlich eine zuverlässige Schätzung für die Gesamtmenge der „normalen" Materie im Universum zur Hand. Und das Ergebnis sollte fatale Auswirkungen auf unsere Vorstellungen von Dunkler Materie haben.

Peebles, Ostriker und Yahil waren sich der Ergebnisse von Kopernikus durchaus bewusst, als sie 1974 ihren Artikel „The Size and Mass of Galaxies, and the Mass of the Universe" (Die Größe und Masse von Galaxien und die Masse des Universums) verfassten. Erinnern Sie sich an Kapitel 4: Die Forscher nutzten eine Vielzahl von dynamischen Beobachtungen und Argumenten, um das durchschnittliche Masse-Licht-Verhältnis von Galaxien zu bestimmen. Anschließend berechneten sie die durchschnittliche Massendichte des Universums durch eine Schätzung der Anzahl der sichtbaren Galaxien in einem bestimmten Raumvolumen und kamen zu einem Wert von 2×10^{-30} Gramm pro Kubikzentimeter, also etwa 13-mal dichter als das Ergebnis von Rogerson und York.

Wenn die derzeitige Dichte des Universums wirklich so viel größer war als es Rogerson und York ermittelt hatten, musste die Dichte auch während der Epoche der Urknall-Nukleosynthese höher gewesen sein. Das hätte zu einem viel geringeren Vorkommen kosmischen Deuteriums geführt, als es die Kopernikus-Messungen ergeben hatten.

Es sei denn …

Da haben Sie es wieder: Es sei denn, der größte Teil der Masse im Universum besteht nicht aus Baryonen. Die Deuteriumhäufigkeit gibt nur Aufschluss über die Dichte der Atomkerne, also der Bausteine der „normalen" Materie, die an den Kernreaktionen beteiligt sind. Aber was ist, wenn das Universum viel anormale Materie enthält? Materie, die nicht aus Atomkernen besteht? Nicht-baryonische Materie? Das würde die dynamischen Beobachtungen erklären, ohne mit den Deuterium-Messungen in Konflikt zu geraten.

Das scheint ein großer Glaubenssprung zu sein, und Ostriker, Peebles und Yahil zogen keine voreiligen Schlüsse. Vielleicht hat ein völlig anderer Prozess in den Milliarden von Jahren seit dem Urknall zusätzliche Mengen an Deuterium erzeugt, obwohl noch niemand einen brauchbaren Mechanismus gefunden hat. Oder vielleicht waren ihre Schätzungen für die Anzahl der Galaxien im lokalen Universum zu hoch. Tatsächlich kam eine unabhängige Analyse von Richard Gott, James Gunn, David Schramm und Beatrice Tinsley, die ebenfalls 1974 veröffentlicht wurde, zu einem etwas weniger beunruhigenden Ergebnis.[10] Doch im Laufe der Jahre dämmerte es den Kosmologen allmählich, dass die Natur uns wirklich etwas Wichtiges mitteilen wollte. Wenn – aus welchem Grund auch immer – die gesamte Massendichte des Universums deutlich höher als der Wert ist, der sich aus den Berechnungen der Urknall-Nukleosynthese ergibt, dann müssen wir akzeptieren, dass es da draußen eine Menge nicht-baryonischer Materie gibt. Dunkel und seltsam.

Kapteyn, Oort und Zwicky, Peebles und Ostriker sowie Rubin und Ford – sie alle fanden Indizien für die Existenz erheblicher Mengen an Dunkler Materie. Allerdings bedeuteten ihre Ergebnisse nicht, dass „dunkel" gleichbedeutend mit „geheimnisvoll" ist. Ihre Ergebnisse ließen sich genauso gut durch große Mengen lichtschwacher Zwergsterne, riesige Wolken aus kaltem interstellarem Gas oder sogar durch eine Population unsichtbarer Schwarzer Löcher erklären. Doch das änderte sich, als die Theorie des Urknalls immer überzeugender wurde. Über Milliarden von Jahren kosmischer Geschichte hinweg brachte der Urknall selbst ein neues Beweisstück im Prozess um die Dunkle Materie in den Gerichtsaal: nicht irgendein astrophysikalisches Objekt, sondern ein seltsames, unbekanntes Teilchen. Plötzlich schienen die alten Ideen – die einfachen Erklärungen – vom Tisch zu sein. Nicht-baryonische Dunkle Materie – daran sollten wir uns besser gewöhnen.

Gott, Gunn, Schramm und Tinsley begannen ihren umfangreichen Artikel über die Massendichte des Universums mit einem Zitat des römischen Dichters und Philosophen Lucretius:

Drum, wenn grade die Neuheit dich schreckt, verwirf nicht im Geiste

Vorschnell unsere Forschung; vielmehr mit der Waage des Urteils

Wäge sie desto genauer und, scheint sie dir wahr, so ergib dich!

Richtig – was konnte man anderes tun, als sich zu ergeben?

Sie hätten genauso gut ein beunruhigendes Star-Trek-Zitat hinzufügen können: „Widerstand ist zwecklos."

8. RADIO-ERINNERUNGEN

Frustriert?

Albert Bosma muss nur kurz nachdenken. Dann antwortet er entschlossen: „Ich bin nicht leicht zu frustrieren. Aber ich mache mir über alles Notizen. Wer weiß, vielleicht schreibe ich ja eines Tages ein Buch." Die meisten seiner Kollegen aus der Radioastronomie sowie die Historiker der Dunklen Materie sind sich einig, dass Bosmas Entdeckungen Mitte der 1970er-Jahre die ersten waren, die wirklich die Existenz Dunkler Materie in Galaxien belegten. Doch außerhalb der Fachwelt ist er kaum bekannt. Stattdessen sprechen alle von Vera Rubin. Wie könnte Bosma da nicht frustriert sein?

Ich treffe den kleinen, langhaarigen und bärtigen Astronomen im Nebengebäude des Radioobservatoriums Westerbork in der dünn besiedelten niederländischen Provinz Drenthe.[1] Das Observatorium steht neben einem ehemaligen Durchgangslager der Nazis. Zwischen 1942 und 1944 wurden von hier aus 97.776 Juden, Roma und Sinti – darunter auch die junge Anne Frank und ihre Familie – mit dem Zug nach Auschwitz und Sobibór deportiert, wo fast alle von ihnen getötet wurden. Heute wird das Gelände genutzt, um friedvoll die Geheimnisse des Universums zu studieren. Es ist ein kalter und nieseliger Novembermorgen, doch ab und zu bricht die Sonne durch die Wolken und beleuchtet die kilometerlange Reihe von 14 Radioschüsseln mit Durchmessern von 25 Metern.

Obwohl Bosma das Rentenalter längst überschritten hat, ist er noch immer aktiver Radioastronom am Laboratoire d'Astrophysique in Marseille, Frankreich. Gerade von einer Reise nach China zurückgekehrt, besucht er jetzt seine Familie in den Niederlanden. Im kleinen Dorf Smilde in der Provinz Drenthe wuchs der junge Albert auf. Und dort weckte sein Mathelehrer Dr. Knol sein Interesse für Astronomie. Am Observatorium von Westerbork führte er dann seine bahnbrechenden Beobachtungen im Rahmen seiner Doktorarbeit an der Universität Groningen durch. Eben jene Beobachtungen, von denen viele Menschen noch nie etwas gehört haben.

Ja, man könnte sich für den Kampf entscheiden, sagt er, aber am Ende würde man nichts anderes mehr tun.

Eines ist sicher: Die in Kapitel fünf beschriebene Arbeit von Rubin und Ford aus dem Jahr 1970 über die Andromeda-Galaxie hat die Existenz von Dunkler Materie nicht bewiesen. Das konnte sie auch nicht. Wie der australische Astronom Ken Freeman und der Wissenschaftslehrer Geoff McNamara in ihrem 2006 erschienenen Buch *In Search of Dark Matter* (Auf der Suche nach Dunkler Materie) schrieben: „Flache optische Rotationskurven können nur selten schlüssige Beweise für Dunkle Materie liefern, weil sie nicht weit genug vom Zentrum der Galaxie entfernt sind."[2]

Ebenso waren Rubin und Ford nicht die ersten Astronomen, die feststellten, dass bei der Rotation von Scheibengalaxien etwas Seltsames vor sich geht. Denn mehr als 30 Jahre zuvor hatte Horace Babcock – der 1964 Direktor des Palomar-Observatoriums werden sollte – bereits bemerkt, dass der Rand der sichtbaren Scheibe der Andromeda-Galaxie schneller rotiert, als Astronomen erwartet hatten.[3] Walter Baade und Nicholas Mayall kamen 1951 schließlich zu ähnlichen Ergebnissen.[4]

Mehr noch: Im selben Jahr, in dem Rubin und Ford ihre Andromeda-Ergebnisse veröffentlichen, entdeckte auch Freeman, dass einige Galaxien mehr Materie zu enthalten schienen, als man aufgrund optischer Beobachtungen vermuten würde. Freeman analysierte die Verteilung des Sternenlichts in den Scheiben von 36 Galaxien und leitete daraus die Rotationskurven ab, die man für diese Systeme erwarten würde, wenn man annimmt, dass sie nur Sterne enthielten. Damals standen Rotationsdaten nur für eine Handvoll Galaxien zur Verfügung, und in mindestens zwei Fällen – M 33 und NGC 300 – wichen die gemessenen Rotationskurven von den berechneten ab.[5] „Wenn [die Daten] richtig sind", schrieb Freeman in seinem Artikel im *Astrophysical Journal*, „dann muss es in diesen Galaxien zusätzliche Materie geben, die unentdeckt ist ... Ihre Masse muss mindestens so groß sein wie die Masse der untersuchten Galaxie und ihre Verteilung muss ganz anders sein als die ... Verteilung, die man bei der optischen Galaxie sieht."

Es ging also in der Tat irgendetwas Verwunderliches vor sich, aber dennoch nichts, was überzeugend gezeigt hätte, dass Galaxien in große Halos aus Dunkler Materie eingebettet wären. Schließlich konnten optische Beobachtungen nur die Massenverteilung im sichtbaren Teil einer Galaxie aufzeigen. Wie Rubin und Ford in ihrer Arbeit von 1970 bemerkten, ist die „Extrapolation über diesen Bereich hinaus eindeutig eine Frage des Geschmacks".

Oder eine Frage der Wellenlänge. Denn jenseits des scheinbaren Randes einer Galaxie liegen dünne, unsichtbare Wolken aus kaltem Wasserstoffgas, die nur bei Radiowellenlängen beobachtet werden können.

Von Kent und Ellen Fords Farmhaus in Millboro Springs sind es noch einmal 60 Meilen weiter nordwestlich, durch die Allegheny Mountains und nach Pocahontas County, West Virginia, bis zum ehrwürdigen Green Bank Observatory. Das ursprünglich vom National Radio Astronomy Observatory (NRAO) betriebene Green Bank Observatory beherbergt die größte vollständig lenkbare Radioantenne der Welt. Und es ist ein Mekka für Wissenschaftshistoriker.[6]

Gleich hinter dem Eingang zum Observatoriumsgelände befindet sich ein maßstabsgetreuer Nachbau der 30 Meter durchmessenden „Karussell"-Antenne des Physikers Karl Jansky, mit der 1931 die ersten kosmischen Radiowellen entdeckt wurden. Auf der anderen Seite des Eingangs befindet sich die renovierte 9,4-Meter-Antenne, die der Radioingenieur Grote Reber sechs Jahre später im Hinterhof seiner Mutter gebaut hatte – das erste Instrument, mit dem jemals eine grobe Karte des Radiohimmels erstellt wurde. Und in der Residence Hall Lounge der Sternwarte erinnert eine Gedenktafel daran, dass der Astronom Frank Drake hier im November 1961 seine berühmte Gleichung vorstellte. (Die Drake-Gleichung schätzt die Anzahl der außerirdischen Zivilisationen in unserer Milchstraße ab, von denen wir möglicherweise Radioemissionen entdecken könnten.)

Ein etwas weniger auffälliges Exponat auf dem Gelände – nämlich genau jenes, welches die späteren Beobachtungen von Bosma und seinen Kollegen aus der Radioastronomie ermöglichte – ist die originale Hornantenne, mit der der Harvard-Absolvent Doc Ewen und sein Doktorvater Edward Purcell die sogenannte Linienemission von neutralem Wasserstoff nachgewiesen hatten: Radiowellen mit der sehr spezifischen Frequenz von 1420,4 Megahertz, was einer Wellenlänge von 21,1 Zentimetern entspricht. Diese bahnbrechende Entdeckung, die am 25. März 1951 (übrigens ein Ostersonntag; Ewen arbeitete damals rund um die Uhr) gemacht wurde, ermöglichte es schließlich, die äußeren Bereiche ferner Galaxien zu kartieren. Und da der Doppler-Effekt bei Radiowellen genauso funktioniert wie bei sichtbarem Licht, geben präzise Beobachtungen der 21-Zentimeter-Linie Aufschluss über die Bewegungen des Wasserstoffgases, einschließlich der Rotation von Gaswolken weit jenseits der sichtbaren Scheibe einer Galaxie, wo es so gut wie keine Sterne mehr gibt.

Weswegen sich Ewen und Purcell überhaupt erst auf die Suche machten, war eine Vorhersage des niederländischen Astronomen Henk van de Hulst, eines Studenten von Oort in Leiden. Im Jahr 1944, während des Zweiten Weltkriegs, wurde van de Hulst – der Sohn eines berühmten niederländischen Kinderbuchautors – von seinem visionären Doktorvater gebeten, das neu entdeckte kosmische Radiorauschen nach Informationen über den allgegenwärtigen kühlen neutralen Wasserstoff im interstellaren Raum zu untersuchen. Nach einiger Recherche und handschriftlichem Rechnen kam der 25-jährige Student zu dem Schluss, dass es ein schwaches Wasserstoffsignal bei einer Wellenlänge von 21 Zentimetern geben müsse.

Direkt nach dem Krieg baute die Leidener Gruppe eine 7,5-Meter-Radarantenne (die von den Deutschen zurückgelassen worden war) in ein Radioteleskop um und begann die Suche nach der 21-Zentimeter-Linie. Doch unter anderem ein Brand im Empfänger der Anlage verzögerte ihre Bemühungen, sodass ihre Suche erst sieben Wochen nach der Entdeckung durch Ewen und Purcell, die von van de Hulsts Vorhersage gewusst hatten, erfolgreich war. Nicht viel später gelang den australischen Radioingenieuren Chris Christiansen und Jim Hindman ein dritter unabhängiger Nachweis; alle drei Ergebnisse wurden in der gleichen Ausgabe von *Nature* im September 1951 veröffentlicht.[7]

Zu diesem Zeitpunkt war Oort damit beschäftigt, Gelder für das zu sammeln, was kurz darauf die größte Radioschüssel der Welt werden sollte: das 25-Meter-Teleskop von Dwingeloo. Das Instrument, das im April 1956 eingeweiht wurde, sollte Geschichte schreiben, indem es die erste detaillierte Karte der Spiralstruktur unserer eigenen Galaxie lieferte. Die ersten 21-Zentimeter-Beobachtungen in Dwingeloo zielten jedoch nicht auf unsere Milchstraße, sondern auf die Andromeda-Galaxie ab. Unter der Leitung von van de Hulst erstellten die Astronomen Hugo van Woerden und Ernst Raimond die erste Rotationskurve einer anderen Spiralgalaxie auf Grundlage von HI-Beobachtungen. (HI ist neutraler Wasserstoff und – wie Sie sich vielleicht aus Kapitel fünf erinnern – HII ist ionisierter Wasserstoff).

Damals war die Radioastronomie noch jung. Für jede einzelne 15-minütige Messung wurden die riesige Schüssel und der sperrige Linienempfänger von Hand vorbereitet. Ausrichtungskorrekturen mussten manuell berechnet werden. Die Daten wurden mit einem Stiftschreiber auf Papierrollen geschrieben. Wenn sie nicht gerade beobachteten oder an der Hardware feilten, schliefen van Woerden und Raimond im Gästezimmer von Lex Muller, dem Konstrukteur und Verwalter des Teleskops, dessen Haus sich direkt neben der Schüssel befand. Frau Muller sorgte für Frühstück, Mittag- und Abendessen.

Die Ergebnisse der Dwingeloo-Beobachtungen von Andromeda wurden im November 1957 im *Bulletin of the Astronomical Institutes of the Netherlands* veröffentlicht.[8] In einem Interview aus dem Jahr 2020, kurz vor seinem Tod, erinnerte sich van Woerden daran, dass die Rotationsgeschwindigkeiten mit zunehmender Entfernung vom Zentrum der Galaxie tatsächlich kaum abzunehmen schienen, was damals jedoch niemanden sonderlich überraschte. „Das war überhaupt kein Thema", sagte er. Das änderte sich langsam, als andere Astronomen detailliertere Radiobeobachtungen unseres nächsten galaktischen

Nachbarn sowie HI-Rotationskurven für andere Scheibengalaxien erhielten.[9]

Einer dieser Astronomen war Seth Shostak, der später leitender Astronom am SETI-Institut in Mountain View, Kalifornien, werden sollte.[10] (SETI steht für Search for ExtraTerrestrial Intelligence. Und nein, bisher ist noch nichts gefunden worden.) In den späten 1960er-Jahren verbrachte Shostak im Rahmen seiner Doktorarbeit viel Zeit am Owens Valley Radio Observatory des Caltech-Instituts in der Nähe von Big Pine, Kalifornien, nahe der Grenze zu Nevada. Dort untersuchte er die Verteilung und Dynamik von neutralem Wasserstoff in drei Galaxien, darunter NGC 2403, die etwa 3,5-mal weiter entfernt ist als die Andromeda-Galaxie.[11]

Zu der Zeit, als Shostak seine Forschungen durchführte, hatten Radioastronomen bereits Teleskope gebaut, die viel größer waren als die 25-Meter-Dwingeloo-Schüssel in den Niederlanden oder die im Owens Valley. Das Jodrell-Bank-Observatorium in Nordengland betrieb eine 76-Meter-Schüssel (heute bekannt als Lovell-Teleskop, nach dem ersten Direktor des Observatoriums, Bernard Lovell); Australien hatte ein 64-Meter-Instrument in Parkes, New South Wales, das den Spitznamen The Dish (Die Schüssel) trägt; und Green Bank hielt den Weltrekord mit seinem riesigen 90-Meter-Teleskop. Doch was den kleineren Antennen im Owens Valley an Größe und Empfindlichkeit fehlte, machten sie durch ihre Flexibilität und ihr größeres Winkelauflösungsvermögen wett, ein Maß für die Menge an Details, die man sehen kann.

Die beiden identischen Antennen, die Shostak verwendete, hatten jeweils einen Durchmesser von 27,4 Metern und konnten auf Schienen bewegt werden. Die von ihnen gesammelten Daten wurden präzise zu einem Satz von Beobachtungen kombiniert (man sagt auch „korreliert"), so als wären die beiden Instrumente kleine Teile einer riesigen virtuellen Schüssel. Diese Art von System, ein sogenanntes

Interferometer, hat nicht nur eine höhere Winkelauflösung als ein Instrument mit nur einer Schüssel, sondern ist auch viel effizienter. Radioteleskope haben in der Regel ein sehr kleines Sichtfeld, so als würde man den Himmel durch einen Trinkhalm betrachten. Ein größeres „Bild" kann man also nur erzeugen, indem man viele Beobachtungen hintereinander durchführt; in der Regel über einen Zeitraum von mehreren Tagen oder sogar Wochen. Im Gegensatz dazu kann ein Interferometer in weniger als einem Tag ein zweidimensionales Radiobild erstellen, und zwar durch einen Prozess, der Apertursynthese genannt wird.

Die meiste Zeit war Shostak die einzige Person im Observatorium und verbrachte lange Nächte im Kontrollraum, wo er dem unheimlichen Knirschen der Antennen draußen lauschte. Er konnte nicht anders als an die Vielzahl von Galaxien, Sternen und Planeten im weiteren Universum zu denken und an die Möglichkeit, dass einige dieser fernen Welten von außerirdischen Zivilisationen bewohnt sein könnten. Wäre es nicht großartig, ihre interstellare Kommunikation mit Radioteleskopen zu belauschen? In einem *Nature*-Artikel aus dem Jahr 1959 hatten die Physiker Giuseppe Cocconi und Philip Morrison genau diese Idee vorgeschlagen.[12] Wenn man weiß, wo man suchen muss, kann man leicht erkennen, wann sich Shostak erstmals für SETI begeisterte. Am Ende seiner Dissertation von 1972 schrieb er: „Diese Arbeit ist NGC 2403 und ihren Bewohnern gewidmet, denen Kopien zum Selbstkostenpreis zur Verfügung gestellt werden können."

Zwischen 1971 und 1973 veröffentlichten Shostak und sein Doktorvater David Rogstad, der nach Groningen in den Niederlanden gezogen war, um mit dem neuen Westerbork-Teleskop zu arbeiten, Artikel über insgesamt sechs Galaxien, darunter NGC 2403, M 101 (auch bekannt als Pinwheel-Galaxie) und M 33, das dritte große Mitglied der sogenannten Lokalen Gruppe, zu der auch unsere Milchstraße und die Andromeda-Galaxie gehören. Für jede Galaxie fanden sie heraus, dass Wolken aus kaltem Wasserstoffgas weit jenseits des optischen Randes der Galaxie viel schneller rotierten als angenommen, was auf das Vorhandensein von „leuchtschwachem Material in den äußeren Regionen dieser Galaxien" hinwies, wie sie in einem Artikel vom September 1972 im *The Astrophysical Journal* schrieben.[13]

In der Zwischenzeit untersuchte der NRAO-Astronom Morton Roberts neutralen Wasserstoff in der Andromeda-Galaxie und nutzte dazu das damals größte Radioteleskop der Welt, das Green Bank Telescope, das 1962 in Betrieb genommen worden war. Roberts verbesserte die wegweisenden Dwingeloo-Beobachtungen von van de Hulst, Raimond und van Woerden und veröffentlichte erste Ergebnisse im Jahr 1966 – nur ein Jahr, nachdem Vera Rubin begonnen hatte, sich ein Büro mit Kent Ford in der Abteilung für terrestrischen Magnetismus des Carnegie-Instituts zu teilen.[14] Roberts' Arbeit wird in Rubins und Fords 1970 erschienener Veröffentlichung über die Andromeda-Galaxie erwähnt. „Ich kannte Vera ziemlich gut", erzählt mir Roberts während eines Zoom-Interviews in seinem Haus in Alexandria, Virginia. „Sie war eine sehr freundliche Person und glücklich, einen männlichen Astronomen gefunden zu haben, der ihr zuhörte".[15]

In den frühen 1970er-Jahren rief Roberts – damals erhielt er zunehmend bessere Ergebnisse für die Andromeda-Galaxie, die 1975 in einer Arbeit mit Robert Whitehurst gipfelten – seine Kollegin Rubin an.[16] „Ich habe etwas Interessantes für dich", sagte er ihr. „Bist du diese Woche in der Nähe?" Ein paar Tage später fuhr er die 120 Meilen vom NRAO-Hauptquartier in Charlottesville, Virginia, zum DTM-Labor des Carnegie-Instituts in Washington, D.C., wo er sich mit Rubin, Ford, ihrem Kollegen Norbert Thonnard und Sandra Faber traf, einer Harvard-Doktorandin, die in D.C. lebte und von Rubin einen vorübergehenden Arbeitsplatz am DTM angeboten bekommen hatte.

Roberts bat Faber: „Bitte besorgen Sie mir ein Exemplar von *The Hubble Atlas of Galaxies*." Sie machte sich sofort auf den Weg in die Bibliothek, um das berühmte Buch aus dem Jahr 1961 zu holen, das für seine wunderschönen Schwarz-Weiß-Fotografien von Dutzenden von Galaxien bekannt ist. Zurück im Sitzungssaal schlug Roberts den Atlas auf der Seite mit der Andromeda-Spiralgalaxie auf. Auf Pauspapier zeichnete er seine neuesten Messungen der Wasserstoffgeschwindigkeit bis zu einer Entfernung von etwa 95.000 Lichtjahren auf – weit über das hinaus, was in dem Buch abgebildet war. Und selbst dort blieb die Rotationskurve der Galaxie flach. Alle im Raum wurden still. Als Faber fragte: „Na und? Was hat eine flache Rotationskurve zu bedeuten?", drehten sich alle zu ihr um. „Sehen Sie denn nicht? Dort gibt es kein Licht!"

Von diesem Moment an enthielten die Darstellungen der Rotationskurve der Andromeda-Galaxie für gewöhnlich auch Roberts' HI-Geschwindigkeiten in den äußeren Teilen der Galaxie. Er selbst ist allerdings der Meinung, dass das berühmte Bild mit dem Foto der Andromeda-Galaxie im Hintergrund – das ich im Haus von Kent Ford gesehen habe – erst 1987 veröffentlicht wurde.

Ob Rubin, Ford und Thonnard auch von der Arbeit von Rogstad und Shostak wussten, bleibt unklar – in ihren Veröffentlichungen von 1978 und 1980 erwähnten sie das Trio jedenfalls nicht. Aber Shostak kann sich nicht vorstellen, dass sie nichts davon wussten. „1972 hatte ich dank Mort Roberts eine Postdoc-Stelle beim NRAO", sagt er. „Eine der Studentinnen während des Sommers dort war Veras 20-jährige Tochter Judy, die später selbst Astronomin werden sollte. Ich bin sicher, dass sie mit ihrer Mutter über unsere Arbeit gesprochen hat. Vera erhielt flache Rotationskurven erst ein paar Jahre später; wir hatten das schon Jahre vorher gemacht."

Doch die Radioastronomie sei für die meisten Astronomen eine neue und unbekannte Technologie gewesen, und nicht allzu viele

Abb. 8: Das Westerbork Synthesis Radio Telescope in den Niederlanden, mit dem Albert Bosma Messungen der Rotationsgeschwindigkeit in den äußeren Regionen von Spiralgalaxien durchführte.

Leute nahmen die Ergebnisse damals ernst, so Roberts. „Einige waren ausgesprochen skeptisch", sagt er. „Die meisten waren zumindest sehr zurückhaltend. Und natürlich stellte niemand die Verbindung zu den früheren Arbeiten über Galaxienhaufen von Fritz Zwicky her." Die Dunkle Materie hatte noch viele Anhänger zu gewinnen.

Wie sich herausstellte, war der große Wendepunkt – zumindest, was die Rotationskurven betraf – das niederländische Westerbork Synthesis Radio Telescope, ein Interferometer wie das im Owens Valley, jedoch ausgestattet mit 14 Schüsseln statt zwei, davon jede mit einem Durchmesser von 25 Metern.[17] Am 24. Juni 1970 eingeweiht und zunächst mit zwölf Antennen in Betrieb, zog diese neue Idee von Jan Oort viele Wissenschaftler aus dem Ausland an, von denen die meisten ihr Büro im Kapteyn Astronomical Laboratory an der Universität Groningen hatten. Rogstad verbrachte dort einige Jahre und unterrichtete Studenten – darunter Albert Bosma – in Datenanalyse und Computertechnik. Roberts ging nach Groningen, um mit Arnold Rots an 21-Zentimeter-Beobachtungen der Spiralgalaxie M 81 zu arbeiten. Shostak kam 1975 und blieb für 13 Jahre.

Bosma bezeichnete die Groninger Radioastronomen einmal als „die jungen Türken des Kapteyn-Labors". Auf einer Konferenz 1973 in Cambridge, England, prahlten ihre jüngeren Kollegen schamlos damit, dass das Teleskop von Westerbork viel besser sei als das ältere Cambridge-Interferometer. Der bedeutende britische Radioastronom und Sternwartenleiter Martin Ryle, der die Apertursynthese mehr oder weniger erfunden hatte, schrieb daraufhin einen förmlichen Brief an Oort und beschwerte sich über das protzige Verhalten der Gruppe. Daraufhin wurde den „Westerborker Cowboys" die Teilnahme an einer Konferenz im schwedischen Onsala nur in Begleitung eines älteren Mitarbeiters gestattet, damit die Dinge nicht noch einmal derart aus dem Ruder liefen.

Andererseits war das Westerbork-Teleskop tatsächlich sehr leistungsfähig, wie Bosmas Doktorarbeit zeigte. Dabei machte er sich ein neues Stück Technik zunutze: Inspiriert von Rogstad hatte der Groninger Astronom Ron Allen ein neuartiges Spektrometer entwickelt, das 80 zeitgleiche Aufnahmen bei leicht unterschiedlichen Wellenlängen ermöglichte. Mithilfe dieses 80-Kanal-Filterbankempfängers untersuchte Bosma eine Galaxie nach der anderen, wobei er Dopplerverschiebungen sowohl innerhalb als auch außerhalb des optischen Randes maß, Geschwindigkeiten aufzeichnete, die exakte Verteilung von neutralem Wasserstoff kartierte und Verformungen in den äußersten Teilen der Wasserstoffscheibe entdeckte.

All dies schien die früheren, weniger präzisen und weniger empfindlichen Ergebnisse von Rogstad und Shostak sowie von Roberts und Whitehurst zu bestätigen. Schließlich stellte sich heraus, dass nicht weniger als 25 Galaxien flache Rotationskurven bis zu sehr großen Entfernungen von ihren Kernen aufwiesen, was auf das Vorhandensein großer Mengen unsichtbarer Masse weit jenseits der optischen Scheibe hinwies. Bosma präsentierte erste Ergebnisse auf Konferenzen in den Jahren 1976 und 1977, doch das volle Ausmaß seiner Arbeit wurde erst mit der Veröffentlichung seiner Dissertation „The Distribution and Kinematics of Neutral Hydrogen in Spiral Galaxies of Various Morphological Types" (Die Verteilung und Bewegung von neutralem Wasserstoff in Spiralgalaxien verschiedener morphologischer Typen) im Jahr 1978 deutlich.[18] Später im selben Jahr beschrieben Rubin, Ford und Thonnard ihre Ergebnisse für nur zehn Galaxien, die auf optischen Beobachtungen beruhten.

Also erneut die Frage: Ist Albert Bosma frustriert?

Nun, zumindest sei es bemerkenswert, so viele verschiedene Geschichten zu lesen, sagt er. So schreibt die theoretische Astrophysikerin Katherine Freese in ihrem 2014 erschienenen Buch *The Cosmic Cocktail*: „Es war die Arbeit von Rubin und Ford, die den Beweis für Dunkle Materie in Galaxien erbrachte. Ihre Beobachtungen überzeugten die Astronomen davon, dass es Dunkle Materie geben muss … und die beiden verdienen einen Nobelpreis für diese Entdeckung".[19] Ebenso nennt die Princeton-Astrophysikerin Neta Bahcalls Rubin in ihrem *Nature*-Nachruf „die ‚Mutter' der flachen Rotationskurven und der Dunklen Materie" und stellt fest, dass „ihre bahnbrechenden Arbeiten die Existenz der Dunklen Materie bestätigten und zeigten, dass Galaxien in Halos aus Dunkler Materie eingebettet sind, von denen wir heute wissen, dass sie den größten Teil der Masse im Universum enthalten".[20]

Bosma schrieb einen Leserbrief als Antwort auf Bahcalls Nachruf.[21] Der Brief erklärt, weshalb Bahcalls Artikel „das Problem der Dunklen Materie zu stark vereinfacht": Man braucht wirklich Radiodaten, um die äußersten Regionen von Galaxien zu untersuchen. Es ist jedoch unmöglich, auf jede unvollständige oder voreingenommene Veröffentlichung zu reagieren – es gibt so viel Interessanteres in der Radioastronomie zu tun. „Es gibt viele Neuinterpretationen", sagt Bosma, „und vieles davon ist schlichtweg falsch. Ich verfolge einfach, was alle denken. Aber ich zögere ein bisschen, dieses Buch zu schreiben – ich habe einfach nicht genug Zeit."

Auch Shostak hat gemischte Gefühle. „Ich habe eine große Schwäche für Albert", sagt er, „aber ich bin nicht sonderlich verstimmt." Dennoch: „Es ist wahr, dass Vera zu spät zur Party kam. All das Gerede über einen Nobelpreis und jetzt ein großes Teleskop, das nach ihr benannt wurde ... da fühlt man sich irgendwie seltsam." Andererseits, fügt er hinzu, habe sie selbst nie den Vorrang beansprucht. Und tatsächlich wird, wie ich bereits erwähnt habe, in der Veröffentlichung von Rubin, Ford und Thonnard aus dem Jahr 1980 auf Bosmas Dissertation verwiesen. Und in ihrer Veröffentlichung von 1978 stellen die Autoren klar, dass „Mort Roberts und seinen Mitarbeitern der Verdienst zukommt, als Erste auf flache Rotationskurven aufmerksam gemacht zu haben."

Sandra Faber, die später eine angesehene Professorin an der Universität von Kalifornien in Santa Cruz wurde, ist der Meinung, dass – im Gegensatz dazu, wie es sonst läuft – die Tatsache, dass Rubin eine Frau war, zu ihrem heutigen Eintrag in die Geschichte beigetragen hat. Sie ist ein bemerkenswertes Beispiel für die umgekehrte Ungleichheit der Geschlechter. „Bosmas Dissertation ist brillant. In 200 Jahren", sinniert sie, „werden die Menschen sicherlich erkennen, wie wichtig seine Beiträge waren."

Hoffentlich wird es nicht so lange dauern.

TEIL II
DER STOSSZAHN

9. AB IN DIE KÄLTE

Inzwischen fragen Sie sich vielleicht, wann dieses Buch die Vergangenheit hinter sich lässt und sich der Gegenwart zuwendet. Wir haben bereits ein Drittel der Geschichte geschafft und stecken noch immer in den 1970er-Jahren fest. Aber keine Sorge – wir kommen schon noch voran. Wenn Sie die Suche nach Lösungen für das Rätsel der Dunklen Materie verstehen wollen, müssen Sie eben erstmal wissen, wie das Problem überhaupt entstanden ist. Und obwohl das Rätsel fast ein Jahrhundert alt ist, wie wir in Kapitel drei gesehen haben, fanden die wichtigsten Entwicklungen zufällig in den wilden Siebzigern statt.

Eine kurze Zusammenfassung: Wir haben gelernt, dass Galaxien nicht stabil sein können, außer, sie sind in riesige Halos eingebettet. Hinzu kommt, dass Galaxien viel massereicher sind, als man aufgrund ihres sichtbaren Inhalts vermuten würde. Die Rotationsgeschwindigkeiten nehmen mit zunehmender Entfernung vom Zentrum der

Galaxie nicht ab, sondern bleiben mehr oder weniger konstant – ein Hinweis darauf, dass es in den Galaxien mehr Materie gibt, als durch die Teleskope sichtbar ist. Die relative Gleichmäßigkeit des kosmischen Mikrowellenhintergrunds legt nahe, dass in den Augenblicken nach dem Urknall bereits seltsame Teilchen begonnen haben müssen, eine verborgene, massive Grundstruktur zu bilden, die erst später die bekannte baryonische Materie anziehen würde. Und zu guter Letzt kann der Urknall nicht genug baryonische Materie erzeugt haben, um die dynamischen Beobachtungen und das Wachstum der kosmischen Struktur zu erklären, was darauf hindeutet, dass der größte Teil der gravitativen Masse im Universum in einer unbekannten, nicht-baryonischen Form vorliegen muss.

Wenn Ihnen das alles selbst aus heutiger Sicht verwirrend vorkommt, können Sie sich dann vorstellen, wie verwirrend es für die Wissenschaftler in den 1970er-Jahren gewesen sein muss? Nicht jeder kannte jedes einzelne Beweisstück, manche Beobachtungen waren zuverlässiger als andere und Astronomen, die es gewohnt waren, Sterne und Galaxien mit optischen Teleskopen zu untersuchen, mussten sich plötzlich mit den Feinheiten der Radioastronomie und Teilchenphysik auseinandersetzen. Kein Wunder also, dass Unwissenheit, Vorsicht und Skepsis weit verbreitet waren. Viele Dinge geschahen zur selben Zeit und einige Wissenschaftler zogen es vor, abzuwarten, bis sich der Staub gelegt hatte.

Das begann schließlich im Jahr 1979 dank eines einflussreichen 52-seitigen Artikels von Sandra Faber und John Gallagher in der Zeitschrift *Annual Reviews of Astronomy and Astrophysics*.[1] Unter dem Titel „Masses and Mass-to-Light Ratios of Galaxies" (Massen und Masse-Licht-Verhältnisse von Galaxien) fasste der Artikel alle verfügbaren Beweise für die Existenz Dunkler Materie zusammen, einschließlich der im letzten Kapitel beschriebenen Beobachtungen von Albert Bosma. Die Autoren konzentrierten sich auf die Dynamik und die Masse von Galaxien, und gleich der erste Satz lautet: „Ist an einer Galaxie mehr dran, als man auf den ersten Blick sieht (oder auf einem Foto erkennen kann)?" Faber und Gallagher schrieben, sie seien „besonders besorgt über den aktuellen Stand des Problems der ‚fehlenden Masse'" und kamen zu einer eindeutigen Schlussfolgerung: „Nachdem wir uns alle Beweise noch einmal angesehen haben, sind wir der Meinung, dass die Argumente für unsichtbare Masse im Universum sehr eindeutig sind und immer eindeutiger werden."

Faber war, wie Sie sich vielleicht erinnern, acht Jahre zuvor jene Studentin, die von den flachen Rotationskurven nicht sonderlich beeindruckt war, als Morton Roberts Vera Rubin seine Radioergebnisse der Andromeda-Galaxie zeigte. Nach ihrem Wechsel an die University of California in Santa Cruz und ans Lick-Observatorium auf dem Mount Hamilton im Jahr 1972 setzte Faber ihre Forschungen im Rahmen ihrer Harvard-Promotion über die Dynamik und Entwicklung von elliptischen Galaxien – riesige abgeflachte Ansammlungen von sich zufällig bewegenden Sternen – fort.[2]

Elliptische Galaxien besitzen weder eine ausgeprägte, gleichmäßig rotierende Scheibe noch enthalten sie entlegene Wolken aus neutralem Wasserstoff. Aus diesem Grund ist es viel schwieriger, ihre Rotationskurven zu erstellen. Stattdessen untersuchte Faber ihre Geschwindigkeitsdispersion – das Maß für die Streuung der Geschwindigkeiten der Sterne innerhalb einer Ellipsengalaxie. Und obwohl die Beweise für eine unsichtbare Masse um elliptische Galaxien weniger überzeugend waren als bei Spiralgalaxien, gab es mehrere Anhaltspunkte, die dafürsprachen, dass auch elliptische Galaxien in riesige Halos aus Dunkler Materie eingebettet sind.

Fabers Interesse an dem Rätsel der Dunklen Materie wurde noch stärker, als Ostriker nach Santa Cruz kam, um über seine Arbeit mit Peebles und Yahil zu sprechen. Schließlich tat sie sich mit dem Astronomen John Gallagher von der University of Illinois zusammen –

einem ehemaligen Studenten von Ostriker, der später Direktor des Lowell-Observatoriums werden sollte – und verfasste 1979 den Artikel für die *Annual Reviews*. Das war die Veröffentlichung, auf die alle gewartet hatten: klar, sachlich, gut lesbar, verbindlich, vollständig und mit eindeutigen Schlussfolgerungen. Die Astronomiegemeinschaft war endlich davon überzeugt, dass Dunkle Materie existiert. Wie die Autoren feststellten, konnte „keine überzeugende alternative Erklärung vorgebracht" werden. Und so dauerte es nicht lange, bis die Dunkle Materie in den ersten Lehrbüchern auftauchte.

Fünf Jahre später, im Oktober 1984, war Faber Co-Autorin eines weiteren bahnbrechenden Artikels in *Nature*. Diesmal lautete die Hauptfrage nicht „Gibt es Dunkle Materie?", sondern „Um welche Art von Dunkler Materie handelt es sich?". Zudem wurde die Rolle der Dunklen Materie bei der Entstehung der großräumigen Struktur des Universums und bei der Bildung von Galaxien diskutiert. In weniger als einem Jahrzehnt hatte sich dieser geheimnisvolle Stoff also von einer seltsamen, hypothetischen kosmischen Zutat zum Hauptarchitekten der physikalischen Welt entwickelt, ohne den es vielleicht keine Galaxien, Sterne, Planeten oder Menschen wie Sie und mich geben würde.

Die Frage nach der Art der Dunklen Materie mag Sie auf den ersten Blick überraschen. Hatten wir nicht gerade erst festgestellt, dass sie nicht-baryonisch sein muss? Schließlich gingen aus dem Urknall nicht genug Atomkerne hervor, um die derzeitige Massendichte des Universums zu erklären, die sich aus dynamischen Beobachtungen ergibt, richtig? Das stimmt schon, aber nicht-baryonische Teilchen können eine Vielzahl von Eigenschaften haben. Zum einen können sie (für Teilchenverhältnisse) sehr massereich sein, was bedeuten würde, dass sie sich relativ träge bewegen, auf der anderen Seite können sie extrem leicht sein, und in diesem Fall würden sie mit nahezu Lichtgeschwindigkeit herumflitzen.

Elektronen sind zum Beispiel massearme, sich schnell bewegende Teilchen, und da sie nicht aus Quarks bestehen, gehören sie offiziell nicht zur baryonischen Familie. Natürlich kann die Dunkle Materie aber nicht aus negativ geladenen Elektronen bestehen: Besäßen die Teilchen der Dunklen Materie eine elektrische Ladung, hätten wir sie schon längst entdeckt. Doch wir kennen auch ein nicht-baryonisches Teilchen, das keine elektrische Ladung besitzt: das Neutrino. Könnte die Dunkle Materie also aus Neutrinos bestehen?

Mehr über Neutrinos werden Sie in Kapitel 23 lesen. Bis dahin müssen Sie nur wissen, dass sie nicht Teil von Atomen und Molekülen sind und dass sie während des Urknalls in riesigen Mengen entstanden sein müssen. Ob Dunkle Materie aus Neutrinos besteht, hängt davon ab, ob Neutrinos eine Masse haben, sei es auch nur eine winzig kleine. Wenn ja, könnte ihre bloße Anzahl die hohe Massendichte des Universums erklären, die sich aus der Dynamik der Galaxien ergibt.

Bevor ich näher auf die Masse von Neutrinos eingehe, muss ich Ihnen jedoch ein wenig Hintergrundwissen über Teilchenmassen im Allgemeinen vermitteln. Denn wenn Physiker von Teilchenmassen sprechen, drücken sie diese üblicherweise in Einheiten von Energie aus. Schließlich können nach Albert Einsteins berühmter Gleichung $E = mc^2$ Masse (m) und Energie (E) ineinander umgewandelt werden. So entspricht zum Beispiel die Masse eines Elektrons ($9{,}11 \times 10^{-31}$ Kilogramm) einer Energie von 511.000 Elektronenvolt (eV). Im Gegensatz dazu sind Protonen viel massereicher: Ein Proton wiegt das 1836-Fache eines Elektrons, was einer Energie von 938,3 Millionen eV (MeV) entspricht. (Ein Elektronenvolt ist übrigens die kinetische Energie, die ein einzelnes Elektron erhält, wenn es durch eine elektrische Potenzialdifferenz von einem Volt beschleunigt wird; sie beträgt $1{,}6 \times 10^{-19}$ Joule.) Wenn Ihnen das zu viel ist, merken Sie sich einfach, dass ein Proton sehr wenig wiegt (etwa ein Billionstel der

Masse einer typischen Bakterie) und dass ein Elektron noch mal fast 2000-mal weniger Masse besitzt. Aber was ist nun mit den Neutrinos?

Neutrinos strömen ungehindert durch das Universum, ohne dass wir es je bemerken. Nach dem Standardmodell der Teilchenphysik müsste ihre Masse daher tatsächlich gleich null sein. Andererseits haben sich wissenschaftliche Theorien auch schon vorher als falsch herausgestellt.

Um 1980 herum war der theoretische Physiker Yakov Zeldovich der Hauptverfechter massereicher Neutrinos als Kandidaten für Dunkle Materie (massereich in dem Sinne, dass sie eine Masse haben, die von null verschieden ist; nicht in dem Sinne, dass sie besonders schwer sind!). Zeldovich spielte während des Zweiten Weltkriegs eine wichtige Rolle im sowjetischen Atomwaffenprogramm und war außerdem einer der Ersten, die berechneten, wie die aktuellen großräumigen Strukturen des Universums – also Haufen, Superhaufen und Leerräume (Voids) – aus kleinen Dichtefluktuationen in der Ursuppe einzig durch die Schwerkraft entstanden sein könnten. Er fragte sich, ob dieser Prozess vielleicht mit der Ansammlung von Neutrinos begonnen haben könnte. Sind Neutrinos etwa die Dunkle Materie?

Nur fünf Kilometer südöstlich der Moskauer Staatsuniversität, an deren Institut für Theoretische und Experimentelle Physik Zeldovich damals arbeitete, hatten seine Kollegen Valentin Lyubimov und Evgeny Tretyakov seit Mitte der 1970er-Jahre versucht, die Masse von Neutrinos zu ermitteln. Im Jahr 1980 verkündeten sie schließlich ihre aufregenden Ergebnisse: Ja, Neutrinos haben eine Masse, wenn auch eine sehr kleine. Ihren Experimenten zufolge wiegen Neutrinos zwischen 14 und 46 eV – also etwa 17.000-mal weniger als Elektronen.

Das ist eine unglaublich kleine Masse, doch angesichts der riesigen Zahl von Ur-Neutrinos im Universum wäre das genau die richtige Größenordnung, um das Rätsel um die Dunkle Materie zu lösen. Das unsichtbare Zeug in den galaktischen Halos, die mysteriöse Materie, die verhindert, dass Galaxien und Galaxienhaufen auseinanderfliegen – es könnte tatsächlich unser schon längst bekannter Freund – das kleine Neutrino – sein!

Zeldovich war verständlicherweise glücklich. In einer Bankettrede während einer Konferenz im April 1981 in Tallinn, Estland, auf der die neuen Ergebnisse diskutiert wurden, sagte er: „Beobachter arbeiten hart und schlagen sich die Nächte um die Ohren, um Daten zu sammeln; Theoretiker hingegen interpretieren Beobachtungen, irren sich oft, korrigieren ihre Fehler und versuchen es erneut. Nur selten gibt es Momente der Klarheit. Heute jedoch ist einer dieser seltenen Momente, in denen wir das erhabene Gefühl haben, die Geheimnisse der Natur zu verstehen."[3]

Leider hielt dieses erhabene Gefühl nicht sehr lange an. Konkurrierende Teams in Zürich und am Los Alamos National Laboratory in New Mexico konnten die Ergebnisse von Lyubimov und Tretyakov nicht bestätigen. Stattdessen kamen sie zu dem Schluss, dass Neutrinos wahrscheinlich masselos sind und ganz sicher nicht schwerer als zehn Elektronenvolt sein können – in jedem Fall nicht genug, um Teilchen der Dunklen Materie zu sein. Und es gab noch andere Probleme: Wenn Ansammlungen von Neutrinos die „Samen" für die Bildung großer Strukturen im Universum gewesen wären, müsste das ein Prozess von oben nach unten gewesen sein. Das heißt, dass die ersten Strukturen, die sich geformt hätten, so groß wie Superhaufen gewesen wären, und erst viel später wären sie in kleinere, haufengroße Fragmente und schließlich in einzelne Galaxien zerfallen. Um 1980 herum wussten Astronomen aber bereits, dass sich Galaxien sehr früh in der Geschichte des Universums gebildet hatten.

Das Problem, mit dem sich Kosmologen und Teilchenphysiker Anfang der 1980er-Jahre konfrontiert sahen, war also folgendes: Astronomische Beobachtungen zeigten, dass das Universum viel massereicher war, als es aussah. Die Urknalltheorie besagte, dass diese „fehlende Masse" („fehlendes Licht" wäre eigentlich die bessere Bezeichnung gewesen) nicht aus gewöhnlichen Atomkernen bestehen konnte. Aber die einzigen ungeladenen, nicht-baryonischen Teilchen, die wir kennen – die Neutrinos – passten nicht ins Bild. Was nun?

Auftritt Joel Primack[4], ein ehemaliger Teilchenphysiker in Harvard, der in den späten 1970er-Jahren beschloss, sein Forschungsfeld zu ändern. Damit entschied er sich gegen den Rat der meisten seiner Kollegen, die davor warnten, dass ein Wechsel in die Astrophysik für seine Karriere gefährlich sein würde. Doch Primack liebte die Komplexität und vor allem die Verwirrung im an Bedeutung gewinnenden Bereich der Astroteilchenphysik. Dort bot sich die Gelegenheit, an Dingen zu arbeiten, an die zuvor noch nie jemand überhaupt gedacht hatte. Das Standardmodell der Teilchenphysik war inzwischen ausgearbeitet und durch eine Lawine von Entdeckungen, die durch Teilchenbeschleuniger ermöglicht wurden, bestätigt worden; nun war es an der Zeit, das Gleiche für die Kosmologie zu tun.

Und so wechselte Primack an die University of California in Santa Cruz, wo er ein Büro neben dem Astronomen George Blumenthal bezog und mit ihm sowie mit dem Teilchenphysiker Heinz Pagels von der Rockefeller University an einem neuen Projekt arbeitete. Im September 1982 veröffentlichten die drei Wissenschaftler einen kurzen Artikel in *Nature* mit dem Titel „Galaxy Formation by Dissipationless Particles Heavier than Neutrinos" (Galaxienbildung durch verlustfreie Teilchen, die schwerer sind als Neutrinos).[5] Das Argument war recht einfach: Wenn sich Neutrinos aufgrund ihrer geringen Masse und der damit verbundenen hohen Geschwindigkeit nicht zu galaxiengroßen Klumpen zusammenballen können, dann könnten es vielleicht massereichere Teilchen. Und tatsächlich zeigten die Autoren, dass, wenn die Dunkle Materie aus 1-keV-Teilchen bestünde (also 1000 Elektronenvolt, was immer noch nur 0,2 Prozent der

Abb. 9: Sandra Faber (rechts), George Blumenthal (Mitte) und Joel Primack (links) am Lick-Observatorium, 1984. Das Foto an der Wand zeigt die nahe Spiralgalaxie M 33.

Masse eines Elektrons entspricht), die ersten Massenkonzentrationen, die sich bilden würden, ungefähr galaxiengroß wären, mit einer typischen Masse von einer Billion Sonnenmassen.

Na wunderbar! Wenn also die Dunkle Materie aus neutralen, nicht-baryonischen Teilchen mit einer Masse von nur 1000 eV bestünde, hätte sich das neu entstandene Universum von ganz allein zu Galaxien verklumpt. Problem gelöst. Bis auf ein wichtiges Detail: Wir haben bisher noch keine neutralen, nicht-baryonischen Teilchen mit einer Masse von 1000 eV gefunden. Schauen Sie selbst nach und überprüfen Sie alle Teilchen des Standardmodells – es gibt sie einfach nicht. Haben Blumenthal, Primack und Pagels also einfach ein Teilchen erfunden, das ihren Bedürfnissen entspricht?

Nun, ja und nein. Es stimmt zwar, dass es keinen einzigen beobachteten oder experimentellen Beweis für die Existenz von Teilchen mit diesen Eigenschaften gab. Aber Primack und Pagels wussten um eine geplante Erweiterung des Standardmodells, in der Platz für eine ganze Reihe neuer Teilchen sein würde, darunter auch das sogenannte Gravitino, das die richtigen Eigenschaften hätte. Diese kühne Idee, auf die im nächsten Kapitel näher eingegangen wird, ist als Supersymmetrie bekannt. Tatsächlich hatte Primack an der Supersymmetrie seit ihren Anfängen in den frühen 1970er-Jahren gearbeitet. (Schon wieder die wilden Siebziger!)

In der Zusammenfassung ihres *Nature*-Artikels von 1982 schrieben Blumenthal, Primack und Pagels: „Was wir hiermit vorschlagen, ist, dass ein von Gravitinos dominiertes Universum Galaxien durch gravitative Instabilitäten hervorbringen kann und dabei mehrere Beobachtungsschwierigkeiten vermeidet, die mit dem neutrinodominierten Universum verbunden sind." Das ist eine höfliche Art zu sagen: Vergessen Sie Neutrinos, Gravitinos können alle Ihre Probleme lösen.

Im selben Jahr veröffentlichte Jim Peebles in den *Astrophysical Journal Letters* einen Artikel, in dem er ein Universum beschrieb, das von noch massereicheren Teilchen – über 1000 eV – dominiert wird.[6] Seine Motivation? Das Problem der Glattheit. Überall am Himmel weist der kosmische Mikrowellenhintergrund die gleiche Temperatur auf, zumindest mit einer Genauigkeit von einem Zehntausendstel. Demnach musste die baryonische Materie zum Zeitpunkt der Abkopplung von der energiereichen Strahlung des Urknalls – als das Universum etwa 380.000 Jahre alt war – extrem gleichmäßig verteilt gewesen sein. Das heutige Universum ist jedoch ziemlich klumpig, wie Peebles bereits aufgrund der ersten Karten der Galaxienverteilung festgestellt hatte, darunter die in Kapitel sechs beschriebene „One Million Galaxies"-Karte.

Peebles' Lösung für das Problem der Glattheit war, dass relativ massereiche, sich langsam bewegende, nicht-baryonische Teilchen kaum oder gar keine Wechselwirkung mit Photonen zeigen würden.

Und da diese vorgeschlagenen Teilchen nicht wie Baryonen an das dichte und energiereiche Strahlungsfeld im frühen Universum gekoppelt gewesen wären, hätten sie sich langsam verklumpt, lange bevor die kosmische Hintergrundstrahlung zum Tragen kam. Das Ergebnis wäre, wie wir heute wissen, ein dreidimensionales Netz aus verdichteten Bereichen Dunkler Materie, die in etwa die Masse von Zwerggalaxien besitzen würden. Sobald sich auch Baryonen (Atomkerne) frei im Raum bewegen konnten, wurden sie von diesen „Halos aus Dunkler Materie" angezogen und fielen in sie hinein, wo die Dichte dann hoch genug wurde, um den Prozess der Sternbildung in Gang zu setzen. Später verschmolzen die entstandenen „Proto-Galaxien" zu immer größeren Strukturen, was schließlich zur Bildung von majestätischen Spiralen wie unserer eigenen Milchstraße und zu riesigen elliptischen Galaxien führte.

Peebles' Berechnungen zeigten, dass solche massereichen, schwach wechselwirkenden Teilchen die heutige großräumige Struktur des Universums mit dem Nachglühen des Urknalls vor 13,8 Milliarden Jahren gut in Einklang bringen. Diese schwach wechselwirkenden Teilchen würden einerseits die richtige Verklumpung in der Verteilung der Galaxien ergeben und gleichzeitig die Temperaturschwankungen in der kosmischen Hintergrundstrahlung unter den beobachteten Grenzen halten. Interessanterweise spekulierte Peebles im Gegensatz zu Blumenthal, Primack und Pagels nicht über die Identität seiner Teilchen, denn sie waren eher hypothetischer Natur. Kein Wunder, dass er später, als sein Vorschlag auf immer mehr Zuspruch traf, manchmal dachte: „Hey Leute, ich versuche nur, das Glattheitsproblem zu lösen und das ist eben das einfachste Modell, das mir einfällt und das zu den Beobachtungen passt. Wie kommt ihr darauf, dass es richtig ist?"

Wie auch immer, Peebles' Arbeit von 1982 wird heute jedenfalls gemeinhin als die Geburt der Theorie der kalten Dunklen Materie angesehen, wobei „kalt", wie in der Physik üblich, für „langsam" steht.[7] Die Zeit war reif. Über ein Jahrzehnt (die frühen Untersuchungen in den 1930er-Jahren außen vor gelassen) hatten sich Wissenschaftler nun schon mit dem Konzept der Dunklen Materie auseinandergesetzt, und wie die blinden Männer in der alten Hindu-Fabel hatten sie alle verschiedene Teile desselben massigen Elefanten untersucht. Jetzt endlich konnte eine einzige Theorie alles erklären und alle sprangen darauf auf: Radioastronomen, Teilchenphysiker, Galaxiendynamiker, Kosmologen, Kernphysiker, kosmische Kartografen, Simulationsprogrammierer, Wissenschaftsjournalisten und Hochschullehrer.

Und was ist mit dem *Nature*-Artikel von 1984, an dem Faber mitgewirkt hatte? Diese Veröffentlichung war es wohl, die die Theorie der kalten Dunklen Materie in der breiteren wissenschaftlichen Gemeinschaft bekannt machte, nicht zuletzt deshalb, weil einer der vier Autoren der angesehene britische Astrophysiker Martin Rees war.

Im Frühjahr 1983 nahmen sowohl Rees als auch Primack an einer internationalen, interdisziplinären Physikkonferenz im Ski-Resort in Courchevel-Moriond in den französischen Alpen teil. Das Konferenzprogramm bot sportlichen Wissenschaftlern reichlich Gelegenheit, ihre Skier anzuschnallen und die Pisten von Les Trois Vallées zu erkunden. Primack war noch nie Ski gefahren und nach einem Tag Unterricht – und vielen Stürzen – kam er zu dem Schluss, dass Skifahren nichts für ihn war. Auch Rees fuhr nicht Ski und so unterhielten sie sich stattdessen in einer der schicken Bars des Ortes über Physik und Kosmologie. Schon bald war die Idee für die Arbeit über kalte Dunkle Materie geboren und Primack fragte seine Kollegen Blumenthal und Faber aus Santa Cruz, ihm bei der Umsetzung zu helfen.

In ihrem Artikel mit dem Titel „Formation of Galaxies and Large-Scale Structure with Cold Dark Matter" (Bildung von Galaxien und großräumiger Struktur mit kalter Dunkler Materie) scheuten sie nicht davor zurück, einige fundamentale Fragen zu stellen und versprachen gleichzeitig, befriedigende Antworten zu liefern.[8] „Warum gibt es Galaxien", fragten die Autoren gleich zu Beginn, „und warum haben sie die Größen und Formen, die wir beobachten?"

„Warum sind die Galaxien hierarchisch in Haufen und Superhaufen angeordnet, getrennt durch riesige Leerräume, in denen helle Galaxien fast völlig fehlen? Und was ist die Natur der unsichtbaren Masse oder Dunklen Materie, die wir gravitativ um Galaxien und Galaxienhaufen herum entdecken, aber in keiner Wellenlänge der elektromagnetischen Strahlung direkt sehen können? Von den großen Rätseln der modernen Kosmologie sind diese drei jetzt vielleicht reif für eine Lösung."

Kalte Dunkle Materie sei die wahrscheinlichste Antwort, argumentierten sie. Und während Peebles keine Spekulationen über die wahre Natur dieses rätselhaften Materials anstellte, zählten Blumenthal, Faber, Primack und Rees eine ganze Reihe möglicher Kandidaten auf, darunter Axionen, Photinos, primordiale Schwarze Löcher und Quark-Nuggets. (Auf Axionen und primordiale Schwarze Löcher werde ich in späteren Kapiteln zurückkommen; die anderen sind so spekulativ, dass man sie gleich wieder vergessen kann.) Detailliert beschrieben die Autoren die Entstehung von Galaxien und ihre spätere Aggregation zu Haufen und Superhaufen und spekulierten sogar über die Entstehung von Zwerggalaxien und Kugelsternhaufen – kugelförmige Ansammlungen von Hunderttausenden von Sternen, die sich in der Umgebung der meisten großen Galaxien finden.

Am Ende des Artikels kommen die Autoren zu dem Schluss: „Wir haben gezeigt, dass ein Universum, in dem kalte Dunkle Materie [ungefähr] das Zehnfache der baryonischen Materie ausmacht, bemerkenswert gut zum beobachteten Universum passt." Das Bild der kalten Dunklen Materie „scheint das beste verfügbare Modell zu sein und verdient eine genaue Untersuchung und Prüfung."

Dunkel. Kalt. Neutral. Unsichtbar. Nicht-baryonisch. Massereich, in dem Sinne, dass die Teilchen zumindest irgendetwas wiegen müssen – schließlich verraten sie sich durch ihre Gravitationswirkung. Beeinflussbar weder durch den Elektromagnetismus noch durch die starke Kernkraft. Möglicherweise wechselwirkend über die schwache Kernkraft. Endlich waren die Wissenschaftler den Eigenschaften der Dunklen Materie auf der Spur. Jetzt blieb nur noch, den Täter zu identifizieren.

Fast sah es so aus, als wartete die endgültige Antwort hinter der nächsten Ecke.

10. WUNDERSAME WIMPS

Es ist ein ruhiger, sonniger Tag in dem kleinen französischen Dorf Saint-Genis-Pouilly, das nahe der Schweizer Grenze und nur zehn Kilometer nordwestlich von Genf liegt. Kinder spielen vor den schicken Einfamilienhäusern in der Allée Madame de Staël, die nach der einflussreichen Schriftstellerin und politischen Aktivistin des 18. Jahrhunderts benannt ist. In der Ferne liegen die beliebten Skigebiete in der Réserve naturelle nationale de la Haute Chaîne du Jura. Alles in allem eine friedvolle Szenerie.

Doch in den Tiefen darunter spielt sich ein nukleares Armageddon ab. Etwa 60 Meter unter dem Dorf befindet sich ein vier Meter breiter Tunnel, der unter dem Sportzentrum Gymnase du Lion, über die Rue de la Faucille und aus der Stadt hinausführt. Hinter Saint-Genis-Pouilly biegt der Tunnel nach Norden ab und schließt sich zu einem Vollkreis von 27 Kilometern Umfang tief unter den gleichermaßen friedlichen Dörfern Gex, Versonnex, Ferney-Voltaire und Meyrin.

Zwei unvorstellbar schmale Bündel von Protonen – die Kerne von Wasserstoffatomen – rasen in entgegengesetzten Richtungen durch ein einzelnes Strahlrohr in der Mitte des Tunnelrings. Diese geladenen Teilchen werden als relativistische Protonen bezeichnet, da sie auf 99,999999 Prozent der Lichtgeschwindigkeit beschleunigt werden. Sie durchfliegen den Tunnelring über 11.000-mal in der Sekunde. Mehr als 1200 riesige supraleitende Magnete, die auf 1,9 Grad über dem absoluten Nullpunkt gekühlt werden – das ist kälter als im tiefsten Weltraum –, halten die Protonen auf ihrer Kreisbahn.

Und nur ein paar Hundert Meter nordwestlich der spielenden Kinder befindet sich eine der vier „Kriegszonen", in denen die beiden Protonenarmeen mit Energien von bis zu 13 Billionen Elektronenvolt (Tera-Elektronenvolt, TeV) aufeinanderprallen, wobei sie Schauer subatomarer Trümmer erzeugen.

Okay, ich gebe es zu: Als ich die Gegend im Juni 2019 besuchte, war der Large Hadron Collider (LHC) der Europäischen Organisation für Kernforschung (CERN) wegen Wartungs- und Modernisierungsarbeiten geschlossen.[1] Für mich war das von Vorteil, denn so hatte ich die Gelegenheit, tatsächlich unter die Erde in die Höhlen zu gehen, in denen sich die gigantischen Teilchendetektoren befinden. Wenn dieses Buch erscheint, wird das nächste große LHC-Experiment, „Run 3" genannt, bereits in vollem Gange sein. Dann werden wieder relativistische Protonen frontal aufeinanderprallen und Wissenschaftler werden begierig die Teilchen untersuchen, die – getreu der berühmten Einstein-Gleichung $E = mc^2$ – aus der Kollisionsenergie entstehen.

Der Large Hadron Collider, der leistungsstärkste Teilchenbeschleuniger, der je gebaut wurde, ist seit 2008 in Betrieb.[2] CERN ist jedoch viel älter und reicht bis ins Jahr 1952 zurück. Vor fast 40 Jahren, im Jahr 1983, entdeckte ein Team von CERN-Wissenschaftlern unter der Leitung des italienischen Physikers Carlo Rubbia und des niederlän-

Abb. 10: Der Large Hadron Collider (LHC) am CERN befindet sich in einem unterirdischen Tunnel im Umland von Genf und bildet einen Ring von 27 Kilometern Umfang.

dischen Beschleunigeringenieurs Simon van der Meer an einem anderen Teilchenbeschleuniger, dem viel kleineren Super Proton Synchrotron, die W- und Z-Bosonen. Dabei handelt es sich um die massereichen „Trägerteilchen" der schwachen Kernkraft. Etwas aktueller, im Jahr 2012, wurde das schwer fassbare Higgs-Boson – das Teilchen, das anderen Teilchen Masse verleiht – in Daten von ATLAS und CMS, den beiden größten Detektoren am LHC, entdeckt. (ATLAS ist ein erfundenes Akronym, das für A Toroidal LHC ApparatuS steht; CMS ist das Compact-Muon-Solenoid-Experiment.) In den Folgejahren wurden mithilfe der Experimente am CERN immer wieder neue und exotische Hadronen nachgewiesen – Teilchen, die aus zwei, drei oder sogar vier oder fünf Quarks bestehen.

Elektroschwache Bosonen, das Higgs-Teilchen und sogar Tetraquarks – sie alle, genauso wie Kaonen, Pionen, Xi-Baryonen und Omega-Baryonen, um nur ein paar zu nennen, gehören zum etablierten

Standardmodell der Teilchenphysik. Zugegeben, denen begegnet man nicht so oft, schließlich besteht unsere materielle Welt nur aus Protonen, Neutronen und Elektronen. Aber all diese unbekannten Wesen sind Mitglieder desselben Teilchenzoos, nur dass die meisten von ihnen extrem kurzlebig sind: Innerhalb eines winzigen Bruchteils einer Sekunde zerfallen sie in bekanntere Teilchen. Wenn jedoch genügend Energie zur Verfügung steht, wie bei der Kollision von sich schnell bewegenden Protonen, können und werden immer wieder exotische Teilchen erzeugt. Und diese hinterlassen in den riesigen Teilchendetektoren rund um die Protonenkollisionspunkte ihre verräterischen Spuren und Fingerabdrücke.

Das wirft die Frage auf: Wenn die Dunkle Materie aus Teilchen besteht, könnten sie dann auch im Large Hadron Collider erzeugt werden? Die Antwort lautet: im Prinzip ja – entweder direkt aus der Energie zweier kollidierender Protonen oder indirekt, als Zerfallsprodukt eines zwischenzeitlichen Teilchens.

Leider weiß niemand, wie oft Teilchen der Dunklen Materie bei Protonenkollisionen entstehen, geschweige denn, wie massereich sie sind. Deshalb weiß auch niemand, was überhaupt zu erwarten ist. Hinzu kommt, dass die Teilchen der Dunklen Materie selbst nicht in andere Teilchen zerfallen: Wenn sie nicht von Natur aus stabil wären, könnten sie unmöglich den größten Teil der Masse des Universums ausmachen! Und da Dunkle-Materie-Teilchen kaum mit „normaler" Materie interagieren, sind sie so gut wie unmöglich zu entdecken. Und so besteht die einzige Chance weiterzukommen darin, die Ergebnisse der Protonenkollisionen am LHC so detailliert wie möglich zu studieren und die Buchführung akribisch zu überprüfen – einschließlich der vorhergesagten Anzahl neu erzeugter Neutrinos, die ebenfalls unentdeckt bleiben. Denn wenn die Energie oder die Impulswerte nicht übereinstimmen, fehlt offenbar etwas und das könnte durchaus die Dunkle Materie sein.

Bislang haben Detektoren wie ATLAS und CMS keine einzige überzeugende Spur von Dunkler Materie gefunden. Aber Teilchenphysiker geben nicht so schnell auf, und was die Dunkle Materie betrifft, glauben sie, dass sie allen Grund haben, weiterzusuchen. Grund dafür ist, dass der Nachweis von schwach wechselwirkenden massereichen Teilchen (engl.: weakly interacting massive particles, WIMPs) nicht nur das Rätsel der Dunklen Materie lösen, sondern auch den Weg zu einer spannenden Physik jenseits des Standardmodells weisen könnte. Insbesondere könnte die Existenz von WIMPs einen populären theoretischen Ansatz bestätigen, der als Supersymmetrie bekannt ist.[3]

Die Supersymmetrie habe ich im vorigen Kapitel kurz erwähnt und Sie haben sich vielleicht gefragt, warum Physiker das Standardmodell erweitern wollen, wenn es so vollständig und erfolgreich ist, wie ich behauptet habe. Doch die Theorie der Supersymmetrie wurde erstmals bereits im Jahr 1971 vorgeschlagen, als der Begriff „Standardmodell" noch gar nicht geprägt war. Unsere umfassende Theorie der Elementarteilchen und der fundamentalen Naturkräfte wurde erst 1983 allgemein anerkannt, als die W- und Z-Bosonen entdeckt wurden, die genau die vom Standardmodell vorhergesagten Eigenschaften aufwiesen. Und selbst als sich die Wissenschaftler auf das Standardmodell einließen, waren sie sich bewusst, dass ihre bestehende mathematische Beschreibung der physikalischen Welt nicht die endgültige Antwort sein kann. Schließlich berücksichtigt das Standardmodell weder die Dunkle Materie noch die winzige Masse der Neutrinos, die der Theorie zufolge masselos sein sollten, um nur zwei der wichtigsten Probleme zu nennen.

Wie dem auch sei, die Idee der Supersymmetrie (liebevoll SUSY genannt) wurde in der ersten Hälfte der 1970er-Jahre fast gleichzeitig und weitgehend unabhängig voneinander von vier Teams aus je zwei Physikern entwickelt.[4] Sie alle fragten sich, warum es zwei Arten von

Elementarteilchen gibt: Fermionen (also Materieteilchen, wie Quarks, Elektronen und Neutrinos) und Bosonen (kraftübertragende Teilchen). Könnte es in der Natur eine allumfassende Symmetrie geben, die die beiden Populationen in einer Beschreibung miteinander verbindet? In diesem Fall wären Fermionen und Bosonen tatsächlich zwei Seiten derselben supersymmetrischen Münze. Für jedes bekannte Fermion gäbe es einen entsprechenden Bosonen-Partner und umgekehrt.

Wenn Sie kein Teilchenphysiker sind, hört sich das alles vielleicht nach vielen Einzelfällen an. Aber so ging es in der Physik schon oft vonstatten: Man sucht nach Mustern, vermutet ein zugrundeliegendes Ordnungsprinzip und sagt auf der Grundlage seiner Theorie neue Erkenntnisse voraus. Auf diese Weise kam Dmitri Mendelejew 1869 auf die Idee des Periodensystems der Elemente und konnte, lange bevor Wissenschaftler begannen, die zusammengesetzte Struktur der Atome zu verstehen, die Existenz von noch unbekannten chemischen Elementen vorhersagen. Ähnlich entstand auch die Quantenchromodynamik, die Theorie der starken Kernkraft: Der amerikanische Physiker Murray Gell-Mann und sein Doktorand George Zweig entdeckten ein vielversprechendes mathematisches Muster in den Eigenschaften subatomarer Teilchen, was sie dazu veranlasste, die Existenz von Quarks vorzuschlagen. Vier Jahre später, 1968, wurden Quarks experimentell bestätigt.

Das Schöne an der SUSY-Theorie ist, dass sie nicht nur eine natürliche Verbindung zwischen Fermionen und Bosonen herstellt, sondern auch eine ganze Reihe von Problemen der Teilchenphysik löst. Auf alle Einzelheiten werde ich hier nicht eingehen, da dies kein Buch über Teilchenphysik, geschweige denn über Supersymmetrie ist, doch ein Punkt ist, dass die Supersymmetrie den Weg zu einer großen vereinheitlichten Theorie ebnet: Die elektromagnetische Kraft und die schwache Kernkraft können mit einer einzigen Theorie beschrieben werden, wie Sheldon Glashow, Abdus Salam und Steven

Weinberg in den 1960er-Jahren zeigten. Doch die starke Kernkraft entzog sich dieser Beschreibung. SUSY könnte das Instrumentarium liefern, um alle diese Kräfte in einer einheitlichen Theorie zu verbinden. Die Supersymmetrie ist sogar ein notwendiger Bestandteil der Stringtheorie – einer vielversprechenden, wenn auch hochspekulativen und hypothetischen Theorie der Quantengravitation. Und SUSY liefert auch eine natürliche Erklärung dafür, dass das Higgs-Teilchen zwischen 100 und 150 Milliarden eV wiegt. Ohne SUSY hätte das Higgs-Teilchen viel massereicher sein können.

Und zu guter Letzt ist SUSY auch für Experimentalphysiker interessant, weil sie eine neue Physik vorhersagt, die bei Kollisionsenergien auftreten sollte, die weit über dem derzeitigen Grenzwert von 13 TeV liegen. Dieser Grenzwert ist wichtig, denn Energie ist gleich Masse und umgekehrt: höherenergetische Kollisionen erzeugen massereichere Teilchen. Und da die Wissenschaftler immer massereichere Teilchen nachweisen wollen, haben sie die Leistung ihrer Maschinen auf bis zu 13 TeV erhöht. Doch das massereichste Elementarteilchen, das die Forscher bisher entdeckt haben, ist das Top-Quark von 1995 mit einer Masse von „nur" 173 Milliarden eV. Dazwischen – zwischen 173 Milliarden eV und dem heutigen Limit von 13 TeV – wurde noch nichts entdeckt. Wenn SUSY stimmt, müssen die Experimentatoren also die Grenze immer weiter nach oben verschieben, um noch neue Teilchen zu entdecken. Das CERN ist eine der Einrichtungen, die unseren experimentellen Arm verlängern. Sein Hauptstandort in der Nähe des Genfer Flughafens ist ein weitläufiger Campus mit Büros, Hangars, Lagerhallen und Hightech-Laboren. Er ist von einem Netz von Straßen durchzogen, die nach berühmten Physikern benannt sind, wie die Route Marie Curie, die Route Feynman und der Galileo-Galilei-Platz. In diesem wissenschaftlichen Nirwana arbeiten Tausende von Forschenden aus der ganzen Welt zusammen, um die grundlegendsten Geheimnisse der Natur zu entschlüsseln.

Das Gebäude von ATLAS ist mit einer drei Stockwerke hohen Schnittzeichnung des Detektors geschmückt. Als ich mit dem Aufzug in die Tunnelebene hinunterfahre, bin ich von der schieren Größe des Instruments überwältigt: ATLAS ist fast halb so groß wie die Kathedrale von Notre Dame in Paris und wiegt so viel wie der Eiffelturm. Es ist so unfassbar groß, dass ich die winzigen Techniker, die neue Geräte im Inneren des Detektors installieren, fast übersehe.[5]

Mit ATLAS wurden 2012 die ersten Hinweise auf das Higgs-Boson gefunden. Und hier hoffen die Physiker, auch Beweise für eine Supersymmetrie zu finden. Eines Tages könnte hier vielleicht sogar Dunkle Materie entstehen und detektiert werden. Denn das ist ein weiterer Bonus der Supersymmetrie – einer, an den die Erfinder der Theorie in den 1970er-Jahren gar nicht gedacht hatten: Eines der SUSY-Teilchen könnte das stabile WIMP sein, das den Großteil unseres Universums ausmacht.

Der Grund dafür ist folgender: Erinnern Sie sich, dass nach der SUSY-Theorie jedes bekannte Elementarteilchen einen supersymmetrischen Partner hat? Doch alle diese SUSY-Teilchen müssen massereicher sein als die uns bekannten „normalen" Teilchen, sonst wären sie bereits in den Kollisionsexperimenten erzeugt und nachgewiesen worden. Zudem wird davon ausgegangen, dass SUSY-Teilchen, wie die meisten Teilchen des Standardmodells auch, instabil sind und in leichtere Teilchen zerfallen, unter anderem auch in Teilchen des Standardmodells.

Doch es gibt einen Haken. Einige brauchbare Versionen von SUSY besagen, dass, wenn ein supersymmetrisches Teilchen zerfällt, eines der weniger massereichen Zerfallsprodukte ebenfalls supersymmetrisch sein muss. Wäre dies nicht der Fall, wäre unser guter alter Freund, das Proton, aus komplizierten Gründen nicht stabil und würde innerhalb eines Jahres oder vielleicht sogar innerhalb eines Sekundenbruchteils zerfallen. Zum Glück für uns sind Protonen aber stabil, daher müssen wir davon ausgehen, dass SUSY-Teilchen nicht nur in Teilchen des Standardmodells zerfallen können.

Das bedeutet aber wiederum, dass das leichteste supersymmetrische Teilchen, auch LSP (engl.: lightest supersymmetric particle) genannt, stabil sein muss! Laut Theorie ist dieses leichteste supersymmetrische Teilchen ein sogenanntes Neutralino, das, wie der Name schon vermuten lässt, keine elektrische Ladung hat. Es wechselwirkt auch nicht mit der starken Kernkraft. Stabil, neutral, massereich und der schwachen Kraft unterworfen – da haben wir's: Das LSP könnte das WIMP sein, das die Dunkle Materie im Universum ausmacht.

Wie wir im vorherigen Kapitel gesehen haben, waren Astronomen und Kosmologen in den frühen 1980er-Jahren übereingekommen, dass die „fehlende Masse", wie sie damals noch einige nannten, höchstwahrscheinlich aus relativ langsamen Teilchen bestehen müsse – also kalter Dunkler Materie. Eines der infrage kommenden Teilchen war das hypothetische Axion, auf das ich in Kapitel 23 zurückkomme. Trotz ihrer extrem kleinen Masse bewegen sich Axionen nämlich sehr langsam, weshalb sie als möglicher Bestandteil der kalten Dunklen Materie in Betracht gezogen wurden. Doch schon bald wurde das viel massereichere WIMP – und vor allem seine SUSY-Version – zu jedermanns Lieblingskandidaten für die Dunkle Materie. Wer weiß, vielleicht führt uns die Supersymmetrie – eine einzige, vielversprechende Erweiterung des Standardmodells – auf den Weg zu einer großen vereinheitlichten Theorie und löst gleichzeitig das lästige Rätsel der Dunklen Materie.

Und dann kam das WIMP-Wunder. Normalerweise glauben Wissenschaftler nicht an Wunder, aber dieses schien zu gut, um es zu ignorieren.

Um das WIMP-Wunder zu verstehen, müssen Sie sich vergegenwärtigen, dass das sehr frühe Universum ein brodelnder Kessel aus hochenergetischen Photonen und kurzlebigen Teilchen war – ein blubberndes Gebräu aus Energie und Masse. Unmittelbar nach dem Urknall herrschte überall $E = mc^2$ und $m = E/c^2$. Mit anderen Worten: Paare aus Teilchen und ihren Antiteilchen wurden kontinuierlich aus reiner Energie erzeugt und im Bruchteil einer Sekunde nach ihrer Entstehung vernichteten (annihilierten) sie sich gegenseitig, um wieder in Strahlung überzugehen, aus der neue Materie hervorgehen konnte.

Doch während sich das neugeborene Universum abkühlte, verloren die Photonen mehr und mehr ihrer Energie. Infolgedessen kam die spontane Produktion der schwersten Teilchenpaare zum Stillstand. Gleichzeitig dünnte die Ausdehnung des frühen Universums die Verteilung von Teilchen und ihren zugehörigen Antiteilchen aus, sodass sie sich nicht mehr so häufig begegneten wie früher. Die ständige Vernichtung von schweren Teilchen und ihren Antiteilchen konnte zwar immer noch stattfinden, aber nur ein Bruchteil des ursprünglichen Bestands überlebte diesen Angriff.

Mit den Gleichungen des Urknalls – im Grunde nicht mehr als ein sich ausdehnendes und abkühlendes Gas; Schulphysik sollte also ausreichen – lässt sich relativ einfach berechnen, wie hoch die verbleibende „Reliktdichte" für eine bestimmte Art von Teilchen ist. Führt man diese Rechnung für WIMPs durch, die wahrscheinlich ihre eigenen Antiteilchen sind, stellt sich heraus, dass man fast genau die Dichte erhält, die Astrophysiker und Kosmologen für die kalte Dunkle Materie ermittelt haben. Ziemlich verwunderlich, oder?

Da sie über die schwache Kernkraft (und natürlich über die Schwerkraft) wechselwirken, wird erwartet, dass WIMPs Massen in der Größenordnung von einigen Hunderttausend eV haben – ein paar Hundert Mal massereicher als Protonen. Damit das WIMP-Wunder funktioniert, ist der genaue Wert der Masse aber gar nicht so wichtig. Sollten sie massereicher sein, hätte die Paarproduktion einfach schon in einem früheren Stadium aufgehört, als die Dichte des jungen

Universums noch sehr groß war. Infolgedessen wäre die gegenseitige Annihilation effizienter gewesen und es wären weniger Reliktteilchen übriggeblieben. Wenn die WIMPs hingegen leichter wären, hätte die Paarproduktion länger fortgesetzt werden können und wenn sie schließlich aufhörte, wäre die kosmische Dichte geringer, sodass mehr Teilchen der Annihilation entgangen wären. Doch das Endergebnis – wenige massereiche oder mehr leichtgewichtige Teilchen – ergibt immer mehr oder weniger die gleiche durchschnittliche Massendichte, und die liegt erstaunlich nahe an dem Wert, den Forscher wie Jim Peebles, Sandra Faber und Joel Primack für die Menge an Dunkler Materie im Universum gefunden hatten.

Lassen Sie uns kurz innehalten und rekapitulieren. Die Galaxiendynamik besagt, dass es mehr Materie im Universum geben muss, als man auf den ersten Blick sieht. Die Nukleosynthese des Urknalls zeigt, dass nicht alle Materie baryonisch sein kann. Außerdem kann nicht-baryonische Materie die Verklumpung des Universums erklären, ohne der Glattheit des kosmischen Mikrowellenhintergrunds zu widersprechen. Daher ist es für Physiker nur logisch, nach nicht-baryonischen Teilchen zu suchen. Diese müssen jedoch auch elektrisch neutral sein, denn wenn die Dunkle Materie aus geladenen Teilchen bestünde, wären sie leicht zu finden. Die einzigen neutralen, nicht-baryonischen Teilchen, die wir kennen, sind Neutrinos. Neutrinos sind jedoch nicht massereich genug, um Teilchen der Dunklen Materie zu sein, sodass wir nach unbekannten Arten von Materie suchen müssen. Und dann? Sich schnell bewegende Teilchen klumpen nicht in den richtigen Größenordnungen zusammen, um die frühe Entstehung von Galaxien zu erklären, also muss die Dunkle Materie stattdessen kalt und langsam sein. Sollte es sie geben, würden WIMPs, die schwach wechselwirkenden massereichen Teilchen, perfekt ins Bild passen, denn von ihnen wird erwartet, dass sie genau die richtige Massendichte haben. Und die Supersymmetrie sagt die Existenz eines ganz bestimmten WIMP voraus: das leichteste supersymmetrische Teilchen, auch bekannt als Neutralino.

Mitte der 1980er-Jahre war klar, was der nächste Schritt sein musste: das verdammte Ding zu finden. 1975 hatten Teilchenphysiker das Tau-Teilchen (auch Tauon, ein kurzlebiger, schwerer Cousin des Elektrons) am Stanford Linear Accelerator Center (heute SLAC National Accelerator Laboratory) und 1983 die W- und Z-Bosonen am Super Proton Synchrotron des CERN gefunden. Mit einer leistungsfähigeren Maschine würde es doch sicher gelingen, WIMPs zu entdecken und gleichzeitig die Supersymmetrie zu bestätigen, oder?

Leider ist es nicht so gekommen. Die Natur ist nicht immer freundlich, wie Peebles zu sagen pflegt.

Die meisten der Physiker, die ich am CERN getroffen habe, waren Mitte der 1980er-Jahre im Kindergarten oder noch nicht geboren, als ihre älteren Kollegen einen 27 Kilometer langen Tunnel gruben und den Large Electron-Positron Collider bauten, um nach geheimnisvollen Teilchen zu suchen. Doch es wurden keine WIMPs gefunden. Anschließend wurde der deutlich leistungsstärkere LHC in Betrieb genommen, trotzdem knackten die Wissenschaftler den WIMP-Jackpot nicht und fanden auch keine Hinweise auf eine Supersymmetrie. Die Entdeckung des Higgs-Teilchens war natürlich großartig und es ist sicherlich aufregend, mehr über seltsame Teilchen wie Pentaquarks oder über das Quark-Gluon-Plasma zu erfahren, das das frühe Universum erfüllt haben soll. Aber zum jetzigen Zeitpunkt, nach jahrzehntelangen Bemühungen, ist man auf keine Physik gestoßen, die über das Standardmodell hinausgeht. Das ist natürlich frustrierend.

Während meines Besuchs treffe ich John Ellis in seinem überraschend kleinen Büro in der Abteilung für theoretische Physik des CERN. Ellis, der seit den 1970er-Jahren am europäischen Labor arbeitet, ist seit ihren Anfängen ein vehementer Befürworter der SUSY-Theorie.[6] Mit ihrem Artikel, den Ellis 1984 gemeinsam mit

John Hagelin, Dimitri Nanopoulos, Keith Olive und Mark Srednicki in der Zeitschrift *Nuclear Physics B* veröffentlichte, waren sie die Ersten, die zeigten, dass das leichteste SUSY-Teilchen ein Kandidat für Dunkle Materie sein könnte.[7] Obwohl bisher nichts gefunden wurde, glaubt Ellis bis heute, dass WIMPs als Teilchen für Dunkle Materie vielversprechender sind als Axionen. Doch was sagt er zu dem Mangel an experimentellen Beweisen?

„Das sagt mir nur, dass wir noch intensiver suchen müssen", antwortet Ellis. „WIMPs könnten noch massereicher sein, als wir angenommen haben." Das Problem dabei sei, ergänzt er, dass das WIMP-Wunder auf der Strecke bliebe, wenn die Teilchen zu schwer sind. „Die Möglichkeiten sind begrenzt. Bei einer Masse von etwa 10 TeV" – dem 10.000-Fachen der Masse eines Protons – „gibt es keinen Spielraum mehr. Aber um diesen Massenbereich zu untersuchen, bräuchten wir einen noch größeren Detektor als den LHC. Ich weiß also nicht, wann wir die Antwort finden werden."

„Wann", Ellis sagt nicht „ob".

Zwischen der Vorhersage des Neutrinos im Jahr 1930 und seiner Entdeckung im Jahr 1956 vergingen 26 Jahre. Beim Higgs-Boson betrug die Wartezeit 48 Jahre. Gravitationswellen – winzige Wellen im Gewebe der Raumzeit – wurden 1916 von Albert Einstein vorhergesagt und erst fast ein Jahrhundert später, im Jahr 2015, entdeckt. Es stimmt, die Suche nach Dunkler Materie am CERN dauert länger als erwartet. Doch die Abwesenheit von Beweisen ist kein Beweis für die Abwesenheit von Dunkler Materie. Wer weiß, was ein Collider der nächsten Generation zu Tage fördern wird? Wer weiß, was „Run 3" herausfinden wird?

Vielleicht liegt hier das eigentliche Problem mit der Dunklen Materie: Wir wissen nicht genau, wonach wir suchen, also gibt es immer einen guten Grund, die Suche fortzusetzen. Denken Sie an eine irdische Schatzsuche. Wenn man die genaue Position einer sagenumwobenen Stadt wüsste, könnte man einfach hingehen und die Gegend erkunden. Wenn Sie die Stadt nicht finden, würden Sie zu dem Schluss kommen, dass es sich nur um einen Mythos handeln muss und die Suche aufgeben. Wenn Sie aber die sieben Weltmeere auf der Suche nach einer magischen Insel bereisen, die sich überall auf der Welt befinden könnte, sollten Sie die Suche nicht aufgeben, nur weil es zu lange dauert. Nach allem, was wir wissen, könnte die magische Insel gleich hinterm Horizont liegen.

Und auch die Entdeckung von WIMPs könnte direkt hinter dem Horizont liegen. Die Zeit wird es zeigen. Die Zeit, Einfallsreichtum und Beharrlichkeit.

11. DIE SIMULATION DES UNIVERSUMS

Am Anfang ist das Universum formlos und leer und Dunkelheit liegt über dem Antlitz der Tiefe.

Dann beobachte ich, wie sich winzige Dichtevariationen in der Verteilung der Teilchen der Dunklen Materie zu einem dreidimensionalen, spinnennetzartigen Muster entwickeln. Wasserstoff- und Heliumatome – etwas vertrauter, doch viel weniger an der Zahl – folgen diesem Beispiel; sie können nicht anders, als von der schieren Schwerkraft dieses seltsamen unsichtbaren Stoffes in dieselben großräumigen Strukturen gezogen zu werden.

Überall um mich herum sehe ich nun Gas, das entlang gewundener Filamente strömt und in den hochverdichteten Regionen landet, in denen sich diese kosmischen Tentakel treffen. Die Gaswolken werden, von der Schwerkraft mitgerissen und von den alles durchdringenden magnetischen Feldern verdreht, turbulenter als das unsichtbare Substrat aus Dunkler Materie, auf dem sie sich verdichten. Während Hunderte Millionen Jahre in Sekundenschnelle verstreichen, beginnt sich das Gas in den Kernen von mehr oder weniger kugelförmigen Halos aus unsichtbarer Dunkler Materie anzusammeln. Und so bringt das Universum langsam aber stetig einen kleinen Galaxienhaufen hervor.

In der Ferne, im Kern des Haufens, sehe ich, wie winzige Zwerggalaxien – Überbleibsel von verklumpter Dunkler Materie – kollidieren und zu einem immer größer werdenden Ganzen verschmelzen. Unterdessen kollabiert direkt vor meinen Augen eine riesige Gaswolke unter ihrem eigenen Gewicht und beginnt, sich schneller und schneller zu drehen, wodurch sie zusehends flacher wird. Indem sie kleinere Satellitensysteme verschlingt, entwickelt sie sich zu einer wunderschönen Spiralgalaxie.

Zu meiner Rechten krachen zwei Spiralen ineinander und schleudern Gezeitenschweife galaktischer Trümmer von sich. Erschütterungen und Dichtewellen erzeugen in einem wahren Babyboom neue massereiche Sterne. Schließlich kommt das Produkt der Verschmelzung als riesige elliptische Galaxie zur Ruhe, die von konzentrischen Gasschalen umgeben ist. Zu meiner Linken wird das Wachstum einer weiteren Scheibengalaxie durch energiereiche Supernova-Explosionen in ihren Spiralarmen sowie durch starke Strömungen aus ihrem Kern gebremst. Dort ergötzt sich ein supermassereiches Schwarzes Loch an einfallendem Gas und bläst einen Teil davon zurück ins All.

Ich zoome auf die ruhige Spiralgalaxie vor mir und kann es kaum erwarten, die nächsten neun Milliarden Jahre beschleunigter kosmischer Zeit zu erleben. Dann nämlich wird aus einer kleinen Gas- und Staubwolke am inneren Rand eines der Spiralarme ein gelber Allerweltsstern geboren. Und um den unscheinbaren Stern wird ein winziger Planet aus Stein kreisen – ein Staubkorn im kosmischen Ozean. Schon bald werden Kohlenwasserstoffe, die aus dem Weltraum herabregnen, diesen kargen Ort in eine fruchtbare Welt verwandeln, die vor Leben nur so strotzt. Milliarden Jahre alter Kohlenstoff.

Abb. 11: Standbild aus einer IllustrisTNG-Computersimulation, die das Wachstum der großräumigen Struktur im Universum simuliert.

Doch das passiert nur in meiner Vorstellung, denn ich beobachte nicht die Entwicklung des realen Universums. Vielmehr habe ich mich in einem Video einer hochdetaillierten dreidimensionalen Computersimulation namens IllustrisTNG (kurz für: The Next Generation) verloren.[1]

IllustrisTNG simuliert zwar nicht den Ursprung des Lebens, doch es ist trotzdem ziemlich beeindruckend. 14 Milliarden Jahre kosmischer Entwicklung, Strukturbildung in einem expandierenden Universum, Spiralgalaxien mit Halos aus Dunkler Materie – es ist alles da und es sieht unheimlich realistisch aus. Nur schwer lässt sich der Eindruck loswerden, dass es sich um eine beschleunigte Version des echten Universums handelt. Wie ein Staatsanwalt, der vor den Geschworenen steht und ein Verbrechen minutiös rekonstruiert, ist die Simulation so überzeugend, dass man nicht anders kann, als zu denken, dass es genauso stattgefunden hat.

Heute sind Computersimulationen ein unverzichtbarer Teil des Instrumentariums eines Astrophysikers. Vor etwa 40 Jahren sah das noch anders aus. Die Physik – so auch die Astrophysik – war sehr analytisch und Fortschritte wurden in der Regel durch die algebraische Lösung komplizierter Polynomial- oder Differenzialgleichungen erzielt. Stephen Hawking bemerkte einmal, dass die Verwendung eines Computers zur Lösung eines Problems der Allgemeinen Relativitätstheorie die Schönheit der Physik zerstören würde.

Als vier junge und verwegene Astronomen zu Beginn der 1980er-Jahre damit anfingen, das gesamte Universum auf ihren Computern zu simulieren – eine Anstrengung, die schließlich zu weitreichenden Schlussfolgerungen über die mögliche Natur der Dunklen Materie führte – war es keine große Überraschung, dass sie auf Skepsis stießen. Tatsächlich wurden sie als die „Gang of Four" bekannt, benannt nach der Gruppe radikaler Funktionäre der Kommunistischen Partei Chinas, die während der letzten Phase der Kulturrevolution von Mao an Einfluss gewannen. Doch während ihre Kollegen anfangs noch misstrauisch und zurückhaltend waren, wurden Marc Davis, George Efstathiou, Carlos Frenk und Simon White aus heutiger Sicht zu wahren Pionieren.[2] Ihre numerischen Simulationen der Entwicklung der großen Strukturen im Universum bilden die Grundlage für heutige Projekte wie IllustrisTNG.

Wie simuliert man nun ein Universum? Oder, um genau zu sein: Wie simuliert man die Strukturbildung im Universum? Das ist eigentlich gar nicht so kompliziert. Die Gang of Four legte ihren Fokus auf die nicht-baryonische Dunkle Materie (den Hauptbestandteil des Universums), die kein Licht aussendet oder absorbiert, sich nicht erwärmt oder abkühlt und nicht auf Magnetfelder reagiert. Das einzige Spiel in der Stadt ist die Schwerkraft, sodass man den gleichen Ansatz wie Jim Peebles und Jerry Ostriker verwenden kann, als sie Computersimulationen über die Entwicklung und die Stabilität von Scheibengalaxien durchführten (siehe Kapitel vier). Grundsätzlich geht es um die anfängliche Verteilung von Testteilchen, von denen jedes für eine bestimmte Menge an Dunkler Materie steht. Der Computercode berechnet die gegenseitige Anziehungskraft der Testteilchen in vielen einzelnen Zeitschritten. Auch hier gilt: Mehr Testteilchen und kleinere Zeitschritte erhöhen die Zuverlässigkeit der Ergebnisse. Diese Art von System wird als N-Körper-Simulation bezeichnet: ein Modell dafür, wie eine große Anzahl von Objekten (in diesem Fall Mengen von Teilchen aus Dunkler Materie) unter dem Einfluss ihrer gegenseitigen Schwerkraft interagieren.

Natürlich kann man so etwas nicht für das gesamte Universum tun. Stattdessen betrachtet man nur einen ausreichend großen Würfel des expandierenden Raums und nimmt an, dass dieser repräsentativ für das gesamte Universum ist. „Expandierend" ist hier das Schlüsselwort: Mit jedem Zeitschritt wächst der Raumwürfel ein wenig, die Abstände zwischen den Testteilchen werden größer und ihre gegenseitige Anziehungskraft wird etwas schwächer. Letztendlich ist die Bildung großräumiger Strukturen also das Ergebnis eines Tauziehens zwischen Schwerkraft und kosmischer Expansion.

Die Gleichmäßigkeit der anfänglichen Verteilung der Testteilchen ist dabei von entscheidender Bedeutung. Wäre die Verteilung vollkommen gleichmäßig, würde nicht viel in Ihrem Universumswürfel passieren. Also müssen Sie mit winzigen Dichtefluktuationen in die Simulation starten. Bereiche mit einer leicht überdurchschnittlichen Dichte an Dunkler Materie werden sich im Laufe der Zeit aufgrund der Expansion des Universums ausbreiten und verdünnen. Im Vergleich zu Bereichen unterdurchschnittlicher Dichte wird das aber deutlich langsamer vonstattengehen. Das Endergebnis ist, dass die relativen Dichteunterschiede tendenziell zunehmen – der Kontrast zwischen über- und unterdurchschnittlich dichten Gebieten verstärkt sich im Laufe der Äonen.

Schließlich muss bei den Simulationen auch berücksichtigt werden, um welche Art von Dunkler Materie es sich handelt. Wie wir bereits gesehen haben, gibt es einen großen Unterschied im Verhalten zwischen heißen (sich schnell bewegenden) Teilchen wie Neutrinos und kalten (sich relativ langsam bewegenden) Teilchen wie WIMPs: Heiße Teilchen können sich nur auf sehr großen Skalen zusammenklumpen, während kalte Teilchen zu kleineren Ansammlungen aggregieren.

Die sich daraus ergebende Verteilung der Dunklen Materie bestimmt, wo sich Galaxien bilden, denn man geht davon aus, dass die weniger häufig vorhandene baryonische Materie im Universum (hauptsächlich Atomkerne) in Richtung der Regionen mit der höchsten Dichte an nicht-baryonischer Materie fließt. Mit anderen Worten: Es wird erwartet, dass sich Galaxien dort bilden, wo die Dunkle Materie am stärksten verklumpt ist.

Letztendlich fließen also eine ganze Reihe von Annahmen – oder, wenn man so will, Anfangsbedingungen – in die Simulation des Universums ein: die Gesamtmateriedichte, die Art der Dunklen Materie (heiß oder kalt), das Spektrum der anfänglichen Dichtefluktuationen, die kosmische Expansionsrate und so weiter. Wenn man dann schließlich alle Regler auf die gewünschten Werte eingestellt hat, drückt man einfach auf den Startknopf und wartet ab, was für ein Universum diese besondere Wahl der Anfangsbedingungen nach Milliarden von Jahren der Entwicklung hervorbringen wird.

In den späten 1970er-Jahren wusste Marc Davis, das älteste Mitglied der Gang of Four, bereits, welche Art von Universum entstehen sollte. Im Jahr 1977 hatte Davis in Harvard, gemeinsam mit John Huchra, David Latham und John Tonry (siehe Kapitel sechs), die Rotverschiebungsstudie des Center for Astrophysics (CfA) begonnen. Ihre erste, noch sehr rudimentäre 3D-Karte der Galaxienverteilung im „lokalen" Universum wurde zwar erst im Jahr 1983 veröffentlicht, doch die ursprünglichen Ergebnisse hatten gezeigt, dass die Galaxien in riesigen Wänden und Filamenten gruppiert waren, die größtenteils relativ leere Gebiete (sogenannte voids) umspannten. Jede glaubwürdige Theorie – oder Computersimulation – über das Universum sollte also zumindest in der Lage sein, diese spezielle Art von großräumigen Strukturen zu erklären oder zu erzeugen.

Die meisten astrophysikalischen N-Körper-Simulationen beschränkten sich damals auf etwa 1000 Testteilchen.[3] In einer 3D-Simulation entspricht das einem Würfel von nur zehn mal zehn mal zehn Teilchen – weit weniger als man für die Simulation eines Universums benötigt. Doch im Jahr 1979 erfuhr Davis von einem neuartigen Computercode, der deutlich mehr leisten konnte: Er war gerade auf dem Weg zu einer internationalen Konferenz über Kosmologie in Tallinn, Estland. Der einfachste Weg dorthin war eine Fähre über die Ostsee von Helsinki, Finnland. An Bord traf er George Efstathiou, der ebenfalls zur Konferenz unterwegs war. Efstathiou war ein junger britischer Doktorand, das Kind zyprischer Einwanderer. Er hatte kein Geld, und so lud ihn Davis zum Abendessen ein und sie wurden Freunde für den Rest ihres Lebens.

Efstathiou hatte Kontakt zu Physikern, die sich mit kondensierter Materie und mit Schmelzprozessen in Atomgittern beschäftigten. Das ist zwar ein völlig anderes Gebiet als Kosmologie (zum Beispiel spielt die Schwerkraft in den Größenordnungen von Atomen keine Rolle), doch diese Wissenschaftler hatten einen Computercode entwickelt, der Würfel aus $32 \times 32 \times 32$ Elementen verarbeiten konnte – sage und schreibe 32.768 Testteilchen! Efstathiou war damit beschäftigt, diesen Code in etwas umzuwandeln, das für kosmologische Zwecke verwendet werden konnte. Vielleicht würden somit endlich Simulationen möglich, die detailliert genug waren, um sie mit den CfA-Rotverschiebungsmessungen zu vergleichen – der einzigen verfügbaren 3D-Karte des realen Universums zu dieser Zeit.

Schon früher, während eines Studienurlaubs an der Universität von Cambridge, hatte Davis bereits ein anderes Mitglied der Gang of Four kennengelernt. Als Doktorand der angewandten Mathematik arbeitete Simon White in einem stickigen, fensterlosen Keller in einem Universitätsgebäude in der Innenstadt. Nachdem er jedoch das Cambridge Institute of Astronomy im Westen der Stadt mit seinen sonnendurchfluteten Räumen und von Narzissen gesäumten Rasenflächen besucht hatte, beschloss er, das Fachgebiet zu wechseln. Davis und White trafen sich an der University of California in Berkeley wieder, wo White 1980 ein wissenschaftlicher Mitarbeiter wurde und Davis 1981 eine Festanstellung erhielt. Zu diesem Zeitpunkt entwickelte White, der Mathematik und Astronomie miteinander verband, einen Computercode zur Simulation gravitativer Wechselwirkungen in Galaxienhaufen. Ob er wohl an einem Versuch interessiert wäre, das gesamte Universum zu simulieren? Darauf können Sie wetten!

Inzwischen hatte sich Efstathiou in England mit dem Doktoranden Carlos Frenk angefreundet, dem Sohn eines deutsch-mexikanischen Arztes und einer Musikerin. Nachdem er 1981 mit White in Cambridge promoviert hatte, ging Frenk nach Berkeley und wurde einer der ersten Postdocs von Davis, wo er sich mit der Analyse der CfA-Rotverschiebungsergebnisse beschäftigte. Efstathiou, der zuvor eine Postdoc-Stelle in Berkeley innegehabt hatte, aber nach Cambridge zurückgekehrt war, flog regelmäßig nach Kalifornien, um sich seinen Freunden anzuschließen und bei der Verwirklichung des ehrgeizigen Ziels zu helfen, das Strukturwachstum im Universum zu simulieren.

Damals waren leistungsstarke Computer groß, langsam und selten. Der Berkeley-Rechner – ein Digital Equipment VAX-11/780 – füllte den größten Teil eines Zimmers, verfügte aber nur über 16 Megabyte internen Speicher. Eine Simulation dauerte somit schnell mal mehr als einen ganzen Tag. Zum Vergleich: Ein aktuelles handelsübliches MacBook wäre in der Lage, diese Aufgabe in weniger als 30 Sekunden zu erledigen.

Mithilfe des Starlink-Computernetzwerks – miteinander verbundene VAX-Computer in astronomischen Forschungszentren im gesamten Vereinigten Königreich – nutzten Efstathiou und Frenk jede Maschine, die sie in die Finger bekommen konnten. Als sich herausstellte, dass man Starlink nur maximal zwei Stunden am Stück nutzen durfte und danach weitere Computerzeit beantragen musste, schrieb Efstathiou kurzerhand ein Skript, das diese Beschränkung geschickt umging. Klar, andere Forscher beschwerten sich darüber, dass sie keinen Zugang zum Netzwerk bekommen konnten, aber was könnte wichtiger sein als die Simulation der Entwicklung des Universums?

Die ersten Simulationen, die 1983 von White, Frenk und Davis veröffentlicht wurden, zeigten, dass heiße Dunkle Materie (z. B. Neutrinos) das reale Universum nicht reproduzieren kann.[4] Es stellte sich heraus, dass sich schnell bewegende Teilchen langsam zu sehr großen Strukturen zusammenballen, die in ihrer Größe mit Superhaufen von Galaxien vergleichbar sind. Diese Strukturen müssten erst in kleinere Klumpen zerfallen, bevor sich Galaxien bilden könnten. Bei diesem Top-Down-Szenario finden sich die kleinsten Materiekonzentrationen – die Samen der Galaxien – nur innerhalb der Superhaufen-Strukturen. Die Leerräume zwischen den Superhaufen bleiben in den Simulationen vollkommen leer.

Im Gegensatz dazu zeigen Beobachtungen jedoch, dass sich Galaxien schon sehr früh in der Geschichte des Universums gebildet haben – und zwar vor der Entstehung von Superhaufen. Außerdem sind die Leerräume nicht völlig leer; auch sie enthalten isolierte Galaxien, wenn auch in geringer Zahl. Und genau das ist auch das Ergebnis von Simulationen mit kalter Dunkler Materie, auf die sich das Team bald ausschließlich konzentrierte. Aufgrund ihrer geringeren Teilchengeschwindigkeiten verklumpt die kalte Dunkle Materie zunächst zu kleinen Halos aus Dunkler Materie, die in etwa die Größe von Zwerggalaxien haben. Sobald sich die ersten kleinen Galaxien gebildet haben (durch Akkretion von baryonischer Materie), verschmelzen die meisten von ihnen zu größeren Galaxien, die sich nach und nach zu Gruppen, Haufen und schließlich zu Superhaufen zusammenschließen – ein Prozess, der auch heute noch immer in vollem Gange ist.

Die Gang of Four – der Spitzname wurde übrigens vom Astrophysiker Chris McKee in Berkeley geprägt – arbeitete fieberhaft während der Weihnachtsfeiertage Ende 1983 und eines viermonatigen Workshops über die großräumige Struktur des Universums in Santa Barbara im Jahr 1984. Im Mai 1985 veröffentlichten sie schließlich ihre ersten Ergebnisse und Schlussfolgerungen in *The Astrophysical Journal*.[5] Schon der Titel sagt alles: „The Evolution of Large-Scale Structure in a Universe Dominated by Cold Dark Matter" (Die Entwicklung der großräumigen Struktur in einem von kalter Dunkler Materie dominierten Universum). „Es ist bemerkenswert, wie viele Aspekte der beobachteten Galaxienverteilung durch die Verteilung der CDM wiedergegeben werden", schreiben die Autoren. „Das scheint zu schön, um wahr zu sein, aber vielleicht deutet es darauf hin, dass wir uns endlich einer korrekten Lösung des Problems der fehlenden Masse annähern."

In einem kürzeren Folgeartikel in *Nature*, der im Oktober desselben Jahres veröffentlicht wurde, stellte die Gruppe Simulationen vor, die die Bildung und gelegentliche Verschmelzung einzelner Subhalos aus Dunkler Materie zeigten, was zu einer ziemlich realistischen Population von Scheibengalaxien (mit flachen Rotationskurven und so weiter) und elliptischen Galaxien führte.[6] Löste die kalte Dunkle Materie also tatsächlich alle Rätsel, mit denen die Astronomen zu kämpfen hatten? Es sah ganz danach aus. Die Tatsache, dass noch nie ein Teilchen der kalten Dunklen Materie beobachtet worden war, schien plötzlich nur noch ein unbedeutendes Detail zu sein. „Diese Leute sind Zauberer", kommentierte der Astrophysiker Richard Gott aus Princeton, der als Gutachter an dem *Nature*-Artikel mitgewirkt hatte.

Und die Zauberer waren noch nicht fertig. In den Jahren 1987 und 1988 veröffentlichten sie drei weitere Arbeiten – zwei im *Astrophysical Journal* und eine in *Nature* –, in denen sie ihre frühere Arbeit erweiterten.[7] Zusammengefasst kürten die fünf bahnbrechenden Veröffentlichungen der Gang – die als DEFW-Artikel (für Davis, Efstathiou, Frenk und White) bekannt sind – die nicht-baryonische kalte Dunkle Materie zum einzigen Kandidaten für den Hauptbestandteil des Universums. Die CDM schien in der Lage zu sein, so gut wie alles zu erklären.

Eine wichtige Frage blieb jedoch offen: Wie viel Dunkle Materie enthält das Universum? In der überwiegenden Mehrheit ihrer ersten Simulationen waren die Computerzauberer von einer Gesamtmassendichte des Universums ausgegangen, die der kritischen Dichte entsprach – der Menge an gravitativer Materie, die die kosmische Expansion schließlich zum Stillstand bringen würde, ohne in einen Kollaps umzuschlagen. Da die baryonische Materie, die aus der Nukleosynthese des Urknalls hervorging, nur fünf Prozent zur kritischen Dichte beiträgt, müssten die restlichen 95 Prozent in kalter Dunkler Materie vorliegen – ein überwältigendes Ungleichgewicht und viel mehr als man aus der Dynamik der Galaxien schließen würde.

Die vier Astronomen kamen zu der Erkenntnis, dass ein Universum mit kritischer Dichte im Grunde nur eine „ästhetisch ansprechende Idee" war, wie sie es nannten. (Wir werden in Kapitel 15 darauf zurückkommen.) Die Natur hat aber natürlich keinen zwingenden Grund, menschliche ästhetische Bedürfnisse zu befriedigen. Was wäre also, wenn die Gesamtmassendichte des Universums viel *niedriger* wäre als der kritische Wert und eher den früheren Massenschätzungen von Ostriker, Peebles und Yahil, Gott, Gunn, Schramm und Tinsley sowie Faber und Gallagher entspräche?

In der Tat kamen White und Frenk zusammen mit Julio Navarro und August Evrard 1993 zu dem Schluss, dass wir entweder die

Nukleosynthese des Urknalls nicht verstehen oder dass das Universum nicht die kritische Dichte haben kann. Die Argumentation in ihrem *Nature*-Artikel ist recht geradlinig.[8] Sie wandten sich erneut dem Coma-Galaxienhaufen zu, der bereits Gegenstand von Fritz Zwickys wenig beachteter Arbeit aus dem Jahr 1933 war, und leiteten zunächst die gesamte dynamische Masse des Haufens aus den Geschwindigkeiten seiner Mitgliedsgalaxien ab – dieselbe Methode, die Zwicky angewendet hatte. Als Nächstes bestimmten sie die baryonische Masse, wobei sie nicht nur die sichtbaren Galaxien – Sterne und Nebel – berücksichtigten, sondern auch die riesigen Mengen an extrem heißem Gas, das Röntgenteleskope zwischen den Galaxien entdeckt hatten. Durch den Vergleich der beiden Massenschätzungen fanden die Autoren heraus, dass die baryonische Masse im Coma-Haufen etwa ein Sechstel der gesamten gravitativen Masse ausmacht. Für andere Galaxienhaufen wurden ähnliche Werte ermittelt.

Wenn aber Baryonen nur fünf Prozent der kritischen Dichte ausmachen – das sagt uns die Nukleosynthese des Urknalls – und wenn das Universum tatsächlich die kritische Dichte hat, dann müsste die nicht-baryonische Dunkle Materie im Universum 19-mal statt sechsmal so häufig vorhanden sein wie die baryonische Materie in Form von „normalen" Atomen. In Anbetracht der Art und Weise, wie sich Galaxienhaufen in einem expandierenden Universum bilden (basierend auf der Art von Computersimulationen, für die die Gang of Four Pionierarbeit geleistet hatte), ist es einfach unmöglich, dass sie einen Baryonenanteil aufweisen, der mehr als dreimal so hoch ist wie der durchschnittliche kosmische Wert. Mit anderen Worten: Der hohe Baryonenanteil von Haufen wie dem Coma-Haufen muss den kosmischen Durchschnitt widerspiegeln, und dann kann das Universum nicht die kritische Dichte haben.

Mit der Entdeckung der beschleunigten Expansion des Universums im Jahr 1998 – die der Dunklen Energie, einer weiteren mysteriösen kosmischen Komponente, auf die wir in Kapitel 15 zu sprechen kommen, zugeschrieben wird – wurde klar, dass die Gesamtmassendichte des Universums viel niedriger ist: etwa 27 Prozent der kritischen Dichte. Seitdem haben Computersimulationen, die das Wachstum der kosmischen Struktur darstellen, diesen Wert für die Menge der gravitativen Materie im Universum verwendet und auch die Dunkle Energie berücksichtigt. Dank einer unglaublichen Steigerung der Rechenleistung sind diese Simulationen natürlich viel detaillierter als die der Gang of Four und die Übereinstimmung zwischen den heutigen Simulationen und dem realen Universum hat erheblich zur allgemeinen Akzeptanz dessen beigetragen, was heute als kosmologisches Standardmodell (auch Lambda-CDM-Modell) bekannt ist.

Um Ihnen eine Vorstellung von den Fortschritten zu vermitteln, die seit den frühen 1980er-Jahren gemacht wurden, werfen wir einen Blick auf die bahnbrechende Millennium-Simulation, die 2005 von Mitgliedern des sogenannten Virgo-Konsortiums durchgeführt wurde.[9] Das auch als „Millennium Run" bekannte Projekt stand unter der Leitung von Volker Springel vom Max-Planck-Institut für Astrophysik in Garching, und der erste *Nature*-Artikel über die Ergebnisse der Millennium-Simulation wurde unter anderem von White (Springels Doktorvater), Frenk, Navarro und Evrard mitverfasst.[10] Während White und Frenk mit Simulationen in einem $32 \times 32 \times 32$ Teilchen (insgesamt 32.768 Teilchen) umfassenden Würfel gestartet waren, zeichnete die Millennium-Simulation die gegenseitige gravitative Anziehung von nicht weniger als zehn Milliarden Testteilchen Dunkler Materie ($2160 \times 2160 \times 2160$) nach. Und anstelle eines VAX-Rechners mit nur 16 MB internem Speicher setzten Springel und seine Kollegen einen IBM Regatta-Supercomputer mit einem Terabyte Speicher (1 TB, etwa eine Million MB) ein. Mit 200 Milliarden Gleitkommaoperationen pro Sekunde benötigte diese Monstermaschine 28 Tage – insgesamt 343.000 Prozessorstunden –, um die Simulation abzuschließen. Daraus ergaben sich 27 TB an gespeicherten Daten, die der wissenschaftlichen Gemeinschaft zur Verfügung gestellt wurden.

Wie die ursprünglichen Gang-of-Four-Simulationen befasste sich auch der Millennium Run nur mit der Verklumpung der Dunklen Materie, was relativ einfach ist, da man nur die Schwerkraft berücksichtigen muss. Aber was ist mit der baryonischen Materie? Wie lagern sich die bekannten Atome auf dem unsichtbaren Gerüst der nicht-baryonischen Dunklen Materie an? Wie bilden sich echte Galaxien? Das ist eine viel komplexere Frage, denn Atomkerne (und Elektronen) werden nicht nur von der Schwerkraft, sondern auch von Strahlung, dem Widerstand von Kollisionsgasen und magnetohydrodynamischen Prozessen beeinflusst, um nur ein paar fiese Beispiele zu nennen. Da baryonische Materie zudem mit Licht interagiert, kann sie sich durch Absorption oder Emission von Energie erwärmen und abkühlen.

Astronomen ist es kürzlich gelungen, riesige Computersimulationen zu entwickeln, die all diese Komplikationen berücksichtigen. Mithilfe einer breiten Palette mathematischer Tricks sind sie nun in der Lage, komplizierte Probleme wie Kühlungsströme, galaktische Winde infolge von Explosionen massereicher Sterne (Supernovae) und die energetischen Auswirkungen supermassereicher Schwarzer Löcher in den Kernen von Galaxien zu modellieren.

Ende 2014 und Anfang 2015 veröffentlichten zwei konkurrierende Gruppen Ergebnisse aus derartig erweiterten Simulationen, die sowohl nicht-baryonische als auch baryonische Materie berücksichtigen. Die Modelle Illustris und EAGLE (kurz für: Evolution and Assembly of GaLaxies and their Environments) nehmen Sie mit auf eine atemberaubende Reise durch Raum und Zeit, von den allerersten Dichtestörungen im frühen Universum bis hin zur Entstehung irregulärer Zwerg- und majestätischer Spiralgalaxien oder sperriger elliptischer Welteninseln.[11] Zum jetzigen Zeitpunkt (Stand Mai 2023) ist die Nachfolger-Version von Illustris, die IllustrisTNG-Simulation aus dem Jahr 2017, der aktuellste Stand der Technik. Sie kann das Verhalten von mehr als 30 Milliarden Testteilchen (sowohl Dunkle Materie als auch Gas) in einem kubischen Raumstück verfolgen, das nahezu eine Milliarde Lichtjahre durchmisst.

Nach der Veröffentlichung der EAGLE-Simulation in der Zeitschrift *Monthly Notices of the Royal Astronomical Society* im Jahr 2015 sagte Co-Autor Richard Bower von der Durham University: „Das vom Computer erzeugte Universum ist genau wie das echte. Es gibt überall Galaxien in all den Formen, Größen und Farben, die ich mit den größten Teleskopen der Welt gesehen habe. Es ist unglaublich."[12] Und das Ende sei noch nicht in Sicht, sagt der Leiter des EAGLE-Projekts, Joop Schaye von der Universität Leiden – im Prinzip könnte man ewig weitermachen und die Geburt von Sternen und die Entstehung von Planeten immer detaillierter untersuchen.

Niemand erwartet, dass wir demnächst in der Lage sein werden, den Ursprung des Lebens zu simulieren. Doch wenn man in der IllustrisTNG-Simulation durch Äonen und Gigaparsec fliegt und miterlebt, wie aus kleinen Variationen in der Dichte der Dunklen Materie die Struktur des Universums entsteht, oder wenn man in eine aufkeimende Spiralgalaxie am Rande eines dicht besiedelten Haufens zoomt, dann bekommt man eine einzigartige Perspektive auf unseren Platz in Zeit und Raum. So könnte es sich tatsächlich zugetragen haben. Und fast 14 Milliarden Jahre nach dem Urknall, auf einem Sandkorn, das einen winzigen Lichtpunkt umkreist, begann eine neugierige Spezies über ihre kosmischen Wurzeln und ihre wundersame Verbindung zum großen Ganzen nachzudenken.

Ohne die gewaltigen Mengen an kalter Dunkler Materie, die unser Universum anfüllen, wären wir wahrscheinlich nicht hier. Und obwohl wir noch keine Ahnung von der wahren Natur der Dunklen Materie haben, können wir davon ausgehen, dass dieser mysteriöse Stoff die Grundlage unserer Existenz ist. Aber können wir das tatsächlich?

12. DIE KETZER

Rebellen in der Wissenschaft waren mir schon immer sympathisch. Menschen, die sich dafür entscheiden, gegen den Strom zu schwimmen. „Alle sagen X? Nun, ich glaube, es ist Y." Kreative Persönlichkeiten, die sich nicht so leicht durch erbitterten Widerspruch oder gar Spott entmutigen lassen. Und nein, ich meine keine Pseudowissenschaftler, die behaupten, die Pyramiden seien von Außerirdischen gebaut worden, oder irgendwelche Spinner, die an einem Perpetuum Mobile arbeiten. Ich spreche von echten Gelehrten, die die vorherrschende Weisheit mit originellem Denken und soliden Argumenten infrage stellen oder sogar angreifen.

Als ich als Teenager meine ersten Astronomiebücher des holländischen Lehrers und Wissenschaftsautors Tjomme de Vries las, liebte ich die Geschichte über Fred Hoyle und seine Steady-State-Theorie, die das gängige Modell vom Urknall als Ursprung des Universums infrage stellte. Und Mitte der 1980er-Jahre, als angehender Wissenschaftsjournalist, faszinierten mich die Theorien von Halton Arp und Margaret Burbidge, die behaupteten, dass Galaxien und Quasare vielleicht gar nicht so weit entfernt sind, wie man anhand ihrer Rotverschiebung vermuten würde. Was wäre, wenn diese Andersgläubigen recht gehabt hätten?

Es kann nicht viel später gewesen sein, als ich auf die Arbeit des israelischen Physikers Mordehai Milgrom aufmerksam wurde – vermutlich in dem 1988 erschienenen Buch *The Dark Matter* (Die Dunkle Materie) von Wallace und Karen Tucker.[1] Da war jemand mit einer neuen Sicht auf ein lästiges kosmisches Geheimnis. Während die Astronomen zu der Überzeugung gelangten, dass die flachen Rotationskurven von Galaxien und die Dynamik von Galaxienhaufen nur durch die Annahme erklärt werden konnten, dass das Universum von Dunkler Materie dominiert wird, „ging Milgrom einen anderen

Weg", schreiben die Tuckers. „Er versuchte, die Gesetze der Physik zu ändern." Das nenne ich mal einen Ketzer.

Wenn man aber mal genauer darüber nachdenkt, ergibt Milgroms Idee eine Menge Sinn. Die Geschwindigkeiten von Galaxien in Haufen sind viel zu hoch. Die äußeren Teile von Scheibengalaxien rotieren viel zu schnell. Galaxien und Gruppen von Galaxien sind viel zu schwer. Klar, an den Messungen selbst gibt es nichts auszusetzen. Aber was ist mit den Beschreibungen als „zu hoch, zu schnell und zu schwer"? Sie beruhen alle auf der Annahme, dass wir verstehen, wie die Schwerkraft funktioniert. Doch wenn sich die Schwerkraft in kosmischen Maßstäben anders verhielte, dann wäre vielleicht alles so, wie es sein soll. Dann bräuchten wir gar keine Dunkle Materie, um unsere Beobachtungen zu erklären.

Wenn Milgrom recht hätte, wäre es nicht das erste Mal, dass ein wissenschaftliches Rätsel durch eine Änderung unserer Schwerkrafttheorie gelöst würde. Das geschah vor etwas mehr als einem Jahrhundert schon einmal.

In der ersten Hälfte des 19. Jahrhunderts hatten Astronomen festgestellt, dass Uranus von seiner vorhergesagten Bahn abwich. Offenbar zerrte irgendetwas an dem fernen Planeten. Der französische Mathematiker Urbain Le Verrier nutzte Isaac Newtons Gravitationsgesetz, um zu berechnen, wo sich der Übeltäter verstecken könnte, und tatsächlich wurde im Jahr 1846 Neptun in der Nähe der vorhergesagten Position gefunden.[2]

Aber auch der innerste Planet des Sonnensystems – Merkur – verhielt sich nicht ganz korrekt. Von seinem früheren Erfolg ermutigt, versuchte Le Verrier, denselben mathematischen Trick noch einmal anzuwenden und schlug 1859 die Existenz eines „intra-merkurialen" Planeten vor, den er Vulkan nannte. Vulkan wurde jedoch nie gefunden, und heute wissen wir, dass er nicht existiert (zumindest nicht außerhalb des Universums von *Star Trek*). Stattdessen wurde Merkurs

„abwegiges" Verhalten vollständig durch Albert Einsteins Allgemeine Relativitätstheorie von 1915 erklärt – eine verbesserte Version von Newtons Gravitationstheorie.[3]

Was könnte also noch alles falsch – oder zumindest unvollständig – an unserem Verständnis der Schwerkraft sein? Zum Beispiel: Wir alle haben in der Schule gelernt, dass die Anziehungskraft zwischen zwei massereichen Körpern mit dem Quadrat des Abstands zwischen ihnen abnimmt. Hochempfindliche Laborexperimente sowie Beobachtungen in unserem Sonnensystem bestätigen dieses sogenannte inverse Quadratgesetz. Aber wie können wir so sicher sein, dass es für das gesamte Universum gilt?

In seinem Artikel über den Coma-Haufen von 1937 war Fritz Zwicky vorsichtig genug, um darauf hinzuweisen, dass seine Schlussfolgerungen über die Masse des Haufens „auf der Annahme beruhen, dass das Newtonsche Gesetz des umgekehrten Quadrats die gravitativen Wechselwirkungen zwischen [Galaxien] genau beschreibt". Ebenso kam Horace Babcock 1939 in seiner Dissertation über die Andromeda-Galaxie zu dem Schluss, dass es in den äußeren Teilen der Galaxie große Mengen an Dunkler Masse geben müsse, „oder dass vielleicht neue dynamische Überlegungen erforderlich sind" – mit anderen Worten, neue Wege, wie man mit der Schwerkraft umgeht. Der italienische Astrophysiker Arrigo Finzi ging noch einen Schritt weiter und veröffentlichte 1963 einen Vorschlag, wie die Schwerkraft auf sehr großen Skalen anders funktionieren könnte.[4]

Es sollte noch weitere 20 Jahre dauern, bis Mordehai Milgrom mit seiner Theorie der modifizierten Newtonschen Dynamik, bekannt als MOND, an die Öffentlichkeit trat. Sollte diese Theorie korrekt sein, würde sie die Notwendigkeit der Dunklen Materie untergraben. Bis zum heutigen Zeitpunkt steht die Entscheidung dazu noch aus. Manche Umwälzungen verlaufen eben extrem langsam, viele finden überhaupt nicht statt.

Abb. 12: Mordehai Milgrom (links) im Gespräch mit dem Astrophysiker André Maeder von der Universität Genf auf dem Bonner Workshop über modifizierte Newtonsche Dynamik im September 2019.

Im September 2019 lernte ich Milgrom bei einem fünftägigen Workshop in Bonn kennen.[5] Er war groß, schlank und lässig mit schwarzem T-Shirt, schwarzer Hose und Turnschuhen gekleidet, saß bei jedem Vortrag in der ersten Reihe, stellte Fragen und regte lebhafte Diskussionen an. Zwischen den Vorträgen nahm er sich viel Zeit, um mir seine Geschichte zu erzählen.

Milgrom, Spitzname Moti, ist ausgebildeter Teilchenphysiker und arbeitet seit den 1970er-Jahren am Weizmann Institute of Science in Rehovot, Israel. In den Jahren 1980 und 1981, während eines Studienurlaubs am Institute for Advanced Study in Princeton, beschäftigte er sich mit dem gerade aufkommenden Gebiet der Galaxiendynamik und hörte erstmals von der seltsamen Tatsache, dass die Rotationskurven von Galaxien mit zunehmender Entfernung vom Zentrum immer flacher zu werden scheinen.

Das liegt an der Dunklen Materie, stimmt's? Das ist zumindest das, was alle sagen. Aber was ist, wenn mit den Newtonschen Gesetzen etwas nicht stimmt? Was passiert, wenn man annimmt, dass flache Rotationskurven durch irgendeine nicht-newtonsche Form der Schwerkraft erzeugt werden? Milgrom war anfangs selbst ziemlich skeptisch. „Wenn Sie mich damals gefragt hätten, ob das jemals zu etwas Nützlichem führen würde, hätte ich dem nur eine geringe Chance gegeben", sagt er. Überraschenderweise stieß er jedoch nicht auf theoretische Inkonsistenzen, als er versuchte, sich einen Reim auf diese seltsamen Beobachtungen zu machen. Langsam aber sicher wurde ihm klar, dass eine einfache Modifikation der Newtonschen Gravitationstheorie flache Rotationskurven auf einen Schlag erklären könnte.

Zu Hause in Israel arbeitete Milgrom fieberhaft an den Details – ein besessener 35-jähriger Wissenschaftler, der sich sicher war, dass er etwas Großem auf der Spur war. „Ich schlief kaum. Ich hatte ein Notizbuch neben meinem Bett. Meine Frau erzählt mir heute, dass ich damals meistens wie in anderen Sphären war." Und er behielt alles für sich, nicht, dass ihn seine Kollegen noch für verrückt erklärten oder – was noch schlimmer gewesen wäre – seine Ideen klauten. „Ich war mir absolut sicher, dass alle darauf anspringen würden, so überzeugt war ich", sagte er.

Doch als Milgrom seine drei Arbeiten über die modifizierte Newtonsche Dynamik privat an fünf angesehene theoretische Astrophysiker schickte, darunter auch Martin Rees und Jerry Ostriker, war keiner von ihnen übermäßig begeistert – für völlig verrückt hielten sie ihn jedoch auch nicht. Als er schließlich die erste Arbeit zur Veröffentlichung einreichte, wurde sie von *Astronomy & Astrophysics*, *The Astrophysical Journal* und *Nature* abgelehnt. Erst nach einem langen und frustrierenden Kampf mit den Redakteuren akzeptierte das *Astrophysical Journal* schließlich Milgroms zweiten und dritten

Artikel, in denen er die Auswirkungen seiner neuen Idee auf Galaxien, Galaxiengruppen und Galaxienhaufen darlegte. Daraufhin überredete er die Zeitschrift, auch die erste Arbeit zu veröffentlichen.

Die drei Artikel wurden schließlich Rücken an Rücken in der Ausgabe vom 15. Juli 1983 veröffentlicht.[6] Schon die ersten Sätze des ersten Artikels zeugen von Milgroms Selbstvertrauen, das ihn nie wirklich verlassen hat. „Ich ziehe die Möglichkeit in Betracht, dass es in Galaxien und Galaxiensystemen tatsächlich gar nicht viel verborgene Masse gibt", schrieb er. „Wenn man eine bestimmte modifizierte Version der Newtonschen Dynamik verwendet, um die Bewegung von Körpern in einem Gravitationsfeld (einer Galaxie zum Beispiel) zu beschreiben, werden die Beobachtungsergebnisse reproduziert, ohne dass man von versteckter Masse in nennenswerten Mengen ausgehen muss."

Da haben Sie es. Dunkle Materie gibt es nicht.

Um Ihnen Milgroms Hypothese zu erklären, sollte ich uns zunächst das Konzept der Rotationskurve noch mal ins Gedächtnis rufen. In unserem Sonnensystem hat Neptun eine deutlich geringere Umlaufgeschwindigkeit als Merkur, da er viel weiter von der Sonne entfernt ist. Gleichzeitig nimmt – laut Newton – die Schwerkraft mit dem umgekehrten Quadrat der Entfernung ab. Aus einer geringeren Anziehungskraft folgt also eine geringere Geschwindigkeit. Ein Diagramm der Bahngeschwindigkeit über die Entfernung macht diese Verringerung der Geschwindigkeit deutlich – eine charakteristische und kontinuierliche Kurve, die als „Keplerian decline" (Abnahme gemäß dem 3. Keplerschen Gesetz) bekannt ist, benannt nach Johannes Kepler, der im frühen 17. Jahrhundert als Erster die mathematischen Gesetze der Planetenbewegung formulierte.

Es ist zu erwarten, dass die Rotationskurve einer Galaxie etwas anders aussieht als die eines Planetensystems. Um zu sehen, warum, müssen Sie nur unser Sonnensystem mit einer Galaxie vergleichen.

Während fast die gesamte Masse des Sonnensystems in der Sonne liegt, ist die Masse einer Galaxie über ein viel größeres Volumen verteilt. Es zeigt sich, dass die Umlaufgeschwindigkeit eines Sterns (oder eines anderen Objekts) in der Galaxie nicht nur durch die Masse im Zentrum der Galaxie bestimmt wird, sondern auch durch die Gesamtmasse in kleineren Entfernungen vom Zentrum. Und doch würde man bei größeren Entfernungen, in den dunklen Randgebieten der Galaxie, so etwas wie einen keplerschen Kurvenverlauf erwarten: Je weiter ein Stern (oder eine Wasserstoffgaswolke) vom Zentrum der Galaxie entfernt ist, desto langsamer sollte er kreisen.

Stattdessen, wie Radiobeobachtungen zeigen (siehe Kapitel acht), bleiben die Geschwindigkeiten jedoch weit über die sichtbare Scheibe einer Galaxie hinaus konstant. Mit anderen Worten: Die Rotationskurve erreicht eine bestimmte Endgeschwindigkeit, nach der sie flach bleibt, was auf die Existenz großer Mengen an unsichtbarer, gravitativer Materie hindeutet. Das bedeutet jedoch nicht, dass sich Galaxien so drehen wie feste Objekte, beispielsweise Wagenräder: Weit entfernte Bahnen haben einen größeren Umfang, sodass ein weiter entfernter Stern länger für eine Umdrehung braucht, obwohl er sich mit derselben Geschwindigkeit bewegt wie ein Stern, der sich näher am Zentrum der Galaxie befindet.

Die flache Rotationskurve wirft jedoch eine wichtige Frage in Bezug zur Theorie der Dunklen Materie auf: Warum sollte die Dunkle Materie genau so verteilt sein, dass sie eine flache Rotationskurve erzeugt und nicht irgendeine andere Form? Milgroms Antwort darauf ist einfach. Wenn die Schwerkraft mit dem Kehrwert der Entfernung abnimmt – und nicht mit dem Kehrwert des *Quadrats* der Entfernung –, dann ergibt sich automatisch eine flache Rotationskurve. Kein Bedarf für Dunkle Materie und kein Bedarf herauszufinden, warum sie so verteilt ist, dass flache Rotationskurven entstehen. Problem gelöst.

Aber Moment mal, in unserem Sonnensystem verhält sich die Schwerkraft offensichtlich nicht so. Was unterscheidet also eine Galaxie von einem Planetensystem? Warum sollte sich die Schwerkraft dort draußen anders verhalten als direkt vor unserer Nase? Nach der MOND-Theorie hat das alles mit der Stärke des Gravitationsfeldes zu tun. Wenn die Stärke unter einen bestimmten Grenzwert fällt, ändert die Schwerkraft ihr Gesicht und das Newtonsche Gesetz des umgekehrten Quadrats gilt nicht mehr. Auf der Erdoberfläche haben wir ein komfortables Gravitationsfeld von $1\,g$ (das entspricht einer Gravitationsbeschleunigung von $9{,}81\,m/s^2$). Auf der Mondoberfläche beträgt die Stärke nur $0{,}16\,g$. Gleichzeitig wird der Mond durch die Schwerkraft der Erde auf seiner Umlaufbahn gehalten, die bei der Entfernung des Mondes nur $1/3600\,g$ beträgt (da der Mond 60-mal weiter vom Erdmittelpunkt entfernt ist als die Oberfläche unseres Planeten). Ebenso lässt sich leicht zeigen, dass das Gravitationsfeld der Sonne, das der entfernte Zwergplanet Pluto erfährt, nur $0{,}00000067\,g$ beträgt.

Im Rahmen der MOND-Theorie sind das alles riesige Zahlen. In den äußeren Regionen von Galaxien und im intergalaktischen Raum, wo die Gravitationsfeldstärken viel, viel geringer sind, liegen die Dinge jedoch anders. Milgroms „Tipping-Point" (Kipppunkt), an dem die Schwerkraft allmählich anfängt, sich anders zu verhalten, liegt bei etwa einem Hundertmilliardstel g (was einer Gravitationsbeschleunigung von $1{,}2 \times 10^{-10}\,m/s^2$ entspricht, um genau zu sein). Wenn die Schwerkraft der Erde so schwach wäre, würde ein Apfel zwei Tage brauchen, um aus einem Meter Höhe herunterzufallen.

Das mag alles ein wenig spekulativ und konstruiert klingen – und das ist es auch. Andererseits haben Wissenschaftler im Laufe der Jahrhunderte immer wieder versucht, einfache mathematische Regeln und Gesetze zu finden, um ihre Beobachtungen und Messungen so gut wie möglich zu beschreiben. Und das tut MOND – die modifizierte

Newtonsche Dynamik beschreibt erfolgreich die beobachteten Rotationseigenschaften von Galaxien. „Mir fiel kein physikalischer Grund ein, warum es funktionieren sollte", sagt Milgrom, „aber das tat es." Es funktionierte sogar besser als erwartet. Bereits in seinem zweiten Aufsatz im *Astrophysical Journal* machte Milgrom eine überprüfbare Vorhersage über die Beziehung zwischen der Leuchtkraft einer Galaxie und ihrer „Endgeschwindigkeit" – der Rotationsgeschwindigkeit in den äußeren Regionen. Davon ausgehend, dass die Energieleistung einer Galaxie stellvertretend für ihre Gesamtmasse (laut MOND also ihr Gas und ihre Sterne) steht, lässt sich leicht zeigen, dass die Leuchtkraft proportional zur vierten Potenz der Endgeschwindigkeit sein sollte. Mit anderen Worten: Wenn Galaxie A 16-mal so hell ist wie Galaxie B, wird ihre Rotationskurve bei einem Wert enden, der doppelt so groß ist.

Bereits 1977 hatten die Astronomen Brent Tully und Richard Fisher eine einfache mathematische Beziehung zwischen der Leuchtkraft und den Rotationseigenschaften von Spiralgalaxien entdeckt. Aus Sicht der Dunklen-Materie-Theorie ist die Tully-Fisher-Beziehung sogar etwas überraschend, da die Energieabgabe einer Galaxie offensichtlich von Sternen dominiert wird, während ihre Dynamik weitgehend von der Erfindung der Dunklen Materie bestimmt werden soll. Warum sollten diese beiden Faktoren immer den gleichen Zusammenhang ergeben?

MOND liefert eine schnörkellose Erklärung und obwohl die Tully-Fisher-Beziehung in den frühen 1980er-Jahren noch nicht genau kalibriert war, haben spätere Beobachtungen gezeigt, dass sie tatsächlich Milgroms Vorhersage mit der vierten Potenz folgt. In ähnlicher Weise reproduziert MOND eine Beziehung für elliptische Galaxien (bekannt als Faber-Jackson-Beziehung).

Aber MOND ist kein Allheilmittel. Selbst wenn wir Milgroms modifizierte Gravitationstheorie akzeptieren würden, bewegten sich die Galaxien in Haufen zu schnell. Es wäre immer noch eine ganze Menge zusätzlicher Materie erforderlich, wenn auch nicht die riesigen Mengen, die Anhänger der Dunklen-Materie-Theorie vorgeschlagen haben. Und nach MOND wäre diese Materie natürlich uns bekannte Materie. Anfänglich schlugen einige MOND-Wissenschaftler vor, dass Neutrinos in die Rechnung passen würden, aber auch andere Formen von Materie wären denkbar. Röntgenastronomen hatten bereits entdeckt, dass Galaxienhaufen mit dünnem, heißem Gas gefüllt sind, und dass die Masse dieses Intracluster-Gases viel größer ist als die Gesamtmasse aller Galaxien im Haufen. Wer weiß, vielleicht gibt es ja auch eine vergleichbare Menge an dunklem, kaltem Gas, das bei keiner Wellenlänge zu sehen ist?

Ein schwerwiegenderer Einwand gegen MOND ist, dass es sich nicht um eine relativistische Theorie handelt, zumindest nicht in ihrer ursprünglichen Form. MOND wurde als eine Erweiterung der Newtonschen Dynamik und nicht der Allgemeinen Relativitätstheorie vorgestellt. Sie ging weder auf die kosmische Expansion oder Gravitationslinsen (die Beugung des Lichts in einem Gravitationsfeld, das Thema des nächsten Kapitels) ein noch auf Schwarze Löcher und andere Phänomene, die von Einsteins Allgemeiner Relativitätstheorie so schön beschrieben werden.

Erst im Jahr 2004 schrieb Milgroms israelischer Freund und Kollege Jacob Bekenstein von der Hebräischen Universität in Jerusalem eine relativistische Version von MOND, die TeVeS (für **Tensor/Vektor/Skalar**) genannt wird.[7] In seiner ursprünglichen Formulierung war die TeVeS-Theorie jedoch frustrierend komplex, es fehlte ihr an natürlicher Schönheit, wie sie die Allgemeine Relativitätstheorie besitzt, und sie ist seitdem in Ungnade gefallen, da sie mit den jüngsten Beobachtungen von Gravitationswellen nicht vereinbar ist.[8]

Wie ernst sollten wir MOND also nehmen? Überhaupt nicht, wenn es nach den führenden theoretischen Astro- und Teilchenphysikern wie David Spergel und Michael Turner geht, die die Idee seit Jahrzehnten angreifen. Joel Primack merkte einmal an: „Wenn andere Kosmologen ihre Zeit mit MOND verschwenden wollen, ist das großartig – weniger Konkurrenz für mich." Und Jerry Ostriker sagt: „An MOND ist alles falsch, außer den Rotationskurven der Galaxien, aber das ist nur ein einzelner Beweis. Ich habe mir nie die Mühe gemacht, eine Abhandlung zu schreiben, die erklärt, warum MOND nicht richtig sein kann. Denn das wäre so, als würde man erklären, warum Menschen nicht fliegen können."

Die etwa 80 Teilnehmer des Bonner Workshops 2019 waren eindeutig anderer Meinung. Der Workshop mit dem Titel „The Functioning of Galaxies: Challenges for Newtonian and Milgromian Dynamics" (Wie Galaxien funktionieren: Herausforderungen für die newtonsche und milgromsche Dynamik) wurde hauptsächlich von Anhängern der MOND-Theorie besucht – einem gemischten Haufen von überwiegend männlichen Wissenschaftlern aus aller Welt, die der festen Überzeugung sind, dass die Dunkle Materie nicht die endgültige Antwort sein kann. Einer von ihnen, Constantinos Skordis vom Institut für Physik der Tschechischen Akademie der Wissenschaften, stellte sogar eine neue relativistische Version von MOND vor.[9]

In seinem heldenhaften und ketzerischen Kampf gegen den Dogmatismus der Dunklen-Materie-Theorie war Milgrom jedoch nie allein. Fast von Anfang an erhielt er starke Unterstützung von anderen, darunter Robert Sanders von der Universität Groningen und Stacy McGaugh von der Case Western Reserve University in Cleveland, die schon früh von seiner Theorie überzeugt waren. „Und es wird immer besser", sagt Milgrom. Es stimmt, die ältere Generation von Astronomen hat sich in ihrem Glauben und in ihren Überzeugungen sehr verfestigt – wie McGaugh mir einmal sagte: „Wenn ich die Leute frage, welche Beweise ich vorlegen könnte, um sie von MOND zu überzeugen, sagen sie oft ‚keine'." Doch auf dem Workshop in Bonn waren deutlich jüngere Menschen versammelt; viele waren noch nicht einmal geboren, als die MOND-Theorie 1983 erstmals veröffentlicht wurde. Diese Forschenden sind viel offener für unkonventionelle Ideen. Und da die Experimente der Teilchenphysik bisher keine Dunkle Materie nachweisen konnten, sind die Wissenschaftler ohnehin gezwungen, über alternative Theorien nachzudenken. Plötzlich klingt die Veränderung der Gravitationstheorie gar nicht mehr so verrückt.

McGaugh ist zu einem der lautstärksten Befürworter der modifizierten Newtonschen Dynamik geworden.[10] Im Jahr 2020 schrieb er einen umfassenden Artikel für die frei zugängliche Zeitschrift *Galaxies*, in dem er eine beeindruckende Anzahl von Fällen auflistet, in denen die Vorhersagen von MOND über die Dynamik rotierender Galaxien durch Beobachtungen bekräftigt wurden.[11] In den meisten dieser Fälle konnte die Dunkle-Materie-Theorie bisher keine ähnlich erfolgreichen Vorhersagen treffen. McGaugh kommt zu dem Schluss, dass „MOND all diese Vorhersagen richtig macht, noch bevor sie beobachtet werden, weil etwas [an der Theorie] dran ist".

Die bei Weitem beeindruckendste Leistung der modifizierten Newtonschen Dynamik ist die detaillierte Vorhersage der Rotationskurven von Scheibengalaxien, und zwar allein auf der Grundlage der beobachteten Verteilung der baryonischen Materie (also der Sterne und des Gases der Galaxie).

Das ist echt unglaublich: Sie geben diesen Leuten nur eine beliebige Galaxie – groß oder klein, kompakt oder diffus, extrem regelmäßig oder hochgradig chaotisch – und mithilfe der, wie sie es nennen, Radialbeschleunigungsbeziehung errechnen sie Ihnen die Rotationskurve der Galaxie. Für Hunderte von einzelnen Galaxien stimmten diese Vorhersagen präzise mit den beobachteten Rotationskurven überein.

Aus „milgromscher" Sicht ist die mathematisch präzise Beziehung zwischen Rotationskurven und der Verteilung von Sternen und Gas die natürlichste Sache der Welt. Schließlich wird die Dynamik der Galaxien nach MOND nur durch baryonische Materie bestimmt. Für die Anhänger der Dunklen Materie ist diese Beziehung jedoch ein Wunder. Sicher, man kann für jeden Einzelfall eine bestimmte Verteilung der Dunklen Materie annehmen, die die beobachtete Rotationskurve hervorruft. Doch es ist ein völliges Rätsel, warum diese Rotationskurven so genau mit der Verteilung der baryonischen Materie zusammenhängen sollten. „Wenn ich Geschwindigkeiten in einer Galaxie vorhersagen will, verwende ich MOND", sagt McGaugh. „Das ist das Einzige, das funktioniert. Die Tatsache, dass MOND überhaupt funktioniert, ist ein Problem für die Dunkle Materie. Warum stimmt bei dieser dummen Theorie irgendeine Vorhersage?"

Bevor wir in den großen Hörsaal des Argelander-Instituts für Astronomie der Universität Bonn zurückkehren, hat Milgrom noch eine wichtige Sache zu sagen. „Die Dunkle Materie wird niemals falsifiziert werden", sagt er. „Wenn man sie nicht findet, kann man immer behaupten, dass man nicht gründlich genug gesucht hat, und solange man genügend freie Parameter hat, kann man immer davon ausgehen, dass die Dunkle Materie genauso verteilt ist, wie man es braucht, um die Beobachtungen zu erklären. Im Gegensatz dazu könnte MOND leicht widerlegt werden – zum Beispiel, wenn unsere Interpretation der Rotationskurve einer bestimmten Galaxie weniger baryonische Materie vorhersagen würde, als tatsächlich beobachtet wird. Aber das ist noch nie passiert."

Zumindest in den wenigen Fällen, in denen andere Astronomen glaubten, dass die MOND-Theorie versagen würde (wir werden in späteren Kapiteln darauf zurückkommen), waren Milgrom und seine Ketzerfreunde immer in der Lage, eine Erklärung zu finden, die die modifizierte Gravitationstheorie rettete. Zudem hat auch das Lambda-CDM-Modell der Kosmologie seine Probleme (siehe Kapitel 22), doch deshalb sagen nicht gleich alle, das sei Grund genug, die Theorie vollständig zu verwerfen. „Am Ende geht es immer darum, welche Theorie am sinnvollsten ist", sagt Milgrom.

Als ich ihn 2007 für *Sky & Telescope* interviewte, rechnete der Begründer der modifizierten Newtonschen Dynamik damit, dass die Frage innerhalb von etwa 20 Jahren geklärt sein würde.[12] Damals war Milgrom 61 Jahre alt, und er sagte, er hoffe, noch zu seinen Lebzeiten eine Antwort zu erhalten. Und auch ich hoffe das – nicht nur für ihn –, aber darauf wetten würde ich nicht. Selbst wenn es die Dunkle Materie nicht gibt, ist sie in den Köpfen der meisten Astrophysiker und Kosmologen fest verankert. Wie Robert Sanders in seinem Buch *The Dark Matter Problem* schrieb, ist die Wissenschaft im Wesentlichen eine soziale Tätigkeit, und wenn eine ganze Gemeinschaft fehlgeleitet ist, kann es äußerst schwierig sein, die konventionelle Weisheit zu verändern.[13]

Manche würden sagen, MOND sei eine alberne, gekünstelte Idee, wie der Lichtäther oder die flache Erde. Aber es könnte auch ein großartiges neues Konzept sein, wie der Heliozentrismus oder die Plattentektonik. Im Moment tappen wir alle noch im Dunkeln.

13. HINTER DEN KULISSEN

Vor nicht viel mehr als 20 Jahren war die Straße zum leistungsstärksten astronomischen Observatorium der Welt noch eine 80 Kilometer lange Strecke aus Felsen, Schotter und Schlaglöchern, die von Chiles Ruta Cinco in süd-südwestlicher Richtung durch eine gespenstische, marsähnliche Landschaft führte. Unser Bus kam nur langsam voran und schüttelte und rüttelte seine Passagiere – eine Mischung aus Astronomen, Beamten und Journalisten – kräftig durch.

Es war der 5. März 1999 und wir nahmen an der Einweihung des Very Large Telescope (VLT) der Europäischen Südsternwarte ESO teil, das aus einem Quartett identischer Instrumente besteht, die auf dem 2635 Meter hohen Gipfel des Cerro Paranal in der knochentrockenen Atacama-Wüste Chiles errichtet worden sind. Die vier Teleskope, die jeweils in einem eigenen, 30 Meter hohen zylindrischen Gehäuse untergebracht sind, können getrennt voneinander arbeiten oder sich zusammenschließen, um durch Interferometrie – eine aus der Radioastronomie stammende Technologie – die schärfsten Aufnahmen des Universums zu ermöglichen. Zum Zeitpunkt der Einweihung durch den chilenischen Präsidenten Don Eduardo Frei Ruiz-Tagle, der mit dem Hubschrauber einflog, hatten Astronomen und Ingenieure zwar bereits Testbeobachtungen mit Unit Telescope 1 (UT1) durchgeführt, doch jetzt stand der erste richtige wissenschaftliche Einsatz vor der Tür. In der Zwischenzeit war das zweite Teleskop gerade in Betrieb genommen worden – Astronomen sprechen vom „first light" (erstes Licht) – und UT3 stand kurz vor der Fertigstellung. Das Gebäude von Nummer vier befand sich hingegen noch im Bau.

Es war eine lustige Party mit gutem Essen und Wein, doch die vorangegangenen Tage waren dank ihrer wissenschaftlichen Ergebnisse noch besser gewesen. Etwa 140 Kilometer nördlich von Paranal, an der Universidad Católica del Norte in der geschäftigen Hafenstadt Antofagasta, hatten sich Dutzende von Forschern zum viertägigen Symposium „Science in the VLT Era and Beyond" (Wissenschaft in Zeiten des VLT und danach) versammelt. Dort diskutierten Astronomen über die zahlreichen Aussichten und Versprechungen, die mit der neuen Anlage kamen, und präsentierten die ersten Ergebnisse der Inbetriebnahme von UT1, was die Vorfreude der Astrophysiker und Kosmologen nur noch steigerte.

Eine Präsentation der spanischen Astronomin Roser Pelló trug den Titel „Probing Distant Galaxies with Lensing Clusters" (Die

Untersuchung ferner Galaxien mithilfe von als Gravitationslinse wirkender Haufen). Pelló beschrieb spektroskopische Beobachtungen einer extrem weit entfernten Galaxie am Südhimmel. Sie erklärte, dass die Rotverschiebungsmessungen, die eine Entfernung des Objekts von etwa 11,5 Milliarden Lichtjahren ergaben, nur möglich seien, da das schwache Bild der Galaxie durch die Schwerkraft eines massereichen Galaxienhaufens im Vordergrund, bekannt als 1E 0657-558, verzerrt und verstärkt wird – ein Phänomen, das als Gravitationslinseneffekt bekannt ist.

Was ich damals nicht ahnte, war, dass dieser Haufen aufgrund seiner Eigenschaften als Gravitationslinse nur zwei Jahrzehnte später in fast jedem Astronomie-Lehrbuch als Beweis für die Existenz der geheimnisvollen Dunklen Materie stehen würde. Tatsächlich wird 1E 0657-558, besser bekannt als der Bullet Cluster (Geschoss-Haufen), sogar als der Sargnagel für die Theorie der modifizierten Newtonschen Dynamik angesehen – auch wenn nicht jeder dieser Meinung ist, wie Sie sich nach der Lektüre des vorigen Kapitels vielleicht vorstellen können.

Das Konzept des Gravitationslinseneffekts als Folge der Krümmung der Raumzeit hat eine lange Geschichte. Albert Einstein dachte erstmals 1912 über die Fähigkeit der Schwerkraft nach, Lichtwege zu krümmen; drei Jahre bevor er seine Allgemeine Relativitätstheorie verfasste. Seine Vorhersagen wurden bekanntlich während der totalen Sonnenfinsternis am 29. Mai 1919 bestätigt, als der britische Astronom Arthur Eddington feststellte, dass Sterne, die am Himmel in der Nähe der verdunkelten Sonnenscheibe standen, leicht von ihrer katalogisierten Position abwichen.

Einige Zeit später erhielt Einstein einen Tipp aus einer unerwarteten Quelle: von einem tschechischen Einwanderer und ehemaligen Ingenieur namens Rudi Mandl, der seinen Lebensunterhalt als Tellerwäscher in einem Restaurant in Washington, D.C., verdiente. Während eines Besuchs in Princeton fragte Mandl Einstein danach, wie das Resultat des Gravitationslinseneffekts aussehen würde, wenn wir von der Erde aus auf zwei in einer Linie hintereinanderstehende Sterne blicken würden. Das Licht des weiter entfernten Sterns A, das direkt in Richtung Erde abgestrahlt wird, würde uns natürlich nie erreichen – es würde auf die uns abgewandte Seite von B, dem Stern im Vordergrund, treffen. Aber Licht von A, das in einer etwas anderen Richtung ausgesandt wird, könnte nahe an B vorbeireisen, durch die Schwerkraft von B abgelenkt werden und sogar auf der Erde ankommen, überlegte Mandl.

Neugierig geworden führte Einstein einige Berechnungen durch und veröffentlichte die Ergebnisse 1936 in einer kurzen Notiz im *Science*-Magazin.[1] „Aus dem Gesetz der Abweichung folgt", schrieb Einstein, „dass ein Beobachter, der sich genau auf der Verlängerung der zentralen Linie A–B befindet, statt eines punktförmigen Sterns A einen leuchtenden Kreis ... um den Mittelpunkt von B wahrnehmen wird." Mit anderen Worten: Der Hintergrundstern würde als ein winziger Lichtring erscheinen, der den Vordergrundstern umgibt.

Leider zeigten Einsteins Berechnungen auch, dass dieser „höchst verwunderliche Effekt" niemals zu sehen sein würde: Der scheinbare Durchmesser des Lichtrings wäre viel zu klein, um ihn zu erkennen. Doch schon ein Jahr später wies Fritz Zwicky darauf hin, dass das Phänomen auch bei anderen Objekten sichtbar sein könnte. Insbesondere Galaxien – „Nebel", wie er sie weiterhin nannte – boten eine gute Gelegenheit, die gravitationsbedingte Krümmung von Licht zu beobachten, wobei die Stärke und die Geometrie des Effekts von der Masse des Vordergrundobjekts abhingen.

Zwicky beschrieb seine Idee und prägte den Begriff „Gravitationslinse" in einem Brief an den Redakteur der Zeitschrift *Physical Review*.[2] Außerdem erkannte er das Potenzial des Gravitationslinseneffekts für die Erforschung der Dunklen Materie. Zur Erinnerung: In seiner

Arbeit über den Coma-Haufen, die in Kapitel drei beschrieben wurde, brachte er an, dass Galaxien viel massereicher sein könnten, als man aufgrund ihres sichtbaren Inhalts vermuten würde. Laut Zwicky könnten „Beobachtungen der Ablenkung des Lichts um Nebel die direkteste Bestimmung der Nebelmassen liefern und den ... Widerspruch aufklären."

Die Berechnungen legten nahe, dass ein perfekter Ring aus Licht – ein Einstein-Ring, wie er heute genannt wird – nur dann auftritt, wenn das Licht ausstrahlende Objekt im Hintergrund und das Objekt, das im Vordergrund als Gravitationslinse wirkt, genau ausgerichtete Punktquellen sind. In anderen Fällen, beispielsweise bei nicht perfekt ausgerichteten ausgedehnten Objekten wie Galaxien, kann es zu mehreren Bildern eines einzigen Objekts oder zu bogenförmigen Ringfragmenten kommen. Das alles blieb jedoch für Jahrzehnte nur reine Theorie. Erst 1979, fünf Jahre nach Zwickys Tod, entdeckten der britische Radioastronom Dennis Walsh und seine Kollegen die erste Gravitationslinse: einen scheinbaren Zwillingsquasar im Sternbild Ursa Major (Großer Bär).[3]

Quasare (quasi-stellare Radioquellen) sind die leuchtenden Kerne von fernen Galaxien. Sie sind überall am Himmel zu finden, doch es ist extrem unwahrscheinlich, dass zwei sehr ähnliche Quasare so nah beieinanderstehen. Milliarden Lichtjahre von der Erde entfernt und mit einem scheinbaren Abstand von weniger als sechs Bogensekunden, waren die Zwillinge vergleichbar mit den Scheinwerfern eines Autos in etwa 300 Kilometern Entfernung. Da eine solche Konstellation so unwahrscheinlich ist, waren Walsh und seine Kollegen nicht sicher, ob es sich tatsächlich um zwei einzelne Quasare handelte. In ihrem *Nature*-Artikel über ihre Entdeckung zogen sie jedoch zunächst keine voreiligen Schlüsse über das, was sie sahen.

Spätere Beobachtungen bestätigten ihre Vermutung, dass es sich bei den beiden Quasaren tatsächlich um ein einziges Objekt handelt, das offenbar durch eine lichtschwache Galaxie, die als Gravitationslinse wirkt und die zwischen dem Quasar und der Erde liegt, verdoppelt wurde. Langbelichtete Aufnahmen mit großen Teleskopen haben diese deutlich schwächere Galaxie inzwischen enthüllt.

In den Jahren seit der Entdeckung der ersten Gravitationslinse haben Astronomen viele weitere gefunden, darunter auch Einstein-Kreuze (vier Bilder einer einzigen Hintergrundquelle), langgestreckte Lichtbögen (die stark verzerrten Bilder entfernter Galaxien) und sogar komplette Einstein-Ringe. Heute werden derartige „starke" Gravitationslinsen routinemäßig beobachtet, insbesondere durch das Hubble-Weltraumteleskop mit seinen Adleraugen und seit 2022 auch mit dem neuen James-Webb-Weltraumteleskop. Die meisten von ihnen sind in dichten Galaxienhaufen zu finden, in denen die kombinierte Masse des Haufens den größten Teil der Lichtkrümmung bewirkt, während einzelne Galaxien für die besonderen Details des resultierenden Bildes verantwortlich sind.

Doch die Vervielfachung von Bildern sowie Lichtbögen und Ringe sind nur die sichtbare Spitze des sprichwörtlichen Eisbergs. Neben dem starken Gravitationslinseneffekt gibt es auch einen schwachen Gravitationslinseneffekt, der weniger starke Verzerrungen in den Bildern von Hintergrundgalaxien bewirkt. Dieser Effekt kann das Ergebnis aller möglichen Arten von dazwischenliegender gravitativer Materie sein: dünnes Gas zum Beispiel findet sich überall im intergalaktischen Raum, sodass die Raumzeit nie ganz „flach" ist. Das Ergebnis ist also, wie der Astronom James Gunn bereits 1967 erkannte, dass das Bild *jeder* entfernten Galaxie bis zu einem gewissen Grad verzerrt ist.[4]

Der schwache Gravitationslinseneffekt erlaubt es Wissenschaftlern, die Menge der gravitativen Masse – einschließlich der Dunklen Materie – in einer bestimmten Region des Weltraums abzuschätzen. Möglich wird das, da die Masse im Vordergrund das Bild der schwachen, weit entfernten Hintergrundgalaxie leicht vergrößert und verzerrt. Das Ausmaß der Verzerrung gibt dann Aufschluss darüber, durch wie viel Masse der Gravitationslinseneffekt hervorgerufen wird. Doch das ist nicht so einfach, wie es klingt. Denn auch ohne die Verzerrung können Galaxien eine längliche Form haben, entweder weil sie generell abgeflacht sind oder weil wir nicht immer frontal auf sie blicken. Mit einer einzigen Galaxie ist es daher unmöglich zu unterscheiden, wie viel von ihrer beobachteten Ausdehnung auf schwache Gravitationslinsen zurückzuführen ist. Stattdessen untersuchen Astronomen so viele Bilder von Hintergrundgalaxien wie möglich und halten nach einer winzigen Abweichung von der erwarteten Zufallsverteilung der Galaxienausdehnung Ausschau.

Die Grundidee ist also folgende: Beobachten Sie Hunderte (oder Tausende oder sogar Millionen) von schwachen Hintergrundgalaxien. Suchen Sie nach Abweichungen von der zufälligen Ausrichtung. Verwenden Sie diese Abweichungen, um die Stärke des schwachen Gravitationslinseneffekts zu bestimmen, der die winzigen Verzerrungen verursacht, und leiten Sie die entsprechende Massenverteilung im Vordergrund ab – schon haben Sie die Massekarte eines Teils des Universums erstellt. Und da der größte Teil der Gravitationsmasse des Universums aus Dunkler Materie besteht, stellt diese Karte im Grunde die Dunkle Materie entlang der Sichtlinie dar – ein Kunststück, das Anthony Tyson von den AT&T Bell Laboratories und seine Kollegen 1984 zum ersten Mal (wenn auch mit recht geringer Genauigkeit) vollbrachten.[5]

Als er im Oktober 2000 mit dem neuen Chandra-Röntgenobservatorium den abgelegenen Bullet Cluster (Geschoss-Haufen) im südlichen Sternbild Carina, dem Kiel des Schiffes, beobachtete, hatte sich Maxim Markevitch vom Harvard-Smithsonian Center for Astrophysics noch nicht allzu viele Gedanken über Dunkle Materie und Karten der Massenverteilung gemacht. Doch schlussendlich sollten seine Untersuchungen, kombiniert mit der Erforschung schwacher Gravitationslinsen, zu neuen Erkenntnissen über die Dunkle Materie führen.

Der Haufen 1E 0657-558, der Bullet Cluster, war bereits als helle Röntgenquelle bekannt, was darauf hindeutet, dass er gewaltige Mengen an extrem heißem Gas enthalten muss. Frühere Beobachtungen zeigten außerdem, dass er aus zwei getrennten Subhaufen besteht, die möglicherweise gerade im Begriff sind, zu verschmelzen. Das war Grund genug für eine detaillierte Beobachtung mit dem neuen Vorzeige-Röntgensatelliten der NASA. Und tatsächlich übertraf das 2002 veröffentlichte Bild des Chandra-Weltraumobservatoriums alle Erwartungen. Es zeigte deutlich, dass das heiße, Röntgenstrahlen emittierende Gas nicht die größten Galaxienansammlungen umgibt, wie es bei Galaxienhaufen normalerweise der Fall ist. Stattdessen ist das Gas zwischen den beiden Subhaufen konzentriert. Darüber hinaus zeigte das Bild laut Markevitch und seinen Kollegen „ein Lehrbuchbeispiel für eine Bugschockwelle".[6] Diese Welle schien sich vor einer geschossartigen Gaswolke auszubreiten – ein Detail, das dem Doppelhaufen seinen populären Spitznamen gab.

Die Interpretation des Bildes war einfach: Zwei kleinere Galaxienhaufen müssen einst fast frontal zusammengestoßen sein, mit Geschwindigkeiten von mehr als 4000 Kilometern pro Sekunde. Auf die einzelnen Galaxien in den beiden Haufen hatte die Kollision nicht allzu großen Einfluss: Die Haufen selbst wurden zwar durch die Schwerkraft gebremst, doch die Galaxien, aus denen sie bestehen und die im Allgemeinen durch Millionen von Lichtjahren voneinander getrennt sind, zogen problemlos aneinander vorbei; wie Bienen in zwei ausgedünnten Schwärmen, die sich in verschiedene Richtungen bewegen. Der Raum zwischen den Galaxien in jedem Haufen war jedoch mit riesigen Mengen an dünnem, heißem Gas erfüllt und diese beiden Gaswolken müssen miteinander kollidiert sein, wie die geschossförmige Bugschockwelle beweist. Der daraus resultierende Staudruck bewirkte, dass das Gas aus den beiden Haufen herausgeschleudert wurde und sich im Raum zwischen ihnen ansammelte.

So weit, so gut. Doch was ist mit der unsichtbaren Dunklen Materie, die ebenfalls in den beiden kollidierenden Galaxienhaufen vorhanden sein soll? Ist diese Dunkle Materie ebenfalls kollidiert und hat sich dabei wie die baryonischen Gasteilchen verhalten? Wenn ja, würde man erwarten, dass auch die Dunkle Materie mitgerissen und in die Region zwischen den beiden Haufen verlagert wurde. Was aber, wenn die Teilchen der Dunklen Materie gar nicht miteinander kollidieren können? Was, wenn sie sich gegenseitig kaum Beachtung schenken, so wie die einzelnen Galaxien der beiden Haufen oder die summenden Bienen, die aneinander vorbeifliegen? In diesem Fall – was übrigens auch die meisten Theoretiker erwarten – hätte die Dunkle Materie die Galaxienansammlungen einfach weiter begleitet, selbst als die beiden Gaswolken innerhalb des Haufens ihrer eigenen Wege gingen.

Markevitch und seine Kollegen erkannten, dass der Bullet Cluster eine ideale Testumgebung darstellte, um mehr über die Eigenschaften der Dunklen Materie zu erfahren. „Es gibt einen klaren Versatz zwischen dem Schwerpunkt der Galaxien der Geschoss-Subhaufen und ihrem Gas", stellten sie fest. „Wenn man die Orte der größten Konzentration an Dunkler Materie in den Subhaufen messen würde (beispielsweise durch den schwachen Gravitationslinseneffekt ...), könnte man feststellen, ob die Dunkle Materie ‚kollisionsfrei' ist wie die Galaxien, oder ob sie so etwas wie einen Staudruck erfährt, ähnlich dem Gas."

Leider wusste Markevitch nicht allzu viel über den schwachen Gravitationslinseneffekt, denn wie auch vielen anderen Astronomen erschien ihm diese Technik noch ein wenig wie Zauberei. Auf einer Tagung über Galaxienhaufen in Taiwan im Jahr 2002 traf er jedoch auf Douglas Clowe, einen Postdoktoranden an der Universität Bonn.[7] Clowe war damals einer von nur etwa einem Dutzend Experten für schwache Gravitationslinsen auf der Welt. Ob er wohl daran interessiert wäre, die Massenverteilung des Geschoss-Haufens zu ermitteln? Natürlich nutzte Clowe die Gelegenheit.

Für eine überzeugende Analyse mithilfe des schwachen Gravitationslinseneffekts (engl.: weak lensing analysis) muss man zunächst die genaue Form von mindestens Hunderten von schwachen Hintergrundgalaxien untersuchen. Das ist jedoch nur anhand einer hochauflösenden Fotografie mittels eines großen optischen Teleskops möglich. Da Clowe annahm, dass es schwierig und zeitaufwändig sein würde, Beobachtungszeit für ein Acht-Meter-Teleskop zu beantragen, beschloss er, in astronomischen Archiven nach bereits vorhandenen Bildern des Haufens zu suchen. So stieß er auf ein Foto des Galaxienhaufens, das während der Inbetriebnahmephase von Unit Telescope 1 des Very Large Telescope aufgenommen worden war. Genau dasselbe Foto, das ich während des Vortrags von Roser Pelló auf dem VLT-Eröffnungssymposium in Antofagasta im März 1999 betrachtet hatte.

Clowes akribische weak lensing analysis ließ kaum Zweifel an der Natur der Dunklen Materie. Die Karte der Massenverteilung von 1E 0657-558 zeigte deutlich zwei markante Spitzen, die mit den beiden Galaxienhaufen zusammenfallen. Offensichtlich sammelt sich der größte Teil der gravitativen Masse – die Dunkle Materie – noch immer um die Galaxienhaufen herum an, was darauf hindeutet, dass dieses mysteriöse Zeug tatsächlich nicht kollidieren kann. Großartig! Die Dunkle Materie scheint sich so zu verhalten, wie es die meisten Theoretiker von nicht-baryonischen Teilchen wie den WIMPs erwartet haben.

Doch da war noch mehr. Etwa 2001 hatte Clowe einen Vortrag von Stacy McGaugh über die modifizierte Newtonsche Dynamik

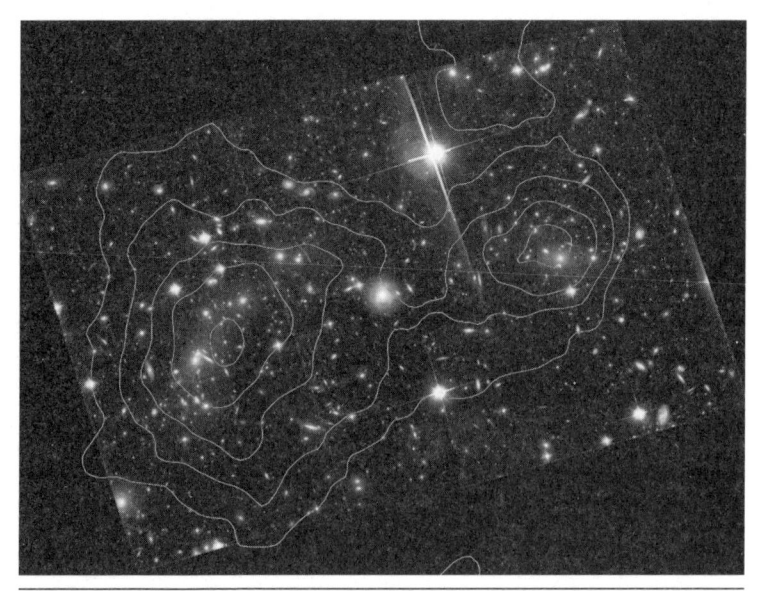

Abb. 13: Heißes, Röntgenstrahlen emittierendes intergalaktisches Gas (im Bild als diffuses Leuchten erkennbar) hat sich im Raum zwischen den beiden kollidierenden Galaxienunterhaufen, die den Bullet Cluster bilden, angesammelt, während sich die Dunkle Materie (eingezeichnete Konturen, abgeleitet aus Messungen mithilfe des schwachen Gravitationslinseneffekts) immer noch um die Galaxien des Haufens herum ansammelt.

besucht. Während er an der Analyse mithilfe des schwachen Gravitationslinseneffekts arbeitete, erkannte Clowe, dass der Geschoss-Haufen der Schlüssel zur Widerlegung der MOND-Theorie sein könnte. Wenn diese rätselhafte Dunkle Materie im Universum tatsächlich nicht existieren würde, wie MOND-Anhänger behaupten, dann gäbe es nur Galaxien und das Gas innerhalb des Haufens. Und da die Gesamtmasse des heißen, Röntgenstrahlen emittierenden Gases die Gesamtmasse der sichtbaren Galaxien bei Weitem übersteigt, würde man erwarten, dass der Peak in der Massenverteilung, der sich aus dem schwachen Gravitationslinseneffekt ergibt, mit dem Gas und nicht mit den Galaxien zusammenfällt.

In einer im April 2004 im *Astrophysical Journal* veröffentlichten Arbeit schlussfolgerten Clowe, Markevitch und Anthony Gonzalez von der Universität Florida kühn, dass die Massenrekonstruktion des Geschoss-Haufens einen direkten Beweis für die Existenz Dunkler Materie liefert.[8] Selbst wenn die MOND-Theorie stimmen würde, bräuchte man noch immer erhebliche Mengen nicht-baryonischer Dunkler Materie, um die Beobachtungen zu erklären. Die Autoren schlussfolgerten: „Obwohl diese Beobachtungen MOND nicht widerlegen können …, beseitigen sie dessen Hauptmotivation, die Vorstellung von Dunkler Materie zu vermeiden."

Eine deutlich gründlichere Analyse aus dem Jahr 2006 kam zu demselben Ergebnis.[9] Bei dieser Untersuchung verwendeten Clowe und seine Kollegen aktuellere Galaxienhaufenbeobachtungen, die 2004 mit dem 6,5-Meter-Magellan-Teleskop am Las-Campanas-Observatorium in Chile und mit der Advanced Camera for Surveys an Bord des Hubble-Weltraumteleskops durchgeführt wurden. Aufgrund der wesentlich besseren Qualität der neuen Daten war die statistische Aussagekraft des Ergebnisses nun dreimal so hoch wie zuvor.

Die Hubble-Beobachtungen und ihre Auswirkungen erregten deutlich mehr Aufmerksamkeit als die ursprüngliche Veröffentlichung von 2004. In der Pressemitteilung der NASA vom August 2006 wird Clowe mit den Worten zitiert: „Diese Ergebnisse sind ein direkter Beweis für die Existenz Dunkler Materie".[10] Und ohne MOND auch nur zu erwähnen, heißt es in derselben Pressemitteilung, dass das Ergebnis, das mithilfe des schwachen Gravitationslinseneffekts erzielt wurde, „den Wissenschaftlern mehr Vertrauen darin gibt, dass die auf der Erde und im Sonnensystem bekannte Newtonsche Gravitationstheorie auch auf den riesigen Skalen von Galaxienhaufen funktioniert". In Zeitungen und populärwissenschaftlichen Magazinen wurde ein farbenfrohes Bild gezeigt, das eine Kombination aus den Chandra- und Hubble-Aufnahmen war, sowie Jubelberichte über das beeindruckende Ergebnis abgedruckt. Jahrzehntelang waren wir davon ausgegangen, dass das Universum von Dunkler Materie beherrscht wird; jetzt hatten wir den unumstößlichen Beweis.

Oder doch nicht? Haben die Ergebnisse der Analyse des Geschoss-Haufens mithilfe des Gravitationslinseneffekts MOND tatsächlich widerlegt? Ganz und gar nicht, sagen die Anhänger der modifizierten Gravitationstheorie. Es stimmt, auch MOND setzt eine Art von unsichtbarer gravitativer Materie voraus, aber diese könnte in Form von Neutrinos oder kalten, kompakten Objekten vorliegen, die genauso kollisionsfrei sind wie die Galaxien in den kollidierenden Haufen. Darüber hinaus bieten einige MOND-ähnliche Theorien eine recht natürliche Erklärung für die beobachtete Massenverteilung im Bullet Cluster, wie Hongsheng Zhao von der University of St. Andrews, Schottland, den Teilnehmern des im vorigen Kapitel erwähnten Bonner Workshops 2019 erklärte.

Der Astrophysiker Robert Sanders von der Universität Groningen schreibt einen großen Teil des Aufsehens um den Bullet Cluster dem zu, was er als die beeindruckende PR-Maschinerie der NASA bezeichnet. In seinem Buch *The Dark Matter Problem* von 2010 schreibt Sanders: „Man sollte nicht vergessen, dass die Allgemeine Relativitätstheorie die zugrundeliegende Theorie der Schwerkraft auf diesen Skalen ist ...; wie bei den Rotationskurven auch, ist die abgeleitete Existenz der Dunklen Materie abhängig von dem angenommenen Gesetz der Schwerkraft". Mit anderen Worten: Die Dunkle Materie ist immer noch ein theoretisches Konzept, das in die Welt gesetzt wurde, damit eine andere Theorie – unsere Vorstellung über die Wirkungsweise der Schwerkraft – einen Sinn ergibt. Die auf der Grundlage der weak lensing analysis gewonnenen Erkenntnisse sind zwar konsistent mit der Existenz Dunkler Materie, doch sie beweisen nicht mit Sicherheit, dass es dieses Zeug wirklich gibt. „Der Beweis für die Existenz von nicht-baryonischer Dunkler Materie kann einzig und allein durch ihren direkten Nachweis erbracht werden", fasste Sanders zusammen.[11]

Das soll allerdings keineswegs heißen, dass der Gravitationslinseneffekt unwichtig für die Erforschung der Dunklen Materie ist. Im Gegenteil: In einem umfassenden Artikel in *Reports on Progress in Physics* von 2010 beschrieben die britischen Astronomen Richard Massey, Thomas Kitching und Johan Richard den Gravitationslinseneffekt als „die effektivste Technik, um [Dunkle Materie] zu untersuchen".[12] So können beispielsweise Beobachtungen starker Gravitationslinsen (Mehrfachbilder und Lichtbögen) mit detaillierten Vorhersagen über die Massenverteilung in Vordergrundgalaxienhaufen verglichen werden. Derartige Überprüfungen können dann verwendet werden, um zwischen verschiedenen theoretischen Modellen zu unterscheiden – so geschehen für sechs massereiche Galaxienhaufen im Rahmen des Hubble-Frontier-Fields-Programms.[13]

Und dann gibt es da noch den schwachen Gravitationslinseneffekt zwischen Galaxien, bei dem winzige Verzerrungen in der Form von Hintergrundobjekten nicht durch die Schwerkraft eines ganzen Haufens verursacht werden – wie im Fall des Geschoss-Haufens –, sondern durch die lichtablenkende Wirkung einer einzelnen massereichen Galaxie im Vordergrund. Diese Art des Gravitationslinseneffekts gibt den Astronomen Aufschluss über die Halos aus Dunkler Materie, die möglicherweise die sichtbaren Galaxien umgeben. Bislang scheinen die Beobachtungen die Existenz dieser Halos zu untermauern.

Eine weitere Form des schwachen Gravitationslinseneffekts, die es Astronomen ermöglichen könnte, die Verteilung der Dunklen Materie im gesamten beobachtbaren Universum zu kartieren, ist die kosmische Scherung. Die kosmische Scherung wird verursacht, wenn Hintergrundlicht die ungleichmäßig im All verteilte Materie durchläuft, wie Jim Gunn es bereits 1967 voraussagte. Die großräumige Struktur des Universums – die Galaxienhaufen, Superhaufen und großen

Wände der Galaxien sowie die riesigen, größtenteils leeren Voids – beeinflusst leicht die Bahn jedes einzelnen Lichtstrahls, der die Tiefen des Raums durchquert. Es ist wie ein unebener Boden, der dafür sorgt, dass sich eine Murmel auf einer schlängelnden Bahn fortbewegt, anstatt auf einer geraden Linie zu rollen. Sobald das Licht einer weit entfernten Galaxie in unseren Teleskopen ankommt, ist ihre Form leicht verzerrt, auch wenn sich keine Galaxie oder ein Galaxienhaufen im Vordergrund befindet. Und diese Verzerrung gibt Aufschluss über die Verteilung der sichtbaren und der Dunklen Materie auf dem Weg des Lichtstrahls.

Um die kosmische Scherung zu beobachten, muss man die Formen von Millionen weit entfernter Galaxien in großen Himmelsarealen statistisch analysieren. Dies wurde erst mit dem Aufkommen einer neuen digitalen Bildsensortechnologie möglich, dem charge-coupled device (CCD), zu Deutsch „ladungsgekoppeltes Bauelement". Damit konnte die kosmische Scherung erstmals von nicht weniger als vier unabhängigen Astronomenteams beobachtet werden, die ihre Ergebnisse alle im Mai 2000 veröffentlichten.[14] Durch die Messung der kosmischen Scherung in Galaxien in verschiedenen Entfernungen können Astronomen außerdem eine Technik anwenden, die als kosmische Tomografie bekannt ist. Sie liefert so etwas wie einen 3D-MRT-Scan der gesamten Masse im Universum. Die kosmische Tomografie ermöglicht es, die großräumige Struktur sowohl der baryonischen als auch der nicht-baryonischen Materie in verschiedenen Entfernungen zu untersuchen, wie wir in Kapitel 22 sehen werden.

Wir leben in einem Universum, in dem das Licht durch die Schwerkraft abgelenkt wird, Photonen auf den Wellen der Raumzeit surfen, Galaxien verzerrt werden und nichts so ist, wie es scheint. Doch die riesigen Augen, die Astronomen gebaut haben, um dem Universum auf die Schliche zu kommen, offenbaren allmählich, was wirklich vor sich geht.

Während meines letzten Besuchs am Very Large Telescope im September 2018 war das Observatorium auch fast 20 Jahre nach seiner Einweihung noch in vollem Gange. Genauso wie die Untersuchungen von Gravitationslinsen, die zu einem wichtigen Aspekt der kosmologischen Forschung geworden sind. Noch haben wir nicht alle Rätsel der Dunklen Materie gelöst, doch wir machen stetig Fortschritte, und wenn wir an die Grenzen der aktuellen Teleskopgeneration stoßen, werden leistungsfähigere Instrumente den Staffelstab übernehmen und schließlich die großräumige Verteilung der Dunklen Materie aufdecken.

Als ich von der VLT-Beobachtungsplattform aus nach Osten blickte, konnte ich über 20 Kilometer trockene Wüste hinweg den abgeflachten Gipfel des Cerro Armazones erkennen, wo die Europäische Südsternwarte ihr nächstes Flaggschiff errichtet: das Extremely Large Telescope.[15] Dieses monströse und vielseitige Teleskop mit einem Hauptspiegel von fast 40 Metern Durchmesser wird für die nächsten Jahrzehnte das beste verfügbare bodengebundene Instrument sein, um Gravitationslinsen im Detail zu untersuchen. Ich kann es kaum erwarten, auch an seiner Einweihung teilzunehmen.

14. MACHO-KULTUR

Okay, der größte Teil der gravitativen Materie im Universum ist also dunkel. Wie wir gesehen haben, ist die Beweislage geradezu überwältigend. Zudem lässt die Zusammensetzung des sichtbaren Universums (insbesondere sein Deuteriumgehalt) darauf schließen, dass es viel zu wenig baryonische Materie – Atome – gibt, um das Rätsel zu erklären. Scheint so, als wäre der Fall abgeschlossen.

Aber Moment mal. Die Tatsache, dass nicht die gesamte Dunkle Materie baryonisch sein kann, bedeutet nicht unbedingt, dass die gesamte Dunkle Materie nicht-baryonisch sein muss. In kleineren Maßstäben können bekanntere Formen von unsichtbarer Materie nicht völlig ausgeschlossen werden. So könnten beispielsweise auch extrem lichtschwache Zwergsterne oder sogar abtrünnige Planeten die ausgedehnten Halos von Galaxien wie unserer eigenen Milchstraße besiedeln, wie es Jerry Ostriker, Jim Peebles und Arnos Yahil 1974 vorgeschlagen hatten.

In den späten 1980er-Jahren war eine beträchtliche Anzahl von Astrophysikern dieser Ansicht. Vielleicht waren sie vernünftigerweise einfach konservativ und vorsichtig, um das Kind nicht mit dem Bade auszuschütten. Auf jeden Fall glaubten sie, dass die flachen Rotationskurven von Galaxien vielleicht nicht von hypothetischen, schwach wechselwirkenden Elementarteilchen, sondern von viel größeren und massereicheren Objekten astrophysikalischer Art erzeugt werden könnten. Nicht durch WIMPs, sondern durch MACHOs, **MA**ssive **C**ompact **H**alo **O**bjects (massereiche kompakte Halo-Objekte).

MACHOs könnten Rote Zwerge sein – kleine Sterne, die viel kleiner, kühler und leuchtschwächer sind als unsere eigene Sonne. Oder sie könnten Braune Zwerge sein: noch kleinere Gasbälle, die weder massereich noch heiß genug sind, um in ihren Kernen Wasserstoff zu fusionieren. Alte Weiße Zwerge, die kompakten Überbleibsel von sonnenähnlichen Sternen, die mit zunehmendem Alter langsam abkühlen und verblassen, könnten ebenfalls infrage kommen. Ebenso stehen superdichte Neutronensterne oder kleine Schwarze Löcher, die Überreste sehr massereicher Sterne, zur Diskussion. Kleine primordiale Schwarze Löcher, die vom Urknall übriggeblieben sind, könnten sich ebenfalls unter den MACHOs tummeln. Und ja, auch zahllose verwaiste jupiterähnliche Planeten, die viel zu klein und zu dunkel für eine direkte Entdeckung sind, besiedeln vielleicht die Halos der Galaxien.

Doch wenn MACHOs zu schwach sind, um gesehen zu werden – wir sprechen hier schließlich von Dunkler Materie – wie können Astronomen dann je ihre Existenz nachweisen? Die überraschende Antwort lautet: mithilfe des Gravitationslineneffekts. Erinnern Sie sich, dass Einstein berechnet hatte, wie das Licht eines fernen Sterns auf seinem Weg zu uns durch die Schwerkraft eines genau ausgerichteten Vordergrundsterns gebeugt und verstärkt werden kann? Der gleiche Effekt könnte durch ein unsichtbares MACHO im Vordergrund erzielt werden. Mit anderen Worten: Wenn ein MACHO im Halo unserer Milchstraße vor einem viel weiter entfernten Stern, zum Beispiel aus einer anderen Galaxie, vorbeizieht, würde das MACHO das Aussehen des Hintergrundsterns vorübergehend in einer ganz bestimmten Weise verändern.

Einstein schrieb, dass „es keine Hoffnung gibt, dieses Phänomen direkt zu beobachten", doch das war 1936. Er hatte recht, was den Lichtring-Effekt angeht: Bei einzelnen Sternen ist der entstehende Ring viel zu klein, um ihn zu beobachten, selbst mit den größten Teleskopen. Doch das Vordergrundobjekt – die Gravitationslinse – verstärkt auch das Licht des Hintergrundsterns, und im Falle einer nahezu perfekten Ausrichtung kann diese Verstärkung beträchtlich sein, wie der norwegische Astrophysiker Sjur Refsdal 1964 in einem Aufsatz in den *Monthly Notices of the Royal Astronomical Society* bemerkte.[1] Er zeigte, dass das Vorüberziehen eines Vordergrundsterns vor einem Hintergrundstern von unserem irdischen Standpunkt aus gesehen gar kein so seltenes Phänomen ist. Laut Refsdal tritt es sogar „ziemlich häufig" auf. „Das Problem besteht nur darin, herauszufinden, wo und wann diese Konstellationen eintreten."

Das war 15 Jahre bevor die erste Gravitationslinse entdeckt wurde – der im vorigen Kapitel beschriebene „Zwillingsquasar" – und lange bevor sich jemand Gedanken über Halos aus Dunkler Materie gemacht hatte. Doch im Jahr 1981 erkannte die Doktorandin Maria

Petrou, dass sich unsichtbare Körper im Halo der Milchstraße durch die Gravitationslinse der extragalaktischen Hintergrundsterne verraten. Leider hinderte ihr Doktorvater sie daran, ihre Ergebnisse zu veröffentlichen.[2]

Die in Griechenland geborene Petrou absolvierte ihr Grundstudium an der Universität Thessaloniki und studierte anschließend Mathematik und Astronomie in Cambridge. In ihrer Dissertation „Dynamical Models of Spheroidal Systems" (Dynamische Modelle kugelförmiger Systeme) befasste sie sich mit einer Reihe von theoretischen Themen, darunter „der Gravitationslinseneffekt, der durch die Halo-Objekte unserer Galaxie hervorgerufen wird". Sie untersuchte, „was man erwarten könnte zu sehen, wenn unsere Galaxie einen Halo aus ‚Jupitern', Weißen Zwergen oder Schwarzen Löchern hätte." Petrou kam zu dem Schluss, „dass, wenn unsere Galaxie einen Halo aus dunklen kompakten Objekten besitzt … wir in der Lage sein werden, eine vorübergehende Verstärkung von extragalaktischen Sternen zu sehen, deren Dauer von der Art der Halo-Objekte abhängt, die als Linsen wirken."

Petrous Ideen waren wie eine Vorahnung, doch die breitere astronomische Gemeinschaft erreichten sie damals nicht. Obwohl die meisten Kapitel ihrer Dissertation in wissenschaftlichen Fachzeitschriften veröffentlicht wurden, hielt ihr Doktorvater, der berühmte Cambridge-Astronom Donald Lynden-Bell, das Kapitel über Halo-Objekte für zu spekulativ und ließ sie es nicht zur Veröffentlichung einreichen.

Fünf Jahre später, im Mai 1986, veröffentlichte der in Polen geborene Princeton-Astronom Bohdan Paczynski im *Astrophysical Journal* eine bahnbrechende Arbeit mit dem Titel „Gravitational Microlensing by the Galactic Halo" (Der Mikrogravitationslinseneffekt durch den galaktischen Halo).[3] Paczynski zufolge besteht der Halo der Milchstraße aus Objekten mit einer Masse, die größer als die halbe Masse unseres Mondes ist, sodass die Wahrscheinlichkeit, dass ein Stern in einer nahegelegenen Galaxie „mikro-gelinst" wird, bei eins zu einer Million liegt. „Mikro-gelinst" bedeutet, dass das Licht des Sterns, wenn das Halo-Objekt vor dem Hintergrundstern vorüberzieht, für einige Tage, Wochen oder Monate verstärkt wird, je nach Masse der Linse – genau wie Petrou gezeigt hatte. Die Helligkeit des Sterns würde bis zu einem Maximalwert ansteigen, bevor sie in perfekter Symmetrie wieder abfällt.

Natürlich weiß man nie im Voraus, welcher Hintergrundstern gelinst wird. Daher besteht die einzige Möglichkeit, einen relevanten Fall des Mikrogravitationslineneffekts zu finden, darin, viele Millionen Sterne über einen längeren Zeitraum – sagen wir um die zwei Jahre – kontinuierlich zu beobachten. „Der Aspekt der Datenverarbeitung des vorgeschlagenen Beobachtungsprogramms scheint gewaltig", schrieb Paczynski. Und tatsächlich wäre die Arbeit mit Fotoplatten sehr zeitaufwendig; Mitte der 1980er-Jahren waren die elektronischen Detektoren klein und nicht in der Lage dazu, genügend Sterne mit einer einzelnen Belichtung abzubilden; zudem hatten die Astronomen relativ wenig Erfahrung mit automatischer Datenverarbeitung. Wie Petrou war auch Paczynski seiner Zeit voraus, und so riet der Gutachter seiner Arbeit zunächst von einer Veröffentlichung ab, da seine Ideen nur schlecht praktisch umsetzbar seien.

Weitere drei Jahre später sahen die Dinge schon vielversprechender aus. Charles Alcock, Astronom am Lawrence Livermore National Laboratory in Kalifornien, arbeitete zusammen mit seinem Kollegen Tim Axelrod und der Postdoktorandin Hye-Sook Park an einem Projekt, in dem eine große Anzahl von Sternen automatisch überwacht werden sollte.[4] Der Plan war, nach fernen Objekten des Sonnensystems wie gefrorenen Körpern im Kuipergürtel und Kometenkernen in der Oortschen Wolke zu suchen, die sich dadurch verraten könnten, dass sie das Licht eines fernen Sterns kurz auslöschen, wenn sie vor ihm vorüberziehen. Ein seltenes und äußerst kurzlebiges Ereignis, doch durch das Erfassen der Helligkeit von Tausenden von Sternen mithilfe elektronischer Detektoren und spezieller Software könnte man es mit etwas Glück doch beobachten.

Im Jahr 1989 bat Dave Bennett, ein Postdoc in Princeton, Charles Alcock, sich Paczynskis Arbeit von 1986 noch einmal anzusehen. Wenn man in der Lage dazu wäre, ein kurzes stellares Blinken zu beobachten, das durch vorüberziehende Kuiper-Gürtel-Objekte und Kometen verursacht wird, so Bennett, könnte man auch in der Lage dazu sein, viel langsamere Helligkeitsschwankungen zu entdecken, die auf den Mikrogravitationslinseneffekt vorbeiziehender dunkler Körper im galaktischen Halo zurückzuführen sind. Alcock war sofort begeistert. Es dauerte nicht lange, bis er die meisten Details ausgearbeitet hatte, und am 31. Oktober stellte er während eines Seminars am Center for Particle Astrophysics (CfPA) der University of California, Berkeley, den neuen Plan für eine Mikrolinsen-Durchmusterung des Himmels vor, die dem Wesen der rätselhaften Dunklen Materie auf den Grund gehen soll – indem sie nämlich zeigte, dass zumindest ein Teil davon gar nicht so mysteriös ist, sondern aus gewöhnlicher baryonischer Materie besteht, die sich bisher einfach einer Beobachtung entzogen hatte.

Die Zusammenarbeit mit den Wissenschaftlern aus Berkeley, ganz in der Nähe von Alcocks Arbeitsplatz in Livermore, ergab Sinn, denn das CfPA entwickelte Detektoren für die Suche nach Dunkle-Materie-Teilchen – im Grunde genommen WIMPs –, und der neu ernannte Direktor des Zentrums, der französische Physiker Bernard Sadoulet, war bereit dazu, Geld und Arbeitskraft in das Microlensing-Projekt zu investieren. Wenn es erfolgreich war, wäre Berkeley an einer wichtigen Entdeckung beteiligt; wenn nicht, würde das Fehlen von baryonischer Dunkler Materie die Suche nach WIMPs untermauern. Darüber hinaus experimentierte der CfPA-Physiker

Chris Stubbs, ein Zauberer, was Technologie angeht, damit, einzelne CCD-Detektoren zu großformatigen Mosaiken zu verbinden, die ein viel größeres Sichtfeld ergeben und mehr Sterne auf einmal erfassen würden. Für Alcocks Forschung wäre ein solches Gerät äußerst nützlich.

Die Herausforderung bestand nun darin, ein ausreichend großes Teleskop zu finden, das auch über Jahre hinweg als reines Durchmusterungsinstrument eingesetzt werden konnte. Ein solches Teleskop musste sich auf der Südhalbkugel befinden, da das beste Areal für eine Durchmusterung die Große Magellansche Wolke war – eine kleine Begleitgalaxie unserer eigenen Milchstraße, die von den meisten Orten der Nordhalbkugel aus nicht zu sehen ist. Mit einer Entfernung von nur 167.000 Lichtjahren ist die Große Magellansche Wolke so nah, dass Beobachter auf der Erde ihre einzelnen Sterne sehen können. Zudem ist sie dicht genug, um viele potenzielle Quellen für den Mikrogravitationslinseneffekt zu bieten. Ihre kleinere Nachbarin, die Kleine Magellansche Wolke, war ein lohnendes zweites Ziel.

Und wie es der Zufall wollte, war ein solches Teleskop gerade verfügbar. Alt und kaputt mit einem 1,27-Meter-Spiegel saß das Teleskop des Mount-Stromlo-Observatoriums in der Nähe von Canberra, Australien, ungenutzt in seiner Kuppel. Bennett erfuhr davon, als er Ken Freeman, einen Astronomen des Mount Stromlo, um Hilfe bei der Suche nach einem geeigneten Durchmusterungsinstrument bat. Das als Great Melbourne Telescope bekannte Teleskop stammte aus dem Jahr 1868 und war damals das größte vollständig steuerbare Teleskop der Welt. 1947 wurde es zum Mount Stromlo gebracht.

Freeman interessierte sich seit seiner Arbeit über galaktische Rotationskurven im Jahr 1970 für Dunkle Materie (siehe Kapitel acht), und während eines Aufenthalts am Institute for Advanced Study in

Abb. 14: Das Great Melbourne Telescope während seiner Errichtung im Jahr 1869. In den 1990er-Jahren wurde das Teleskop zur Suche nach MACHOs – massereichen kompakten Halo-Objekten – genutzt.

Princeton im Jahr 1985 hatte er von Paczynskis theoretischer Arbeit über das Microlensing erfahren. Wäre es nicht wunderbar, wenn das Great Melbourne Telescope wieder in altem Glanz erstrahlen könnte und die Hauptrolle in diesem spannenden Projekt spielen würde? Gemeinsam mit seinem Kollegen Peter Quinn überredete Freeman den Direktor des Observatoriums, Alex Rodgers, und im Jahr 1990 wurden Mittel für die Wiederbelebung des Teleskops schließlich freigegeben.

So wurde die Livermore-Berkeley-Mount-Stromlo-MACHO-Kollaboration ins Leben gerufen. Das eingängige Akronym MACHO wurde 1991 von Kim Griest, einem Mitglied des Teams, erfunden. Wer brauchte schon WIMPs?

Doch Alcock und seine Mitarbeiter waren nicht allein. Unter den Teilnehmern des Halloween-CfPA-Seminars 1989 war auch James Rich vom Centre d'Études de Saclay in Frankreich. Wieder in Paris, diskutierte Rich Alcocks die Pläne mit seinen Kollegen Michel Spiro und Éric Aubourg, die von der Idee begeistert waren, dunkle Halo-Objekte mithilfe des Mikrogravitationslineneffekts aufzuspüren. Spiro, Aubourg, Rich und andere starteten sofort ihr eigenes Projekt, das unter dem Namen EROS bekannt wurde: Expérience pour la Recherche d'Objets Sombres (Experiment zur Erforschung dunkler Objekte).[5]

Die meisten Wissenschaftler in Saclay kamen aus der Physik, und der kulturelle Unterschied zur Astronomie war von Anfang an deutlich. Doch die EROS-Gruppe war keinesfalls eingeschüchtert von der Aussicht, Unmengen von Daten auf der Suche nach extrem seltenen Ereignissen zu durchforsten; schließlich war es genau das, was sie zuvor schon getan hatten, als sie die Messungen des Large Electron-Positron Collider analysierten, der gerade am CERN in Betrieb genommen worden war. Und so tüftelten die Informatiker von Saclay an einer speziellen Software für die automatische Datenanalyse, während die Ingenieure der Abteilung für Teilchenphysik mit der Arbeit am Design und der Konstruktion einer großen elektronischen Kamera begannen.

Um die Chance weiter zu erhöhen, die Ersten zu sein, beschloss das EROS-Team, nicht zu warten, bis die Digitalkamera fertig war. Stattdessen begannen sie ihr Mikrogravitationslinsen-Projekt mit der Aufnahme von Fotografien der Magellanschen Wolke mittels altmodischer Glasplatten (tatsächlich!), die für die anschließende Computerverarbeitung digitalisiert wurden. Über Alfred Vidal-Madjar von der Astrophysik-Abteilung des Instituts kam das Team in Kontakt mit der Europäischen Südsternwarte (ESO), in der Hoffnung, eines ihrer Teleskope für die Belichtung der Platten nutzen zu können. Zu dieser Zeit betrieb die ESO sage und schreibe 14 Teleskope an ihrem La-Silla-Observatorium in Chile, darunter ein Ein-Meter-Schmidt-Teleskop – das Instrument der Wahl für die Aufnahme von Weitwinkelbildern des Nachthimmels. Bereits 1990 wurden die ersten ESO-Schmidt-Fotoplatten der Großen Magellanschen Wolke, auf denen etwa acht Millionen schwache Sterne zu sehen waren, mit dem neuartigen MAMA-Densitometer des Pariser Observatoriums digitalisiert; ein Plattenmessgerät, das die visuelle Helligkeit jedes einzelnen Sterns im Bild ermittelt. (MAMA steht für Machine Automatique à Mesures pour l'Astronomie, Automatische Maschine für astronomische Messungen.) Durch den Vergleich von Daten aus verschiedenen Nächten der Kampagne sollte die Software in der Lage sein, den einen oder anderen Stern zu finden, der in seiner Helligkeit auf verräterische, mikro-gelinste Weise schwankt.

Ende des Jahres 1991 startete schließlich die neue Digitalkamera EROS-1 ihren Betrieb, an einem 40-cm-Spiegelteleskop huckepack auf dem 40-Zentimeter-GPO-Refraktor (**Grand Prisme Objectif**) der ESO montiert, ebenfalls in La Silla. Mit ihren 3,7 Millionen Pixeln war EROS-1 damals die größte jemals gebaute Digitalkamera. Dennoch war ihr Gesichtsfeld kleiner als das der Fotoplatten am Schmidt-Teleskop, sodass die digitalen Aufnahmen weniger Sterne zeigten – etwa 100.000, im Gegensatz zu acht Millionen. Allerdings waren die Belichtungszeiten der Digitalkamera deutlich kürzer, sodass sie möglicherweise in der Lage dazu sein würde, kürzer währende Ereignisse zu erkennen, die von massearmen MACHOs erzeugt werden.

In der Zwischenzeit baute Alcocks MACHO-Team seine eigene Digitalkamera. Angesichts der französischen Konkurrenz war die Zeit von entscheidender Bedeutung, schließlich hatte die Entdeckung einer großen Anzahl dunkler Objekte im Halo der Milchstraße Nobelpreis-Potenzial. Stubbs gelang es, vier große CCDs zu einem 16,8-Megapixel-Mosaik zusammenzuschalten – ein weiterer Weltrekord. Allerdings wurden die ersten Bilder der Magellanschen Wolke – nicht zuletzt wegen der zeitraubenden Arbeiten am Great Melbourne Telescope – erst im Juli 1992 aufgenommen. Von diesem Zeitpunkt an war das Rennen eröffnet.

(Ein drittes Mikrogravitationslinsen-Programm, das Optical Gravitational-Lens Experiment [OGLE], begann 1992 und läuft noch immer.[6] Allerdings konzentriert sich OGLE, das von Paczynski initiiert wurde, auf Objekte in den zentralen Regionen der Milchstraße und sucht nicht speziell nach Dunkler Materie, weshalb ich hier nicht näher darauf eingehe.)

Wenn man Millionen Sterne auf Helligkeitsschwankungen untersucht, findet man natürlich zahllose Fälle, in denen das Microlensing überhaupt keine Rolle spielt. Viele Sterne sind von Natur aus variabel, zum Beispiel weil sie regelmäßigen Pulsationen unterliegen. In anderen Fällen sind die Helligkeitsschwankungen darauf zurückzuführen, dass es sich bei dem Stern eigentlich um ein Binärsystem handelt – zwei Sterne, die dasselbe Massenzentrum umkreisen und sich gegenseitig in regelmäßigen Abständen bedecken. Derartige periodischen Schwankungen können getrost vernachlässigt werden, da das Microlensing einmalige Ereignisse erzeugt. Es gibt jedoch auch Einzelfälle, in denen die Helligkeit steigt und fällt, und dann muss man sicher sein, dass diese nicht durch ein seltsames Verhalten des Sterns selbst verursacht werden.

Glücklicherweise gibt es Möglichkeiten, zwischen dem Mikrogravitationslinseneffekt und anderen Ursachen nicht-periodischer Schwankungen zu unterscheiden. Ein Hauptmerkmal eines Microlensing-Ereignisses ist die perfekt symmetrische Form der Lichtkurve, also der Kurve, die zeigt, wie sich die Helligkeit mit der Zeit verändert. Wenn ein Stern in einem bestimmten Rhythmus heller wird und dann in einem anderen Rhythmus wieder dunkler wird, kann die Ursache dafür nicht im Mikrogravitationslinseneffekt liegen. Und es gibt noch einen weiteren wichtigen Hinweis: Ein veränderlicher Stern ändert normalerweise seine Farbe, wenn auch nur geringfügig, da seine Oberflächentemperatur steigt und fällt. Das Ergebnis ist, dass sich das Verhalten des Sterns durch einen Rotfilter geringfügig von dem unterscheidet, was man durch einen Blaufilter sieht. Im Gegensatz dazu sind Microlensing-Ereignisse „achromatisch": Rotes Licht wird auf genau dieselbe Weise verstärkt wie blaues Licht. Von den konkurrierenden Projektgruppen achtete daher jede auch auf mögliche Farbeffekte: EROS nutzte sowohl die Schmidt-Fotoplatten als auch die Digitalkamera, um fortlaufend Aufnahmen durch Rot- und Blaufilter zu erhalten, während die MACHO-Kollaboration das einfallende Licht in zwei Wellenlängenbereiche aufteilte und zwei identische Kameras benutzte, um das Sternfeld gleichzeitig in beiden Farben zu beobachten.

Im Sommer des Jahres 1993 wurde klar, dass Alcocks MACHO-Kollaboration ihr erstes Ereignis erbeutet hatte. Im Laufe von etwa einem Monat hellte sich ein eigentlich völlig unauffälliger Stern der Großen Magellanschen Wolke – einer unter vielen Millionen – langsam auf und verblasste in einer sauberen symmetrischen Weise wieder. Um den 11. März herum erreichte der Stern seine größte Helligkeit, die siebenmal größer war als normal. Aufgrund der Dauer des Ereignisses wurde die Masse der Mikrogravitationslinse auf etwa ein Achtel der Masse der Sonne geschätzt. Nach der Analyse von etwa 12.000 Bildern deutete alles darauf hin, dass sich der erste authentische MACHO enthüllt hatte – ein Fund, der sicherlich eine Veröffentlichung in *Nature* rechtfertigen würde.

Im September, während er den Artikel über die Entdeckung vorbereitete, erfuhr Alcock, dass auch die EROS-Kollaboration im Begriff war, ihre ersten Ergebnisse zu veröffentlichen. Sie beruhen auf der Analyse von über 300 Schmidt-Platten und mehr als 8000 CCD-Bildern. EROS hatte zwei Microlensing-Ereignisse gefunden, die ihren Höhepunkt um den 29. Dezember 1990 bzw. den 1. Februar 1992 hatten. Jetzt ging es also richtig zur Sache. Alcocks Team stellte seine Arbeit in weniger als zwei Tagen fertig und reichte sie am 22. September bei *Nature* ein, dem gleichen Tag, an dem der EROS-Artikel mit Aubourg als Hauptautor auf dem Schreibtisch des Redakteurs landete. Beide Arbeiten wurden innerhalb von einer Woche anerkannt und in der Ausgabe vom 14. Oktober veröffentlicht – ungewöhnlich schnell.[7]

„In Search of the Halo Grail" (Auf der Suche nach dem Halo-Gral) lautete der Titel eines begleitenden Kommentars des Astronomen Craig Hogan von der University of Washington.[8] Hogan bejubelte den Mikrogravitationslinseneffekt als „eine leistungsstarke neue Technik, um die Zusammensetzung der Dunklen Materie zu untersuchen. ... Die Microlensing-Programme könnten schlussendlich die Form und das Versteck der meisten Baryonen im Universum enthüllen". Er fügte jedoch hinzu: „Angesichts der geringen Anzahl möglicher Entdeckungen sind die Argumente für den Mikrogravitationslinseneffekt noch nicht schlüssig."

Tatsächlich mussten Aubourg und seine Mitautoren sehr zu ihrer Enttäuschung innerhalb weniger Jahre jede ihrer Behauptungen zurückziehen. Nachfolgende Beobachtungen zeigten, dass es sich bei den beiden verdächtigen Sternen um seltsame Veränderliche handelte, die lange Ruhephasen und gelegentliche Helligkeitsänderungen durchliefen, die alle symmetrischen und achromatischen Merkmale von Microlensing-Ereignissen aufwiesen.

Die EROS-1-Kamera war bis 1995 in Betrieb. Im Juni des darauffolgenden Jahres erblickte die deutlich größere EROS-2-Kamera mit 32 Millionen Pixeln (erneut ein Rekord) in La Silla das Licht der Welt – nicht in der alten GPO-Kuppel, sondern am Ein-Meter-Marly-Teleskop (Marseille-Lyon), das vom Haute-Provence-Observatorium in Südfrankreich nach Chile verlegt worden war. Diesmal verwendete das Team einen dichroitischen Strahlteiler, um die Beobachtungen in zwei Farben gleichzeitig durchführen zu können. Doch trotz der höheren Empfindlichkeit und des größeren Sichtfelds von EROS-2 und trotz der insgesamt besseren Datenqualität konnte die Kamera während ihrer 6,5-jährigen Betriebszeit keine neuen überzeugenden Microlensing-Ereignisse nachweisen.

Die MACHO-Kollaboration schnitt hingegen etwas besser ab. Ihre erste Entdeckung überdauerte die Zeit und im Laufe der Jahre fanden sie eine Reihe weiterer Kandidaten. Allerdings war die Interpretation der Daten nicht immer einfach. Diese Ereignisse könnten von Braunen Zwergen im galaktischen Halo verursacht worden sein, doch ebenso könnten sie auch auf massearme Sterne in den äußeren Regionen der Magellanschen Wolke selbst zurückzuführen sein. Dann würden die Ergebnisse nichts über MACHOs in der Milchstraße aussagen.

Schließlich kam die Begeisterung für die kompakten Halo-Objekte zum Erliegen. Wenn der Halo der Milchstraße tatsächlich aus frei umherfliegenden Jupitern, gescheiterten Sternen oder dunklen Sternüberresten bestünde, sollten etwa zehn Microlensing-Ereignisse pro Jahr in der Großen Magellanschen Wolke beobachtbar sein. Stattdessen wurde über einen Zeitraum von fast einem Jahrzehnt nur eine Handvoll gefunden.

Im Mai 1998 schlossen sich die beiden konkurrierenden Teams zusammen und veröffentlichten eine gemeinsame Zwischenanalyse ihrer Ergebnisse. In ihrem Artikel im *Astrophysical Journal* mit dem Titel „EROS and MACHO Combined Limits on Planetary-Mass Dark Matter in the Galactic Halo" (Die von EROS und MACHO kombinierten Grenzen für den Nachweis planetenähnlicher Objekte Dunkler Materie im galaktischen Halo) kamen sie zu dem Schluss, dass es einfach nicht genug dunkle kompakte Objekte gibt, um die flachen Rotationskurven von Galaxien zu erklären.[9] In unserer eigenen Milchstraße, so stellten die Teams fest, könnten höchstens 25 Prozent der Halo-Masse durch MACHO-ähnliche Objekte erklärt werden. Später, als mehr Daten zur Verfügung standen, wurde dieser Grenzwert noch weiter gesenkt.

Die MACHO-Kollaboration – von Alcock als „der Höhepunkt meiner beruflichen Laufbahn" bezeichnet – wurde Ende Dezember 1999 beendet. (Heute ist er Direktor des Harvard-Smithsonian Center for Astrophysics.) Die Abschlussarbeit des Teams, die mehr als fünf Jahre an Messungen von fast zwölf Millionen Sternen zusammenfasste, wurde im Oktober 2000 im *Astrophysical Journal* veröffentlicht.[10] Weniger als 2,5 Jahre später, am 19. Januar 2003, zerstörte ein verheerendes Buschfeuer am Mount Stromlo das Observatorium, einschließlich des Great Melbourne Telescope.

Das EROS-Team führte seine Arbeiten bis Februar 2003 fort und präsentierte im Sommer 2007 in der europäischen Fachzeitschrift *Astronomy & Astrophysics* einen Überblick über seine Ergebnisse.[11] Zwei Jahre später wurde das Marly-Teleskop abgebaut und nach Übersee verschifft, wo es nun das Hauptinstrument in einem kleinen Observatorium auf dem Berg Djaogari in Burkina Faso, etwa 250 Kilometer nordöstlich der Hauptstadt Ouagadougou, ist. Die MACHO-Jagd wurde eingestellt. Die WIMPs hatten gesiegt.

15. DAS RASENDE UNIVERSUM

Am 8. Januar 1998 verkündeten Wissenschaftler, dass das Universum niemals aufhören wird, sich auszudehnen – die Pressekonferenz verpasste ich allerdings aus irgendeinem dummen Grund. Zwar war ich einer der Journalisten, die an der 191. Tagung der American Astronomical Society in Washington, D.C., teilnahmen, aber es war meine erste AAS-Tagung und ich hatte Mühe herauszufinden, was wann und in welchem der vielen Säle des Washington Hilton Convention Center stattfand. Als Saul Perlmutter und Peter Garnavich ihre aufregenden Ergebnisse über das unendliche Wachstum des Kosmos vorstellten, hörte ich vermutlich einem anderen Vortrag zu..

Seit dem Urknall dehnt sich der leere Raum aus. Doch Wissenschaftler waren sich nicht immer sicher, ob diese Ausdehnung unbegrenzt andauern wird, denn die kosmische Expansion wird durch die vereinte Schwerkraft der gesamten Materie im Universum gebremst. Jahrzehntelang fragten sich Astronomen, ob es genug gravitative Materie – leuchtende wie auch Dunkle – gibt, um die Ausdehnung nicht nur zu verlangsamen, sondern sie zum Stillstand zu bringen und schließlich umzukehren. Das Ergebnis wäre eine Kontraktion, die zu etwas führt, das man als „Big Crunch" bezeichnet. Doch wie viel Materie gibt es denn nun eigentlich? Wie wir in den vorherigen Kapiteln gesehen haben, ist es nicht leicht, das Universum zu „wiegen", um eine Antwort auf diese Frage zu finden. Und so fanden gleich zwei Forscherteams – das von Perlmutter und das von Garnavich – unabhängig voneinander einen weiteren Weg, um den Materiegehalt und damit die Zukunft des Universums zu ermitteln: Sie untersuchten die bereits stattgefundene Expansion, indem sie ferne Supernova-Explosionen betrachteten.

Die Botschaft der Supernovae war laut und deutlich: Die Verlangsamung reicht nicht aus, um die kosmische Expansion jemals zu stoppen. Offenbar ist die Biografie des Universums eine unendliche Geschichte. Wie Perlmutter auf der AAS-Pressekonferenz sagte: „Zum ersten Mal werden wir tatsächlich Daten haben, sodass Sie zu einem Experimentalphysiker gehen können, um etwas über die Kosmologie des Universums zu erfahren, und nicht zu einem Philosophen." Zumindest habe ich das von anderen Reportern gelesen. Am nächsten Tag brachte die *New York Times* die Nachricht auf ihrer Titelseite. „Neue Daten deuten auf ewige Expansion des Universums hin", lautete die Schlagzeile.

Doch es gab noch mehr. Die Messungen der Supernovae deuteten nicht nur darauf hin, dass die Ausdehnung des Universums endlos ist, sondern dass sie sich nicht einmal verlangsamt. Im Gegenteil, die Expansionsrate beschleunigt sich sogar. Dieses Ergebnis wurde auf der Pressekonferenz jedoch noch nicht bekanntgegeben. Es war so überraschend, so seltsam und so weitreichend, dass es weitere 6,5 Wochen dauerte, bis eine der konkurrierenden Forschergruppen überzeugt genug war, es öffentlich bekannt zu geben.

Wir leben in einem sich beschleunigenden Kosmos, einem rasenden Universum! Der leere Raum wird von einer unheimlichen Kraft auseinandergedrückt, die Kosmologen in Ermangelung eines besseren Namens Dunkle Energie getauft haben. Als ob die Dunkle Materie nicht schon mysteriös genug wäre – „verquerer und verquerer", um Lewis Carrolls Alice aus *Alice im Wunderland* zu zitieren. Im Dezember 1998 bezeichnete *Science* die Entdeckung der beschleunigten Expansion des Universums als wissenschaftlichen Durchbruch des Jahres; im Jahr 2011 teilten sich drei der wichtigsten Wissenschaftler, die hinter dieser revolutionären Entdeckung standen, darunter auch Perlmutter, den Nobelpreis für Physik. Und obwohl sich die wahre Natur der Dunklen Energie noch immer dem Verständnis von Astronomen und Physikern entzieht, ist das rasende Universum nicht mehr zu stoppen. Für immer und ewig und alle Zeit.

Um Ihr Gedächtnis aufzufrischen: Die kosmische Expansion – der erste Hinweis darauf, dass das Universum einen Anfang gehabt haben muss – wurde in den 1920er-Jahren entdeckt. Wie schon in Kapitel drei erwähnt, war Vesto Slipher der Erste, der feststellte, dass das Licht der meisten „Spiralnebel" rotverschoben ist, was darauf hindeutet, dass sie sich mit erstaunlich hohen Geschwindigkeiten von uns entfernen. Georges Lemaître und Edwin Hubble entdeckten später, dass die Fluchtgeschwindigkeiten für weiter entfernte Galaxien sogar noch größer sind. Das entspricht genau dem, was man erwarten würde, wenn sich das Universum als Ganzes ausdehnte – eine der möglichen Folgen von Albert Einsteins Gleichungen der Allgemeinen Relativitätstheorie. Schon bald gelangten Astronomen zur Urknalltheorie für den Ursprung und die frühe Entwicklung des Universums.

Die anschaulichste Art, die Expansion des Universums zu messen, ist über seine relative Wachstumsrate. Es ist ein bisschen wie bei einer wirtschaftlichen Inflation. Die Inflationsrate kann nicht in einem absoluten Betrag ausgedrückt werden; das würde nur für eine bestimmte Geldsumme funktionieren. Vielmehr muss die Inflation immer als Prozentsatz angegeben werden. Dasselbe gilt für die kosmische Ausdehnung: Sie kann nicht in Kilometern pro Sekunde oder Meilen pro Stunde ausgedrückt werden, es sei denn, wir sprechen gerade – jetzt in diesem Moment – über die Fluchtgeschwindigkeit eines Objekts in einer bestimmten Entfernung. Es ist daher viel nützlicher, die kosmische Ausdehnungsrate als prozentuales Wachstum pro Zeiteinheit auszudrücken.

Und so zeigt es sich, dass die kosmischen Entfernungen nicht besonders schnell größer werden. In der Tat nehmen sie in 1,4 Millionen Jahren nur um etwa 0,01 Prozent zu. Mit anderen Worten: Wenn die derzeitige Entfernung zu einer weit entfernten Galaxie 100 Millionen Lichtjahre beträgt, wächst die Entfernung etwa alle 140 Jahre um ein Lichtjahr. Eine Fluchtgeschwindigkeit von einem Lichtjahr pro 140 Jahre entspricht etwa 2150 Kilometern pro Sekunde. Diese Fluchtgeschwindigkeit gilt jedoch nur für die betreffende Galaxie und für andere Objekte in einer ähnlichen Entfernung von 100 Millionen Lichtjahren. Eine Galaxie in einer Entfernung von 200 Millionen Lichtjahren scheint sich hingegen doppelt so schnell zu entfernen, nämlich mit etwa 4300 Kilometern pro Sekunde. Für jede weitere Million Lichtjahre wächst die Fluchtgeschwindigkeit um 21,5 Kilometer pro Sekunde.

Diese Proportionalitätskonstante – 21,5 Kilometer pro Sekunde pro einer Million Lichtjahre – ist also eine Möglichkeit, die Expansionsrate des Universums zu quantifizieren. Astronomen geben kosmische Entfernungen jedoch normalerweise nicht in Lichtjahren an. Stattdessen verwenden sie das Parsec, wobei ein Parsec 3,26 Lichtjahren entspricht. Ein Astronom wird Ihnen also sagen, dass sich das Universum mit einer Geschwindigkeit von 70 Kilometern pro Sekunde pro einer Million Parsec (70 km/s/Mpc) ausdehnt. Diesen Wert nennt man Hubble-Konstante. Mithilfe der Hubble-Konstante lassen sich die aus der Rotverschiebung der Galaxien errechneten Fluchtgeschwindigkeiten leicht in Entfernungen umrechnen.

Die Sache hat nur einen Haken: Die kosmische Expansionsrate ist nicht wirklich konstant und die Hubble-Konstante ist es auch nicht. (Deshalb sprechen einige Astronomen auch lieber von einem Hubble-Parameter statt von einer Hubble-Konstanten.) Die Expansion des Universums wird durch die kombinierte Schwerkraft von baryonischer und nicht-baryonischer Materie verlangsamt. Dies ist eine direkte Folge der Allgemeinen Relativitätstheorie, die besagt, dass das Gesamtverhalten der Raumzeit von der darin enthaltenen Materie und Energie bestimmt wird. Dementsprechend erwartet man auch, dass die kosmische Expansionsrate mit der Zeit abnimmt. Und nun wird auch deutlich, weshalb das Schicksal des Universums durch seine durchschnittliche Dichte entschieden wird. In einem Universum mit hoher Dichte wird die Schwerkraft die Expansion schließlich zum Stillstand bringen. Das Universum würde dann wieder zu schrumpfen beginnen und auf einen Big Crunch zusteuern. Dieses Modell wird als geschlossenes Universum bezeichnet, da sich die Raumzeit in sich selbst zusammenzieht. Es wird auch als positiv gekrümmtes Universum bezeichnet, da seine generelle vierdimensionale Krümmung geometrisch mit der dreidimensionalen Krümmung einer Kugel vergleichbar ist.

In einem Universum mit geringer Dichte verlangsamt sich die Expansion mit der Zeit, kommt aber nie ganz zum Stillstand. In der fernen Zukunft wäre die Materie so stark verdünnt, dass die Schwerkraft kaum noch eine bremsende Rolle spielen und das Universum ewig mit konstanter Geschwindigkeit weiter expandieren würde. Dieses Modell wird als offenes oder negativ gekrümmtes Universum bezeichnet, dessen Raumzeit ungefähr die Form eines unendlichen, vierdimensionalen Pringles-Chips hätte: in alle möglichen Richtungen gekrümmt, aber niemals in sich selbst geschlossen.

Zwischen diesen beiden Möglichkeiten liegt der Gleichgewichtsfall eines flachen Universums – ein Weltmodell, wie es einige Kosmologen früher nannten, ohne generelle Krümmung. In einem flachen Universum ist die Dichte gerade hoch genug, um die kosmische Expansion für immer zu verlangsamen, aber nicht hoch genug, um eine Umkehrung und Kontraktion zu verursachen. Diese Dichte wird als kritische Dichte bezeichnet; ein Begriff, dem wir in Kapitel elf bereits begegnet sind. Heute beträgt die kritische Dichte etwa 10^{-29} Gramm pro Kubikzentimeter.

Nach der Einführung der Urknalltheorie schien es, dass zwei Zahlen ausreichen würden, um das Schicksal des Universums zu bestimmen: der Hubble-Parameter – das Maß für die aktuelle Expansionsrate – und der Bremsparameter, der angibt, wie schnell sich die kosmische Expansion verlangsamt. In seinem berühmten Artikel in *Physics Today* von 1970 mit dem Titel „Cosmology: A Search for Two Numbers" (Kosmologie: Die Suche nach zwei Zahlen) schrieb Allan Sandage vom Mount Wilson und Palomar Observatory: „Wenn die derzeit laufenden Untersuchungen erfolgreich sind, sollten bessere Werte für [den Hubble- und den Bremsparameter] gefunden werden und der 30 Jahre alte Traum, zwischen den Weltmodellen allein auf der Grundlage der Bewegungslehre zu wählen, könnte möglicherweise wahr werden."[1]

Damals rechnete Sandage wahrscheinlich nicht damit, dass es nochmal drei Jahrzehnte dauern würde, bis sein kosmologischer Traum wahr werden sollte. Im Mai 2001 war es endlich soweit, als Forscher die Ergebnisse eines Programms des Hubble-Weltraumteleskops veröffentlichten, mit dem der Hubble-Parameter präzise gemessen wurde. Wie wir in Kapitel 22 sehen werden, debattieren Astronomen und Kosmologen jedoch noch immer über seinen wahren Wert.[2] Was den Bremsparameter betrifft ... nun, das war das Thema der AAS-Pressekonferenz im Januar 1998, an der ich nicht teilnahm. 28 Jahre nach Sandages „Two Numbers"-Artikel waren die Wissenschaftler überzeugt, dass das Universum nie aufhören wird zu expandieren.

Was nicht heißen soll, dass sie in der Zwischenzeit nicht auch ihre Meinungen und Vorlieben bildeten. Wie in Kapitel elf erwähnt, war ein flaches Universum mit kritischer Dichte für viele Astronomen eine „ästhetisch ansprechende Idee", und das aus gutem Grund. Beobachtungen des fernen Universums hatten bereits nahegelegt, dass jedwede Krümmung – ob positiv oder negativ – relativ klein sein musste, da sie sich sonst in der Anzahl der Galaxien niederschlagen würde. In einer flachen, euklidischen Geometrie wächst die Anzahl der Galaxien in einem bestimmten Himmelsbereich mit dem Quadrat der Entfernung. Infolgedessen sind weit entfernte, schwache

Galaxien viel zahlreicher als nahe, helle Galaxien. Und auch wenn es sich um einen sehr dezenten Effekt handelt, würde ein stark gekrümmtes Universum messbare Abweichungen von diesem Gesetz des umgekehrten Quadrats aufweisen.

Wenn unser Universum also eine generelle Krümmung aufweist, kann sie nur leicht offen oder leicht geschlossen sein, sonst hätten wir sie schon längst bemerkt. Und das wäre gelinde gesagt merkwürdig. Die Urknalltheorie schreibt keine bestimmte Krümmung oder Geometrie vor, warum also sollte das Universum fast flach sein, aber nicht genau flach? Es scheint viel wahrscheinlicher, dass die Krümmung des Universums aus irgendeinem Grund genau null ist.

Dank der Pionierarbeit des theoretischen Physikers Alan Guth glauben Kosmologen heute zu wissen, was der Grund dafür ist: die Inflation. Nach Guths Inflationshypothese – die Ende 1979 entwickelt, 1981 veröffentlicht und später schrittweise durch den russisch-amerikanischen Physiker Andrei Linde verbessert und erweitert wurde – durchlief das neugeborene Universum in den allerersten 10^{-35} Sekunden seiner Existenz eine rasche Phase exponentiellen Wachstums und verdoppelte seine Größe etwa 100-mal hintereinander.[3] Ein solch unglaublicher Größenzuwachs würde dem heute beobachtbaren Universum eine Krümmung verleihen, die von null nicht zu unterscheiden wäre, ganz egal, wie stark die Krümmung am Anfang gewesen sein mag. Das liegt daran, dass die generelle Krümmung eines sich exponentiell ausdehnenden Universums mit der Größe rapide abnimmt; genauso wie für uns die Krümmung der Erde weniger offensichtlich ist als die Krümmung einer Murmel.

Man könnte ein ganzes Buch über die Inflation schreiben; tatsächlich hat Guth genau das getan, ebenso wie eine Reihe weiterer Autoren. Aber obwohl diese Hypothese eine Reihe von lästigen kosmologischen Problemen löst, ist sie noch immer ziemlich spekulativ, und die technischen Einzelheiten haben nicht viel mit unserem Thema der Dunklen Materie zu tun, daher werde ich hier nicht weiter ins Detail gehen.[4] Es soll genügen zu sagen, dass die Inflation den Kosmologen reichlich Grund zur Annahme gab, dass unser Universum vollkommen flach ist, was nur eines bedeuten kann: Es muss die kritische Dichte haben. Und da die Nukleosynthese des Urknalls uns zeigt, dass baryonische Materie nur fünf Prozent zu dieser kritischen Dichte beitragen kann, scheint die Inflation darauf hinzudeuten, dass es da draußen wirklich riesige Mengen nicht-baryonischer Dunkler Materie geben muss.

Saul Perlmutter, ein Physiker am Lawrence Berkeley National Laboratory, beschloss herauszufinden, wie viel das genau ist. Nicht indem er auf die Jagd nach Dunkler Materie ging, wie es andere bereits taten, sondern indem er die Abbremsung der Expansion des Universums zu messen versuchte. Je schneller die Verlangsamung, desto mehr Materie – sichtbare und Dunkle – muss unser Universum enthalten. (Ein leeres Universum würde natürlich überhaupt keine Verlangsamung zeigen.) Um die Bremsrate zu ermitteln, suchte Perlmutter nach Supernovae in fernen Galaxien – ein Programm, das von seinem Berkeley-Kollegen Carl Pennypacker initiiert worden war. Durch den genauen Vergleich der scheinbaren Helligkeit von Supernovae mit ihrer Rotverschiebung ließe sich feststellen, wie stark sich die Expansion des Universums verlangsamte. Diese Methode ist bereits 1979 von Sandage und Gustav Tammann vorgeschlagen worden.

Und so funktioniert es: Die Rotverschiebung gibt an, wie sehr sich die Wellenlänge des Lichts der Supernova während seiner Reise – die Hunderte von Millionen oder sogar Milliarden von Jahren gedauert haben kann – durch den expandierenden Raum gedehnt hat. Eine genaue Messung der Rotverschiebung könnte zum Beispiel zeigen, dass die Supernova zu einer Zeit explodierte, als die kosmischen Entfernungen 30 Prozent kleiner waren als heute. Wenn sich das Universum immer mit der gleichen Geschwindigkeit ausgedehnt hätte – wenn also der Hubble-Parameter wirklich konstant wäre –, würde sich direkt die entsprechende Lichtlaufzeit ergeben (zur Erinnerung: 0,01 Prozent Wachstum in 1,4 Millionen Jahren).

In einem gebremsten Universum hingegen wäre die Expansionsrate in der fernen Vergangenheit jedoch größer gewesen als heute. Das bedeutet, dass das Universum weniger Zeit gebraucht hätte, um von seiner früheren auf seine heutige Größe zu wachsen, als es in einem „dahinfließenden" Universum mit einer konstanten Expansionsrate der Fall gewesen wäre. Mit anderen Worten, die Lichtlaufzeit der Supernova wäre kleiner, was einer geringeren Entfernung entspräche, sodass die Explosion heller erscheinen müsste, als man aufgrund ihrer Rotverschiebung naiverweise erwarten würde. Statt einer linearen Beziehung zwischen Rotverschiebung und wahrgenommener Helligkeit würde man bei wirklich weit entfernten Supernovae eine Abweichung von der strengen Linearität feststellen, und je heller sie erscheinen, desto stärker müsste die kosmische Expansion abgebremst sein, was auf ein Universum mit höherer Dichte hindeuten würde.

Dieser Trick funktioniert jedoch nur, wenn die untersuchten Supernovae alle die gleiche Leuchtkraft haben. Aus diesem Grund konzentrierten sich Perlmutter, Pennypacker und ihre Kollegen auf einen leicht erkennbaren Supernova-Typ, der als Ia bezeichnet wird. Supernovae vom Typ Ia entstehen, wenn Weiße Zwergsterne sich selbst in die Luft sprengen, zum Beispiel infolge eines Massentransfers von einem nahen Begleitstern. Wenn ein Weißer Zwerg mehr als 40 Prozent massereicher ist als unsere Sonne, steigen Druck und Temperatur in seinem Kern so stark an, dass sich Kohlenstoff entzündet und der Stern sein Leben in einer katastrophalen thermonuklearen Detonation beendet. Schlechte Nachrichten für den Stern, gute Nachrichten für die Kosmologen: Da alle explodierenden Weißen Zwerge mehr oder weniger die gleiche Masse haben (das 1,4-Fache der Son-

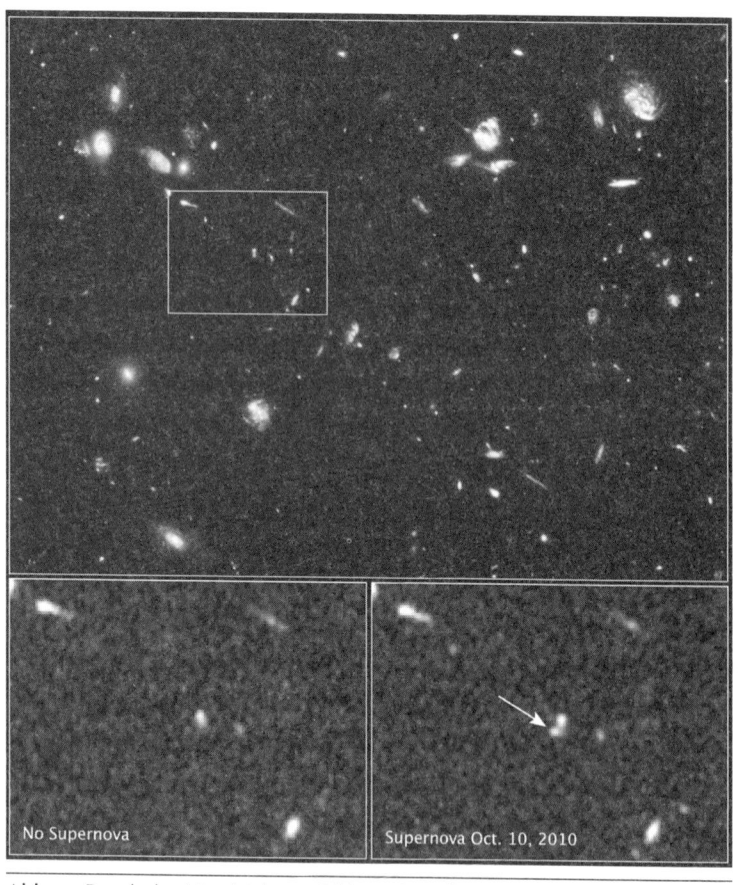

Abb. 15: Durch den Vergleich von Bildern desselben Himmelsausschnitts zu verschiedenen Zeiten entdeckte das Hubble-Weltraumteleskop einige der am weitesten entfernten Supernova-Explosionen, die jemals beobachtet wurden.

nenmasse), wird erwartet, dass alle Supernovae vom Typ Ia mehr oder weniger die gleiche absolute Helligkeit aufweisen. Und so lässt sich überprüfen, wie viel heller sie leuchten, als man aufgrund ihrer Rotverschiebung erwarten würde.

Im Laufe der Jahre gelang es Perlmutter mithilfe verschiedener Teleskope und Digitalkameras im Rahmen des Supernova Cosmology

Project zunächst eine, dann ein Dutzend und schließlich über 40 weit entfernte Supernovae vom Typ Ia zu vermessen. Eine beachtliche Leistung, denn Supernova-Explosionen sind ziemlich selten. Man weiß nie im Voraus, wann und wo eine neue stattfinden wird. Wenn man jedoch Zehntausende von weit entfernten Galaxien auf einmal beobachtet, ist die Wahrscheinlichkeit groß, dass man ein oder zwei explodierende Sterne erwischt. Und so nahmen die Forscher die Bilder der Galaxien auf und wiederholten die Aufnahmen ein paar Wochen später. Eine eigens entwickelte Software filterte anschließend die winzigen Lichtpunkte heraus, die auf dem zweiten Bild zu sehen waren, aber nicht auf dem ersten – verräterische Spuren von Supernovae. Bei anschließenden Beobachtungen mit anderen Teleskopen konnten die Supernovae dann im Detail untersucht und ihre Rotverschiebung bestimmt werden – ein Ansatz, der von dänischen Astronomen an der Europäischen Südsternwarte in Chile entwickelt wurde.

In der ersten Hälfte der 1990er-Jahre wurde klar, dass das Supernova Cosmology Project interessante Ergebnisse lieferte, und auch andere Wissenschaftler begannen, das Projekt mehr und mehr zu beachten. 1994 starteten der Harvard-Astronom Brian Schmidt (der 1995 nach Australien zog) und Nick Suntzeff vom Cerro Tololo Inter-American Observatory in Chile ihr eigenes Programm, in der Absicht, die Berkeley-Physiker bei ihrer Suche nach dem Bremsparameter zu übertrumpfen. Es dauerte nicht lang, bis das High-z-Supernova-Search-Team von Schmidt und Suntzeff (der Buchstabe z steht für die Rotverschiebung) ebenfalls mit einem ähnlichen Ansatz wie die Berkeley-Gruppe nach entfernten Supernovae zu suchen begann. Innerhalb weniger Jahre konkurrierten die beiden Teams um wertvolle Beobachtungszeit am 3,6-Meter-Blanco-Teleskop am Cerro Tololo und am Hubble-Weltraumteleskop.

Während Perlmutter eher physikalischen Hintergrund hatte, waren Schmidt und seine Mitarbeiter, darunter sein Doktorvater Robert

Kirshner aus Harvard, Astrophysiker und Supernova-Experten. Sie waren zwar relativ spät in die Suche nach stark rotverschobenen Supernovae eingestiegen, doch sie hatten vor allem durch ihre Untersuchungen von näher gelegenen Sternexplosionen deutlich mehr Erfahrung in der Durchführung von astronomischen Beobachtungen und im Umgang mit den unangenehmen Eigenschaften von Supernovae des Typs Ia. So war klar geworden, dass Ia-Supernovae nicht immer mit genau derselben Energie explodieren. Und wenn man die tatsächliche Leuchtkraft einer Supernova nicht kannte, war es schwierig – wenn nicht gar unmöglich –, anhand ihrer scheinbaren Helligkeit Rückschlüsse auf ihre Entfernung zu ziehen.

Die meisten dieser Probleme wurden schließlich gelöst, vor allem dank der Arbeit von Mark Phillips am Cerro Tololo und Adam Riess, einem weiteren Doktoranden Kirschners. Phillips hatte herausgefunden, dass Supernovae mit höherer Leuchtkraft nach Erreichen ihrer Spitzenhelligkeit langsamer an Helligkeit verlieren als Supernovae mit geringerer Leuchtkraft. Diese Erkenntnis ermöglichte es, die Sternexplosionen relativ einfach zu kalibrieren. Riess' „Mehrfarben-Lichtkurvenform-Methode" erreichte eine weitere Stufe der Präzision: Indem man die Helligkeitsentwicklung einer Supernova sorgfältig durch verschiedene Filter betrachtet, kann man sogar die möglichen Auswirkungen von lichtabsorbierendem Staub korrigieren.

Im Januar 1998 waren die beiden konkurrierenden Teams so weit, ihre Ergebnisse auf der AAS-Tagung zu präsentieren. Die Zahl der entfernten Supernovae war immer noch recht klein und die Fehlerbalken waren groß. Doch die Diagramme, die Perlmutter und Highz-Mitglied Peter Garnavich bei der Pressekonferenz präsentierten, ließen keinen Zweifel aufkommen: Entfernte Supernovae sind nicht merklich heller als man aufgrund ihrer Rotverschiebung erwarten würde. Das bedeutet: Es findet keine große Abbremsung statt. Zumindest nicht genug, um die Expansion des Universums jemals zu stoppen.

Als wäre das nicht interessant genug, erzählen die Diagramme bei näherer Betrachtung eine noch aufregendere Geschichte, der Perlmutter und Garnavich in ihren Präsentationen jedoch nicht allzu viel Aufmerksamkeit schenkten. Wenn man wusste, wonach man suchen musste, schienen die Daten darauf hinzudeuten, dass die am weitesten entfernten Supernovae sogar *leuchtschwächer* waren, als es ihre Rotverschiebungen vermuten ließen. Wenn das stimmt, würde das Licht einer weit entfernten Supernova mehr Zeit und nicht weniger brauchen, um uns zu erreichen, als in einem sich ausdehnenden Universum mit einer konstanten Expansionsrate. Die Expansion müsste in der Vergangenheit daher langsamer und nicht schneller gewesen sein.

Mit unterschiedlichen Instrumenten und Algorithmen kamen sowohl das Supernova Cosmology Project als auch das High-z-Team zu demselben unausweichlichen Ergebnis: Wir leben in einem sich beschleunigenden Universum. Irgendetwas beschleunigt die Expansion des Weltraums – ein Ergebnis, das so seltsam ist, dass die Wissenschaftler es selbst kaum glauben konnten, geschweige denn, dass sie es auf der AAS-Tagung als Entdeckung präsentieren wollten. Kann unser Universum wirklich so bizarr sein?

Erst am 22. Februar 1998, auf einer Konferenz über Dunkle Materie an der Universität von Kalifornien in Los Angeles, war der Astrophysiker Alex Filippenko kühn genug, im Namen des High-z-Teams die Entdeckung des sich beschleunigenden Universums zu verkünden; zu einer Zeit, als das Supernova Cosmology Project noch von „vielsagenden Hinweisen" und „möglichen Beweisen" sprach. Drei Wochen später reichte das High-z-Team einen 30-seitigen Artikel bei *The Astronomical Journal* ein, der in der September-Ausgabe erschien.[5] Das Supernova Cosmology Project schloss seine Analyse schließlich im Sommer 1998 ab und veröffentlichte sie am 1. Juni 1999 in *The Astrophysical Journal*.[6]

Dabei gab es Auseinandersetzungen über Prioritäten und Anerkennung und es wurden unverblümte und sehr direkte E-Mails ausgetauscht. Als Reaktion auf die Kontroverse fragte Kirshner einen Reporter der *New York Times*: „Hey, was ist die stärkste Kraft im Universum?" Und seine eigene Antwort war: „Es ist nicht die Schwerkraft, es ist die Eifersucht".[7] Doch aus kosmischer Sicht erlangten die beiden Forschergruppen genau zur gleichen Zeit ihre revolutionären Erkenntnisse. Zudem half die Tatsache, dass zwei unabhängige Teams zum selben Ergebnis kamen, dabei, Zweifler und Skeptiker zu überzeugen. Und schon bald wurde das rasende Universum von Astronomen und Physikern akzeptiert, an Universitäten gelehrt und in angesehenen Wissenschaftsmagazinen veröffentlicht.

Als Perlmutter, Schmidt und Riess im Jahr 2011 den Nobelpreis erhielten, waren die meisten Animositäten vergessen. Die Kosmologen mussten sich nun um andere Dinge kümmern. Denn die Dunkle Energie – der ominöse Name für das mysteriöse „Etwas", das die Expansion des Universums beschleunigt – ist ebenso rätselhaft wie die Dunkle Materie. Wir wissen, dass sie da ist, aber wir wissen nicht, was sie ist. Und während sie zwar eine Reihe von Problemen löst, macht sie unser Universum doch nicht verständlicher.

Einige übermütige Astronomen brüsten sich gerne damit, dass wir in einer Ära der Präzisionskosmologie leben. Die Wahrheit ist, dass wir nur einen kleinen Teil der Realität verstehen – 95 Prozent des Universums sind ein einziges großes Fragezeichen.

16. KOSMOLOGISCHE KUCHENSTÜCKE

Ach, die guten alten Zeiten.

Vor etwa 200 Jahren war das Universum noch klein, einfach und überschaubar. Eine Sonne, sieben Planeten, 16 Monde, eine Handvoll Asteroiden und Kometen, vielleicht 100 Millionen Sterne und ein paar Dutzend Nebel. Das war's.

Heute, nur acht Generationen später, haben die Astronomen Hunderttausende von Asteroiden in unserem Sonnensystem katalogisiert. Wir wissen, dass unsere Sonne nur einer von ein paar Hundert Milliarden Sternen in der Milchstraße ist, die außerdem auch seltsame Objekte wie Braune Zwerge, Pulsare und Röntgendoppelsterne beheimatet. Die meisten Sterne haben außerdem Begleitplaneten; es gibt mehr bewohnbare Planeten im Universum als Menschen auf der Erde. Darüber hinaus ist unsere Galaxie nur eine von Hunderten Milliarden anderer Galaxien, die über einen expandierenden Kosmos, der sich weit über die Reichweite unserer Teleskope erstreckt, verstreut sind. In unserem Universum gibt es mehr Sterne als Sandkörner in allen Wüsten der Erde zusammen. Es ist einfach überwältigend.

Und doch ist diese Vielzahl von Galaxien, Kugelsternhaufen, Staubwolken, leuchtenden Nebeln, Roten Riesen, Weißen Zwergen, Planeten, Supernova-Überresten, Neutronensternen und kosmischen Trümmern – das gesamte materielle Universum – nur die winzige Spitze eines riesigen, unsichtbaren Eisbergs. Nach heutigem Wissensstand können wir nur etwa fünf Prozent von allem, was es gibt, sehen und untersuchen. Der größte Teil des Universums besteht aus rätselhafter Dunkler Materie und noch mysteriöserer Dunkler Energie. Und die Lösung dieses Rätsels scheint ein kosmologisches Luftschloss zu sein.

Fünf Prozent – nur ein Zwanzigstel der Gesamtsumme. Würde dieses Buch das gesamte Universum abbilden, wäre die bekannte baryonische Materie auf den ersten 20 Seiten beschrieben und die restlichen Seiten wären mit Fragezeichen gefüllt. Natürlich wäre es unmöglich zu entdecken, dass das Universum weniger enthält, als wir bereits gefunden haben. Aber 95 Prozent sind viel, vor allem, wenn niemand eine Ahnung hat, wovon wir eigentlich reden.

Und dennoch war das Konzept der Dunklen Energie für die meisten Astronomen und Physiker weniger überraschend, als Sie vielleicht glauben. Für die breite Öffentlichkeit kam es wie ein Blitz aus heiterem Himmel – eine scheinbar erfundene Lösung für ein Rätsel aus der Beobachtung. Doch Wissenschaftler wie Saul Perlmutter, Brian Schmidt und Adam Riess kannten das Konzept bereits. Schon im Jahr 1917 spielte Albert Einstein mit der Idee einer „kosmologischen Konstante": einer mysteriösen abstoßenden Energie im leeren Raum, die der Schwerkraft entgegenwirkt. Es dauerte nur 80 Jahre, bis astronomische Beobachtungen nahelegten, dass an Einsteins Ahnung vielleicht doch etwas dran war. Zuvor machten Kosmologen jahrzehntelang einen Bogen um die kosmologische Konstante. Doch als sie mit den Supernova-Daten konfrontiert wurden, mussten sie einlenken.

Einstein hatte einen guten Grund, seinen „Korrekturfaktor", wie andere die Konstante nannten, einzuführen. Nach den sogenannten Feldgleichungen der Allgemeinen Relativitätstheorie musste sich die Raumzeit entweder ausdehnen oder zusammenziehen. Doch als Einstein 1915 seine Theorie aufstellte, war er davon überzeugt, dass das Universum im Großen und Ganzen statisch sei und sich nicht weiterentwickle. Deshalb fügte er eine Konstante in seine Gleichungen ein (bezeichnet mit dem griechischen Buchstaben Lambda, Λ), die diesen stationären Zustand ermöglichte. Somit beschrieben die Gleichungen ein Universum, das nicht durch seine eigene Schwerkraft in sich selbst kollabieren würde.

Als Lemaître und Hubble entdeckten, dass sich das Universum ausdehnt, war das Konzept eines unveränderlichen Kosmos vom

Tisch. Die Astronomen erkannten, dass sich das Universum tatsächlich weiterentwickelt, was auch mit der Allgemeinen Relativitätstheorie vollkommen übereinstimmt. Folglich gab es keinen unmittelbaren Bedarf mehr für Lambda. Einstein sagte einmal zu George Gamow, die Einführung der kosmologischen Konstante sei die größte Eselei seiner Karriere gewesen.[1]

Doch Lambda hat die Bühne nie wirklich verlassen. Zum einen sagen Teilchenphysiker die Existenz einer lambda-ähnlichen Vakuumenergie voraus, die durch die ständige Erzeugung und Vernichtung virtueller Paare von Teilchen und ihren Antiteilchen im leeren Raum verursacht wird. Obwohl die Berechnungen darauf hindeuten, dass diese Vakuumenergie unglaublich groß sein muss – was in krassem Widerspruch zu den Beobachtungen steht –, scheint das Konzept selbst nicht allzu weit hergeholt zu sein, zumindest aus Sicht der Physiker.

Zum anderen war ein Universum mit einer kleinen, von null verschiedenen kosmologischen Konstante eine willkommene Nachricht für Astrophysiker. In den 1960er- und 1970er-Jahren wurden nämlich Sterne gefunden, die viel älter zu sein schienen als das Universum selbst – was natürlich niemals der Fall sein kann. Die kosmologische Konstante könnte diesen scheinbaren Widerspruch auflösen, indem sie das Alter des Universums erhöht. In einem Universum mit einer kosmologischen Konstanten wäre nämlich die Abbremsung durch die Schwerkraft geringer, sodass das Universum mehr Zeit gebraucht haben müsste, um sich auf die derzeitige Expansionsrate zu verlangsamen. Daher wäre es älter als ein Universum, in dem Lambda gleich null ist, und könnte ältere Sterne beherbergen.

Und nicht zuletzt würde eine kosmologische Konstante den Druck, der mit der kritischen Dichte einhergeht, verringern. Wie wir im vorigen Kapitel gesehen haben, sagt die Inflationshypothese von Alan Guth aus dem Jahr 1979 voraus, dass das Universum eine flache, krümmungsfreie Geometrie aufweist und eine kritische Dichte von 10^{-29} Gramm pro Kubikzentimeter hat. Wenn nun die beobachtete durchschnittliche Materiedichte des Universums niedriger ist, als es den Anschein hat, kann vielleicht die Vakuumenergie die Rettung sein und den Mangel an Materie ausgleichen. Denken Sie daran, dass nach Einsteins berühmtester Gleichung $E = mc^2$ Materie und Energie eigentlich zwei Seiten derselben Medaille sind – beide beeinflussen die Eigenschaften der Raumzeit. Eine kosmologische Konstante könnte also das kosmologische Konto ausgleichen, selbst wenn scheinbar Materie fehlt.

Daher waren Astronomen in den Analysen ihrer Beobachtungen, wie auch Kosmologen, die verschiedene Theorien über die Entwicklung des Universums diskutierten, stets darauf bedacht, ihre Annahmen über die kosmologische Konstante anzugeben. So schrieben sie: „In einem reinen Materie-Universum", oder „für ein Modell ohne kosmologische Konstante", oder einfach „unter der Annahme, dass $\Lambda = 0$". Vollkommen bereit dazu, Lambda zu verwerfen, waren die Forscher dennoch nicht. Daher erwähnten sie die Konstante stets, bevor sie sie dann doch ausrangierten. Doch die meisten Wissenschaftler lehnten die Idee dennoch ab – sie erschien ihnen zu willkürlich, zu kompliziert.

Andere waren aufgeschlossener. So veröffentlichten Jerry Ostriker und sein Kollege Paul Steinhardt von der University of Pennsylvania 1995 einen provokanten und visionären Artikel in *Nature* mit dem Titel „The Observational Case for a Low-Density Universe with a Non-zero Cosmological Constant"[2] (Der Beobachtungsfall in einem Universum niedriger Dichte mit einer von null verschiedenen kosmologischen Konstanten). Sie betrachteten alle verfügbaren Beweise und kamen zu dem Schluss, dass „ein Universum mit der kritischen Energiedichte und einer großen kosmologischen Konstante begünstigt zu werden scheint".

Wohlgemerkt, das war mehr als zwei Jahre bevor die Supernova-Daten veröffentlicht wurden. „Wir wären daran interessiert zu hören", schrieben Ostriker und Steinhardt, „ob sich ein ernsthaftes Beobachtungsproblem ... mit dem flachen Modell, das eine große kosmologische Konstante hat, ergibt. Falls nicht, haben wir vielleicht bereits Modelle identifiziert, die in groben Zügen die wesentlichen Eigenschaften des Universums auf großen Skalen erfassen."

Als dann schließlich Perlmutters Supernova Cosmology Project und Schmidts High-z Supernova Search Team immer mehr Beweise für ein sich beschleunigendes Universum sammelten, stießen die beiden konkurrierenden Gruppen also nicht auf etwas völlig Unbekanntes. Was nicht heißen soll, dass sie nicht überrascht waren. Oder, wie es das Magazin *Science* formulierte, „sehr aufgeregt" (Robert Kirshner), „fassungslos" (Riess) und „zwischen Erstaunen und Entsetzen" (Schmidt).[3] Lambda, diese seltsame und unerklärliche abstoßende Eigenschaft des leeren Raums, erwies sich schließlich als tatsächlich real.

Und trotzdem, viele Menschen fühlen sich unwohl bei der Vorstellung eines sich beschleunigenden Universums. Zuerst gab es die Dunkle Materie – händisch eingefügt, wie es Jim Peebles formulierte, um das Rätsel der galaktischen Rotationskurven und anderer dynamischer Probleme zu lösen. Und jetzt fügen Kosmologen erneut eine weitere Zutat hinzu, die Dunkle Energie, mit der das Rätsel der Supernovae, die schwächer als erwartet erscheinen, gelöst werden soll. Um den Schein zu wahren, sagen die einen. Das riecht alles nach Epizykel, wenden andere ein.

In Kapitel zwölf haben Sie Mordehai Milgrom kennengelernt, der mit seiner Theorie der modifizierten newtonschen Dynamik versuchte, die flachen Rotationskurven von Galaxien zu erklären, ohne von Dunkler Materie Gebrauch zu machen. Doch im Fall der Dunklen Energie haben die Kritiker keine alternative Erklärung für das sich beschleunigende Universum zur Hand. Stattdessen behaupten sie, dass es überhaupt keine Beschleunigung gebe und dass die Supernova-Jäger Opfer von systematischen Fehlern in ihren Beobachtungen oder Analysen seien.

Subir Sarkar von der Universität Oxford wies beispielsweise darauf hin, dass sich die meisten der von Perlmutter, Schmidt und ihren Kollegen untersuchten Supernovae in einer Hälfte des Himmels befänden.[4] Wenn sich unsere Milchstraße zufällig in diese Richtung bewegte, würde sich das auf die Rotverschiebung der Supernovae auswirken, was zu falschen Schlussfolgerungen führen würde, so Sarkar. Ein weiterer Einwand kommt von einem französisch-koreanischen Team unter der Leitung von Yijung Kang und Young-Wook Lee von der Yonsei Universität in Seoul.[5] Sie behaupten, Beweise dafür gefunden zu haben, dass die tatsächliche Leuchtkraft einer Supernova vom Typ Ia durch das Alter und die allgemeine chemische Zusammensetzung der Galaxie, in der sie auftritt, beeinflusst wird. Wer weiß, vielleicht waren Supernova-Explosionen vom Typ Ia in der Vergangenheit wirklich weniger leuchtstark als heute – wohlgemerkt in der Vergangenheit, in der die Explosionen stattfanden, denn das Licht, das wir heute sehen, wurde vor Äonen ausgesandt. „Die Dunkle Energie könnte ein Artefakt einer fragilen und falschen Annahme sein", so Lee. Wieder andere glauben, dass die lichtabsorbierenden und abschwächenden Effekte des kosmischen Staubs nicht ausreichend berücksichtigt wurden, nicht einmal durch Riess' ausgeklügelte Methode der mehrfarbigen Lichtkurven.

In einem Interview vom 2. September 2008 mit *Horizon*, dem Online-Forschungs- und Innovationsmagazin der Europäischen Union, wies Sarkar auf die Epizykel-Falle hin.[6] „Das Problem ist, dass die Leute denken, unser Standardmodell der Kosmologie sei einfach und passe zu den Daten", sagte er. „Die alten Griechen dachten dasselbe über Aristoteles' Modell des Universums, in dem sich die Sonne und die Planeten um die Erde drehen. Aber wir müssen offen sein für andere Möglichkeiten. Hoffen wir nur, dass es nicht so lange dauert, bis unser Standardmodell ersetzt wird, wie es bei Aristoteles der Fall war – ganze 2000 Jahre."

Natürlich wurde jeder einzelne Kritikpunkt von den Vertretern der Dunklen Energie gründlich analysiert und in den meisten Fällen überzeugend entkräftet. So funktioniert Wissenschaft. Die Gesamtzahl der Supernovae, auf die sich die Schlussfolgerungen stützen, ist auf über 700 angestiegen und die statistische Aussagekraft des Ergebnisses wird immer stärker. Darüber hinaus haben Riess und andere mithilfe des Hubble-Weltraumteleskops extrem weit entfernte Supernovae des Typs Ia identifiziert, die angesichts ihrer beobachteten Rotverschiebungen und Leuchtstärken die Schlussfolgerung auf die Dunkle Energie bestätigen. Diese Explosionen ereigneten sich vor Milliarden von Jahren. Damals war die Abbremsung durch die Gravitation stärker, da die Dichte der kosmischen Materie größer, während die beschleunigende Wirkung der Dunklen Energie geringer war; einfach, weil es weniger Raum gab. Wenn man nachrechnet, stellt sich heraus, dass in den ersten sieben oder acht Milliarden Jahren nach dem Urknall die Dunkle Energie nicht die dominierende Kraft gewesen sein kann und die Nettobeschleunigung der kosmischen Expansion noch nicht zum Tragen kam. Die neuesten Diagramme der Expansionsgeschichte des Universums, die auf den Supernova-Beobachtungen basieren, die auch die Hubble-Daten zu den am weitesten entfernten Explosionen enthalten, bestätigen diese Vorhersage.

Trotz aller verfügbaren Beweise bleibt eine gesunde Portion Zweifel und Skepsis angebracht. Sarkar zum Beispiel ist nicht überzeugt. „Ich glaube, dass viele kosmologische Ergebnisse, die den Konsens stützen, nur deshalb zustande gekommen sind, weil die Autoren vorher wussten, unter welchem Laternenpfahl sie schauen mussten", sagte er gegenüber *Horizon*. „Mit anderen Worten, sie leiden möglicherweise unter einem Bestätigungsfehler." In einer Pressemitteilung vom Januar 2020 wird Lee – unter Bezugnahme auf Carl Sagans berühmtes Mantra, dass außergewöhnliche Behauptungen außergewöhnliche Beweise erfordern – mit den Worten zitiert: „Ich bin nicht sicher, ob wir so außergewöhnliche Beweise für Dunkle Energie haben."[7]

Auch wenn die Diskussionen wahrscheinlich noch viele Jahre andauern werden, ist die große Mehrheit der Astrophysiker und Kosmologen von den Supernova-Ergebnissen überzeugt. Die kosmische Ausdehnung hat sich vor einigen Milliarden Jahren tatsächlich beschleunigt. Also muss es eine seltsame Art Dunkler Energie im leeren Raum geben, die letztendlich das Schicksal des Universums bestimmen wird. Aber, wie der dänische Physiker Niels Bohr schon vor vielen Jahrzehnten wusste, ist es schwierig, Vorhersagen zu machen, insbesondere über die Zukunft. Solange niemand die wahre Natur der Dunklen Energie kennt, ist es unmöglich, etwas Definitives darüber zu sagen, wie sie sich in den kommenden Äonen verhalten wird.

Ein Grund dafür, dass Wissenschaftler die Bezeichnung Dunkle Energie – im Gegensatz zur kosmologischen Konstante – verwenden, ist, dass sie nicht absolut sicher sind, dass das rasende Universum durch Einsteins Korrekturfaktor verursacht wird. (Der Begriff „Dunkle Energie" wurde vom Kosmologen Michael Turner von der University of Chicago vorgeschlagen.) Eine kosmologische Konstante hätte immer den gleichen Wert, an jedem Punkt im Raum und zu jedem Zeitpunkt. Es wäre eine echte, grundlegende Eigenschaft des leeren Raums. Doch die Dunkle Energie ist nicht notwendigerweise so statisch; Physiker stellten und stellen sich die Dunkle Energie als ein alles durchdringendes Feld vor, vergleichbar mit einem elektrischen Feld oder einem Gravitationsfeld. Dieses provisorisch als „Quintessenz" bezeichnete Feld könnte von Ort zu Ort variieren und sich im Laufe der Zeit weiterentwickeln.

Wenn die Dunkle Energie tatsächlich eine kosmologische Konstante ist, wird sich das Universum immer weiter ausdehnen und auf eine kalte, dunkle und leere Zukunft zusteuern. Wenn es sich hingegen eher um die Quintessenz handelt, sind alle Vorhersagen ungewiss. Selbst eine künftige Umkehr zu einer beschleunigten Phase der kosmischen Kontraktion könnte nicht ausgeschlossen werden.

Und was ist, wenn die Dunkle Energie mit der Zeit immer stärker wird (manche Physiker nennen das „Phantomenergie")? In diesem Fall wird die abstoßende Wirkung schließlich groß genug sein, um alles auseinander zu reißen – zuerst Galaxien, dann Sterne und Planeten, dann Moleküle und Atome und schließlich Elementarteilchen und die Raumzeit selbst. Dieser „Big Rip" könnte sich in nur 20 Milliarden Jahren ereignen, so eine Schätzung der amerikanischen Astrophysiker Robert Caldwell, Marc Kamionkowski und Nevin Weinberg in einem 2003 in der Zeitschrift *Physical Review Letters* veröffentlichten Artikel.[8] „Es wird notwendig sein", so schrieben sie, „den unter kosmischen Zukunftsforschern verbreiteten Slogan zu ändern – ‚Manche sagen, die Welt wird im Feuer enden, manche sagen, im Eis' –, denn ein neues Schicksal könnte unsere Welt erwarten."

1970 beschrieb Allan Sandage die Kosmologie als eine Suche nach zwei Zahlen. Heute lässt sich das Gebiet vielleicht besser als die Erforschung zweier Rätsel (und übrigens noch viel mehr Zahlen) beschreiben. Dunkle Materie und Dunkle Energie spielen beide eine entscheidende Rolle bei der Zusammensetzung und Entwicklung des Universums. Astronomen messen ihre Auswirkungen und beziehen sie in ihre Theorien ein. Aber einprägsame Namen und elegante Gleichungen verhelfen uns nicht zu einem tieferen Verständnis. Das ist keine schöne Vorstellung, vor allem, wenn man bedenkt, dass es um 95 Prozent des gesamten Masse-Energie-Budgets des Universums geht.

Versuche, zwei Fliegen mit einer Klappe zu schlagen, waren bisher nicht erfolgreich. Es wäre großartig, wenn eine neue, revolutionäre

Erkenntnis beide Rätsel gleichzeitig lösen würde, aber bisher hat noch niemand einen Weg gefunden, wie das zu erreichen ist. „Die Natur ist nicht immer freundlich" – Peebles wieder. Oder vielleicht sind wir einfach nicht klug genug, der Aufgabe nicht gewachsen – noch nicht.

Andererseits hat die Entdeckung der Dunklen Energie eine direkte Auswirkung auf unsere Vorstellungen von Dunkler Materie. Wenn das Universum flach ist – anfangs eine mehr oder weniger rein kosmetische Annahme, inzwischen aber eine Folge der Inflation und durch Messungen gestützt –, muss es die kritische Dichte von 10^{-29} Gramm pro Kubikzentimeter haben. Da die Nukleosynthese des Urknalls uns zeigt, dass Baryonen nur einen kleinen Prozentsatz der kritischen Dichte ausmachen können, mussten die Kosmologen von einer unglaublich großen Menge nicht-baryonischer Dunkler Materie ausgehen – weit mehr als die Bewegungen von Galaxien und Haufen vermuten lassen.

Mit dem Aufkommen der Dunklen Energie konnten die Jäger der Dunklen Materie jedoch aufatmen. Die Dunkle Materie musste die flache Geometrie des Universums nun nicht mehr allein erklären. Das neue Tortendiagramm der Zusammensetzung des Universums wird von der Dunklen Energie dominiert, die den größten Anteil an der Abflachung der Raumzeit hat. Denn unabhängig von ihrer wahren Natur macht diese rätselhafte abstoßende Eigenschaft des leeren Raums 68,5 Prozent des gesamten Masse-Energie-Inventars des Kosmos aus. Die gravitative Materie zeigt sich nur in den restlichen 31,5 Prozent.

Was natürlich nicht bedeutet, dass wir auf große Mengen Dunkler Materie verzichten können. Betrachtet man nur den materiellen Teil des Universums, so ist dieser ebenfalls von rätselhaftem Zeug durchdrungen. Satte 84,4 Prozent der gesamten gravitativen Materie (26,6 Prozent der Gesamtmaterie) sind dunkel, nicht-baryonisch und völlig unbekannt. Die Teilchen, die wir kennen – die Bausteine von

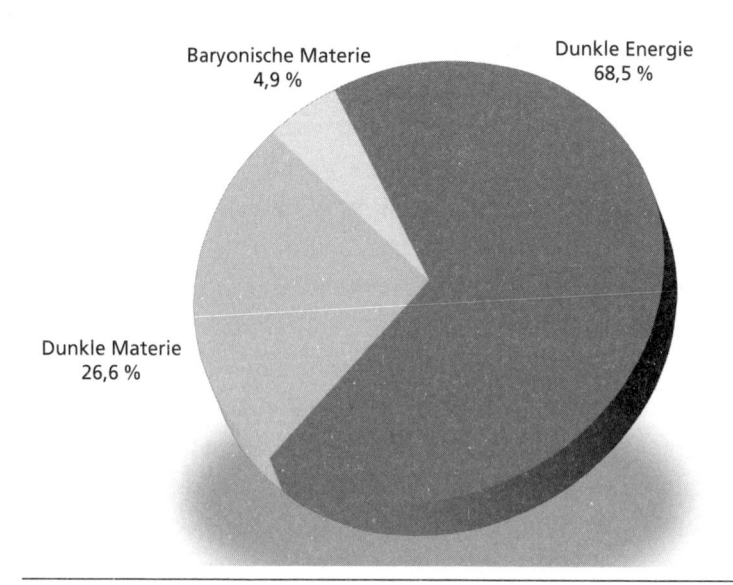

Abb. 16: Nach dem bekannten ΛCDM-Modell der Kosmologie ist das Universum von rätselhafter Dunkler Energie und Dunkler Materie dominiert. Nur 4,9 Prozent der gesamten Materie/Energie bestehen aus „normaler", baryonischer Materie.

Sternen, Planeten und Menschen – machen weniger als ein Sechstel (nur 15,6 Prozent) der gesamten Materie aus. Das ist nur ein 4,9-Prozent-Stück des kosmischen Kuchens.

In den letzten zwei Jahrzehnten hat sich das Tortendiagramm der Zusammensetzung des Universums – 68,5 Prozent Dunkle Energie, 26,6 Prozent Dunkle Materie und 4,9 Prozent bekannte Materie – zu einer ikonischen Darstellung unserer kosmischen Unwissenheit entwickelt. Die genauen Prozentsätze haben sich im Laufe der Jahre ein wenig verändert und werden es wahrscheinlich auch in naher Zukunft tun, doch die Gesamtbotschaft ist laut und deutlich: Unser Universum ist „ein Rätsel, eingewickelt in ein Mysterium, im Inneren eines großen Geheimnisses", um es mit den Worten von Sir Winston Churchill zu sagen.

In all seiner Einfachheit konfrontiert uns dieses Tortendiagramm auch mit unserer kosmischen Unbedeutsamkeit. Im 16. Jahrhundert erklärte uns Nikolaus Kopernikus, dass sich die Erde nicht im Zentrum des Universums befindet. Vor etwas mehr als 150 Jahren machte uns Charles Darwin klar, dass der Mensch nicht die Krone der Schöpfung ist. Und jetzt erhält unsere Selbstherrlichkeit einen dritten Schlag. Nicht nur, dass wir nirgends im Weltraum zu finden und bloß zufällige Neuankömmlinge in der Zeit sind, auch die Materie, aus der wir gemacht sind, ist nur ein kleiner Bestandteil des Kosmos. Eine Botschaft, die bescheiden macht, um es milde auszudrücken.

Der Homo sapiens ist bloß ein neuer Spross im Stammbaum der Evolution, dessen Geburt auf einem unscheinbaren Staubkorn nur ein Augenzwinkern zurückliegt. Ein Staubkorn, das einen gewöhnlichen Stern am Rande einer völlig durchschnittlichen Galaxie umkreist. Ist es also vielleicht schon vermessen, anzunehmen, dass wir eines Tages die Rätsel des Universums lösen werden? Mag sein. Aber das sollte uns nicht davon abhalten, es zu versuchen. Wir haben in den letzten Jahrhunderten und Jahrzehnten eine große Wegstrecke zurückgelegt, und es gibt allen Grund zu der Annahme, dass unser Streben zum Himmel in Zukunft noch mehr Antworten liefern wird.

Auch wenn also die guten alten Zeiten vielleicht nicht wiederkehren werden – die guten neuen Zeiten werden wahrscheinlich noch besser sein.

17. VERRÄTERISCHE MUSTER

Am 14. Mai 2009 um 10:12 Uhr Ortszeit im Dschungel von Französisch-Guyana ging die Präzisionskosmologie durch die Decke. Unter den Augen von Dutzenden von Astronomen, Technikern, Beamten und Journalisten hob eine leistungsstarke Ariane-5-ECA-Rakete vom

Raumfahrtzentrum Guyana ab. Auf einer Säule aus Feuer und Rauch stieg sie über die Baumkronen und übertönte mit ihrem donnernden Getöse den Gesang der Vögel und das ständige Summen der Insekten im feuchten Regenwald. Sicher verstaut in der Spitze der Rakete, befand sich neben dem Herschel-Infrarot-Teleskop, das ebenfalls ins All flog, das Planck-Observatorium der Europäischen Weltraumorganisation. Seine Mission: das Nachglühen des Urknalls genau zu kartieren, um das Universum besser zu verstehen.[1]

Dieses Nachleuchten, das als kosmischer Mikrowellenhintergrund (Cosmic Microwave Background, CMB) bekannt ist, liefert eine Momentaufnahme des sehr frühen Universums, nur 380.000 Jahre nach seiner explosionsartigen Entstehung. Irgendwie haben sich winzige Dichteschwankungen in dieser Ursuppe im Laufe von 13,8 Milliarden Jahren zu der filamentartigen Verteilung der Galaxien entwickelt, die wir heute sehen. Die Untersuchung des „Babyfotos des Universums", wie der CMB genannt wird, liefert Informationen über die kosmische Zusammensetzung, die diese Entwicklung geprägt hat. Tatsächlich haben die Planck-Messungen des CMB die beherrschenden Rollen und die relativen Beiträge der Dunklen Energie (Λ) und der kalten Dunklen Materie (CDM) überzeugend bestätigt. So können Kosmologen das ΛCDM-Modell sogar ohne Supernova-Beobachtungen und galaktische Rotationskurven, sondern allein auf der Grundlage der Planck-Daten verwenden.

Aber was genau ist eigentlich der kosmische Mikrowellenhintergrund? Um das herauszufinden, müssen wir zurück zum Anfang gehen. In den ersten paar 100.000 Jahren der Existenz des Universums konnten sich aufgrund zu extremer Bedingungen keine neutralen Atome bilden. Stattdessen war der Raum mit einem unvorstellbar heißen Plasma angefüllt – einem Gemisch aus einzelnen Protonen, Neutronen, Elektronen, Neutrinos und Teilchen der Dunklen Materie. Wie die Flamme einer Kerze war dieses dichte Plasma nicht durchsichtig: Photonen konnten sich nicht frei im Raum bewegen, da sie aufgrund der elektrischen Ladung der allgegenwärtigen Elektronen ständig mit diesen wechselwirkten.

Doch nach etwa 380.000 Jahren kosmischer Expansion sank die Durchschnittstemperatur des Universums auf unter 2700 Grad Celsius – „kühl" genug, damit die Kerne von Wasserstoff und Helium die freien Elektronen einfangen konnten. Innerhalb weniger Zehntausend Jahre verwandelte sich das gesamte Plasma in ein heißes, expandierendes Gas aus elektrisch neutralen Atomen, und schließlich konnte die Strahlung dieses flammenden Infernos frei durch den Raum strömen, ungehindert von Wechselwirkungen mit geladenen Teilchen.

Es ist wichtig, sich das klar zu machen: Jeder einzelne Punkt im expandierenden Weltraum war einst heiß genug, um dieses Glühen zu erzeugen, das fast so hell ist wie die Oberfläche der Sonne. Die Strahlung aus unserer unmittelbaren Umgebung hat sich zwar schon längst in der Ferne verflüchtigt, doch uns umgibt eine Weltraum-Hülle, die so unglaublich weit entfernt ist, dass ihr primordiales Glühen uns erst heute erreicht. Während ihrer 13,8 Milliarden Jahre dauernden Reise wurde die energiereiche Strahlung durch die Ausdehnung des Universums rotverschoben, und wenn sie unsere Detektoren endlich erreicht, ist nur noch ein kaltes, schwaches, fast nicht wahrnehmbares Rauschen im Radiowellenlängenbereich übrig. Wie in Kapitel eins beschrieben, war es dieser schwache kosmische Mikrowellenhintergrund, den die Radioingenieure der Bell Labs, Arno Penzias und Robert Wilson, 1964 zufällig entdeckten.

Die große Hornantenne, die Penzias und Wilson verwendeten, detektierte unabhängig davon, in welche Richtung sie zeigte, die gleiche Menge an Strahlung. Es war jedoch von Anfang an klar, dass der kosmische Mikrowellenhintergrund am Himmel nicht vollkommen glatt sein konnte – und auch nicht sein durfte. Schon allein die

Existenz von Galaxien und Galaxienhaufen im gegenwärtigen Universum lässt darauf schließen, dass es in der Ursuppe winzige Dichteschwankungen gegeben haben musste. Und diese kleinen Fluktuationen in der Dichte sollten als ebenso winzige Flecken mit etwas höherer und etwas niedrigerer Temperatur in der Hintergrundstrahlung zu erkennen sein.

Aufbauend auf den wegweisenden Arbeiten des sowjetischen Physikers Evgeny Lifshitz aus dem Jahr 1946, gehörten die Wissenschaftler Rainer Sachs und Arthur Wolfe von der University of Texas zu den ersten, die quantitative Vorhersagen über die zu erwartende Größe dieser Schwankungen machten. In ihrem 1967 im *The Astrophysical Journal* veröffentlichten Artikel kamen Sachs und Wolfe zu dem Schluss: „Wir schätzen, dass Anisotropien der Größenordnung von einem Prozent in der Mikrowellenstrahlung auftreten, wenn diese Strahlung kosmischer Natur ist." – Eine Aussage, die damals nicht allgemein akzeptiert wurde.[2] Doch trotz immer genauerer Untersuchungen in den 1970er- und 1980er-Jahren wurden die vorhergesagten Temperaturschwankungen – die erwähnten Anisotropien – nicht gefunden. Der CMB erwies sich als unwahrscheinlich glatt, was Jim Peebles 1982 wiederum dazu veranlasste, die Existenz von nichtbaryonischer kalter Dunkler Materie vorzuschlagen.

Unwahrscheinlich glatt, doch nicht vollkommen glatt. Die große Entdeckung kam schließlich im Januar 1990 auf der Tagung der American Astronomical Society in Washington, D.C., wo Wissenschaftler die ersten Ergebnisse des NASA-Satelliten Cosmic Background Explorer (COBE) vorstellten. COBE hatte seit seinem Start im November 1989 den kosmischen Mikrowellenhintergrund mit einer noch nie dagewesenen Genauigkeit kartiert. In den ersten Wochen seiner Betriebszeit hatte er das Spektrum des kosmischen Mikrowellenhintergrunds präzise gemessen. Zudem entdeckte er die lang ersehnten Temperaturschwankungen, wenn auch auf einem viel geringeren Niveau, als es Sachs und Wolfe 24 Jahre zuvor vorhergesagt hatten.

Während die durchschnittliche Temperatur des Mikrowellenhintergrunds bei 2,725 Kelvin liegt (nur ein paar Grad über dem absoluten Nullpunkt), wichen die „heißen" und „kalten" Bereiche um nicht mehr als 30 Millionstel Grad davon ab – eine Anisotropie von nicht nur einem Prozent, sondern vom Tausendstel eines Prozents. Somit hatten die Kosmologen endlich konkrete Zahlen zur Hand. Für ihre bahnbrechenden Leistungen erhielten die Projektleiter von COBE, John Mather und George Smoot, 2006 den Nobelpreis.

Allerdings war die Winkelauflösung von COBE nicht sonderlich gut, sodass die Sicht auf den CMB noch immer etwas verschwommen war. Die Instrumente des Satelliten registrierten zwar kleine Temperaturschwankungen am gesamten Himmel, konnten aber die kleinsten heißen und kalten Stellen nicht ausmachen – so wie wenn Sie oder ich ein pointillistisches Gemälde von Georges-Pierre Seurat aus der Ferne betrachten und die einzelnen Farbpunkte nicht ausmachen können. Doch in den späten 1990er-Jahren gelang es, mithilfe von Ballonexperimenten in großer Höhe die kleinräumige Struktur des CMB aufzulösen, wenn auch nur in relativ kleinen Himmelsausschnitten. Im Juni 2001 startete die NASA schließlich den Nachfolger von COBE: die Mikrowellen-Anisotropie-Sonde. Nachdem David Wilkinson, ein Mitglied des Wissenschaftsteams der Mission, im Jahr 2002 starb, wurde der Satellit in Wilkinson Microwave Anisotropy Probe (WMAP) umgetauft.

Zwischen 2009 und 2013 hob die ESA-Raumsonde Planck (benannt nach dem berühmten deutschen Physiker Max Planck) die CMB-Messungen erneut auf ein höheres Niveau in Sachen Empfindlichkeit und Präzision. Die finale Karte des Mikrowellenhintergrunds von Planck wurde am 21. März 2013 auf einer Pressekonferenz im ESA-Hauptquartier in Paris der Weltöffentlichkeit vorgestellt, doch es sollte

Abb. 17: Winzige Temperaturschwankungen in der kosmischen Mikrowellenhintergrundstrahlung offenbaren minimale Dichteschwankungen im frühen Universum, etwa 380.000 Jahre nach dem Urknall.

weitere fünf Jahre dauern, bis die Wissenschaftler die Datenanalyse abgeschlossen hatten. Die Ergebnisse wurden am 17. Juli 2018 in zwölf Artikeln in der Fachzeitschrift *Astronomy & Astrophysics* veröffentlicht.[3] Der Projektwissenschaftler Jan Tauber sagte: „Das ist das wichtigste Vermächtnis von Planck. Bisher hat das Standardmodell der Kosmologie alle Tests überstanden, und Planck hat die Messungen durchgeführt, die dies belegen."

Das ist eine forsche Behauptung. Was Tauber damit sagen wollte, war, dass die immer genaueren CMB-Messungen offenbarten, dass wir in einem flachen Universum leben, so wie es Alan Guths Inflationshypothese von 1979, die in Kapitel 15 beschrieben wird, voraussagte. Darüber hinaus bestätigten die Messungen die Existenz der Dunklen Energie.

Wie kann uns das Kinderfoto des Universums etwas über seine Zusammensetzung und Entwicklung sagen? Es hat alles mit der engen Kopplung von baryonischer Materie und Strahlung während der ersten 380.000 Jahre der kosmischen Geschichte zu tun. Kurz nach dem Urknall war das heiße Urplasma nicht vollkommen glatt; vermutlich aufgrund anfänglicher Quantenfluktuationen, die durch die exponentielle Ausdehnung während der Inflation buchstäblich zu makroskopischen Dimensionen aufgeblasen wurden. Infolgedessen war das neugeborene Universum mit vielen winzigen Regionen übersät, die eine etwas höhere Dichte als der Durchschnitt aufwiesen: mehr Protonen, Neutronen und Elektronen („normale" Materie), aber auch mehr Teilchen der Dunklen Materie. Und während die Teilchen der Dunklen Materie nur auf die Schwerkraft reagierten, stand das baryonische Plasma auch in starker Wechselwirkung mit den allgegenwärtigen hochenergetischen Photonen.

Aufgrund der Schwerkraft strebt eine überdichte Region danach, sich noch weiter zusammenzuziehen und noch dichter zu werden. Doch mit zunehmender Dichte steigt auch der Strahlungsdruck, sodass sich der Bereich stattdessen ausdehnt – zumindest, wenn man von Baryonen spricht. Das Ergebnis im frühen Universum war eine sich ausbreitende Längswelle von höherem und niedrigerem Druck in der Baryonen-Photonen-Suppe, ähnlich einer Schallwelle in der Luft, wenn auch mit einer viel größeren Wellenlänge. Währenddessen verblieb der zentrale überdichte Bereich der Dunklen Materie dort, wo er die ganze Zeit über gewesen war.

Hätte das frühe Universum nur eine Dichteanomalie gehabt, wäre das daraus resultierende Wellenmuster leicht zu erkennen. In Wirklichkeit gab es jedoch eine Kakophonie von Schallwellen unterschiedlicher Wellenlänge und Amplitude, die mit fast 60 Prozent der Lichtgeschwindigkeit in alle Richtungen durch das sich ausdehnende kosmische Plasma rasten. Wenn man poetische Metaphern mag, könnte man es den Geburtsschrei des Kosmos nennen.

Diese primordiale Geräuschkulisse hielt so lange an, wie Baryonen und Photonen gekoppelt waren. Doch als die starke Wechselwirkung zwischen Materie und Strahlung etwa 380.000 Jahre nach der Geburt des Universums zum Stillstand kam, verstummten die baryonischen

Schallwellen ganz plötzlich. Zu diesem Zeitpunkt begannen die Photonen, in Form des CMB frei durch das Universum zu rasen, während sich die Baryonen in einer dreidimensionalen Verteilung höherer und niedrigerer Dichte wiederfanden – wie ein Standbild des Kuddelmuddels akustischer Schwingungen.

Das gesprenkelte Temperaturmuster des kosmischen Mikrowellenhintergrunds hängt direkt mit dieser primordialen Dichteverteilung zusammen. Daher können Kosmologen mithilfe der Planck-Karte des CMB diese sogenannten akustischen Baryon-Schwingungen untersuchen. Das ist ein bisschen, als würde man die verschiedenen Geräusche in einer lauten Umgebung anhand einer sehr detaillierten, kurz belichteten Aufnahme eines menschlichen Trommelfells rekonstruieren. Das Trommelfell vibriert zwar mit vielen verschiedenen Frequenzen und Amplituden gleichzeitig, doch durch die Analyse des komplizierten Standbildmusters der Schwingungen ist es möglich, die einzelnen Schallwellen zu selektieren. In ähnlicher Weise zeigt eine detaillierte Analyse des CMB-Musters die Amplitude (Leistung) der einzelnen Wellen der Strahlung als Funktion der Wellenlänge. Die daraus resultierende Grafik wird als CMB-Leistungsspektrum bezeichnet.

Das genaue Schallwellenmuster im 380.000 Jahre alten Universum – zu der Zeit, als die kosmische Hintergrundstrahlung freigesetzt wurde – wird durch eine erstaunlich geringe Anzahl von Variablen bestimmt. Besonders wichtig sind die Dichte der Baryonen, die Dichte der nicht-baryonischen Teilchen sowie der sogenannte Schallhorizont: die Entfernung, die eine Schallwelle im expandierenden Plasma in der Zeit vor der Entkopplung von Materie und Strahlung zurücklegen konnte. Es zeigt sich, dass die Veränderung einer dieser Variablen um einen relativ kleinen Betrag die Form des CMB-Leistungsspektrums deutlich beeinflusst. Dreht man die Gleichungen sozusagen herum, kann man also mit dem beobachteten Leistungsspektrum beginnen und sich zurückarbeiten, um die Dichte der Baryonen und der Dunklen Materie sowie den Schallhorizont zum Zeitpunkt der Entkopplung abzuleiten.

Es sollte nicht überraschen, dass es eine enge Beziehung zwischen Wellenleistung und Schallhorizont gibt. Dasselbe gilt für Orgelpfeifen: Die Länge der Pfeife (die Strecke, die eine Schallwelle zurücklegen kann) bestimmt, welche Wellenlängen die größten Amplituden haben. Erinnern Sie sich daran, wie ich ganz am Anfang des Buches beschrieb, wie Peebles zwei sehr unterschiedliche Töne erzeugte, indem er Luft über zwei leere Plastikflaschen unterschiedlicher Größe blies. Natürlich dehnen sich Orgelpfeifen nicht aus und die Schwerkraft spielt bei einem Bach-Konzert keine Rolle, aber das Prinzip ist dasselbe: Jede Größe hat ihre eigenen Frequenzen – einen individuellen Satz von Grundtönen und entsprechenden Obertönen.

Und jetzt wird es interessant: Der Schallhorizont zum Zeitpunkt der Entkopplung liegt in der Größenordnung von 450.000 Lichtjahren – das ist die Entfernung, die die akustischen Schwingungen der Baryonen nach 380.000 Jahren zurückgelegt haben. (Nein, das ist kein Widerspruch: Die Schwingungen bewegen sich mit fast 60 Prozent der Lichtgeschwindigkeit, doch aufgrund der kosmischen Expansion sind sie am Ende fast doppelt so weit von ihrem Ausgangspunkt entfernt wie in einem statischen Universum.) Zu dem Zeitpunkt, an dem die Schwingungen zum Stillstand kommen, war also jede ursprüngliche überdichte Region im neugeborenen Universum von einer kugelförmigen Schale überdurchschnittlicher Dichte mit einem Radius von 450.000 Lichtjahren umgeben.

Dieser Radius scheint ein bevorzugter Abstand im Muster der heißen und kalten Flecken im kosmischen Mikrowellenhintergrund zu sein und hängt eng mit dem Ort des ersten „Peaks" im CMB-Leistungsspektrum zusammen. Aufgrund der vielen sich überlagernden Dichtewellen im primordialen Plasma sahen die Temperaturanisotropien zunächst zufällig aus, doch wenn man den Abstand zwischen allen möglichen Fleckenpaaren am ganzen Himmel misst, ergibt sich ein Muster: Die Anzahl der Paare, die 450.000 Lichtjahre voneinander entfernt sind, ist deutlich höher, als man bei einer Zufallsverteilung erwarten würde.

Das bringt uns zum Beweis für ein flaches Universum. Bei der Untersuchung der statistischen Verteilung der heißen und kalten Flecken des CMB messen die Astronomen die Entfernungen zwischen den Flecken nicht in Lichtjahren, sondern sie messen den Winkel, den sie am Himmel aufspannen. Das Ergebnis ist ein bevorzugter Winkelabstand von etwa einem Grad. Dieser Winkelabstand sollte dem bevorzugten physikalischen Abstand von 450.000 Lichtjahren entsprechen (bedenken Sie, dass die Photonen des CMB von sehr weit herkamen – sie brauchten etwa 13,8 Milliarden Jahre, um auf der Erde anzukommen –, sodass es nicht sonderlich überraschend ist, dass ein Abstand von 450.000 Lichtjahren nur einen Winkel von einem Grad am Himmel aufspannt).

Hätte sich die Hintergrundstrahlung jedoch durch ein „geschlossenes" Universum mit einer insgesamt positiven Krümmung fortbewegt, würden zwei Punkte, die 450.000 Lichtjahre voneinander entfernt sind, an unserem Himmel einen Winkel von mehr als einem Grad einschließen. In einem „offenen" Universum mit einer negativen Krümmung wäre der Winkel kleiner als ein Grad. Nur in einem flachen, euklidischen Universum ohne Gesamtkrümmung entspricht eine lineare Entfernung von 450.000 Lichtjahren vor 13,8 Milliarden Jahren einem Winkelabstand von einem Grad am heutigen Himmel.

Die verräterischen Muster im kosmischen Mikrowellenhintergrund offenbaren somit also grundlegende Eigenschaften des Kosmos. In Übereinstimmung mit der Inflationstheorie leben wir demnach in einem flachen Universum, was bedeutet, dass die gesamte Masse-Energie-Dichte der kritischen Dichte entsprechen muss. Aus den Planck-

Daten ergibt sich auch, dass die Baryonendichte nur 4,9 Prozent des kritischen Wertes beträgt, während die Dichte der nicht-baryonischen kalten Dunklen Materie weitere 26,6 Prozent ausmacht. Folglich müssen die verbleibenden 68,5 Prozent des Masse-Energie-Budgets des Universums in Form von Dunkler Energie vorliegen.

Das Bemerkenswerte dabei ist, dass diese Werte vollkommen unabhängig von früheren astrophysikalischen Schätzungen sind. Keine Rotationskurven von Galaxien, keine Staubdynamik, keine Typ-Ia-Supernova-Messungen – eine detaillierte Karte des kosmischen Mikrowellenhintergrunds reicht aus, um zu dem Schluss zu kommen, dass unser Universum von Dunkler Energie und Dunkler Materie dominiert ist. Wie das Planck-Team in der Zusammenfassung seiner 2018 veröffentlichten kosmologischen Parameter bescheiden anmerkt: „Wir sehen eine gute Übereinstimmung mit der Standard- … ΛCDM-Kosmologie."[4]

Astronomen haben also ein ziemlich gutes Bild davon, wie das Universum nur 380.000 Jahre nach dem Urknall aussah, und ein detaillierter Blick auf das CMB-Babyfoto verrät eine Menge über die grundlegendsten Eigenschaften des Kosmos. Andererseits ist es nur ein Kinderfoto – ein flüchtiger Blick auf das neugeborene Universum. Wäre das gegenwärtige Universum eine 50-jährige Frau, würde die Karte des kosmischen Mikrowellenhintergrunds ihre Merkmale zeigen, als sie gerade einen halben Tag alt war. Doch wie ist das Baby gewachsen und hat sich zum Erwachsenen entwickelt?

Nun, zunächst einmal hat sich das Universum seit der Entkopplung des CMB um einen Faktor von fast 1100 ausgedehnt (auf das menschliche Baby bezogen, wäre unsere 50-jährige Erwachsene jetzt 550 Meter groß). Angesichts dieses beeindruckenden Wachstumsschubs würde man erwarten, dass sich die Höhen und Tiefen in der Dichteverteilung des frühen Universums im Laufe der Zeit geglättet hätten, doch tatsächlich wurde die Kluft zwischen ihnen aufgrund der

Schwerkraft immer größer. Zwar nahm die Materiedichte infolge der kosmischen Expansion in jedem Punkt des Raumes ab, doch in Regionen mit hoher Dichte nahm die Dichte deutlich langsamer ab als in Regionen mit geringer Dichte, sodass der Kontrast in der Dichteverteilung zunahm. Dieser Prozess wurde mithilfe von aufwendigen Computersimulationen im Detail untersucht, wie wir in Kapitel elf gesehen haben.

Während das Universum alterte, zogen die überdichten Bereiche in der Verteilung der Dunklen Materie – die in den ersten 380.000 Jahren der kosmischen Geschichte wachsen konnten, da die Dunkle Materie nicht mit der Strahlung wechselwirkte – immer mehr Materie an, sowohl nicht-baryonische als auch baryonische. Das Gleiche gilt für die überdichten Schalen, die diese Konzentrationen Dunkler Materie in 450.000 Lichtjahren Entfernung umgeben – die Wellenkämme der akustischen Schwingungen der Baryonen, die zum Zeitpunkt der Entkopplung „eingefroren" wurden. Auch sie begannen, durch ihre Gravitation immer mehr Dunkle und „normale" Materie anzuziehen.

Schlussendlich entwickelte sich dieses komplizierte Muster von Dichtevariationen zu der filamentartigen großräumigen Struktur des heutigen Universums, die gemeinhin als kosmisches Netz bekannt ist. Wenn Astronomen also die räumliche Verteilung der Galaxien genau betrachten, sollten sie immer noch in der Lage sein, die ermittelte Entfernung von 450.000 Lichtjahren zu rekonstruieren, die in der Karte des kosmischen Mikrowellenhintergrunds gefunden wurde; auch wenn sie sich inzwischen auf etwa 500 Millionen Lichtjahre ausgedehnt hat. Selbst nach 13,8 Milliarden Jahren kosmischer Evolution müssen die eingefrorenen Oszillationen also immer noch da draußen sichtbar sein.

Natürlich zeigen einfache Fotos des Nachthimmels keine auffälligen kreisförmigen Anordnungen von Galaxien, wie einige irreführende Abbildungen in populärwissenschaftlichen Artikeln über baryonische akustische Schwingungen andeuten. Bedenken Sie, dass es sich hier um einen ziemlich subtilen Effekt handelt, der einer viel gleichmäßigeren Galaxienverteilung aufgeprägt ist. Würde man jedoch eine dreidimensionale Karte von Zehntausenden von Galaxien erstellen und den Abstand zwischen jedem möglichen Paar messen, würde man erwarten, dass diese sogenannte Zweipunkt-Korrelationsfunktion bei einem Abstand von 500 Millionen Lichtjahren eine Spitze aufweist – zumindest in unserem gegenwärtigen lokalen Universum. Bei viel größeren Entfernungen, wenn wir also weiter in der Zeit zurückblicken, sollten die Schwingungen entsprechend kleiner sein, da sich das Universum noch nicht auf seine heutigen Dimensionen ausgedehnt hatte.

Erst im Jahr 2005 erreichten die Galaxiendurchmusterungen die nötige Tiefe und Genauigkeit, um dieses verräterische Muster überzeugend aufzudecken. Zu diesem Zeitpunkt war es sowohl dem Two Degree Field Galaxy Redshift Survey als auch dem Sloan Digital Sky Survey – zwei Programme, die Sie bereits aus Kapitel sechs kennen – endlich gelungen, baryonische akustische Oszillationen in der 3D-Verteilung weit entfernter Galaxien nachzuweisen.[5] Somit gab es also eine eindeutige Verbindung zwischen den Merkmalen der pointillistischen CMB-Karte und den statistischen Eigenschaften der Verteilung von Galaxien: eine unverkennbare Verbindung zwischen dem Babyfoto und der erwachsenen Dame. Die Teile des kosmologischen Puzzles begannen sich zusammenzufügen, und alles ergab einen Sinn.

Die zentrale Botschaft ist: Die Vergangenheit ist auch in der Gegenwart sichtbar. Mächtige Schallwellen, die sich in den ersten paar 100.000 Jahren der kosmischen Geschichte durch das glühend heiße Plasma ausbreiteten, hinterließen ihre Spuren in der großräumigen Struktur des Universums – wie ein charakteristisches Muttermal, das auch auf dem gesprenkelten Babyfoto noch zu erkennen ist, das die Untersuchungen des kosmischen Mikrowellenhintergrunds lieferten.

Als ich sah, wie das Planck-Observatorium ins All startete – die Mission, die die bis dato genauesten kosmologischen Parameter liefern sollte – gab es kaum noch einen Kosmologen, der das ΛCDM-Modell anzweifelte. Im Laufe der Jahrzehnte hatten sich die Beweise für die Existenz Dunkler Materie langsam aber sicher immer weiter angehäuft. Und auch die Dunkle Energie, obwohl ein relativer Neuling auf der theoretischen Bühne, war 2009 nicht mehr zu ignorieren. Das ΛCDM-Modell lieferte eine konsistente Beschreibung der Zusammensetzung und Entwicklung des Kosmos, die perfekt zu allen Beobachtungsdaten und auch zu den neuesten Supercomputersimulationen passte. Kein anderes Modell des Universums konnte bisher denselben unglaublichen Erfolg für sich verbuchen.

Dennoch konnte ich diese quälenden „Was wäre, wenn"-Gedanken nicht unterdrücken. Was wäre, wenn die Kosmologen einer Illusion hinterherjagten? Schließlich ist jeder einzelne Beweis für Dunkle Materie und Dunkle Energie nur ein Indiz. Niemand hat jemals ein Teilchen der Dunklen Materie entdeckt. Und niemand hat jemals die beschleunigte Ausdehnung des Weltraums genau gemessen. Alles, was wir haben, sind indirekte Beweise. Die Dynamik von Galaxienbewegungen. Messungen des Gravitationslinseneffekts. Supernova-Beobachtungen. Baryonische akustische Oszillationen. Was ist, wenn sie uns alle in die Irre führen? Könnte es nicht auch sein, dass wir uns gerade selbst in eine Ecke stellen, wie die Äther-Gläubigen des 19. Jahrhunderts, die wir in Kapitel eins kennengelernt haben? Was, wenn die Dunkle Materie und die Dunkle Energie nichts weiter als clevere mathematische Tricks sind, mit denen wir unser fundamentales Unwissen zu erklären versuchen – die Epizykel der modernen Physik?

Als ich sah, wie die mächtige Rakete mit ihrer wertvollen Last ins All flog, fragte ich mich, wohin sich die Kosmologie als Wissenschaft entwickeln würde. Immer mehr und immer präzisere Messungen – großartig. Doch wenn das ΛCDM-Modell stimmt und die uns vertraute Welt um uns herum nur 4,9 Prozent eines weitgehend mysteriösen Universums ausmacht, ist es dann nicht endlich an der Zeit, zumindest eines der großen verbleibenden Fragezeichen in ein Ausrufezeichen zu verwandeln? Indem wir wenigstens versuchen, die Dunkle Materie experimentell nachzuweisen?

Auf der anderen Seite des Atlantiks, nicht hoch oben im Weltraum, sondern tief unter der Erde in den italienischen Apenninen, hatten ehrgeizige Physiker genau denselben Gedanken: Es war an der Zeit.

Ihr Trumpf? Xenon.

TEIL III
DER RÜSSEL

18. DIE XENON-KRIEGE

Wie eine Armee von Heugabeln scheinen die Wolkenkratzer von Manhattan die dunklen Wolken anzugreifen, die sich über New York City zusammenbrauen. Später am Tag wird Schnee erwartet, doch jetzt im Moment fangen das Empire State Building, das Chrysler Building, 432 Park Avenue und der Freedom Tower noch gelegentlich ein paar flüchtige Strahlen der tiefstehenden Januarsonne ein.

„Es ist ein wunderbarer Ausblick", sagt Elena Aprile mit einem sympathischen italienischen Akzent. „Ich kann mich nicht daran satt sehen." Wir treffen uns in der Sky Lounge im 46. Stock ihres Wohnhauses in Brooklyn.[1] Nach dem Gespräch bietet sie mir einen wirklich guten Espresso in ihrer stilvollen Küche an und zeigt mir ein Foto ihres ersten Enkelkindes. „Es ist so schön, die eigene Tochter in der Rolle der Mutter zu sehen." Und sie zeigt mir ein weiteres Foto von sich selbst, Ende der 1970er-Jahre, im Alter von 23 Jahren. Da ist sie am CERN, jung und ehrgeizig – wie sie selbst sagt.

Als Gründerin und langjährige Sprecherin des XENON-Experiments zur Dunklen Materie streben ihre Ambitionen noch immer gen Himmel.[2] Aprile wollte schon immer besser sein als andere. Nein, sie hat die Dunkle Materie nicht gefunden. Noch nicht. Aber es könnte jederzeit passieren und wenn, dann sollte besser ihr neuer XENONnT-Detektor die nobelpreiswürdige Entdeckung machen.

Denn Aprile ist nicht die Einzige, die von Reichtum, Ruhm und Stockholm träumt. In den Vereinigten Staaten und in China ringen auch andere Gruppen um diesen Durchbruch, indem sie die gleiche Technologie mit flüssigem Xenon verwenden. Es sind ehemalige Mitarbeiter. Leute, die von ihr ausgebildet wurden. Sogar ihr eigener Ex-Mann. Wenn das ein Krieg ist, dann ist sie entschlossen, ihn zu gewinnen. Sie will die Beste sein, wie immer.

Aprile ist eine echte Persönlichkeit, wie mir Auke Pieter Colijn, technischer Koordinator von XENONnT, bei meinem Besuch in den Laboratori Nazionali del Gran Sasso erklärte. Geboren in Mailand, studierte die junge und neugierige Elena Aprile Physik an der Universität von Neapel. Während ihres dritten Studienjahres bewarb sie sich für ein Sommerpraktikum am CERN. Dass sie ausgewählt und der Forschungsgruppe von Carlo Rubbia zugeteilt wurde, war das Beste, was ihr bis dahin in ihrem Leben passiert war; auch wenn Rubbia – besonders Frauen gegenüber – eine ziemlich einschüchternde Person war. Und das schon im Mai 1977, Jahre bevor er überhaupt Nobelpreisträger und Generaldirektor des CERN wurde!

Abgesehen von diesen Macht- und Geschlechterkämpfen war das CERN ein wissenschaftliches Paradies und ein Tor zur internationalen Physik. Seitdem ist Aprile nie wirklich nach Italien zurückgekehrt – und auch nicht zu ihrem Freund, was das betrifft. Sie blieb über ein halbes Jahr bei Rubbia und lernte den deutschen Physiker Karl Giboni kennen, den sie 1981 während ihrer Promotion an der Universität Genf heiratete.

1983 bot Rubbia sowohl Aprile als auch Giboni zwei Postdoc-Stellen in seiner Forschungsgruppe an der Harvard University an, wo sie an einem unterirdischen Experiment zur Untersuchung des möglichen Zerfalls von Protonen forschten. Und so arbeitete sich Aprile langsam in das von Männern dominierte Team ein. Doch für Rubbia zu arbeiten war anstrengend. Nachdem er 1984 den Nobelpreis für die Entdeckung der W- und Z-Bosonen erhalten hatte, wurde der Umgang mit ihm noch schwieriger. Er flog aus Europa ein – manchmal scherzten die Leute, dass Rubbia die Hälfte seines Lebens in der Business Class von Flugzeugen verbracht habe –, aß mit Aprile und Giboni zu Abend, teilte ihnen mit, was sie falsch gemacht und wo sie versagt hatten, machte ihnen ein schlechtes Gewissen und flog zurück nach Genf. Ende 1985 hatte Giboni schließlich die Nase voll. „Ich kündige", ließ er Rubbia wissen, bevor er eine Forschungsstelle bei einem Unternehmen in New York annahm. Aprile verließ Harvard im Januar 1986, um in der Abteilung für Physik der Columbia University zu arbeiten.

Die Universität von Columbia war auch der Ort, an dem sich ihre Liebe zu flüssigen Edelgasen entwickelte. Zuerst baute sie Neutrino-Detektoren auf Argonbasis. Als Nächstes ein Ballon-Teleskop für Gammastrahlen, das Xenon als Detektorflüssigkeit verwendete. Und als sie 2001 damit begann, sich nach Projekten mit besseren Finanzierungsaussichten umzusehen, wurde sie auf ein britisches Experiment aufmerksam, das mit flüssigem Xenon nach Dunkler Materie suchte.

Das britische ZEPLIN-Experiment (ZonEd Proportional scintillation in LIquid Noble gases – wieder mal ein unhandliches Akronym) war von der UK Dark Matter Collaboration vorgeschlagen worden. 1100 Meter unter der Erde im Kali-Bergwerk Boulby im Nordosten Englands, abgeschirmt vom unablässigen Bombardement der kosmischen Strahlung von oben, überwachten Wissenschaftler akribisch

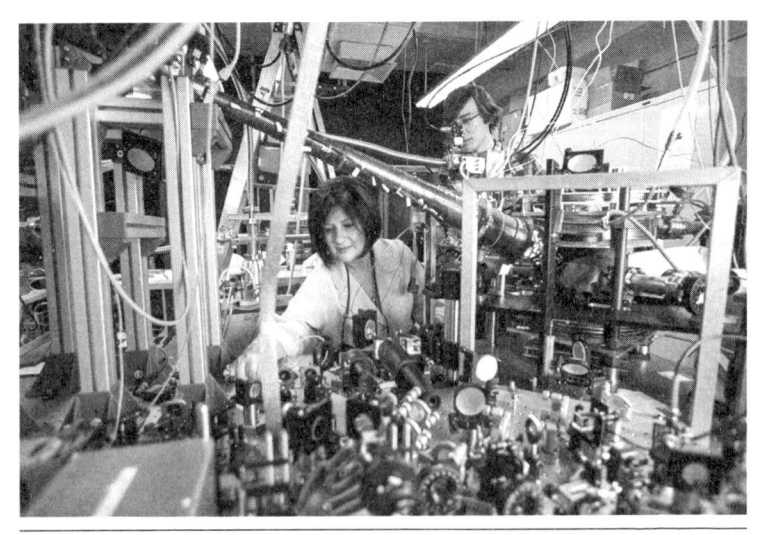

Abb. 18: Elena Aprile testet im Atom Trap Laboratory der Universität Columbia eine Technologie, mit der Krypton-Atome eingefangen werden sollen, die das flüssige Xenon, das in Dunkle-Materie-Experimenten genutzt wird, verunreinigen.

einen kleinen Behälter, der mit einem Liter (etwa drei Kilogramm) ultrakaltem, flüssigen Xenon gefüllt war. Ziel war es, extrem seltene Wechselwirkungen zwischen Atomkernen und WIMPs nachzuweisen – den schwach wechselwirkenden massereichen Teilchen (siehe Kapitel zehn), von denen man annahm, dass sie den geheimnisvollen, unsichtbaren Stoff bilden, der den größten Teil der gravitativen Masse im Universum ausmacht. Eine neuere, größere und empfindlichere Version des Detektors war damals noch im Bau, und die Physiker des Imperial College planten bereits sogar ZEPLIN-III. Hier gab es eindeutig etwas, mit dem man konkurrieren konnte, etwas, das man besiegen konnte.

Auf einer großen Physikkonferenz in Aspen, Colorado, im Sommer 2001 machte sich Aprile mit dem Thema Dunkle Materie vertraut, über das sie zu diesem Zeitpunkt noch nicht allzu viel wusste. Noch im selben Jahr beantragte sie die Finanzierung durch die National Science Foundation, um ihren eigenen Detektor zu entwickeln.

Das Geld wurde bewilligt; Aprile leitete nun ihr eigenes Experiment zum Nachweis Dunkler Materie: das XENON-Programm. Das war übrigens nicht gut für ihr Privatleben. Im Jahr 1996 hatte Giboni seinen zehn Jahre währenden Flirt mit der Industrie beendet und sich seiner Frau als leitender Forscher an der Columbia angeschlossen. Im Jahr 2001 war Aprile allerdings bereits Professorin und Giboni arbeitete noch immer für sie. Für das XENON-Projekt war ihre Zusammenarbeit äußerst fruchtbar, für ihre Ehe jedoch nicht. Da waren sie wieder, die Geschlechter- und Machtkämpfe.

„Ich habe gelernt, dass man nicht gewinnen kann, ohne etwas anderes dafür zu verlieren", sagt Aprile, während sie aus den großen Fenstern der Sky Lounge blickt. Auf der anderen Seite des East River beginnen die Spitzen der höchsten Wolkenkratzer in den grauen Wolken zu verschwinden. „Ich war erfolgreich in meiner Arbeit, aber nicht in meinem Privatleben. Meinen Mann habe ich währenddessen verloren."

Zwei weitere Mitglieder des XENON-Teams waren der Physiker Richard Gaitskell von der Brown University und sein Kollege Thomas Shutt aus Princeton. Gaitskell und Shutt hatten zwar bereits gemeinsam am Cryogenic-Dark-Matter-Search-Experiment gearbeitet, bei dem Halbleiterdetektoren eingesetzt werden (mehr dazu später). Doch sie waren begeistert von der Aussicht auf flüssiges Xenon.

Nachdem sie zunächst einen drei Kilogramm schweren Detektor namens XENON3 als konzeptionellen Beweis gebaut hatten, bestand der Plan darin, das empfindlichste Flüssig-Xenon-Experiment für Dunkle Materie der Welt entwickeln und damit die britische Konkurrenz zu überholen. Natürlich musste der neue Detektor, genau wie ZEPLIN, vor kosmischer Strahlung geschützt werden, und so machten sich Aprile, Giboni, Gaitskell und Shutt auf die Suche nach einem geeigneten unterirdischen Physiklabor – mit anderen Worten, nach einer ausreichend tiefen Mine.

Die alte Creighton-Nickelmine in der Nähe von Sudbury, Ontario, bot sich an. Die Mine beherbergte bereits ein Labor für Neutrino-Physik namens SNOLAB, war über zwei Kilometer tief und relativ nahe an der Ostküste der USA gelegen, wo die Mitglieder des Teams zu Hause waren.[3] Das kryogene Experiment, an dem Gaitskell und Shutt gearbeitet hatten, befand sich hingegen in der Soudan-Eisenmine in Minnesota – zwar weiter entfernt, aber auf vertrautem Boden. Die Homestake-Goldmine in Lead, South Dakota, war ein weiterer Kandidat; dort lief seit Ende der 1960er-Jahre ein Neutrino-Experiment. Und dann war da noch das Waste Isolation Pilot Plant in New Mexico, ein Endlager für radioaktive Abfälle in einer geologischen Salzformation. Und warum eigentlich nicht nach Europa gehen? Selbst wenn man mit dem ZEPLIN-Team konkurrierte, konnte man sein Experiment ja ebenfalls in der Boulby-Mine am Rande der Moore von North York durchführen. Die letzte Option befand sich in Apriles Heimatland Italien, wo Shutt früher bereits am Borexino-Neutrino-Experiment im Gran-Sasso-Tunnel gearbeitet hatte – ein Ort, der Aprile und Giboni aufgrund ihrer Beteiligung an ICARUS (Imaging Cosmic And Rare Underground Signals), einem weiteren Neutrino-Experiment, das von Carlo Rubbia initiiert wurde, bekannt war.[4]

Die Entscheidung für das Gran-Sasso-Labor fiel schließlich aufgrund einer Reihe von praktischen Gründen – und klar, die Kultur, das Essen und das Klima spielten sicherlich auch eine Rolle. Aprile Forschungsgelder von der National Science Foundation sowie Gaitskells Mittel aus dem Energieministerium ermöglichten den raschen Bau von XENON10 – ein Name, der blieb, obwohl das Experiment letztendlich 15 Kilogramm flüssiges Xenon in einem zylindrischen Gefäß enthielt, das etwas größer als ein Drei-Liter-Farbeimer war. Im Nevis-Labor der Columbia University gebaut, wurde der Detektor nach Italien verschifft und schließlich im März 2006 installiert. Zu diesem Zeitpunkt war das Team auf über 30 Personen angewachsen. Noch im selben Jahr wurde mit der Datenerfassung begonnen.

Die Entwicklung und der Einsatz von XENON10 waren eine fieberhafte Achterbahnfahrt. Das Team arbeitete 18 Stunden am Tag und hielt sich dabei bedeckt, um unter dem Radar der allgemeinen Physikgemeinschaft zu bleiben. Die ersten Ergebnisse, die 2007 bekannt gegeben und im Januar 2008 in *Physical Review Letters* veröffentlicht wurden, überraschten die Welt.[5] Nein, XENON10 entdeckte keine WIMPs – es entdeckte überhaupt nichts Unerwartetes. Doch fast über Nacht avancierte es zum empfindlichsten Experiment für Dunkle Materie, das je gebaut wurde. Als solches lieferte es wichtige neue obere Grenzwerte für die WIMP-Wechselwirkungsrate und untermauerte theoretische Modelle, die nie zuvor experimentell getestet worden waren.

Um die erwartete WIMP-Wechselwirkungsrate zu verstehen, müssen Sie sich vergegenwärtigen, dass die Sonne und die Erde auf ihrem 250 Millionen Jahre währenden Umlauf um das Zentrum der Milchstraße mit einer Geschwindigkeit von etwa 220 Kilometern pro Sekunde oder fast 800.000 Kilometern pro Stunde durch einen mehr oder weniger statischen Halo aus Teilchen der Dunklen Materie pflügen. Wenn die Dunkle Materie tatsächlich aus WIMPs besteht und jedes WIMP etwa 100-mal massereicher als ein Proton ist, würde man etwa ein Teilchen der Dunklen Materie in einem Volumen so groß wie ein Zauberwürfel erwarten. Aber dank ihrer relativen Geschwindigkeit durchqueren fast eine Milliarde WIMPs in jeder Sekunde Ihren Körper.

WIMPs spüren jedoch die elektromagnetische Kraft nicht, daher wechselwirken sie nicht mit Elektronen. Im Gegensatz dazu spüren sie allerdings die schwache Kernkraft und man geht davon aus, dass sie sehr sporadisch mit Atomkernen zusammenstoßen und mit den einzelnen Quarks wechselwirken. Um diese Wechselwirkung nachzuweisen, muss man eine große Anzahl von Kernen genau beobachten, alle möglichen störenden Hintergrundsignale entfernen – oder zumindest erkennen – und geduldig warten. Flüssiges Xenon (mit einer Temperatur von −95 °C) erwies sich als perfektes Material für den Nachweis solcher Kollisionen, da es fast keine natürliche Radioaktivität aufweist, die die Beobachtungen ruinieren würde.

Und so funktioniert der Nachweis: Wenn ein Xenon-Kern von einem WIMP getroffen wird, erhält er einen Stoß. In einem winzigen Bereich verlieren die Xenon-Atome dadurch einige ihrer Elektronen (ein Prozess, der als Ionisierung bezeichnet wird) und gehen kurzzeitig in einen angeregten, molekülartigen Zustand über. Wenn sie diesen angeregten Zustand wieder verlassen, wird ein schwacher ultravioletter Lichtblitz mit einer Wellenlänge von 178 Nanometern ausgesandt, der als Szintillationssignal bezeichnet wird und nicht länger als etwa 20 Nanosekunden andauert. Dieses winzige Signal wird von Photomultipliern registriert, die im oberen und unteren Teil des zylindrischen Xenonbehälters angebracht und empfindlich genug sind, ein einzelnes Photon zu detektieren.

Das größte Problem dabei ist, dass banalere (und häufigere) Wechselwirkungen eine ähnliche Anregung und ein ähnliches Szintillationssignal bei der gleichen Wellenlänge erzeugen. Die Experimentatoren tun zwar alles, was sie können, um den Detektor vor kosmischer Strahlung zu schützen und das Xenon rein zu halten, wie wir bereits in Kapitel zwei gesehen haben, doch nichts ist jemals perfekt und man kann nie alle unerwünschten Hintergrundsignale eliminieren.

Aufgrund der Selbstabschirmung von flüssigem Xenon gegen diese Hintergrundsignale sind WIMP-Jäger besonders an Szintillation aus dem Inneren der Zylinder interessiert: Ein Signal aus dem Kernbereich des Xenonbehälters ist weniger wahrscheinlich ein Hintergrundereignis als ein Signal vom Rand. Doch die bloße Detektion eines kurzen UV-Lichtblitzes liefert diese wertvolle Information noch nicht. Aus diesem Grund entwickelten Aprile und ihr Team einen sogenannten Dual-Phase-Detektor, ein Design, das erstmals in ZEPLIN-II zum Einsatz kam.

„Dual-Phase" bezieht sich dabei auf die Tatsache, dass Xenon sowohl in flüssigem als auch – was weitaus häufiger der Fall ist – in gasförmigem Zustand (engl.: phase) existiert. In einem Dual-Phase-Detektor wird ein zweites Signal in der dünnen Schicht aus gasförmigem Xenon oberhalb der Flüssigkeit erzeugt. Wie wir gesehen haben, verlieren Xenonkerne infolge einer WIMP-Wechselwirkung einen Teil ihrer Elektronen. Angetrieben durch ein starkes elektrisches Feld, das um den Detektor herum aufgebaut wird, driften diese negativ geladenen Elektronen vom Wechselwirkungspunkt mit einer Geschwindigkeit von etwa zwei Kilometern pro Sekunde senkrecht nach oben. Wenn die Elektronen die Grenzfläche zwischen dem flüssigen und dem gasförmigen Xenon erreichen, werden sie durch ein noch stärkeres elektrisches Feld herausgezogen und beschleunigt, was zu Elektrolumineszenz im Gas, also kleinen Blitzen im Nanosekundenbereich, führt – der gleiche Prozess, der eine Neonröhre zum Leuchten bringt.

Jede Wechselwirkung im Xenonbehälter erzeugt also zwei unterschiedliche Signale: ein sehr kurzes Aufblitzen des Szintillationslichts in dem Moment, in dem das wechselwirkende Teilchen auf das Xenon trifft, gefolgt von einem etwas länger anhaltenden Elektrolumineszenzsignal. Aus der Zeitverzögerung zwischen den beiden Signalen lässt sich dann die Tiefe im Detektor ablesen, in der die Wechselwirkung stattgefunden hat. Kombiniert man diese Information mit der Anzahl der Photonen, die von jedem Photomultiplier im oberen und unteren Teil des Detektors beobachtet wurden, erhält man die dreidimensionale Position der Wechselwirkung. Darüber hinaus hilft die relative Stärke der beiden Signale bei der Unterscheidung zwischen WIMP-Wechselwirkungen – falls sie überhaupt stattfinden – und

Ereignissen, die durch Hintergrund-Beta-Teilchen oder Gammastrahlen verursacht werden.

Falls Ihnen das kompliziert vorkommt, liegt es daran, dass es genau das ist. Doch Experimentalphysiker lieben Herausforderungen, und was könnte aufregender und lohnender sein, als die empfindlichsten Detektoren zu entwerfen und zu bauen, um die bestgehüteten Geheimnisse der Natur zu lüften? Zumindest ist es dieser Drang, die physikalische Welt zu verstehen, der Gaitskell seit seiner Kindheit antreibt. Als der kleine Richard acht Jahre alt war, fand ihn seine Mutter nackt in der Badewanne sitzend und mit einem Permanentmarker Linien auf die Badezimmerfliesen malend, um die Bahn eines Wasserstrahls zu berechnen.

Nur wenige Wochen bevor ich Gaitskell in seinem Büro in Providence, Rhode Island, besuchte, war er beim Skifahren in Utah mit einem anderen Rätsel der Physik konfrontiert worden: der Schwerkraft.[6] Und während sein gebrochenes Bein auf einem kleinen Drehhocker ruht, schiebt er mir Kaffee zu und greift nach einer winzigen Schachtel, die unter Stapeln von Papieren und Zeitschriften fast verschwindet. Zum Vorschein kommt ein zwölf Gramm schweres rechteckiges Stück ultrahochreinen Niobkristalls von der Größe einer Spielkarte. „Damit fing alles an", sagt er.

Gaitskells erster Job hatte nichts mit der Jagd nach Teilchen zu tun: Nach seinem Master-Abschluss in Physik in Oxford arbeitete der Engländer vier Jahre lang als Investmentbanker bei Morgan Grenfell in London. Als er 1989 zu dem Schluss kam, dass er in der Wirtschaft intellektuell nicht genug gefordert wurde, kehrte er nach Oxford zurück und arbeitete mit seinem Doktorvater Norman Booth an Niobkristallen. 1995, zwei Jahre nach seiner Promotion, wechselte er an das Center for Particle Astrophysics an der University of California in Berkeley, dem damaligen Epizentrum für die Erforschung Dunkler Materie.

Das Bindeglied in dieser Kette sind Halbleiter, wozu auch Niob zählt. Ähnlich wie flüssiges Xenon können Halbleiterkristalle, die auf nur wenige Tausendstel Grad über dem absoluten Nullpunkt herabgekühlt werden, zum Nachweis Dunkler Materie verwendet werden. In der Theorie könnte ein WIMP, das den Kristall durchquert, unterwegs auf einen Atomkern treffen. Äußerst empfindliche, am Kristall angebrachte supraleitende Detektoren könnten die daraus resultierende Vibration und Ladungsverschiebung registrieren. Wickelt man dann noch die kryogene Vorrichtung, die den Kristall kühlt, in dicke Bleischichten, um so viel natürliche Radioaktivität wie möglich fernzuhalten, und bringt das Ganze in ein tiefes Bergwerk, um es vor kosmischer Strahlung abzuschirmen, ist man im Geschäft.

Als Experte für Halbleiterkristalle ging Gaitskell nach Berkeley, um sich Bernard Sadoulets Cryogenic-Dark-Matter-Search-Gruppe (CDMS) anzuschließen. Diese verwendete gestapelte Germanium- und Siliziumkristalle in der Größe eines Eishockey-Pucks – dieselben Halbleitermaterialien, die in der Computerchiptechnologie und in Solarzellen verwendet werden.[7] Gaitskell arbeitete einige Jahre lang mit diesen Kristallen in Reinräumen und untersuchte sie in der Stanford Underground Facility auf der anderen Seite der Bucht von San Francisco, bevor er beschloss, seinen Kurs erneut zu ändern. Es war einfach zu viel Aufwand, zu viel Handarbeit, diese Detektoren zu vergrößern, was wiederum die einzige Möglichkeit war, sie empfindlicher zu machen. Als er 2001 an die Brown University wechselte, setzte er sich mit Aprile von der Columbia University in Verbindung.

„Mir wurde klar, dass das kein Sprint werden würde", sagt er, „sondern eher ein Marathon, bei dem jede neue Meile härter als die vorherige ist. Für jeden Schritt würde man bessere Beine, also größere Detektoren, brauchen." Die Arbeit mit Xenon bot diese Möglichkeit. Gaitskell wusste alles über Dunkle Materie, Aprile wusste alles über flüssige Edelgase – es schien eine perfekte Kombination zu sein.

Doch das war sie nicht. Im Jahr 2007, nach der Fertigstellung von XENON10 und während der Entwicklungsphase seines Nachfolgers XENON100, ging die Zusammenarbeit in die Brüche. Oder besser gesagt, sie explodierte. Gaitskell und Aprile waren zwei gleichermaßen starke und ehrgeizige Persönlichkeiten. Sie waren sich in fast allem uneinig, so auch in der Frage, wie ein großes internationales Projekt am besten durchgeführt werden sollte – insbesondere, ob es wünschenswert sei, das Experiment in die Vereinigten Staaten zurückzuverlegen.

Dank eines 70-Millionen-Dollar-Zuschusses des Geschäftsmanns und Philanthropen Denny Sanford aus South Dakota konnte der alte Plan, die Homestake-Goldmine in den Black Hills von South Dakota in ein Physiklabor umzuwandeln, endlich realisiert werden. Bis 2007 wollten Gaitskell und Shutt in der Mine den nächsten Flüssig-Xenon-Detektor bauen. Vier der sieben an der XENON-Kollaboration beteiligten US-Forscherteams stimmten dem zu – „in der Nähe" zu arbeiten, wäre schließlich viel effizienter als ständig nach Europa zu pendeln. Aprile bestand jedoch darauf, in Italien zu bleiben. XENON100, das letztendlich mit 165 Kilogramm flüssigem Xenon arbeiten sollte, befand sich im Bau. Das Gran-Sasso-Labor stand zur Verfügung und sie wollte den Schwung nicht verlieren. Sie wollte die Erste sein – und die Beste. Der direkte Nachweis von Dunkler Materie könnte unmittelbar bevorstehen; es wäre schierer Wahnsinn, jetzt Zeit zu verlieren.

Also zogen Gaitskell und Shutt weiter und begannen mit der Entwicklung ihres eigenen Large-Underground-Xenon-Dark-Matter-Experiments (LUX) in der brandneuen Sanford Underground Research Facility.[8] Schließlich stellten sie eine Gruppe von über 100 Physikern aus 27 Institutionen zusammen. Klar, sie verloren dabei zwei oder drei Jahre, aber LUX war empfindlicher als XENON100 und arbeitete mit 370 Kilogramm (mehr als 100 Liter) Zielmaterial, abgeschirmt von 260.000 Litern Wasser, um unerwünschte Neutronen fernzuhalten. Der Bau begann 2009, die Inbetriebnahme des 1480 Meter tiefen Sanford-Labors erfolgte 2012 und die ersten Daten wurden 2013 aufgenommen, nur ein Jahr nachdem Apriles Team neue Grenzwerte für die WIMP-Wechselwirkungsrate veröffentlicht hatte, abgeleitet aus den Ergebnissen von XENON100.[9] „Es hat alles sehr gut funktioniert", sagte Gaitskell. „Wir haben alle anderen aus dem Rennen geworfen."

Doch jetzt ging der Wettkampf erst richtig los. Im Jahr 2014 begann die XENON-Kollaboration, die neue Forschungsgruppen aus verschiedenen europäischen Ländern angezogen hatte, mit dem Bau eines noch größeren Detektors. Ein Xenon-Behälter von der Größe einer Waschmaschine, der satte 3,2 Tonnen des flüssigen Edelgases enthalten sollte; nicht weniger als 248 Photomultiplier-Röhren; ein Wassertank, fast so hoch wie ein dreistöckiges Gebäude, mit einem Volumen von 700 Kubikmetern – und ein ehrgeiziger Zeitplan: Die ersten Daten sollten 2016 aufgenommen werden, in dem Jahr, in dem LUX außer Betrieb genommen wurde. Die ersten Ergebnisse von XENON1T, wie der neue Detektor genannt wurde, sollten schließlich im Mai 2017 veröffentlicht werden.[10]

Und es war nicht mehr nur ein Krieg zwischen zwei Heeren. Im Jahr 2009 begann Xiangdong Ji von der University of Maryland, ein ehemaliger Mitarbeiter von XENON100, an einem konkurrierenden Programm im fernen Osten zu arbeiten, mit dem China sein eigenes Vorzeigeexperiment durchführen wollte.

Apriles Ex-Mann Giboni nahm zudem noch eine Professur an der Shanghai Jiao Tong University an, um an dem Projekt mitzuarbeiten, was ihre Entschlossenheit nur noch verstärkte.

Das chinesische Instrument, das unter dem Namen PandaX (Particle **and A**strophysical **X**enon detector) bekannt ist, steht im Jinping-Labor in der Provinz Sichuan unter 2400 Metern massivem Gestein, hauptsächlich Marmor.[11] Es ist nicht nur das tiefste, sondern auch das „leiseste" unterirdische Physiklabor der Welt. Der erste PandaX-Detektor enthielt 120 Kilogramm Xenon; PandaX-II, der im März 2015 in Betrieb genommen wurde, erhöhte diese Menge um das Vierfache und übertraf damit die Empfindlichkeit von LUX. In naher Zukunft, so hofft das chinesische Team, wird es einen 30-Tonnen-Detektor bauen.

„Wettbewerb ist eine gute Sache", sagt Gaitskell. „Die Leute arbeiten härter, wenn sie wissen, dass es auch noch andere gibt." Und da er nicht aufgeben wollte, war härter arbeiten genau das, was er tat. Nachdem LUX sowohl von XENON1T als auch von PandaX-II übertroffen wurde, schloss er sich mit der britischen ZEPLIN-Gruppe zusammen. Kurz vor Weihnachten 2019 wurden die einzelnen Teile des Zehn-Tonnen-Detektors LUX-ZEPLIN in South Dakota unter die Erde gebracht. Währenddessen hat Apriles Team, wie Sie bereits in Kapitel zwei erfahren hatten, in Gran Sasso XENON1T außer Betrieb genommen und den Bau von XENONnT abgeschlossen, der in Bezug auf die Empfindlichkeit mit LUX-ZEPLIN vergleichbar ist, auch wenn die Zielmasse mit 8,6 Tonnen etwas geringer ist.[12]

Doch der Kampf ist noch nicht zu Ende und wird es vermutlich auch noch viele Jahre nicht sein. Dennoch ist Gaitskell zuversichtlich, „dass die Dunkle Materie irgendwie irgendwann gefunden wird. Sonst würde ich das hier alles nicht tun. Ich möchte diese Frage beantworten." Keine leichte Aufgabe, fügt er hinzu, während er sein gebrochenes Bein in eine etwas bequemere Position auf dem Drehstuhl schiebt. „Es könnte viel länger dauern, als ich es mir vorstelle. Denn wer kann schon sagen, dass dieses Problem innerhalb einer einzigen Generation gelöst werden kann?"

In New York City träumt Elena Aprile unablässig von Dunkler Materie und von einer Entdeckung, für die sie den Nobelpreis erhält – zumindest erzählt sie mir das, nachdem sie mir das Schwarz-Weiß-

Foto ihres ehrgeizigen 23-jährigen Ichs gezeigt hatte. Ein Signal zu finden – wie erstaunlich und fantastisch wäre das. Während ich ihren Erzählungen zuhöre und in ihr willensstarkes Gesicht schaue, kann ich nicht anders, als ihr zu glauben. Das ganze Leben dieser Frau dreht sich um den Traum von der Entdeckung Dunkler Materie und den Wunsch, ihn zu verwirklichen. Es könnte jederzeit passieren.

Als ich den East River zurück nach Manhattan überquere, hat es endlich angefangen zu schneien. Die Bürgersteige sind rutschig, die meisten Hochhäuser sind nicht mehr zu sehen. Während ich durch den fallenden Schnee laufe und Fußabdrücke in dem frischen weißen Teppich hinterlasse, versuche ich mir vorzustellen – ohne großen Erfolg –, dass eine Milliarde unsichtbarer WIMPs jede einzelne Sekunde durch meinen Körper fließen, Tag für Tag, Jahr für Jahr. Durch die Brooklyn Bridge. Durch den Freedom Tower. Durch unseren Planeten. Durch die empfindlichsten Detektoren der Welt, in tiefen unterirdischen Laboren.

Der geheimnisvolle Stoff, der das Verhalten unseres Universums im Ganzen steuert, ist überall um uns herum, aber bisher waren wir nicht in der Lage, ihn zu entdecken. Und das liegt sicher nicht an mangelnder Entschlossenheit, Anstrengung und Beharrlichkeit. Jagen die Physiker also doch nur einem Phantom hinterher? Oder gibt es die Bestie wirklich, doch die Wissenschaftler suchen mit den falschen Geräten nach dem falschen Biest?

Es ist an der Zeit, sich einige der anderen Instrumente im Werkzeugkasten der Experimentatoren genauer anzuschauen. Und was ist eigentlich mit dem anderen Gran-Sasso-Experiment, das angeblich Beweise für Dunkle Materie lieferte?

19. DEN WIND EINFANGEN

Rita Bernabei will nicht mit mir telefonieren.

Das ist erstaunlich für jemanden, der behauptet, Dunkle Materie entdeckt zu haben.

Es ist nichts Persönliches – zumindest nicht, dass ich es wüsste. Es ist nur so, dass die italienische Physikerin keine mündlichen Interviews mit Journalisten gibt. „Es ist unsere generelle Politik, auf schriftliche Fragen in schriftlicher Form zu antworten", teilt sie mir in einer E-Mail mit. „Wir sind der Meinung, dass dieses Vorgehen sowohl für die Journalisten als auch für die Zusammenarbeit eine bessere Transparenz gewährleistet."[1]

Ganz so sicher bin ich mir da nicht.

Als mich Auke Pieter Colijn durch die Laboratori Nazionali del Gran Sasso führte, kamen wir an dem Laborraum von Bernabeis Dunkle-Materie-Experiment vorbei, das einfach DAMA genannt wird. Die Tür war verschlossen und es war niemand da. „Es ist eine sehr geschlossene Gemeinschaft", sagte Colijn. „Ich kenne die DAMA-Physiker nicht persönlich."

Seit mehr als 20 Jahren untersucht Bernabeis Team die Wechselwirkungen von Teilchen in hochreinen Natriumiodidkristallen. Und seit mehr als 20 Jahren behaupten die Forscher, eine jährliche Schwankung in der Ereignisrate zu beobachten, wobei Anfang Juni ein paar Prozent mehr Wechselwirkungen auftreten und Anfang Dezember ein paar Prozent weniger. Immer wieder, Jahr für Jahr.

Eine solche jährliche Schwankung erwartet man nicht intuitiv von irgendeiner der sonstigen bekannten Hintergrundquellen, sei es kosmische Strahlung, myoninduzierte Neutronen oder Betateilchen und Gammastrahlen aus natürlicher Radioaktivität. All diese Teilchen hinterlassen ihre Spuren mit einer unveränderlichen Rate. Aber: Bei WIMP-ähnlichen Teilchen der Dunklen Materie ist eine jährliche

Schwankung hingegen sehr wohl plausibel. Denn wie wir im vorigen Kapitel gesehen haben, bewegt sich unser Sonnensystem mit einer Geschwindigkeit von etwa 220 Kilometern pro Sekunde durch den Dunkle-Materie-Halo der Milchstraße. Unser Heimatplanet umkreist die Sonne natürlich einmal pro Jahr mit einer viel geringeren Geschwindigkeit von knapp 30 Kilometern pro Sekunde. Anfang Juni addieren sich diese beiden Geschwindigkeiten, wodurch sich die „Windgeschwindigkeit" der Dunklen Materie erhöht, die wir hier auf der Erde detektieren. Folglich sollte die Anzahl der Wechselwirkungen der Dunklen Materie in einem irdischen Detektor zu dieser Zeit etwas höher sein als der Durchschnitt. Anfang Dezember bewegt sich die Erde in die entgegengesetzte Richtung und wir sollten eine etwas geringere Wechselwirkungsrate messen.

DAMA behauptet also unterm Strich, diese jährlichen Schwankungen zu registrieren, doch weil sie mehr oder weniger die Einzigen sind, glaubt niemand sonst, dass ihre Ergebnisse ein überzeugender Beweis für die Entdeckung Dunkler Materie sind. Oh, und sie sollten nicht so geheimnisvoll tun – das hat sicherlich auch nicht geholfen.

Die Bemühungen um den direkten Nachweis von Teilchen der Dunklen Materie begannen erst in der Mitte der 1980er-Jahre, nachdem Katherine Freese, damals Postdoktorandin bei Harvard, auf einer Konferenz in Jerusalem den polnischen Physiker Andrzej Drukier getroffen hatte. Drukier arbeitete damals an Technologien zum Nachweis von Neutrinos aus der Sonne und Physiker erkannten, dass ein ähnlicher Ansatz eine Chance bot, nach WIMPs zu suchen – den beliebtesten Kandidaten für Dunkle Materie.[2]

Durch die schwache Kraft würden WIMPs im galaktischen Halo ab und zu mit Atomkernen interagieren, und ausgehend von einigen Annahmen über ihre Eigenschaften, könnte man leicht die erwartete Ereignisrate von verschiedenen Kandidaten für Teilchen der kalten Dunklen Materie berechnen. Zusammen mit David Spergel, der zu dieser Zeit in Harvard studierte, führten Drukier und Freese die entsprechenden Berechnungen für Photinos und Neutralinos durch (die von der in Kapitel vier beschriebenen Theorie der Supersymmetrie vorhergesagt werden), aber auch für hypothetische kleine Biester mit lustigen Namen wie Technibaryonen, Kosmionen, Familonen und Schattenmaterie.

In einem Aufsatz in *Physical Review D* vom Juni 1986 schrieben die drei theoretischen Physiker: „Wenn die fehlende Masse der Galaxie aus massereichen Teilchen besteht, die mit den Atomkernen durch die [schwache Kraft] wechselwirken, können SSCDs [hochtemperatur-supraleitende Kolloid-Detektoren] genutzt werden, um diese Teilchen aufzuspüren".[3] Das war eine solide Vorhersage mit einem klaren Ziel, und fast unmittelbar danach nahmen Experimentatoren die Herausforderung an.

So initiierten beispielsweise Bernard Sadoulet, David Caldwell und Blas Cabrera in Kalifornien das Projekt Cryogenic Dark Matter Search (CDMS), wobei sie zunächst Germaniumkristalle als Zielmaterial verwendeten.[4] Die ersten Ergebnisse des Teams wurden 1988 veröffentlicht: Zwar war es ihnen nicht gelungen, Dunkle Materie nachzuweisen, doch ihre Ergebnisse schlossen einige der exotischeren Kandidaten aus und lieferten wertvolle obere Grenzwerte für die Wechselwirkungen von WIMPs.

In den 1990er-Jahren, nachdem Sadoulet das Center for Particle Astrophysics in Berkeley gegründet hatte, kam CDMS so richtig in Fahrt; in diese Arbeit war 1995 bekanntermaßen auch Richard Gaitskell involviert. In mühevoller Kleinarbeit konstruierte das Team immer größere und empfindlichere Detektoren aus Germanium- und Siliziumkristallen und installierte schließlich 2003 ihr CDMS-II-Experiment in einer verlassenen, 700 Meter tiefen Eisenmine in Soudan, Minnesota. Zu diesem Zeitpunkt hatten sich bereits viele andere Gruppen mithilfe ähnlicher Technologien der Jagd nach Dunkler

Abb. 19: Dan Bauer, Projektleiter des **C**ryogenic-**D**ark-**M**atter-**S**earch-Experiments (CDMS), entfernt Germanium- und Siliziumkristalldetektoren aus dem CDMS-II-Experiment in der Soudan-Mine in Minnesota.

Materie angeschlossen. Ein erwähnenswertes Experiment, bei dem Germaniumkristalle verwendet wurden, ist EDELWEISS (Experience pour DEtecter Les Wimps En Site Souterrain), das um die Jahrtausendwende den Betrieb im Modane Underground Laboratory im Straßentunnel von Frejus, Frankreich, aufnahm, unterhalb der französisch-italienischen Grenze.[5] Und wie wir im vorigen Kapitel gesehen haben, experimentierten die Wissenschaftler nicht nur mit kryogenen Kristallen, sondern auch mit flüssigen Edelgasen.

Die Veröffentlichung von Drukier, Freese und Spergel in *Physics Review D* hatte eine wahre Industrie zur Suche nach Dunkler Materie geschaffen, und in der zweiten Hälfte der 1990er-Jahre war man allgemein der Meinung, dass das Rätsel innerhalb weniger Jahre gelöst sein würde.

Abgesehen von der Vorhersage der WIMP-Wechselwirkungsraten wurde in dem umfangreichen Artikel von 1986 auch prophezeit, dass der Dunkle-Materie-Wind im Laufe eines Jahres an vorhersagbaren Punkten stärker und schwächer wehen sollte. „Die Bewegung der Erde um die Sonne wird eine charakteristische Veränderung des Signals der Kandidaten für Halo-Teilchen bewirken", schrieben die Autoren. „Dieser Modulationseffekt wird in jedem Detektor für Dunkle Materie mit vernünftiger Energieauflösung zum Tragen kommen ... Die Signalmodulation wird eine zusätzliche Bestätigung des Nachweises ermöglichen."

Und hier kommt nun Rita Bernabeis DAMA-Experiment ins Spiel.[6]

Bernabei, geboren 1949, ist seit 1986 an der Universität Tor Vergata in Rom tätig. In den frühen 1990er-Jahen, direkt nachdem CDMS in Betrieb ging, gründete sie gemeinsam mit ihrem jüngeren Kollegen Pierluigi Belli das DAMA-Experiment. Doch während CDMS Germanium und Silizium verwendete, enthielt die erste Version des italienischen Instruments neun Zehn-Kilogramm-Szintillationsdetektoren aus ultrareinem, mit Thallium dotiertem Natriumiodid –

bekannt als NaI(Tl) – als Zielmaterial. Abgeschirmt gegen die natürliche Radioaktivität des umgebenden Gesteins durch eine zehn Zentimeter dicke Kupfer-, eine 15 Zentimeter dicke Blei- und eine einen Meter dicke Betonschicht, fand das als DAMA/NaI bekannte Experiment im Gran-Sasso-Labor seinen Platz – unerreichbar für den Großteil der kosmischen Strahlung.

Bereits die erste Präsentation der vorläufigen DAMA-Ergebnisse im September 1997 sorgte für Aufsehen. Auf der ersten internationalen Konferenz zu Teilchenphysik und dem frühen Universum in Ambleside, im malerischen Lake District in Nordengland, behaupteten Bernabei, Belli und ihre Kollegen, dass sie eine jährliche Modulation in ihren Daten entdeckt hätten.[7] Obwohl die Analyse nur zehn Tage Datenerfassung im Sommer und etwa vier Wochen im Winter umfasste, sah es so aus, als ob DAMA tatsächlich etwas mehr Wechselwirkungsereignisse im Juni und weniger im Dezember verzeichnete, genau das, was man von einem echten WIMP-Signal erwarten würde.

Sie könnten jetzt vielleicht meinen, dass die Physiker und Kosmologen das DAMA-Ergebnis mit Begeisterung aufgenommen hätten. Schließlich plagte das Rätsel der Dunklen Materie die Wissenschaftler bereits seit Jahrzehnten und jeder Hinweis auf einen direkten Nachweis, sei er auch noch so unbedeutend, sollte ein Grund zur Freude und zum Feiern sein. Stattdessen reagierten die Konferenzteilnehmer skeptisch. Welcher Prozentsatz der von DAMA beobachteten Szintillationsblitze konnte auf WIMPs zurückgeführt werden? Wie sieht es mit der statistischen Signifikanz aus? Könnte es eine einfachere Erklärung für den beobachteten Effekt geben? Können wir einen Blick auf Ihre Rohdaten werfen und unsere eigene Analyse durchführen?

Sollten Sie sich jetzt über diesen Mangel an Enthusiasmus wundern oder die offensichtliche Feindseligkeit der Forschergemeinschaft gegenüber den DAMA-Ergebnissen bedauern, sollten Sie sich vergegenwärtigen, dass dies die gängige wissenschaftliche Praxis ist. Man kann ein Ergebnis nicht einfach glauben, nur weil es einem gefällt. Jede einzelne Behauptung muss rigoros hinterfragt werden. Und ohne unabhängige Bestätigung ist sie nichts wert. Aus diesem Grund waren sogar die Mitglieder des DAMA-Teams auf der Hut, als sie 1998 ihre ersten Ergebnisse veröffentlichten, und schrieben: „In Anbetracht der Schwierigkeit dieser Art von Untersuchungen einerseits und der Bedeutung eines positiven Ergebnisses andererseits, ist eine vorsichtige Haltung zwingend erforderlich".

Als jedoch das DAMA/NaI-Experiment zunächst über Monate und dann über Jahre weiterlief, blieb der Effekt erhalten. Stattdessen wurde das Modulationsmuster immer deutlicher, je mehr Daten aufgenommen wurden: eine perfekte Sinuswelle, die um den 2. Juni herum ihren Höhepunkt und um den 2. Dezember ihren Tiefpunkt erreicht – genau das, was Drukier, Freese und Spergel für den WIMP-Wind vorhergesagt hatten. Als Bernabeis Team 2003 die Analyse der Daten aus sieben Jahren veröffentlichte, waren sie viel zuversichtlicher und argumentierten, dass dadurch „die Existenz von WIMPs im galaktischen Halo stark unterstützt wird".[8]

DAMA/NaI wurde daraufhin zu DAMA/LIBRA erweitert (LIBRA steht für **L**arge sod**i**um Iodide **B**ulk for **RA**re processes, Große Natriumiodidmengen für seltene Prozesse). Mit 25 statt neun Kristallen und einer Gesamtzielmasse von fast 250 Kilogramm war das Experiment nun sehr viel empfindlicher und die Hinweise auf eine variable Ereignisrate wurden immer deutlicher. Mehr Wechselwirkungen Anfang Juni, weniger Anfang Dezember, Jahr für Jahr.

Die meisten Physiker blieben jedoch skeptisch. Wenn DAMA/LIBRA wirklich Dunkle Materie detektierte, warum konnten andere Instrumente dann nichts feststellen? Zugegeben, es gab ein paar verlockende Hinweise von anderen Experimenten, doch die waren nicht sehr überzeugend und konnten durchaus auf Hintergrundereignisse zurückzuführen sein. Und im Laufe der Jahre wurde es immer schwieriger, die Behauptungen von DAMA/LIBRA mit den Ergebnissen von Elena Apriles XENON-Programm in Einklang zu bringen, das ebenfalls im Gran-Sasso-Labor lief und mit jedem Upgrade empfindlicher wurde. Unterdessen weigerte sich Bernabei noch immer, die Rohdaten ihres Experiments weiterzugeben und ihr Team veröffentlichte nie eigene Schätzungen zur Häufigkeit von Hintergrundereignissen wie der kosmischen Strahlung.

Natürlich haben sowohl Skeptiker als auch die DAMA-Wissenschaftler selbst versucht, das Modulationssignal zu erklären, ohne sich auf Dunkle Materie zu berufen. Wer weiß, vielleicht ist es auch auf einen banalen jahreszeitlichen Effekt zurückzuführen, wie eine winzige Schwankung der Temperatur oder des Luftdrucks. Wenn es nicht die Dunkle Materie ist, muss es eine andere Erklärung geben. Schließlich geht es um Physik, nicht um Magie.

Doch so sehr sich die Forscher auch bemüht haben: Niemand fand bisher eine alternative Erklärung, die das saubere sinusförmige Muster zwischen Juni und Dezember reproduzieren konnte. Nichts funktionierte. Wie Bernabei und ihre Kollegen in ihrer 2013 veröffentlichten Arbeit über die Ergebnisse von DAMA/LIBRA Phase 1 anmerkten, „wurde über mehr als ein Jahrzehnt hinweg kein systematischer oder Nebeneffekt gefunden oder vorgeschlagen, der das [Modulations-] Signal reproduzieren kann".[9] Fünf Jahre darauf fand das Team die gleiche jährliche Variation in der zweiten Phase des Experiments, die 2011 nach einer weiteren (relativ kleinen) Aufrüstung begann.[10]

Und das ist der Stand der Dinge. Seit fast 30 Jahren kümmert sich Rita Bernabei um die Verbesserung der Instrumente, die Analyse der Daten, die Veröffentlichung von Artikeln, um Vorträge auf Konferenzen und die Auseinandersetzung mit ihren Kritikern. Dabei gab es immer wieder Hürden und Rückschläge. Anfang 2015 starb ihr

Ehemann und Mitarbeiter, der italienische Physiker Silio d'Angelo. Bernabei selbst hat inzwischen das Rentenalter weit überschritten. Doch sie gibt nicht auf.

Auf meine E-Mail, in der ich sie nach ihrer Meinung zu den fehlenden Entdeckungen in anderen Experimenten fragte, antwortete sie eher förmlich. „Es ist nicht möglich, einen direkten modellunabhängigen Vergleich zwischen den erhaltenen Ergebnissen anzustellen", erklärt sie. „Dazu muss man eine Vielzahl von astrophysikalischen, teilchenphysikalischen und nuklearphysikalischen Modellen berücksichtigen; außerdem gibt es eine Menge experimenteller und theoretischer Unsicherheiten. In einigen Fällen gibt es große Unterschiede im methodischen Vorgehen."

Das verstehe ich nicht unbedingt unter „besserer Transparenz".

Versuche, die DAMA/LIBRA-Ergebnisse überzeugend zu bestätigen oder zu widerlegen, waren bisher nur begrenzt erfolgreich. Idealerweise würde eine andere Gruppe ein ähnliches Experiment an einem anderen Ort durchführen, um zu prüfen, ob die gleiche jährliche Modulation beobachtet wird. Wenn man das Kontrollexperiment auf der südlichen Hemisphäre durchführt, könnte man sogar mögliche saisonale Effekte ausschließen.

Das hört sich einfach an, doch in der Praxis ist es nicht leicht, drei Jahrzehnte Erfahrung und Technologieentwicklung zu übertreffen. Im Dezember 2010, während der letzten Bauphase des IceCube-Neutrino-Observatoriums, installierte ein Team unter der Leitung der Physikerin Reina Maruyama von der University of Wisconsin zwei Natriumiodid-Szintillationsdetektoren am geografischen Südpol, 2,5 Kilometer tief im antarktischen Eisschild. DM-Ice, so der Name des Experiments, war ursprünglich als Machbarkeitsstudie gedacht und hat eigentlich nicht die nötige Empfindlichkeit, um wirklich etwas Interessantes zu entdecken. Doch es sammelt auch heute noch Daten (Stand Oktober 2023).

Laut Maruyama, die inzwischen in Yale arbeitet, ist geplant, im antarktischen Sommer 2022/2023, wenn das geplante IceCube-Upgrade startet und neue Bohrlöcher gebohrt werden, noch größere und empfindlichere NaI(Tl)-Detektormodule in das Eis einzubringen.[11] In der Zwischenzeit hat sich ihr Team dem COSINE-100-Projekt im Yangyang Underground Laboratory in Südkorea angeschlossen – einem DAMA-Klon, der acht mit Thallium dotierte Natriumiodidkristalle mit einer Gesamtmasse von etwas mehr als 100 Kilogramm (daher der Name) verwendet. COSINE-100 begann bereits im Oktober 2016 mit der Datenerfassung und erste vorläufige Ergebnisse wurden im Dezember 2018 veröffentlicht.[12] „Es werden jedoch noch mehrere Jahre der Datenerfassung erforderlich sein, um die Ergebnisse von DAMA vollständig zu bestätigen oder zu widerlegen", schreibt das Team in seinem *Nature*-Artikel.

Das Gleiche gilt für das ANAIS-Experiment (**A**nnual modulation with **NaI S**cintillators) im Canfranc-Untergrund-Labor in den spanischen Pyrenäen. Die Daten aus den ersten drei Betriebsjahren von ANAIS, die 2021 veröffentlicht wurden, zeigen keine Hinweise auf eine jährliche Schwankung in der Anzahl der registrierten Ereignisse, wobei jedoch die statistische Signifikanz des vorläufigen Ergebnisses relativ gering ist.[13]

Ein weiteres „Kontrollexperiment", das sich derzeit im Aufbau befindet, ist das SABRE-Experiment.[14] Dabei ist geplant, zwei identische Kopien eines DAMA-ähnlichen Detektors zu betreiben: ein Detektor in Gran Sasso und einer auf der südlichen Hemisphäre, im Stawell-Goldbergwerk in Victoria, Australien. Zum Zeitpunkt der Übersetzung dieses Buches (Ende 2023) befindet sich die italienische Hälfte von SABRE noch in der Phase 1, der Machbarkeitsstudie, während die Entwicklung des Stawell Underground Physics Laboratory viele Verzögerungen erlitten hat. Wissenschaft ist nicht nur schwierig, sie ist auch langsam.

35 Jahre nachdem Andrzej Drukier, Katherine Freese und David Spergel ihre Arbeit über die Aussichten auf eine direkte Entdeckung von WIMPs im galaktischen Halo veröffentlicht hatten, ist die wahre Natur der Dunklen Materie so rätselhaft wie eh und je. Und obwohl Physiker inzwischen eine große Anzahl verschiedenster empfindlicher Experimente in allen Höhlen und Tunneln aufgebaut haben, die sie in die Finger kriegen konnten, ist DAMA/LIBRA noch immer das Einzige, das eine jährliche Modulation in der Anzahl der Teilchenwechselwirkungen erkennen lässt – und somit einen möglichen Hinweis auf die erwartete jährliche Schwankung der Geschwindigkeit des WIMP-Windes gibt.

Doch es gibt noch eine weitere wichtige Eigenschaft dieses vermeintlichen Dunkle-Materie-Windes, die die Wissenschaftler gerne studieren würden. Genau wie jeder atmosphärische Luftstrom hat der WIMP-Wind nicht nur eine bestimmte Geschwindigkeit, sondern auch eine bestimmte Richtung. Während unser Sonnensystem das Zentrum der Milchstraße umkreist, bewegt es sich in Richtung des hellen Sterns Wega im Sternbild Leier. Es ist daher zu erwarten, dass der WIMP-Wind bevorzugt aus diesem Teil des Himmels weht.

Der Nachweis der Kollision zwischen einem einfallenden Teilchen und einem Atomkern sagt jedoch nichts darüber aus, woher der Eindringling kommt. Könnten Physiker diese Richtung für jede registrierte Wechselwirkung messen, wäre es viel einfacher, zwischen echten WIMPs und Hintergrundereignissen zu unterscheiden und die Existenz der Dunklen Materie eindeutig nachzuweisen: Theoretische Modelle deuten auf eine Asymmetrie von zehn zu eins zwischen der Anzahl der Dunklen-Materie-Teilchen, die aus der Richtung von Wega kommen, und dem Fluss aus der entgegengesetzten Richtung hin.

Der beste Weg – und eigentlich der einzige Weg – um herauszufinden, woher ein einfallendes WIMP kommt, ist, die Richtung zu untersuchen, in die der Kern des Zielmaterials gestoßen wird. Doch leider werden die meisten Kerne um nicht mehr als ein paar Nanometer nach vorne geschleudert, bevor sie wieder zur Ruhe kommen. Das ist weniger als ein Zehntausendstel der Breite eines menschlichen Haares – viel zu klein, um detektiert zu werden. Wenn das Zielmaterial jedoch eine sehr geringe Dichte aufweist – wenn es beispielsweise aus einem verdünnten Gas besteht und nicht aus einem festen Kristall oder einer dichten Flüssigkeit –, würde es länger dauern, bis der schikanierte Kern wieder zur Ruhe käme. Infolgedessen könnten die Kernspuren bis zu einigen Mikrometern lang sein und wären mit der heutigen Detektortechnologie erkennbar.

Natürlich ist die Wahrscheinlichkeit, dass ein Teilchen der Dunklen Materie mit einem Atomkern zusammenstößt, in einem dünnen Gas viel geringer als in einem festen Kristall. Daher würde man ein Volumen benötigen, das viermal so groß wie ein olympisches Schwimmbecken ist, um überhaupt etwas zu entdecken. Bislang hat noch niemand einen solchen Riesendetektor gebaut (er muss ja wohlgemerkt tief unter der Erde liegen!), doch ein kleiner Prototyp namens DRIFT (**D**irectional **R**ecoil **I**dentification from **T**racks, richtungsabhängige Rückstoßerkennung aus Spuren) ist in der Boulby-Mine in Nordengland in Betrieb. Zukünftig soll eine deutlich größere Version des Experiments in der Lage sein, die Richtung des WIMP-Windes zu messen, vorausgesetzt, die geheimnisvollen Teilchen der Dunklen Materie werden überhaupt entdeckt.

Sollten Sie jetzt schon beeindruckt sein von der Cleverness der Experimentalphysiker, machen Sie sich bereit für die nächste verblüffende Idee: Die Jäger der Dunklen Materie haben sich mit Genetikern zusammengetan, um die menschliche DNA als Richtungsdetektor zu verwenden. Keine Sorge, wir reden hier nicht von genetisch veränderten Organismen, die grün leuchten, wenn sie von einem WIMP getroffen werden (wenn ich so darüber nachdenke, klingt das nach einem weiteren tollen Konzept), doch die biologischen Detektoren, die 2014 erstmals beschrieben wurden, sind fast genauso genial.

Wie Katherine Freese in ihrem Buch *The Cosmic Cocktail* (Der kosmische Cocktail) erzählt, begann alles mit einem verrückten Plan ihres ehemaligen Mitarbeiters Drukier.[15] Der polnische Physiker erkannte, dass DNA als Zielmaterial in einer Tracking-Kammer verwendet werden kann – einem Gerät, mit dem der dreidimensionale Weg eines energetischen Teilchens verfolgt werden kann. Es dauerte nicht lange, bis Drukier und Freese die biologischen Details mit den berühmten Genetikern Charles Cantor und George Church erörterten, und schon bald war klar, dass es funktionieren sollte, auch wenn es noch zahlreiche Hürden zu überwinden gab.

Das Konzept ist denkbar einfach: Tausende von identischen Detektormodulen bilden im Grunde einen hängenden Wald identischer DNA-Stränge, der an einem Stück Goldfolie hängt. (Stellen Sie sich das in etwa so vor wie einen Wasserfall-Duschkopf mit einzelnen Wasserstrahlen).

Ein eintreffendes WIMP würde einen Atomkern aus der nur wenige Nanometer dicken Goldfolie herausschlagen. Dieser schwere Kern würde anschließend ein paar Mikrometer durch den DNA-Wald pflügen, bevor er an Schwung verlöre.

Der springende Punkt ist, dass die DNA extrem verletzlich ist. Sobald also ein energiegeladener Goldatomkern auf das lange Molekül prallen würde, sollte der Strang in zwei Hälften geteilt werden und der untere Teil fiele auf eine Auffangfolie. Mit der gängigen molekularbiologischen Technik der Polymerase-Kettenreaktion (die übrigens auch bei den PCR-Tests von COVID-19 verwendet wurde) könnten die Wissenschaftler schnell Milliarden identischer Kopien jedes abgebrochenen Stücks DNA herstellen, um es im Detail zu untersuchen. Und da jeder DNA-Strang eine einzigartige Basenfolge besitzt, wäre es möglich, genau herauszufinden, wo der hängende

Strang in zwei Teile geschnitten wurde. Würde man diese „vertikale Koordinate" mit der Position des DNA-Segments auf der Einfangfolie kombinieren, könnte man den dreidimensionalen Weg des zurückspringenden Goldatomkerns mit einer Genauigkeit von Nanometern rekonstruieren. Daraus ergäbe sich wiederum die Ankunftsrichtung des eintreffenden WIMPs.

Das ist ein verblüffendes Konzept. Drukier, Freese, Cantor und Church, zusammen mit Spergel, dem Physiker Alejandro Lopez und dem Biologen Takeshi Sano, stellten ihre Ideen im Sommer 2012 online vor und vertieften sie 2014 in einem Artikel im *International Journal of Modern Physics A*.[16] Nichtsdestotrotz bleibt ein einsatzfähiger Detektor für Dunkle Materie auf DNA-Basis vorerst Zukunftsmusik.

Bislang ist es niemandem gelungen, zu messen, in welche Richtung der WIMP-Wind weht. Schlimmer noch, es besteht noch nicht einmal Konsens darüber, ob die Physiker die erwartete jährliche Modulation der Windgeschwindigkeit tatsächlich nachgewiesen haben. In dieser Hinsicht bleibt das DAMA-Experiment ein Außenseiter. „The answer is blowin' in the wind" – Sie wissen schon, der Bob-Dylan-Song.

Apropos Bob Dylan und „knocking on Heaven's door": Vielleicht sollten wir tatsächlich an die himmlische Pforte klopfen. Immerhin ist unser Heimatplanet – geschweige denn ein physikalisches Experiment in einem unterirdischen Labor – ein ziemlich kleines Suchgebiet für die schwer fassbaren Teilchen der Dunklen Materie. Doch da draußen, im All, gibt es viel mehr Raum und viel geheimnisvollere Dinge als das, was wir hier auf der Erde zu finden glauben. Könnte es daher sein, dass die riesigen Mengen an Dunkler-Materie-Teilchen, die im Zentrum unserer Galaxie vermutet werden, ihre Existenz durch extrem seltene Wechselwirkungen verraten? Könnten wir vielleicht die gesamte Milchstraße als Teilchendetektor benutzen?

Einmal mehr ist es an der Zeit, den Blick gen Himmel zu richten.

20. BOTEN AUS DEM ALL

Am 3. Februar 2020 postete ein 43-jähriger Mann ein Selfie auf Twitter. „Auf Arbeit, prüfe die [Abwasseranlage] auf Lecks", schrieb er.[1]

Nicht gerade etwas, dem man viel Aufmerksamkeit schenken sollte, könnte man meinen. Abgesehen davon, dass dieser Mann der italienische Astronaut Luca Parmitano war. Und dass der Tweet von der Internationalen Raumstation ISS gesendet wurde. Das Foto zeigt Parmitano während seines vierten Weltraumspaziergangs innerhalb von zehn Wochen. Die Abwasseranlage, die er überprüft, bestehend aus einer Reihe von Kühlrohren, ist Teil eines zwei Milliarden Dollar teuren Experiments zur Suche nach Antiteilchen und Dunkler Materie.

Dank der von Parmitano und dem NASA-Astronauten Andrew Morgan durchgeführten Reparaturen konnte das Alpha Magnetic Spectrometer (AMS), das seit dem 20. Mai 2011 an der Außenseite der Raumstation angebracht ist, wieder in Betrieb genommen werden. Sehr zur Freude des Projektleiters und Nobelpreisträgers Samuel Ting, der seit 25 Jahren für das Projekt verantwortlich zeichnet. Während eines Zoom-Interviews, das er von seinem Haus an der Ostküste der USA aus führte, sagte Ting, er sei zuversichtlich, dass AMS bis 2028 die endgültige Antwort auf die Frage nach der Natur der Dunklen Materie liefern werde.[2]

Die in den beiden vorangegangenen Kapiteln beschriebenen Detektoren für Dunkle Materie befinden sich in Laboren tief unter der Erde, um vor Teilchen der kosmischen Strahlung geschützt zu sein. Im Weltraum ist die kosmische Strahlung jedoch allgegenwärtig, sodass es unmöglich ist, dass AMS die Dunkle Materie auf dieselbe Art und Weise nachweisen kann, wie es die Kristall- und Xenon-Experimente versuchen. Stattdessen hofft man, Antimaterieteilchen zu finden, die bei der Zerstrahlung der Dunklen Materie entstehen könnten. Und die bisherigen Ergebnisse sind, gelinde gesagt, überraschend und aufregend.

Über die Existenz von Antimaterie wissen Physiker bereits seit 1932. Für jede Art von Elementarteilchen gibt es ein entsprechendes Antiteilchen mit genau der gleichen Masse, aber mit entgegengesetzter elektrischer Ladung und magnetischem Moment. Die Teilchen der Dunklen Materie besitzen jedoch keine Ladung und nach den meisten Modellen auch kein magnetisches Moment. Wenn das so ist, könnten sie ihre eigenen Antiteilchen sein, und wenn zwei von ihnen zusammenstoßen, könnten sie sich gegenseitig vernichten. Gemäß $E = mc^2$ würde die Gesamtenergie der Annihilation eine kaskadenartige Entstehung von gewöhnlichen Teilchen-Antiteilchen-Paaren verursachen, darunter Protonen (Wasserstoffkerne) und Antiprotonen sowie Elektronen und Positronen (Anti-Elektronen).

An das Vorhandensein von Teilchen-Antiteilchen-Paaren im Raum sind Physiker gewöhnt. Sie werden zum Beispiel bei Supernova-Explosionen aus Kernen erzeugt, die mit hoher Geschwindigkeit mit Atomen im interstellaren Raum zusammenstoßen. Treten jedoch energiereiche Antiprotonen und Positronen in größerer Zahl als erwartet auf, könnte das ein Hinweis auf annihilierende Dunkle Materie sein. Aus diesem Grund suchen Physiker wie besessen nach Antimaterie in der kosmischen Strahlung, dem kontinuierlichen Niederschlag aller Arten von energiereichen Teilchen aus dem All. Vom Boden aus ist das allerdings nicht möglich, da die kosmische Strahlung beim Eintritt in die Erdatmosphäre Schauer von Sekundärteilchen erzeugt. Dadurch können irdische Detektoren nicht viel über die Natur der Primärteilchen aussagen. Wenn man also nach kosmischer Antimaterie suchen will, braucht man einen Magneten und muss ins All fliegen.

Hier kommt der Teilchenphysiker Samuel C. C. Ting ins Spiel. Ting wurde in den Vereinigten Staaten geboren und verbrachte seine Kindheit in China und Taiwan. Im Alter von 20 Jahren kehrte er 1956 in die USA zurück und ist seit 1969 am Massachusetts Institute of Technology tätig. 1976 teilten sich Ting und Burton Richter vom Stanford Linear Accelerator Center den Nobelpreis für Physik für ihre 1974 unabhängig voneinander gemachten Entdeckungen des überraschend langlebigen J/ψ-Mesons (auch Psion genannt), des ersten Teilchens, das ein charm-Quark sowie ein charm-Antiquark enthält. Enttäuscht von der Entscheidung des Kongresses im Jahr 1993, den geplanten Superconducting Super Collider – einen riesigen unterirdischen Beschleuniger, der die Zukunft der amerikanischen Teilchenphysik gesichert hätte – zu streichen, beschloss Ting, einen Gang zuzulegen und sich dem Weltraum und der Suche nach Antimaterie zuzuwenden.

Wie es der Zufall wollte, war 1993 auch das Jahr, in dem die NASA und andere Raumfahrtagenturen auf der ganzen Welt beschlossen zu kooperieren, woraus die Internationale Raumstation (ISS) hervorgehen sollte. Die Grundlagenforschung wurde als eine der Hauptgründe für die enormen Summen an Steuergeldern angepriesen, die in den Bau, den Start, die Montage und den Betrieb der ISS fließen sollten. Daher schien es nur angemessen, das die Erde umkreisende Weltraumlabor als Standort für jenes präzise, massive und energiehungrige Magnetspektrometer zu nutzen, das Ting im Sinn hatte. Das wäre Raumstationswissenschaft vom Feinsten.

Wie jeder irdische Teilchendetektor würde das Alpha Magnetic Spectrometer eine Reihe von Technologien einsetzen, um die Masse, Ladung, Geschwindigkeit und Energie nahezu aller Teilchen der kosmischen Strahlung zu messen, die sein Inneres durchqueren. Ein riesiger, 1200 Kilogramm schwerer Magnet in der Mitte des Experiments, der 3000-mal stärker ist als das Magnetfeld der Erde, würde die Bahnen elektrisch geladener Teilchen ablenken und es den Wissenschaftlern so ermöglichen, zwischen positiv und negativ geladenen Teilchen zu unterscheiden. Und da alles so neuartig war, verlangte die NASA vor dem Langzeiteinsatz des Instruments auf der Raumstation einen Qualifizierungsflug mit dem Space Shuttle.

Die meisten Menschen wüssten gar nicht, wo sie überhaupt anfangen sollten, doch Sam Ting wusste nicht, wie er aufhören sollte, nachdem der Plan erst einmal in seinem Kopf war. Er gewann die Unterstützung und Zusammenarbeit des NASA-Administrators Daniel Goldin, sicherte sich eine beträchtliche Anschubfinanzierung durch das Energieministerium und stellte eine internationale wissenschaftliche Kollaboration mit Mitgliedern aus 16 Ländern zusammen. Schließlich wurde das AMS-Projekt im April 1995 genehmigt und die erste Version des Antimateriedetektors mit Komponenten aus verschiedenen Instituten in Europa und Asien wurde in weniger als drei Jahren am CERN fertiggestellt.

Am 2. Juni 1998 war Ting Zeuge des Starts von AMS-01 an Bord der Raumfähre Discovery, die sich auf ihrem letzten Flug befand. Das Shuttle war zwar auf dem Weg zur russischen Raumstation Mir, doch AMS-01 wurde in der Ladebucht der Raumfähre selbst betrieben. Und obwohl die Mission Probleme mit der Datenübertragung hatte, funktionierte das Instrument einwandfrei. Das Experiment lieferte sogar einige unerwartete wissenschaftliche Ergebnisse, so zum Beispiel einen Überschuss an Positronen mit niedriger Energie. Die Ergebnisse wurden im Jahr 2000 in der Zeitschrift *Physics Letters B* veröffentlicht.[3]

Ursprünglich war geplant, dasselbe Instrument – oder zumindest eine sehr ähnliche Kopie – auf der ISS einzusetzen. Bis zur Fertigstellung der ISS sollten jedoch noch Jahre vergehen, sodass Tings Team genügend Zeit hatte, die Konstruktion zu verbessern. Die zweite Version, AMS-02, maß schließlich 5 × 4 × 3 Meter (es würde also vermutlich nicht in Ihr Wohnzimmer passen) und war mit 7,5 Tonnen fast doppelt so schwer wie sein Vorgänger.[4] Die verschiedenen Detektoren des Rieseninstruments enthielten 50.000 optische Fasern und 11.000 Fotosensoren. Mit seinen 300.000 elektronischen Kanälen und 650 Mikroprozessoren konnte AMS-02 etwa sieben Gigabit an Daten pro Sekunde verarbeiten und verbrauchte dabei 2,5 Kilowatt an Leistung. Der Start war für 2005 geplant.

Am 1. Februar 2003 ereignete sich jedoch eine Katastrophe, als die Raumfähre Columbia beim Wiedereintritt in die Atmosphäre zerfiel und die siebenköpfige Besatzung ums Leben kam. Im Jahr darauf gab die US-Regierung unter George W. Bush einen neuen Kurs für das Shuttle-Programm vor: Alle künftigen Flüge sollten der ISS-Logistik und dem Transport von Ersatzteilen gewidmet sein. Unmittelbar nach der Fertigstellung des kosmischen Außenpostens sollte die Space-Shuttle-Flotte ausgemustert werden. Somit gäbe es keinen Platz mehr für einen AMS-Flug.

Ting war am Boden zerstört. Das AMS war speziell so konzipiert worden, dass es in die Ladebucht des Space Shuttle passte. Aber ohne das Shuttle konnte es nicht fliegen. Ting versuchte zwar, Michael Griffin, den neuen Verwaltungsleiter der NASA, davon zu überzeugen, einen weiteren Flug in den Startplan der Raumfähre aufzunehmen, doch Griffin war gezwungen, den Anweisungen des Weißen Hauses Folge zu leisten.

Die Entscheidung, dem AMS eine Absage zu erteilen, wurde in allen großen Medien veröffentlicht. „Erst als die Mitglieder des US-Kongresses auf die fehlende wissenschaftliche Forschung an Bord der ISS aufmerksam wurden, fand das wissenschaftliche Potenzial des AMS sowie die Tradition der USA, sich an internationale Vereinbarungen zu halten, parteiübergreifende Unterstützung", erinnerte sich Ting. Dank seiner Hartnäckigkeit erhielt die NASA schließlich die Anweisung, einen zusätzlichen Flug im Space-Shuttle-Programm einzuplanen – die Zukunft des Alpha Magnetic Spectrometer war gesichert. Tings Traum würde also doch noch in Erfüllung gehen.

AMS-02 machte sich am 6. Mai 2011 mit der 25. und letzten Mission des Space-Shuttle-Programms an Bord der Endeavour auf den

Abb. 20: Das Alpha Magnetic Spectrometer (AMS), montiert auf dem Träger der Internationalen Raumstation ISS.

Weg zur Internationalen Raumstation. Drei Tage später wurde das riesige Instrument von der Shuttle-Besatzung mithilfe der Roboterarme der Endeavour und der ISS am dritten Segment des zentralen Trägers der Raumstation installiert. Die Datenerfassung begann fast sofort und läuft seitdem kontinuierlich weiter.

Zu der Zeit, als das Gerät ins All befördert wurde, war das AMS jedoch nicht mehr der einzige Akteur auf diesem Gebiet. Eine europäische Kollaboration unter italienischer Leitung hatte ebenfalls einen Antimaterie-Detektor gebaut, der die Bezeichnung PAMELA (Payload for Antimatter-MatterExploration and Light-nuclei Astrophysics) trug. Mit den Ausmaßen eines großen Fasses und einem Gewicht von weniger als 500 Kilogramm war PAMELA deutlich kleiner – und weniger empfindlich – als das AMS, doch auch dieser Detektor sammelt seit Juni 2006 Daten, nachdem er Huckepack auf dem russischen

Erdbeobachtungssatelliten Resurs-DK1 ins All geschickt wurde. Könnte dieser kleine David den riesigen Goliath bei der Suche nach Botschaften der Dunklen Materie aus dem All besiegen?

Im August 2008 stellte die PAMELA-Kollaboration auf Konferenzen in Philadelphia und Stockholm ihre ersten vorläufigen Ergebnisse vor. (Die vollständige Analyse der PAMELA-Daten aus den ersten beiden Jahren wurde im April 2009 im *Nature*-Magazin veröffentlicht.[5])

Da PAMELA schon deutlich länger in Betrieb war als das AMS-02 auf der Raumstation, hatte es genügend seltene hochenergetische Teilchen detektiert, um zu dem Schluss zu kommen, dass der Positronenüberschuss, von dem Tings Team im Jahr 2000 berichtet hatte, auch bei Energien oberhalb von zehn Gigaelektronenvolt (das ist eine Milliarde Elektronenvolt oder GeV) noch vorhanden war.

Die neuen Ergebnisse erregten einiges an Aufsehen. Was könnte die Quelle all dieser Anti-Elektronen aus dem Weltall sein? Nun ja, Dunkle-Materie-Annihilation! „Wenn das stimmt, ist das eine bedeutende Entdeckung", sagte der Teilchenphysiker Dan Hooper von der University of Chicago dem *Nature*-Reporter Geoff Brumfiel.[6] Andererseits konnte man aber auch nicht einfach alternative Ursachen ausschließen. So könnte Antimaterie auch in der hochenergetischen Umgebung von Pulsaren erzeugt werden – schnell rotierenden und stark magnetisierten Neutronensternen.

Und es gab noch einen weiteren Grund, warum die Aussicht auf einen indirekten Nachweis von Dunkler Materie im Weltraum 2008 für so viel Aufregung sorgte. Am 11. Juni startete die NASA ihr Fermi Gamma-ray Space Telescope, benannt nach dem italienischen Physiker Enrico Fermi.[7] Mit seinem riesigen Sichtfeld, das fast 20 Prozent des Himmels abdeckt, könnte das Large Area Telescope an Bord von Fermi in der Lage sein, das erwartete Gammastrahlen-Glühen der Dunklen Materie im Zentrum unserer Milchstraße zu entdecken.

Natürlich ist Dunkle Materie dunkel und sollte keine elektromagnetische Strahlung aussenden. Doch die Annihilation Dunkler Materie erzeugt hochenergetische Photonen, entweder direkt (wieder $E = mc^2$) oder als Teil einer verschlungenen Zerfallskette, die schließlich zu Teilchen-Antiteilchen-Paaren führt. Da die Dichte an Dunkler Materie in der Milchstraße vermutlich im galaktischen Zentrum am höchsten ist, würde man ein viel stärkeres Annihilationssignal aus dieser Richtung erwarten.

Einer der Wissenschaftler, die unbedingt mehr über die Fermi-Ergebnisse wissen wollten, war Douglas Finkbeiner vom Harvard-Smithsonian Center for Astrophysics. Seine ehemalige Doktorandin, Tracy Slatyer, die heute Assistenzprofessorin für Physik am MIT ist, erinnert sich, wie ungeduldig er wurde, als das Fermi-Team ankündigte, dass es am 25. August 2009 die Daten des ersten Jahres veröffentlichen würde. „Doug hatte die URL der Webseite herausgefunden, auf der der gesamte Datensatz zur Verfügung gestellt werden sollte", erzählt Slatyer. „Ständig aktualisierte er die Seite, um sicherzustellen, dass wir so schnell wie möglich mit unserer Analyse beginnen können".[8] So gelang es dem Harvard-Team, den Datensatz bereits herunterzuladen, bevor potenzielle Wettbewerber überhaupt wussten, dass er verfügbar war.

In Zusammenarbeit mit Finkbeiner, dem Postdoc Greg Dobler sowie den Physikern Ilias Cholis und Neal Weiner von der New York University fand Slatyer tatsächlich einen Überschuss an Gammastrahlen aus dem galaktischen Zentrum, dem sie die Bezeichnung „Fermi haze" (Fermi-Dunst) gaben. Und obwohl ihr Artikel zu dieser Entdeckung, der am 26. Oktober auf dem Preprint-Server arXiv veröffentlicht wurde, diese Möglichkeit nur kurz erwähnt, hatte Slayter die Dunkle Materie stets im Hinterkopf. Klar, der Gammastrahlenüberschuss könnte auch auf einen Prozess zurückzuführen sein, der als inverse Compton-Streuung bekannt ist und bei dem Photonen von relativistischen Teilchen auf sehr hohe Energien beschleunigt werden. Doch selbst dann müssten diese Teilchen irgendwo herkommen – es könnten also auch genauso gut Elektronen und Positronen sein, die durch die Annihilation Dunkler Materie erzeugt werden.

Der Artikel über den Fermi-Dunst wurde im Juli 2010 im *The Astrophysical Journal* veröffentlicht.[9] Bis dahin war die Geschichte allerdings noch aufregender geworden: Ursprünglich hatte sich der Fermi-Dunst eher eiförmig dargestellt, doch Anfang 2010, als Finkbeiners Team eine ausgefeilte Analyse der Daten innerhalb eines größeren Volumens durchführte, erkannten sie, dass die Form des Gammastrahlenüberschusses eher der Zahl Acht glich – eine vertikale Lemniskate. Allem Anschein nach spuckte das galaktische Zentrum also zwei riesige Blasen in entgegengesetzter Richtung entlang seiner Rotationsachse in den Weltraum hinaus.

Finkbeiner, Slatyer und ihr Kommilitone Meng Su gaben ihre Entdeckung der „Fermi-Blasen" in einem Artikel bekannt, der am 29. Mai auf dem Preprint-Server arXiv veröffentlicht wurde. Als Harvard am 9. November eine Pressemitteilung herausgab, der eine beeindruckende künstlerische Darstellung der riesigen Blasen beigefügt war, wurde die Geschichte in den Zeitungen der ganzen Welt veröffentlicht. Schließlich wurde der Artikel in der Dezemberausgabe 2010 des *Astrophysical Journal* veröffentlicht.[10]

Was zum Geier ging da im Kern der Milchstraße vor sich? Welcher Mechanismus könnte zwei riesige Gammastrahlenblasen mit einem Durchmesser von jeweils etwa 25.000 Lichtjahren über und unter der zentralen Ebene unserer Galaxie erzeugen? Weitere Beobachtungen deuten stark darauf hin, dass die Blasen das Ergebnis einer schnellen Strömung sind, die vermutlich auf ein explosives Ereignis im galaktischen Zentrum zurückzuführen ist, das vielleicht nur ein paar Millionen Jahre zurückliegt. Energiereiche Elektronen und andere geladene Teilchen in dieser Strömung könnten Gammastrahlen durch den bereits erwähnten Prozess der inversen Compton-Streuung erzeugen.

Zu Beginn war Slatyer etwas enttäuscht, als sie erfuhr, dass die Blasen wahrscheinlich nicht der Schlüssel zur Lösung eines großen Geheimnisses sind. „Es wäre unfassbar interessant gewesen, wenn die Fermi-Blasen durch Dunkle Materie erklärt werden könnten", sagt sie. Andererseits muss man, wenn man nach einem schwer fassbaren – und möglicherweise nicht-existenten – Annihilationssignal der Dunklen Materie in den Fermi-Daten sucht, auch alle anderen Mechanismen kennen, die Gammastrahlen erzeugen. „Die Blasen müssen verstanden werden, um die Messungen dieser diffusen Gammastrahlenemission in der inneren Galaxis als Sonde für die Physik der Dunklen Materie nutzen zu können", schrieben die drei Forscher.

Dan Hooper von der University of Chicago war ganz ihrer Meinung.[11] Seine unabhängige Analyse der Fermi-Daten ergab außerdem einen zusätzlichen Überschuss an relativ niederenergetischer Gammastrahlung (bis zu einigen GeV) in einem viel kleineren, etwa kugelförmigen Bereich um das galaktische Zentrum herum. Diese zusätzliche Konzentration von Gammastrahlen hatte offenbar nichts mit den Blasen zu tun und entstand möglicherweise durch einen anderen Mechanismus. Nachdem er Slatyer von der Richtigkeit seiner Ergebnisse überzeugt hatte, schlossen sich die beiden Forscher zusammen und veröffentlichten 2013 einen ausführlichen Artikel in der nur online verfügbaren Zeitschrift *Physics of the Dark Universe*.[12]

Könnte dieser Überschuss niederenergetischer Gammastrahlung vielleicht doch auf die Annihilation von Dunkler Materie zurückzuführen sein? Oder war das nur Wunschdenken? Eine große Population von Millisekunden-Pulsaren – Pulsare, die sich sehr schnell drehen und Hunderte von Umdrehungen pro Sekunde verrichten – könnte ebenfalls dafür verantwortlich sein, doch wie hätten diese exotischen Objekte so weit über und unter der zentralen Ebene der Milchstraße landen können, einige sogar bis zu 10.000 Lichtjahre vom galaktischen Zentrum entfernt?

Diese Frage ist noch immer unbeantwortet. Es gibt viele starke Argumente gegen die Erklärung mithilfe der Dunklen Materie, doch in letzter Zeit auch immer mehr starke Argumente gegen diese Argumente. Um das Jahr 2017 herum wurden Millisekunden-Pulsare gemeinhin als Hauptkandidaten für eine Erklärung angesehen. Doch zwei Jahre später kamen Slatyer und ihre MIT-Kollegin Rebecca Leane in einem Artikel in *Physical Review Letters* zu dem Schluss, dass „Dunkle Materie möglicherweise doch einen dominanten Beitrag zum Überschuss im galaktischen Zentrum leistet".[13]

Pulsare oder Dunkle Materie? Das sei dieselbe Frage, die die Wissenschaftler der internationalen Alpha-Magnetic-Spectrometer-Kollaboration umtreibt, sagt Mercedes Paniccia, eine Astroteilchenphysikerin an der Universität Genf, die beim Bau der Silizium-Tracker für AMS-02 geholfen hatte. Als ich im Juni 2019 einen Besuch am CERN plante, hatte ich gehofft, dort den Leiter der AMS-Forschung, Samuel Ting, zu treffen; eigentlich verbringt er einen Großteil seiner Zeit in dem europäischen Teilchenphysiklabor. Doch offenbar war er auf einer Konferenz. „Man kommt schwer an ihn heran", sagte Paniccia, als ich mich bei ihr meldete, „aber ich kann Ihnen alles zeigen. Wir treffen uns einfach im AMS POCC, das ist Gebäude 946."

Das POCC – Payload Operations Control Center –, ein paar Kilometer vom Haupttor des CERN entfernt, beherbergt ein rund um die Uhr besetztes wissenschaftliches Hightech-Nervenzentrum.[14] Physiker und Techniker arbeiten an Computerkonsolen an zwei Seiten des Raums. Riesige Bildschirme an den Wänden zeigen Live-Ansichten der ISS sowie des Mission-Control-Zentrums im Johnson Space Center der NASA in Houston. Eine riesige digitale Weltkarte hält die aktuelle Position der Raumstation fest. Und ich kann meine

Augen nicht von der großen Anzeige unter der Karte abwenden, die die seit der Inbetriebnahme von AMS-02 detektierte kosmische Strahlung anzeigt. Während meines halbstündigen Aufenthalts steigen die rot leuchtenden Zahlen von 139.767.027.021, als die ISS gerade über Afrika fliegt, auf 139.768.372.421, als die Raumstation den Pazifik überquert. „Das sind etwa 600 Ereignisse pro Sekunde", sagt Mercedes. „Die meisten davon sind Protonen. An zweiter Stelle kommen Elektronen, doch wir entdecken auch zahlreiche schwerere Atomkerne, Antiprotonen und Positronen." Einige davon könnten aus der Annihilation Dunkler Materie stammen, denke ich, während ich wieder auf den digitalen Zähler schaue.

Am Kopf des zentralen Konferenztisches befindet sich ein großes Namensschild mit der Aufschrift „Prof. Samuel C. C. Ting" sowie ein riesiger, leerer Schreibtischstuhl aus Leder. „Ich bin mir nicht sicher, wo er gerade ist", sagt Mercedes. „Er ist extrem beschäftigt."

Zurück zu Hause versuche ich, Ting über mindestens drei verschiedene E-Mail-Adressen zu erreichen, aber ich erhalte keine Antwort. „Einen Interview-Termin zu bekommen, wird vermutlich sehr schwer sein.", sagt die Dunkle-Materie-Forscherin Suzan Başeğmez aus Amsterdam zu mir. „Er ist ein Nobelpreisträger, wissen Sie." Christine Titus, Tings persönliche Assistentin am MIT, hat ebenfalls schlechte Nachrichten für mich: Während meiner Reise entlang der Ostküste im Januar 2020 wird er auch unterwegs sein. Fast bin ich soweit, aufzugeben.

Doch endlich, im September 2020, meldet sich Ting nach einer weiteren Anfrage per E-Mail bei mir. Ja, wir könnten Ende des Monats ein Zoom-Interview führen. Das war zwar mein 40. Hochzeitstag, doch das machte mir nichts aus. Ich erwartete nur ein kurzes Gespräch von etwa 15 Minuten und hatte eine knappe Liste mit Fragen vorbereitet. Stattdessen hielt mir der 84-jährige Physiker eine 90-minütige Privatvorlesung, unterstützt von vielen Dutzend Powerpoint-Folien.

Mit seiner charakteristisch sanften Stimme sprach er von Teilchenphysik, Antimaterie, Detektortechnologie und Politik. Und er erzählte auch persönliche Anekdoten, zum Beispiel wie er fast den Glauben an sein Projekt verlor, nachdem der AMS-02-Flug als Reaktion auf den Columbia-Unfall abgesagt worden war. Oder wie er ein Bußgeld von 245 Dollar für zu schnelles Fahren bekam, als er zum Kennedy Space Center raste, um den Start des Teilchendetektors zu erleben. Oder wie er sich kurz vor dem Start der Endeavour Sorgen machte, dass etwas schief gehen könnte – dass all die Jahre der Anstrengung umsonst gewesen wären.

25 Jahre nachdem er erstmals die Idee für einen großen Teilchendetektor im Weltraum hatte, konnte Samuel Ting inzwischen mehr als 150 Milliarden Teilchen der kosmischen Strahlung einfangen, darunter einige Millionen Positronen. Doch er zögert noch immer, es als die Entdeckung der Dunkle-Materie-Annihilation zu veröffentlichen. Auf die Frage, ob er glaube, dass Dunkle Materie die AMS-Daten erklären könnte, antwortete er: „Was ich denke, hat keine Bedeutung. Die Daten liefern einen starken Hinweis darauf, aber noch keinen Beweis."

Tatsächlich gibt es viel mehr Positronen bei Energien zwischen drei und 1000 GeV als durch bekannte astrophysikalische Prozesse erklärt werden können, und die Energieverteilung stimmt nicht vollständig mit den Daten des viel kleineren PAMELA-Experiments überein, das 2016 seinen Betrieb eingestellt hat. Die AMS-Ergebnisse lieferten jedoch keinen endgültigen Beweis für den Zerfall Dunkler Materie: Im Prinzip könnte der beobachtete Überschuss (der erstmals 2013 in *Physical Review Letters* beschrieben wurde) auf eine relativ kleine Anzahl von hochenergetischen Pulsaren in unserer galaktischen Nachbarschaft zurückzuführen sein – geladene Teilchen lassen sich leider nicht ohne Weiteres zu ihren Ursprungsorten zurückverfolgen.[15]

Andererseits entdeckte das AMS-02 auch einen ähnlichen Überschuss an Antiprotonen, und Pulsare haben nicht genug Energie, um diese viel massereicheren Antiteilchen zu erzeugen. Wenn Positronen und Antiprotonen durch zwei verschiedene Mechanismen erzeugt würden, wäre es unwahrscheinlich – wenn nicht sogar eine Verschwörung der Natur –, dass sie dasselbe Energiespektrum aufweisen. Wenn beide Arten von Antimaterieteilchen stattdessen das Ergebnis der Annihilation Dunkler Materie wären, würde man erwarten, dass sie ein mehr oder weniger ähnliches Verhalten aufweisen – genau das, was die Daten von AMS-02 zeigen.

Und wieder: Pulsare oder Dunkle Materie. Eine längere Betriebsdauer von AMS-02, deutlich mehr Daten zur kosmischen Strahlung und eine entsprechend größere Anzahl von hochenergetischen Antimaterieteilchen könnten die Frage schließlich klären. Deshalb ist Ting auch so zufrieden mit den vier erfolgreichen sechsstündigen Weltraumspaziergängen, die die Astronauten Luca Parmitano und Andrew Morgan zwischen Mitte November 2019 und Ende Januar 2020 durchgeführt haben. Drei der vier Pumpen des AMS-Kühlsystems waren im Laufe der Jahre ausgefallen und alle vier wurden in einer Reihe anspruchsvoller und zeitaufwändiger Reparaturen im Weltraum, die Ting vom Mission-Control-Zentrum in Houston genau verfolgte, durch neue, hochleistungsfähige Pumpen ersetzt. Und beim vierten und letzten Weltraumspaziergang reparierte Parmitano ein Leck in einem der Kühlrohre; am Abwassersystem, wie er es in seinem Tweet vom 3. Februar scherzhaft nannte.

Die internationale Raumstation wird bis mindestens 2028 in Betrieb bleiben. Bis dahin, so Ting, wird AMS-02 so viele hochenergetische Antimaterieteilchen entdeckt haben, dass es möglich sein wird, die Daten mit dem vorhergesagten Energiespektrum für die annihilierende Dunkle Materie im galaktischen Zentrum zu vergleichen. In der Zwischenzeit diskutieren die Wissenschaftler bereits über einen viel größeren und empfindlicheren weltraumgestützten Detektor für kosmische Strahlung, den sie vorläufig AMS-100 nennen und der etwa im Jahr 2040 gestartet werden könnte. Sollte er realisiert werden, wird er – so meine Voraussage – nach Sam Ting benannt werden.

Tracy Slatyer und Dan Hooper glauben beide, dass das Rätsel des Gammastrahlenüberschusses im Kern der Milchstraße in einigen Jahren gelöst sein könnte. Insbesondere setzen sie große Erwartungen in große Radioobservatorien wie das MeerKAT-Array in Südafrika und das zukünftige Square Kilometre Array (SKA). „Wenn es wirklich eine große Population von energiereichen Millisekunden-Pulsaren im galaktischen Zentrum gibt", sagt Slatyer, „sollten sich mit einer tiefen SKA-Radiodurchmusterung Hunderte von ihnen finden lassen." Laut Hooper können Pulsar-Experten die Gammastrahlenbeobachtungen nämlich nur erklären, indem sie die Existenz von sage und schreibe drei Millionen einzelnen Quellen annehmen. „Wenn SKA keine einzige finden sollte, können wir diese Erklärung mit großer Sicherheit verwerfen", sagt er.

Aber auch das würde nicht unbedingt den Ursprung des von AMS-02 beobachteten Überschusses an hochenergetischen Positronen und Antiprotonen aufdecken; laut Slatyer könnten sie immer noch in nahegelegenen Pulsaren erzeugt werden. „Es ist unwahrscheinlich, dass alle diese Überschüsse aus derselben Quelle Dunkler Materie stammen", sagt sie.

Die Boten aus dem Weltraum regnen immer wieder auf unseren winzigen Planeten herab, sowohl in Form von kosmischen Strahlungsteilchen als auch in Form von hochenergetischen Gammaphotonen. Irgendwo in dieser interstellaren Lawine könnten die Wissenschaftler den Schlüssel zum indirekten Nachweis der Dunklen Materie entdecken. Doch im Moment ist der Heuhaufen noch zu groß, um die Nadel zu finden.

21. ABTRÜNNIGE ZWERGE

Im selben Jahr, in dem Sam Ting endlich den Start seines zwei Milliarden Dollar teuren Antimaterie-Detektors erleben durfte, diskutierten Pieter van Dokkum und Roberto Abraham erstmals ihre Pläne für ein kostengünstiges, ultrasensibles Kamerasystem, das nach Geistergalaxien und anderen schwachen Strukturen am Nachthimmel suchen sollte.[1]

Als Vorsitzender des astronomischen Instituts in Yale fühlte sich van Dokkum manchmal verloren in großen Projekten, Förderanträgen und Organisationstreffen. Abraham, der an der Universität von Toronto arbeitet, ging es genauso. Während eines Abendessens im Jahr 2011 schwelgten die beiden Freunde in Erinnerungen an die guten alten Zeiten, als es noch die pure Freude war, Wissenschaftler zu sein. Wann hatte sich das geändert? Und wie wäre es, die Begeisterung von damals durch ein neues, hobbymäßiges Projekt wieder aufleben zu lassen? Zwei Jahre später nahm die erste kleine Version des Dragonfly Telephoto Array bei den New Mexico Skies Observatories ihren Betrieb auf. „Ich weiß gar nicht mehr, wessen Idee es ursprünglich war", sagte Abraham. „Wir hatten ein paar Bier getrunken. Ich glaube, es kam von uns beiden."

Über Dragonfly werden Sie etwas später in diesem Kapitel noch mehr erfahren – es ist ein wirklich aufregendes Projekt.[2] Spulen wir aber zunächst einmal bis Ende März 2018 vor, als Dragonfly für Schlagzeilen sorgte, da es scheinbar den Beweis für die Existenz Dunkler Materie erbracht und gleichzeitig die alternative Gravitationstheorie der modifizierten Newtonschen Dynamik (MOND) entlarvt hatte, um die es in Kapitel zwölf ging. Allerdings entstanden die Schlagzeilen nicht durch den Nachweis der geheimnisvollen Materie, sondern durch die Entdeckung einer Zwerggalaxie, die anscheinend völlig frei davon ist.

Van Dokkum nennt es ein Zen-artiges Argument: die Existenz von etwas zu beweisen, indem man es nicht findet. Doch es ergibt alles Sinn, wenn man darüber nachdenkt. Wenn die hohen Rotationsgeschwindigkeiten von Galaxien durch ein unbekanntes Verhalten der Schwerkraft verursacht werden, wie MOND behauptet, müsste jede einzelne Galaxie denselben Effekt aufweisen. Wenn die Rotationsgeschwindigkeiten jedoch auf Dunkle Materie zurückzuführen sind, wie die meisten Astrophysiker annehmen, sollten Galaxien ohne Dunkle Materie langsamer rotieren; und zwar in einem Tempo, das man allein aufgrund der beobachteten Menge an Sternen und Gas erwarten würde. Und die Zwerggalaxie NGC 1052-DF2 tat genau das. Sie konnte nicht durch MOND gesteuert werden.[3] Ergo muss Dunkle Materie existieren. (Oder zumindest ist MOND falsch.)

Es konnte zwar auch niemand die Existenz einer Galaxie erklären, die überhaupt keine Dunkle Materie enthält, doch die Entdeckung von DF2 unterstrich die Bedeutung von Zwerggalaxien für die Erforschung dieses rätselhaften Zeugs.

Schon lange kennen Astronomen die zwei kleinen Begleitgalaxien der Milchstraße – die Große und die Kleine Magellansche Wolke, die von der südlichen Hemisphäre und den Tropen aus leicht mit bloßem Auge zu erkennen sind. Auch die Andromeda-Galaxie hat zwei markante Satellitengalaxien, die erstmals im 18. Jahrhundert vom französischen Astronomen Charles Messier beobachtet worden sind. Dennoch war die Entdeckung der ersten „echten" Zwerggalaxien – übrigens viel kleiner als die Magellanschen Wolken – durch den Harvard-Astronomen Harlow Shapley im Jahr 1937 eine Überraschung. In einem Leserbrief in der *Nature*-Ausgabe vom 15. Oktober 1938 spekulierte Shapley, dass „solche Objekte im intergalaktischen Raum häufig vorkommen könnten".[4]

Und tatsächlich schart unsere Milchstraßengalaxie derzeit mindestens 59 Zwergsatelliten in 1,4 Millionen Lichtjahren Entfernung um sich. Die größeren von ihnen zeigen eine beeindruckende Vielfalt an Formen und Typen. Sie reichen von amorphen, gasreichen Ansammlungen von Sternhaufen und Nebeln bis hin zu hochsymmetrischen Systemen aus alten Sternen, die wie Miniaturversionen elliptischer Galaxien aussehen. Im Durchschnitt sind diese Satelliten zehnmal kleiner als ihre Wirtsgalaxie und enthalten in der Regel höchstens ein paar Hundert Millionen Sterne im Vergleich zu den rund 400 Milliarden Sternen der Milchstraße.

Was also verraten uns Zwerggalaxien über die Dunkle Materie?

Nun, sie bilden – was Shapley in den 1930er-Jahren noch nicht wusste – vermutlich die Bausteine der Dunklen Materie im Kosmos. Wir erinnern uns: Die erfolgversprechendsten Supercomputer-Simulationen der Strukturbildung im Universum zeigen uns ein Bottom-up-Szenario der hierarchischen Haufenbildung. Wie wir in Kapitel elf gesehen haben, weisen die Teilchen der kalten Dunklen Materie eine relativ geringe Geschwindigkeit auf, sodass sie sich zunächst gravitativ zu kleinen Halos aus Dunkler Materie zusammenballen. Diese Dunkle-Materie-Klumpen beginnen dann mit der Akkretion normaler, baryonischer Materie, aus der neue Sterne geboren werden. Im Laufe der Zeit sollte ein Teil der entstehenden Zwerggalaxien zu ausgewachsenen Systemen wie unserer Milchstraße verschmelzen.

Obwohl die Theorie der kalten Dunklen Materie keine eindeutigen Vorhersagen nach diesen Grundprinzipien zulässt, zeigen die Simulationen ein konsistentes Bild. Große Galaxien – jede von ihnen eingebettet in ihren eigenen fast kugelförmigen Halo aus Dunkler Materie – sind von zahllosen sogenannten Subhalos umgeben: mit Dunkler Materie beladene Zwerggalaxien, die noch nicht in den Bann des zentralen Schwergewichts gezogen wurden und es möglicherweise auch nie werden.

Indem sie die Ergebnisse großer Supercomputer-Simulationen wie IllustrisTNG und EAGLE im Detail studieren, können Astronomen die Eigenschaften von Zwerggalaxien „vorhersagen". Umgekehrt ist die Beobachtung und Untersuchung echter Zwerggalaxien ein guter Weg, um die Gültigkeit des inzwischen populären ΛCDM-Modells zu überprüfen – das kosmologische Konkordanz-Modell mit kalter Dunkler Materie und Dunkler Energie, auf dem die Simulationen basieren.

Die gute Nachricht: Diese Überprüfungen wurden bereits durchgeführt. Die schlechte Nachricht ist, dass sich die Zwerggalaxien nicht benehmen. Sie verhalten sich nicht so, wie man es von ihnen erwartet.

Zunächst einmal sind sie nicht annähernd so zahlreich, wie sie sein sollten. 60 Trabantenzwerge, die um die Milchstraße herumschwirren, klingt zwar nach einer Menge, doch Theoretiker gehen davon aus, dass es mindestens 500 sein müssten. Und es ist nicht so, dass die Astronomen nicht intensiv genug gesucht hätten. Die aktuellen Durchmusterungen hätten eigentlich viel, viel mehr aufdecken müssen. Diesen Umstand nennt man das Missing-Satellites-Problem, und es ist real.

Wissenschaftler haben viele mögliche Lösungen für das Problem der fehlenden Satellitengalaxien vorgeschlagen. So wissen wir zum Beispiel, dass unsere Milchstraße in den letzten zehn Milliarden Jahren einige Zwerggalaxien verschlungen hat, die sich zu nahe an sie heranwagten; sie wurden durch die Gezeitenkräfte langsam zerrissen und schließlich sowohl ihre Sterne als auch ihr Bestand an Dunkler Materie vertilgt. Vielleicht ist das Festmahl also schon fast vorbei, weshalb die Milchstraße heute nur noch ein paar Dutzend Satelliten hat.

Eine andere Möglichkeit ist, dass es in Wirklichkeit viele Hunderte von Subhalos aus Dunkler Materie gibt, die aber aus irgendeinem Grund nicht in der Lage waren, eine nennenswerte Anzahl neuer Sterne zu produzieren, sodass sie für unsere Teleskope unsichtbar sind. Stellen Sie sich vor: riesige Klumpen reinster geheimnisvoller

Dunkler Materie, die unsere Galaxie langsam in alle möglichen Richtungen umkreisen.

Bisher war es schwierig, wenn nicht gar unmöglich, das Problem der fehlenden Satelliten zufriedenstellend zu lösen. Die Zahlen stimmen einfach nicht überein. Angesichts der Massen und Leuchtkräfte der beobachteten Satelliten sagt das ΛCDM eine ganze Reihe größerer und massereicherer Subhalos voraus, die sich definitiv in auffällige Zwerggalaxien verwandelt hätten – eine Diskrepanz, die als das Too-big-to-fail-Problem bekannt ist.

Doch Zwerggalaxien benehmen sich auch in anderen Aspekten daneben, was die Suche nach Dunkler Materie weiter erschwert. Denken Sie nur an die Bemühungen, den Gehalt an Dunkler Materie in Zwerggalaxien zu bestimmen, indem man die Rotationsgeschwindigkeiten der Sterne und Gaswolken in ihnen untersucht. Derartige Messungen wurden in den 1980er-Jahren erstmals vom Astronomen Marc Aaronson von der University of Arizona durchgeführt, der 1987 bei einem Unfall in der Kuppel des Vier-Meter-Mayall-Teleskops am Kitt Peak National Observatory ums Leben kam. Um die Jahrhundertwende wurde das Projekt von John Kormendy und Ken Freeman vertieft, die Daten über eine Vielzahl von Galaxien aus anderen Projekten sammelten und analysierten. Kormendy und Freeman fanden heraus, dass Zwerggalaxien einen größeren Anteil Dunkler Materie enthalten als große Spiralgalaxien und dass Zwerggalaxien darüber hinaus auch dichter mit Dunkler Materie beladen sind.[5] Das steht in guter Übereinstimmung mit den ΛCDM-Computersimulationen. Doch diese Simulationen ergeben auch Subhalos mit einem charakteristischen Dichteprofil: Je weiter man sich zum Kern hinbewegt, desto schneller nimmt die Dichte der Dunklen Materie zu, bis sie im Zentrum einen Spitzenwert erreicht. Dieses Dichteprofil scheint – zumindest in den Supercomputer-Simulationen – ein unausweichliches Ergebnis der hierarchischen Haufenbildung zu sein.[6]

Das Problem ist, dass reale Zwerggalaxien diese ausgeprägten Dichtespitzen in ihren Kernen nicht aufweisen. Die aus Geschwindigkeitsbeobachtungen abgeleitete Verteilung der Dunklen Materie ist immer viel flacher. Diese dritte Unstimmigkeit zwischen ΛCDM-Simulationen und dem realen Universum wird als Core-Cusp-Problem (Kern-Spitzen-Problem) oder als „cuspy halo problem" bezeichnet, und wieder gibt es keine einfache Erklärung. Zwerggalaxien halten sich einfach nicht an die Regeln. Anders ausgedrückt: Unsere Regeln beschreiben die Realität nicht richtig.

Das Dragonfly Telephoto Array warf ein überraschend neues Licht auf die Beziehung zwischen Zwerggalaxien und Dunkler Materie. Als sie 2011 erstmals die Möglichkeit diskutierten, mit handelsüblichen Fotoobjektiven extrem diffuse Strukturen am Nachthimmel abzubilden – schwache Nebelschwaden, aber auch Galaxien mit geringer Oberflächenhelligkeit –, dachten Pieter van Dokkum und Bob Abraham allerdings noch nicht an Dunkle Materie. Als begeisterter Naturfotograf hatte van Dokkum von einem neuen professionellen 300-mm-Teleobjektiv von Canon gehört, das mit einer auf Nanotechnologie basierenden Beschichtung zur Verringerung der Lichtstreuung ausgestattet war. Das klang perfekt für Natur- und Sportfotografen, die mit Gegenlicht arbeiten. Und es schien auch geeignet für kontrastarme Deep-Sky-Fotografie.

„Handelsüblich" bedeutete jedoch nicht unbedingt billig. Das Objektiv war damals für etwa 10.000 Dollar erhältlich. Aber es wäre dennoch deutlich billiger, mehrere dieser Objektive aneinander zu hängen, als ein Spezialteleskop zu entwerfen und zu bauen. Wenn man viele dieser Objektive – jedes mit einer eigenen professionellen CCD-Kamera verbunden – auf denselben Teil des Himmels richtete, könnte man die einzelnen Bilder digital addieren, um Kontrast und Empfindlichkeit weiter zu verbessern. Damit war die Idee für ein astronomisches Telephoto-Array geboren. Es dauerte nicht lange, bis

Abb. 21: Ein Teil des Dragonfly Telephoto Array am New Mexico Skies Observatory.

ein passender Name für das Projekt gefunden war. Ein großes Array würde in etwa so aussehen wie das fein untergliederte Komplexauge einer Libelle. Das wusste van Dokkum nur zu genau: Seit seiner Jugend in den Niederlanden hatte er Tausende von Makroaufnahmen von den schönen Insekten gemacht und arbeitete sogar an einem Buch.[7] Dragonfly – zu Deutsch die Libelle – sollte es also sein.

Was mit Testaufnahmen in van Dokkums Keller und Hinterhof in New Haven mit nur einem Objektiv begann, entwickelte sich bald zu einem funktionierenden Prototyp mit drei Objektiven an einer astronomischen Montierung. Kaum mehr als ein Jahr nach dem Abendessen in Toronto zogen er und Abraham mit ihrer Ausrüstung vom Mont-Mégantic Dark Sky Reserve in Süd-Quebec zu den noch dunkleren New Mexico Skies Observatories im Lincoln National

Forest östlich von Alamogordo, wo semiprofessionelle Astronomen aus dem ganzen Land Dutzende von ferngesteuerten Teleskopen betreiben.[8] In der Zwischenzeit rekrutierten van Dokkum und Abraham Studenten, die sich am Dragonfly-Projekt beteiligten, um Hardware zu bauen, Software zu entwickeln, die Daten zu verarbeiten und die Ergebnisse zu analysieren.

Die Anlage wuchs schnell von drei Objektiven auf acht, dann zehn und schließlich 24 Objektiven an einer einzigen Teleskophalterung – ein wirklich beeindruckendes Facettenauge. Schon bald baute das Team eine zweite Kuppel mit einem zweiten Array von weiteren 24 Objektiven. Diese 48 Teleobjektive haben die gleiche Sammelfläche wie ein virtuelles Ein-Meter-Teleskop, doch die Brennweite beträgt immer noch nur 400 Millimeter, was ein unglaublich „schnelles" optisches System mit einem Blendenwert von 0,4 ergibt – es ist also ein System, das in der Lage ist, kleine Mengen von Licht in einer kurzen Zeitspanne zu registrieren; etwas, das mit einer einzelnen Linse oder einem Spiegel niemals erreicht werden könnte.

Dragonfly hat zwar als Hobbyprojekt begonnen, doch es entwickelte sich bald zu einem neuartigen, hochtechnologisierten Observatorium, das sich in einzigartiger Weise auf das bis dahin vernachlässigte Universum mit geringem Kontrast und geringer Oberflächenhelligkeit konzentriert. So ist es nicht verwunderlich, dass es gleich zu Beginn spannende wissenschaftliche Ergebnisse lieferte. Dragonfly-Bilder des Coma-Galaxienhaufens zeigten 47 extrem schwache Lichtflecken, von denen die große Mehrheit noch nie zuvor beobachtet worden war. In ihrem 2015 in der Fachzeitschrift *The Astrophysical Journal Letters* veröffentlichten Artikel bezeichneten van Dokkum, Abraham und ihre Kollegen die Flecken als ultradiffuse Galaxien (UDGs).[9] Wenn sie sich wirklich in der gleichen Entfernung wie der Coma-Haufen (etwa 320 Millionen Lichtjahre) befanden – wenn also die UDGs tatsächlich Teil des Haufens waren –, dann waren sie etwa so groß wie normale Galaxien, jedoch einige Hundert Mal leuchtschwächer. Das würde bedeuten, dass sie höchstens ein Prozent der für eine Galaxie ihrer Größe erwarteten Anzahl von Sternen enthielten.

Nachfolgende spektroskopische Beobachtungen einer der Coma-UDGs (Dragonfly 44) mit dem Zehn-Meter-Keck-Teleskop auf dem Mauna Kea, Hawai'i, bestätigten, dass die Galaxie tatsächlich zum Haufen gehört.[10] Bilder, die mit dem Acht-Meter-Gemini-North-Teleskop, ebenfalls auf dem Mauna Kea, aufgenommen wurden, zeigten außerdem, dass DF44 von vielen Dutzend Kugelsternhaufen umgeben ist, genau wie unsere eigene Milchstraße. Nachfolgende Geschwindigkeitsmessungen ergaben eine überraschend große Masse, vergleichbar mit der Masse unserer Heimatgalaxie. Dennoch enthält DF44 fast keine Sterne. „Dragonfly 44 kann als eine gescheiterte Milchstraße angesehen werden", so die Autoren in ihrem Folgeartikel, der 2016 veröffentlicht wurde.[11] Mit einem Anteil an Dunkler Materie von sage und schreibe 98 Prozent stellt DF44 offenbar eine neue Art von „dunklen Galaxien" dar, die noch nie zuvor gesehen wurde.

Die Entdeckung von ultradiffusen Galaxien wie DF44 hat die Wissenschaft in den letzten Jahren sehr beschäftigt, bisher konnte niemand eine gute Erklärung für den Ursprung dieser Monster mit niedriger Leuchtkraft liefern; in den Computersimulationen eines ΛCDM-Universums tauchen sie nicht auf. Auch die modifizierte Newtonsche Dynamik bietet keine befriedigende Antwort: Es gibt einfach nicht genug Sterne, um die Geschwindigkeitsmessungen zu erklären, selbst dann, wenn man die alternativen MOND-Gravitationsgleichungen verwendet. Wie sagte die MOND-Verfechterin Stacy McGaugh? „DF44 ist ein Problem für uns alle".[12]

Kein Wunder, dass einige Astronomen die Entfernungsbestimmung, die Geschwindigkeitsmessungen, die Massenschätzung und sogar die Anzahl der von den Dragonfly-Wissenschaftlern gefundenen Kugelsternhaufen infrage stellen.

Die Entdeckung von „gescheiterten" Galaxien, die vollständig von Dunkler Materie dominiert sind, sorgte für einiges Aufsehen, doch die nächste große Entdeckung von Dragonfly war sogar noch kontroverser. Wie das Team in einer 2018 erschienenen Nature-Publikation berichtete, waren sie auch auf eine Galaxie gestoßen, die so gut wie keine Dunkle Materie zu enthalten scheint – ein schwacher Lichtfleck in der Nähe der massereichen elliptischen Galaxie NGC 1052, die etwa 65 Millionen Lichtjahre entfernt ist, also viel näher als der Coma-Haufen.[13] Aus der beobachteten Lichtmenge leiteten van Dokkum und seine Kollegen eine stellare (baryonische) Masse von etwa 200 Millionen Sonnenmassen ab, was für eine relativ große Zwerggalaxie recht typisch ist. Und wie die Coma-UDGs ist auch dieser schwache Zwerg von vielen hellen Kugelsternhaufen umgeben.

Spektroskopische Messungen mit dem Keck-Teleskop ergaben die Bahngeschwindigkeiten von zehn dieser Kugelsternhaufen und ermöglichten es den Astronomen, die Galaxie zu „wiegen", genau wie sie es bei anderen ultradiffusen Galaxien getan hatten. Anstatt jedoch Beweise für riesige Mengen unsichtbarer Dunkler Materie zu finden, ermittelten sie eine Gesamtmasse, die kaum größer ist als die oben erwähnte baryonische Masse. Mit anderen Worten: NGC 1052-DF2, wie die rätselhafte Galaxie jetzt genannt wird, scheint fast frei von Dunkler Materie zu sein.

Im Jahr 2019 gab das Dragonfly-Team die Entdeckung von NGC 1052-DF4 bekannt, einer zweiten Galaxie in derselben Gruppe mit sehr ähnlichen Eigenschaften. „Der Ursprung dieser großen, lichtschwachen Galaxien mit einem Überschuss an leuchtenden Kugelsternhaufen und einem offensichtlichen Mangel an Dunkler Materie ist derzeit noch nicht geklärt", schreiben sie in ihrem Artikel in den *Astrophysical Journal Letters*.[14]

Fassen wir nochmal zusammen: Zunächst hatten wir also einen unerklärlichen Mangel an kleinen Zwerggalaxien sowie Dichteprofile der Dunklen Materie, die viel zu flach sind. Als Nächstes bescherte uns Dragonfly seltsame Galaxien, die von Dunkler Materie dominiert sind und die wie unsere Milchstraße aussehen, davon abgesehen, dass sie nur ein Prozent der erwarteten Anzahl von Sternen enthalten. Und jetzt werden uns noch seltsamere Galaxien präsentiert, die ebenso diffus sind, aber scheinbar ganz ohne Dunkle Materie auskommen. Alles in allem sind das eine Menge unbequemer Rätsel, von denen keines so einfach mithilfe des ΛCDM-Modells der Kosmologie erklärt werden kann.

Doch das ist noch nicht alles. Es gibt einen weiteren Aspekt, in dem zwergenhafte Galaxien den theoretischen Vorhersagen und Erwartungen widersprechen. Dieses letzte Rätsel hat nichts mit den physikalischen oder dynamischen Eigenschaften von Zwerggalaxien zu tun, sondern vielmehr mit ihrer dreidimensionalen Verteilung im Raum. Einfach ausgedrückt: Sie sind nicht dort, wo sie sein sollten.

Detaillierte Supercomputer-Simulationen des Wachstums kosmischer Strukturen wie IllustrisTNG und EAGLE zeigen, dass große Galaxien wie unsere Milchstraße von allen Seiten von einer riesigen Anzahl von Subhalos aus Dunkler Materie umgeben sind, die als Zwerggalaxien sichtbar werden. Im realen Universum sind die Zwerggalaxien jedoch nicht nur zahlenmäßig zu gering, sie umgeben ihre Wirtsgalaxie auch nicht gleichmäßig in allen Richtungen. Stattdessen befinden sich die meisten Satellitengalaxien in einer abgeflachten Scheibe, die nicht mit der Mittelebene der Wirtsgalaxie übereinstimmt. Ganz gleich, wie die Astrophysiker ihre Simulation verändern, sind sie nicht in der Lage, diese Verteilung zu reproduzieren. Dieses Problem ist bekannt als das Planes of Satellite Galaxies Problem (Ebenen-von-Satellitengalaxien-Problem).

Bereits 1976, als Astronomen nur acht Begleiter unserer Milchstraße kannten (einschließlich der Magellanschen Wolken), bemerkte der britische Astrophysiker Donald Lynden-Bell, dass sich die meisten von ihnen in etwa einer einzigen Ebene anordnen, mehr oder weniger im rechten Winkel zur zentralen Ebene der Milchstraße. Doch erst im Jahr 2005 untersuchten drei europäische Astronomen – Pavel Kroupa, Christian Theis und Christian Boily – dieses Problem sehr viel genauer. Sie verglichen die beobachtete Verteilung mit Simulationen der kalten Dunklen Materie und schlussfolgerten: Die Wahrscheinlichkeit, eine solche scheibenförmige Verteilung der Zwerggalaxien zu erhalten, beträgt nur 0,5 Prozent.[15]

Schon bald stellte sich heraus, dass die planare Verteilung der Satellitengalaxien der Milchstraße nicht einmalig ist. Im Jahr 2013 gab eine Gruppe um Rodrigo Ibata vom Observatoire de Strasbourg (Frankreich) die Entdeckung einer sehr ähnlichen Struktur um die Andromeda-Galaxie bekannt: Etwa die Hälfte der Satellitenzwerggalaxien um Andromeda befindet sich in einer dünnen Ebene mit einem Durchmesser von etwa 1,3 Millionen Lichtjahren und einer Dicke von nur 45.000 Lichtjahren.[16] Wie Ibatas Team in seinem *Nature*-Artikel zeigte, umkreisen diese Satelliten ihre Wirtsgalaxie alle in derselben Richtung, was auf einen gemeinsamen Ursprung oder eine gemeinsame dynamische Entwicklung hindeutet. Fünf Jahre später fand der Schweizer Astronom Oliver Müller und seine Kollegen heraus, dass viele der Zwergsatelliten der elliptischen Galaxie Centaurus A in einer Entfernung von 12,5 Millionen Lichtjahren ihre massereiche Wirtsgalaxie ebenfalls in einer dünnen, gleichgerichteten Ebene umkreisen.[17]

Laut Müllers Co-Autor Marcel Pawlowski vom Leibniz-Institut für Astrophysik Potsdam gibt es für das Problem der Satellitengalaxien keine einfache Lösung.[18] „Es ist zugegebenermaßen auch leicht zu ignorieren", sagt er, „aber mittlerweile sind sich viele Leute dessen zumindest bewusst." Im Jahr 2018, als er an der University of California Irvine tätig war, schrieb Pawlowski einen umfassenden Übersichtsartikel über das Problem für *Modern Physics Letters A*, in dem er eine Reihe von möglichen Lösungen diskutierte und argumentierte, „warum sie alle derzeit nicht in der Lage sind, das Problem zufriedenstellend zu lösen."[19]

Eines ist sicher: Wenn die Astronomen die Struktur der Dunklen Materie und ihre Rolle in der kosmischen Entwicklung verstehen wollen, müssen sie tiefer als je zuvor graben. Fritz Zwicky konzentrierte sich auf die Dynamik massereicher Galaxienhaufen – die größten gravitativ gebundenen Strukturen im Universum. Vera Rubin und Albert Bosma leisteten Pionierarbeit bei der Untersuchung der Rotation von leuchtenden Galaxien wie unserer Milchstraße. In diesen großen Maßstäben sind das Vorhandensein und der Einfluss einer geheimnisvollen, unsichtbaren Materie sehr offensichtlich. Eine tragfähige Theorie der Dunklen Materie muss allerdings auch die beobachteten Eigenschaften und das Verhalten der unscheinbaren Bewohner des tiefen Weltraums vollständig erklären: die schwachen Satellitenzwerggalaxien, die ihre majestätischen Wirtsgalaxien umschwärmen, wie auch die ultradiffusen „gescheiterten" Galaxien, die sich in der kosmischen Dunkelheit verstecken.

Unter dem pechschwarzen Himmel von New Mexico könnten die empfindlichen Augen des Dragonfly Telephoto Array in den kommenden Jahren für neue Überraschungen sorgen. Van Dokkum und Abraham arbeiten daran, ihr Array um weitere Elemente zu erweitern, in der Hoffnung, auf insgesamt 168 Objektive zu kommen. „Es gibt keinen Grund, es bei 48 zu belassen", erklärt van Dokkum. „Im Prinzip könnte man sogar das Äquivalent eines Zehn- oder 20-Meter-Teleskops bauen, und das zu viel geringeren Kosten."

Werden die Kosmologen jemals einen Weg finden, ihre Vorstellungen von Dunkler Energie und kalter Dunkler Materie mit den beobachteten Eigenschaften von Zwerggalaxien in Einklang zu bringen? Das weiß niemand, doch zukünftige Beobachtungen könnten eine Lösung bringen. Beunruhigenderweise sind es jedoch nicht nur die Zwerggalaxien, die einen Schatten auf das beliebte ΛCDM-Modell werfen. Die Kosmologie steht vor einer noch viel größeren Krise.

22. KOSMOLOGISCHE SPANNUNG

In den 1980er-Jahren, als die Menschen in Ost- und West-Berlin noch in zwei politisch sehr unterschiedlichen Welten lebten, war Checkpoint Charlie ein beängstigender und schwer bewachter Grenzübergang zwischen kommunistischer Unterdrückung und liberaler Demokratie. Heute ist er eine der beliebtesten Touristenattraktionen in der Hauptstadt des vereinten Deutschlands. Doch weniger als drei Jahrzehnte nach der Öffnung der Berliner Mauer im Jahr 1989 hat sich nur 600 Meter vom Checkpoint Charlie entfernt, im Auditorium Friedrichstraße, eine weitere unüberwindbare Barriere – diesmal wissenschaftlicher Natur – etabliert. An einem nieseligen Samstag im November 2018 diente dieses schmucklose Gebäude im sowjetischen Stil als intellektuelles Schlachtfeld für einen kosmologischen Kalten Krieg.

Rund 130 Wissenschaftler hatten sich zu einem eintägigen Symposium zusammengefunden, um über eine nervenaufreibende Krise in unserem Verständnis des Universums zu diskutieren.[1] In den Kaffeepausen traf ich auf die unterschiedlichsten Menschen aus der ganzen Welt: Astrophysiker und Kosmologen, Beobachter und Theoretiker, junge Postdocs und Nobelpreisträger. Einige von ihnen hatten mehr Zeit im Flugzeug als im Hörsaal verbracht. Ihre gemeinsame Sorge: Das Universum scheint sich zu schnell auszudehnen und niemand weiß, warum. Am Ende der Versammlung sagte Brian Schmidt, Mitempfänger des Nobelpreises für Physik 2011, zu mir: „Nach heute bin ich nur noch verwirrter."

Doch worüber haben sich Astronomen und Physiker gleichermaßen den Kopf zerbrochen? Nun, das populäre ΛCDM-Modell, das auf detaillierten Studien des kosmischen Mikrowellenhintergrunds beruht, liefert einen sehr präzisen Wert für die aktuelle Expansionsrate des Universums mit einem Fehlerbereich von nur einem Prozent. Doch „lokale" Messungen, die auf Beobachtungen von Galaxien im relativ nahen Universum basieren, ergeben einen fast ebenso genauen Wert, der jedoch um mehr als neun Prozent höher liegt. Und laut Schmidts Kollegen Matthew Colless, einem der Organisatoren des Berliner Symposiums, hat keine der beiden Seiten offensichtliche Schwachstellen. Doch sie können nicht beide richtig sein.

Während einige Wissenschaftler immer noch glauben, dass es einen unentdeckten Fehler in einem der beiden Ansätze (oder vielleicht in beiden!) geben könnte, sind die meisten der Meinung, dass die Ergebnisse zuverlässig sind. Trotzdem wissen sie nicht, wie die Diskrepanz zu erklären ist. Selbst sehr kreative Forscher wie der Harvard-Theoretiker Avi Loeb sind ratlos. „Ich habe versucht, eine Lösung zu finden, die ich auf dem Symposium präsentieren kann", sagte er dem Publikum, „aber ich habe nichts Neues zu berichten. Dieses Problem zu lösen, ist nicht einfach". Nach Schmidts Ansicht ist mit unserer Interpretation des kosmischen Mikrowellenhintergrunds etwas grundlegend falsch. Oder, wer weiß, vielleicht ja auch mit unseren derzeitigen Vorstellungen von Dunkler Materie.

Die Geschichte der Bestimmung der Expansionsrate des Universums ist geprägt von Krisen und Kontroversen. So schienen die ersten Vermutungen in den 1930er-Jahren darauf hinzudeuten, dass das Universum viel jünger ist als die Erde. Und noch vor 30 Jahren wurden Werte genannt, die sich um einen Faktor Zwei unterschieden, je nachdem, wen man fragte. Doch die Kosmologie hat sich zu einer hochpräzisen Wissenschaft entwickelt, und noch nie war der Unterschied zwischen zwei verschiedenen Schätzungen der Hubble-Konstante – ein Maß für die aktuelle Expansionsrate – statistisch so signifikant.

In Kapitel 15 habe ich erklärt, wie die Ausdehnung des leeren Raums die Galaxien voneinander wegtreibt. Infolgedessen wachsen alle kosmischen Entfernungen in 1,4 Millionen Jahren um 0,01 Prozent, was einer Hubble-Konstante (oder Hubble-Parameter, üblicherweise mit H_0 bezeichnet) von etwa 70 Kilometern pro Sekunde pro Megaparsec entspricht. Viele Jahrzehnte lang war der wahre Wert der Hubble-Konstante jedoch gar nicht zu ermitteln. Denn um sie zu bestimmen, muss man sowohl die kosmologische Fluchtgeschwindigkeit einer Galaxie als auch ihre Entfernung kennen. In der Theorie kann die Fluchtgeschwindigkeit, also die Geschwindigkeit, mit der sich die Entfernung einer Galaxie aufgrund der Expansion des Universums vergrößert, durch Messung der Rotverschiebung ermittelt werden. Bei einer nahen Galaxie, deren Entfernung eigentlich relativ leicht zu messen ist, wird die Messung der Rotverschiebung jedoch durch die tatsächliche Bewegung der Galaxie im Raum beeinträchtigt. Diese Raumgeschwindigkeiten können bis zu einigen Hundert Kilometern pro Sekunde betragen. Und im Fall von weit entfernten Galaxien – bei denen jede räumliche Bewegung im Vergleich zur kosmologischen Fluchtgeschwindigkeit vernachlässigbar klein ist – ist es frustrierend schwierig, ihre Entfernung zu bestimmen.

Im Laufe der Jahrzehnte fanden Astronomen jedoch eine Lösung, indem sie eine ausgeklügelte Entfernungsleiter einrichteten, mit der sich feststellen lässt, wie weit andere Galaxien entfernt sind. Ein wichtiger Bestandteil dieser Technik ist ein Typ von Stern, der Cepheid genannt wird. Ein Cepheid ist ein variabler Stern: Seine Temperatur steigt und fällt, sein Durchmesser dehnt sich aus und zieht sich zusammen und er wird heller und leuchtschwächer. Diese Pulsationen treten periodisch auf; je heller ein Cepheid ist, desto langsamer pulsiert er. Diese Beziehung zwischen Periode und Leuchtkraft wurde von

Henrietta Swan Leavitt vom Harvard College Observatory in den Anfangsjahren des 20. Jahrhunderts entdeckt und ist heute als Perioden-Leuchtkraft-Beziehung – auch Leavitt-Gesetz – bekannt. Wenn man also einen Cepheiden in einer anderen Galaxie findet, lässt sich seine Leuchtkraft aus seiner beobachteten Periode ableiten. Die scheinbare Helligkeit des Sterns lässt dann Rückschlüsse auf die Entfernung der Galaxie zu.

In den 1990er-Jahren gelang es einem Team unter der Führung von Wendy Freedman (inzwischen an der University of Chicago tätig), mithilfe der Adleraugen des Hubble Space Telescope Cepheiden in Spiralgalaxien in Hunderten Millionen Lichtjahren Entfernung zu identifizieren. Die 2001 veröffentlichten finalen Ergebnisse ihres Hubble Key Project ergaben eine Hubble-Konstante von 72 km/s/Mpc, doch die Unsicherheit dieses Wertes lag bei etwa zehn Prozent.[2] Nichtsdestotrotz war das eine enorme Leistung: Vor dem Start von Hubble im April 1990 lagen die besten Schätzungen für H_0 zwischen 50 und 100 km/s/Mpc. Zusätzlich ermöglichten es die Hubble-Ergebnisse den Astronomen, weitere Entfernungsindikatoren zu kalibrieren, die weit draußen verwendet werden können, wo einzelne Cepheiden nicht mehr zu sehen sind.

Einer dieser Entfernungsindikatoren ist die Supernova vom Typ Ia, die auch als Standardkerze bezeichnet wird – eine Lichtquelle mit einer genau definierten Leuchtkraft. Durch die Untersuchung dieser Sternexplosionen fanden Astronomen heraus, dass sich die kosmische Expansionsrate nicht – wie immer angenommen – im Laufe der Zeit verlangsamt, sondern sich trotz der gegenseitigen Anziehungskraft der gesamten Materie im Universum sogar beschleunigt. Wie wir in Kapitel 16 gesehen haben, wird diese Entdeckung heute als Beweis für die Existenz der Dunklen Energie angesehen, deren wahre Natur ebenso rätselhaft ist wie die der Dunklen Materie. Damals war es niemandem bewusst, doch die Entdeckung der beschleunigten Expansion des Universums, die Brian Schmidt, Saul Perlmutter und Adam Riess 2011 den Nobelpreis einbrachte, war der Auslöser für die Krise der Kosmologie, die auf dem Berliner Symposium thematisiert wurde. Nicht etwa, weil das Konzept der Dunklen Energie irgendwie mangelhaft wäre, sondern im Gegenteil, weil es zu gut funktioniert: Die aktuelle Expansionsrate des Universums erweist sich als deutlich höher, als theoretische Kosmologen auf der Grundlage ihres geliebten ΛCDM-Modells annehmen würden.

Das kosmologische Konkordanz-Modell erklärt erfolgreich die beobachteten Eigenschaften des kosmischen Mikrowellenhintergrunds. Die statistische Verteilung der „heißen" und „kalten" Flecken im CMB ergibt nur Sinn, wenn 68,5 Prozent der Materie-Energie-Dichte unseres Universums auf die Dunkle Energie, 26,6 Prozent auf die Dunkle Materie und nur 4,9 Prozent auf die gewöhnliche baryonische Materie entfallen.[3] Diese kosmologischen Parameter sind inzwischen so genau bestimmt worden, dass man leicht ableiten kann, wie groß der aktuelle Wert der Hubble-Konstante sein sollte: 67,4 km/s/Mpc, mit einem Fehlerbereich von weniger als einem Prozent. (Diese Ableitung berücksichtigt natürlich die Tatsache, dass sich die kosmische Expansionsrate aufgrund der Eigengravitation des Universums zunächst verlangsamt hat, sich aber jetzt wieder beschleunigt, weil die Dunkle Energie vor etwa fünf Milliarden Jahren zu überwiegen begann.)

Diese Ergebnisse passen jedoch nicht zu den neuesten lokalen Messungen von H_0 mithilfe von Cepheiden und Supernovae. Das Ergebnis von Freedmans Hubble Key Project im Jahr 2011 wies zwar zunächst eine so große Unsicherheit auf, dass es erstmal keinen Grund zur Sorge zu geben schien. Doch in den letzten zehn Jahren gelang es einem Team unter der Leitung von Riess, die kosmische Entfernungsleiter genauer zu kalibrieren und so zu einem viel genaueren Wert für die Hubble-Konstante zu gelangen. Das Ergebnis wurde von Riess auf dem Berliner Symposium vorgestellt: 73,5 km/s/Mpc, mit einer Unsicherheit von nur noch 2,2 Prozent. „Der Wert hat sich nicht sehr verändert", sagte er, „doch die Unsicherheit ist signifikant gesunken."

Um diese hohe Präzision zu erreichen, haben Riess und seine Mitarbeiter mit dem Hubble-Weltraumteleskop die Entfernungen von fünf veränderlichen Cepheiden-Sternen in unserer eigenen Milchstraße präzise gemessen – ein notwendiger Schritt zur genauen Kalibrierung der Perioden-Leuchtkraft-Beziehung. Anschließend untersuchten sie Cepheiden in Galaxien, in denen auch Supernovae vom Typ Ia beobachtet wurden. Anhand der Cepheiden-Entfernungen dieser Galaxien kalibrierte das Team dann die Standardkerzeneigenschaften von Supernovae des Typs Ia. Schließlich leiteten sie die Hubble-Konstante aus Beobachtungen von Hunderten von Supernovae in weiter entfernten Galaxien ab, für die die Rotverschiebung ein zuverlässiges Maß für die kosmologische Fluchtgeschwindigkeit ist.

Diese beiden Werte für die Hubble-Konstante – einer aus dem kosmischen Mikrowellenhintergrund, der andere aus Cepheiden und Supernovae – schienen so unvereinbar wie Ost- und West-Berlin in den Tagen des Kalten Krieges. „Offensichtlich haben wir die Dinge heute nicht gelöst", stellte Schmidt stoisch in der Schlusssitzung des Berliner Symposiums fest. Es waren keine Mauern niedergerissen worden und niemand konnte sich einen kosmologischen Checkpoint Charlie vorstellen, an dem man versuchen könnte, von der einen Seite der Trennungslinie auf die andere zu gelangen.

Acht Monate später sah es noch schlimmer aus. Mitte Juli 2019 versammelten sich Dutzende Astrophysiker und Kosmologen am Kavli-Institut für Theoretische Physik der University of California, Santa Barbara, zu einer dreitägigen Konferenz mit dem Titel „Tensions between the Early and the Late Universe" (Spannungen zwischen dem frühen und dem späten Universum), die von Riess und zwei Kollegen koordiniert wurde. Riess' SHoES-Kollaboration (ein sperriges Akronym für Supernova, H_0 „for Equation of State of dark energy", also die Zustandsgleichung der Dunklen Energie) hatte eine neue Arbeit veröffentlicht, die sich auf noch mehr Daten und eine noch gründlichere Analyse stützte.[4] Ihr Ergebnis für die Hubble-Konstante war 74,0 km/s/Mpc, mit einer Unsicherheit von nur einem Prozent. Dieser Wert war fast zehn Prozent höher als der vom CMB abgeleitete Wert von 67,4 km/s/Mpc und hatte die gleiche Genauigkeit.

Doch damit nicht genug: Eine völlig unabhängige Technik, die auf Gravitationslinsen basiert, kam zu einer ähnlich hohen kosmischen Expansionsrate. Damals in Berlin hatte Sherry Suyu vom deutschen Max-Planck-Institut für Astrophysik dieses Ergebnis bereits angedeutet, doch nun wurde es durch eine Arbeit untermauert, die im Oktober 2020 in den *Monthly Notices of the Royal Astronomical Society* veröffentlicht wurde.[5] „Da die Spannungen zwischen den Ergebnissen für das frühe und das späte Universum weiter zunehmen", schreiben die Autoren, „müssen wir mögliche Alternativen zum flachen ΛCDM-Standardmodell untersuchen. Dies wäre ein großer Paradigmenwechsel in der modernen Kosmologie, der eine neue Physik erfordert, um alle Beobachtungsdaten konsistent zu erklären."

Suyus Ansatz machte sich den Gravitationslinseneffekt zunutze, der in Kapitel 13 beschrieben wurde. Wie wir gesehen haben, kann das Licht eines weit entfernten Quasars durch die Schwerkraft eines massereichen Vordergrundobjekts, beispielsweise einer riesigen elliptischen Galaxie, in mehrere Bilder aufgeteilt werden. Wichtig anzumerken ist dabei, dass Helligkeitsveränderungen im gelinsten Quasar zu unterschiedlichen Zeitpunkten auf der Erde ankommen, da jeder Lichtweg seine eigene Reisezeit hat. Wenn also ein Bild eines Quasars ein bestimmtes Flackermuster zeigt, wird das gleiche Muster auf einem anderen Bild desselben Quasars mit einer Verzögerung von (normalerweise) ein paar Monaten zu sehen sein. Aus dieser Zeitverzögerung – und einem präzisen Modell der Massenverteilung der Vordergrundlinse – lassen sich die zurückgelegten Entfernungen berechnen. Kombiniert man dies mit Rotverschiebungsmessungen, erhält man einen Wert für die Hubble-Konstante mit einer Unsicherheit von wenigen Prozent.

Das internationale HoLiCOW-Projekt (H_0-Lenses in COSMO-GRAIL's Wellspring) unter der Leitung von Suyu verfolgte die Helligkeitsschwankungen in sechs gravitationsgelinsten Quasaren und kam zu einem Wert für die Hubble-Konstante von 73,3 km/s/Mpc mit einer Genauigkeit von 2,4 Prozent – eine fast perfekte Übereinstimmung mit dem SHoES-Wert. Nimmt man beide Ergebnisse zusammen, so hat die Diskrepanz zum niedrigen „kosmologischen" Wert von 67,4 km/s/Mpc eine statistische Signifikanz von mehr als fünf Sigma (99,99994 Prozent Übereinstimmung). Dies bedeutet, dass die Wahrscheinlichkeit bei eins zu 3,5 Millionen liegt, dass die Diskrepanz der Werte das Ergebnis eines statistischen Zufalls ist.

Obwohl weniger präzise, haben eine Reihe weiterer Verfahren zur Bestimmung der Entfernungen von Galaxien ebenfalls hohe Werte für die Hubble-Konstante ergeben – Werte, die nahe an denen von Riess und Suyu liegen. Das einzige widersprüchliche Ergebnis, das in Santa Barbara vorgestellt wurde, stammt von Freedman, die eine vielversprechende Methode anwandte, bei der die hellsten roten Riesensterne in einer Galaxie als Standardkerzen verwendet werden.

Mit dieser von Freedman entwickelten Methode erhält man einen H_0-Wert von 69,6 km/s/Mpc – wesentlich niedriger als die anderen Ergebnisse, aber immer noch deutlich außerhalb der Fehlergrenzen der ΛCDM-Vorhersagen.[6]

Wie lässt sich also die Abweichung in den Werten der Hubble-Konstante erklären? Liegt sie nun bei 74,0 km/s/Mpc, wie Riess, Suyu und andere herausgefunden haben, oder liegt sie bei 67,4 km/s/Mpc, was aus der kosmischen Hintergrundstrahlung folgt? In einem Bericht im *Quanta Magazine* über die Konferenz in Santa Barbara zitiert die

Journalistin Natalie Wolchover Riess mit den Worten: „Ich weiß, dass wir es die ‚Hubble-Konstanten-Spannung' genannt haben, aber dürfen wir es inzwischen vielleicht auch als Problem bezeichnen?" Worauf der Teilchenphysiker und Nobelpreisträger von 2004 David Gross antwortete: „Wir würden es nicht als Spannung oder Problem bezeichnen, sondern eher als Krise". [7]

Erschwerend kommt hinzu, dass die Hubble-Spannung (oder das Problem oder die Krise oder wie auch immer Sie es nennen wollen) nicht die einzige Ungereimtheit ist. Das Universum dehnt sich nicht nur im Vergleich zu den Vorhersagen des kosmologischen Konkordanz-Modells zu schnell aus, es ist auch zu glatt, wie jüngste bodengestützte Beobachtungen beweisen.

Seit dem Urknall und trotz der universellen Ausdehnung des leeren Raums hat die Schwerkraft die Materie in einem Netz aus riesigen Haufen und Superhaufen zusammengezogen, das von gigantischen Hohlräumen durchsetzt ist. Die frühesten dreidimensionalen Karten des Universums, die in Kapitel sechs beschrieben werden, zeigten diese ungleichmäßige, klumpige Verteilung der Galaxien sehr deutlich. Unsere Milchstraße beispielsweise ist Teil der sogenannten Lokalen Gruppe, die sich am Rande eines Superhaufens von Galaxien befindet, dessen Kern der Virgo-Haufen ist. In einem homogenen Universum gäbe es keine Galaxienkonzentrationen.

Aber: Die Kartierung der Verteilung der sichtbaren Galaxien gibt nur Aufschluss über die Anhäufung von baryonischer Materie. Nach dem ΛCDM-Modell sammelt sich die baryonische Materie vor allem dort an, wo die Dichte der Dunklen Materie am höchsten ist, so wie weißer Schaum nur die Kämme der höchsten Meereswellen markiert. Wenn man wirklich wissen möchte, wie glatt oder klumpig unser Universum ist, um es mit den theoretischen Vorhersagen zu vergleichen, reicht eine 3D-Galaxienkarte nicht aus. Stattdessen muss man die räumliche Verteilung der Dunklen Materie kartieren.

Eine Möglichkeit, dies zu erreichen, ist die Messung der kosmischen Scherung. Die in Kapitel 13 kurz erwähnte kosmische Scherung ist die winzige Verzerrung in vielen Galaxien, die durch die schwachen Gravitationslinseneffekte infolge der ungleichmäßigen Verteilung der Materie – sichtbar und dunkel – im Universum verursacht wird. Die Messung der Scherung ist kompliziert und erfordert fotografische Durchmusterungen des Himmels, die sowohl sehr breit als auch sehr tief sein müssen, um sie für schwache Quellen in großen Teilen des Himmels empfindlich zu machen. Außerdem müssen die Beobachtungen bei verschiedenen Wellenlängen durchgeführt werden, um Rotverschiebungsmessungen und entsprechende Entfernungsschätzungen für schwache Galaxien zu ermöglichen. Und zu guter Letzt gibt es noch eine große Menge potenzieller systematischer Fehler, um die sich gekümmert werden muss.

Trotz der vielen Hürden und Fallstricke haben sich drei internationale Kollaborationen dieser Herausforderung gestellt. Ausgestattet mit den größten Digitalkameras der Welt, verbrachten sie viele Jahre damit, Millionen oder sogar Dutzende von Millionen entfernter Galaxien in riesigen Himmelsbereichen akribisch zu beobachten.

Die erste dieser Bemühungen ist der Kilo-Degree Survey (KiDS), der mit der 268-Megapixel-OmegaCAM am 2,6-Meter-VLT-Durchmusterungsteleskop der Europäischen Südsternwarte auf dem Cerro Paranal in Chile durchgeführt wird. Er wird vom Astronomen Koen Kuijken von der Universität Leiden geleitet, den wir in Kapitel drei bereits kennengelernt haben.[8] KiDS begann im Jahr 2011 und schloss sein Beobachtungsprogramm im Jahr 2019 ab, wobei fast vier Prozent des Himmels in überragendem Detail erfasst wurden.

Im Jahr 2013 startete der Dark Energy Survey (DES) mit dem Ziel, fast ein Achtel der Himmelskugel zu kartieren.[9] DES verwendet die 570-Megapixel-Dark-Energy-Kamera auf dem Vier-Meter-Teleskop Victor M. Blanco am Cerro Tololo Inter-American Observatory, ebenfalls in Chile. Diese Durchmusterung mit schwachen Linsen wird von Michael Troxel von der Duke University und Niall MacCrann von der Ohio State University geleitet.

Die bei Weitem tiefste Durchmusterung wird mit der 870-Megapixel-Ultraweitwinkel-Hyper-Suprime-Cam am japanischen 8,2-Meter-Subaru-Teleskop auf dem Mauna Kea, Hawai'i, durchgeführt. Seit 2014 untersucht die Durchmusterung unter der Leitung von Satoshi Miyazaki vom National Astronomical Observatory of Japan die Formen von Galaxien in Entfernungen von fast zwölf Milliarden Lichtjahren.[10]

Obwohl die endgültigen Analysen der drei Programme noch nicht veröffentlicht wurden, scheinen die bisherigen Ergebnisse darauf hinzudeuten, dass die kosmische Materie homogener verteilt ist als erwartet. Kosmologen verwenden den Parameter S_8 als Maß für die „Klumpigkeit" des Universums, und der von KiDS und DES gemessene Wert von S_8 (irgendwo zwischen 0,76 und 0,78) ist etwa acht Prozent niedriger als der Wert, der sich aus den Planck-Beobachtungen des kosmischen Radiowellenhintergrunds (0,83) ergibt. Diese erhebliche Diskrepanz ist als S_8-Spannung bekannt.

Das beliebte kosmologische Konkordanz-Modell hat also mit mehr als einer Schwierigkeit zu kämpfen. Zunächst einmal gibt es Probleme mit den Eigenschaften von Zwerggalaxien, wie im vorigen Kapitel gezeigt. Auf einer quantitativeren Ebene stimmen außerdem die Messungen der Expansionsrate des Universums nicht mit den Vorhersagen des Modells überein. Das Gleiche gilt für die großräumige Homogenität der Verteilung der Dunklen (und sichtbaren) Materie. Darüber hinaus hat natürlich noch immer niemand eine Ahnung von der wahren Natur der Hauptbestandteile des Modells – der Dunklen Materie und der Dunklen Energie.

„Die aktuellen Ungereimtheiten könnten eine Krise für das kosmologische Standardmodell bedeuten", sagt Eleonora Di Valentino

Abb. 22: Künstlerische Darstellung des James-Webb-Weltraumteleskops, das in den kommenden Jahren das Arbeitspferd der Astronomen sein wird.

von der Universität Durham. „Ihre experimentelle Bestätigung kann unsere derzeitigen Vorstellungen von der Struktur und der Entwicklung des Universums revolutionieren", fügt sie hinzu.[11] Bislang ist es jedoch niemandem gelungen, eine überzeugende Lösung oder einen vielversprechenden theoretischen Weg hinaus aus der Krise zu finden. Eines der Probleme, so Di Valentino: Wenn man einen Weg fände, die Hubble-Spannung zu verringern, nähme die S_8-Spannung in der Regel zu und umgekehrt.[12]

Trotz all dieser Rückschläge ist George Efstathiou, ein lautstarker Befürworter von ΛCDM, nicht davon überzeugt, dass es eine Krise gibt oder dass die Kosmologie eine Revolution bräuchte. Er erwartet – oder hofft zumindest –, dass die Hubble-Spannung durch zukünftige Beobachtungen mit höherer Präzision abgeschwächt wird. Laut Efstathiou könnte es ein Problem mit der Kalibrierung der Cepheiden-Beobachtungen durch die SHoES-Kollaboration von Riess geben. „Ich bin zuversichtlich, dass wir den Wert von H_0 mit ein paar gut ausgewählten Beobachtungen endlich auf besser als zwei Prozent eingrenzen können", sagt er, im Gegensatz zur aktuellen Diskrepanz von fast zehn Prozent zwischen lokalen und kosmologischen Werten.[13]

Auf der Berliner Konferenz im November 2018 zeigte sich Mitorganisator Matthew Colless ebenso optimistisch. „Das Schöne an diesem Gebiet ist, dass viele ungeklärte Fragen in naher Zukunft beantwortet werden", sagte er. „In fünf Jahren werden wir ein viel klareres Bild haben." Insbesondere freuen sich die Astronomen auf genauere Daten von Sternentfernungen durch den europäischen Astrometrie-Satelliten Gaia, auf detaillierte Supernova-Beobachtungen durch das James-Webb-Weltraumteleskop, auf hochpräzise Messungen des kosmischen Mikrowellenhintergrunds durch das künftige Simons-Observatorium im Norden Chiles und auf neue umfassende Untersuchungen der großräumigen Struktur des Universums zu verschiedenen Zeitpunkten der kosmischen Geschichte.

Doch was ist, wenn sich die derzeitigen Spannungen mit der Zeit verstärken, anstatt sich zu lösen? Was, wenn es eine echte, anhaltende Diskrepanz zwischen der geliebten Theorie und den gnadenlosen Fakten gibt? Nun, in der Wissenschaft hat die Natur immer das letzte Wort. In diesem Fall müssen die Kosmologen ihre Vorstellungen von Dunkler Energie und Dunkler Materie überdenken und offen für die sogenannte neue Physik sein.

In der Tat gehen viele kreative Köpfe bereits diesen Weg.

23. FLÜCHTIGE GESPENSTER

An starken Verkehr sind die Einwohner von Leopoldshafen, einer beschaulichen Stadt am Rheinufer, gewöhnt. Oft kann man beobachten, wie Lastwagen, die Fracht vom kleinen Hafen ins nahe gelegene Karlsruhe transportieren, vorsichtig durch die enge, historische Leopoldstraße manövrieren. Doch der Konvoi am Samstag, den 25. November 2006, war anders. Zehntausende neugierige Schaulustige säumten die Straßen, als ein zeppelinartiges Gebilde von 23 Metern Länge und zehn Metern Durchmesser an den Fachwerkhäusern vorbeikroch.

Es sollte weitere zwölf Jahre dauern, bis der 1400 Kubikmeter große Vakuumtank – einer der größten der Welt – in Betrieb genommen werden konnte. Dieser Tank ist nämlich die Schlüsselkomponente eines riesigen Spektrometers, dem Herzstück des **KA**rlsruhe **TRI**tium-Neutrino-Experiments (KATRIN) am Institut für Technologie.[1] Mithilfe dieses Spektrometers untersuchen Physiker inzwischen routinemäßig die Eigenschaften der flüchtigsten Elementarteilchen, die sie kennen.

Es mag sich anhören, als würde man einen Vorschlaghammer schwingen, um Nüsse zu knacken, doch bei genauerem Hinsehen ergibt es sehr viel Sinn. Neutrinos besitzen keine elektrische Ladung, wiegen so gut wie nichts und wechselwirken kaum mit anderen Teilchen, da sie weder die elektromagnetische Kraft noch die starke Kernkraft spüren. Und was die schwache Kernkraft angeht: Sie heißt nicht umsonst „schwach". Daher braucht man riesige Experimente – wie zum Beispiel den 50.000 Kubikmeter großen Super-Kamiokande-Detektor unter dem Mount Ikeno in Japan oder den einen Kubikkilometer großen IceCube-Detektor in der Antarktis –, um Neutrinos überhaupt erforschen zu können. KATRIN ist also keine Ausnahme, und Neutrinophysiker träumen sogar von noch größeren Anlagen.

Abb. 23: Das riesige Spektrometer des **KA**rlsruher **TR**ltium-Neutrino-Experiments (KATRIN) auf seinem Weg durch die engen Gassen von Leopoldshafen.

Im Gegensatz zu Quarks und Elektronen, den Grundbausteinen der Atome, sind Neutrinos nicht Teil der uns umgebenden materiellen Welt. Sie sind jedoch fest in das bewährte Standardmodell der Teilchenphysik eingebettet. Die Vorhersage der Existenz des Neutrinos im Jahr 1930 durch den österreichischen Physiker Wolfgang Pauli ging sogar der Entdeckung des Neutrons voraus – einem der Bausteine von Atomkernen. Doch aufgrund der geisterhaften Natur des Teilchens wurde das „kleine Neutron" (der italienische Name Neutrino wurde 1932 von Enrico Fermi geprägt) erst 1956 tatsächlich nachgewiesen.

Heute wissen wir, dass es Neutrinos in drei „Geschmacksrichtungen" gibt, die mit den drei Arten von Elektronen zusammenhängen, die uns die Natur zur Verfügung stellt: das leichte „normale" Elektron, das schwerere Myon und das noch massereichere Tau-Teilchen oder

Tauon. Astrophysiker haben außerdem herausgefunden, dass beim Urknall große Mengen von Neutrinos mit niedriger Energie entstanden sind, während energiereichere Neutrinos aus der Kernfusion im Inneren von Sternen sowie bei Supernova-Explosionen hervorgehen. Und wir wissen – wie jedes Astronomiebuch pflichtbewusst anmerkt –, dass sekündlich viele Milliarden Neutrinos jeden Quadratzentimeter unseres Körpers völlig ungehindert und ohne eine Spur zu hinterlassen passieren.

Dabei könnte mehr dahinterstecken, als das Standardmodell vermuten lässt. Es könnte eine vierte Art von Neutrinos geben, die noch schwieriger nachzuweisen ist. Wie die drei bisher bekannten Arten wäre es elektrisch neutral. Doch im Gegensatz zum Elektron-, Myon- und Tau-Neutrino würde die neue Art nicht einmal auf die schwache Kernkraft reagieren. Folglich würde dieses Neutrino niemals mit anderen Teilchen wechselwirken. Und im Gegensatz zu den anderen drei könnte dieses „sterile" Neutrino ein Schwergewicht unter den Teilchen sein – massereich genug, um als Kandidat für Dunkle Materie infrage zu kommen.[2]

Die ersten Hinweise darauf, dass mit unserem klassischen Bild von Neutrinos etwas nicht stimmen könnte, stammen aus den 1960er-Jahren. In der Homestake-Goldmine in South Dakota, demselben unterirdischen Labor, in dem heute der LUX-ZEPLIN-Detektor für Dunkle Materie steht, gelang es dem Physiker Raymond Davis vom Brookhaven National Laboratory, Neutrinos von der Sonne einzufangen – Elektron-Neutrinos, die durch Fusionsreaktionen im Sonnenkern erzeugt wurden. Doch die Ergebnisse waren verwirrend: Mithilfe des Experiments – einem 380.000-Liter-Tank, der mit Textilreinigungsmittel gefüllt war – wurden weniger als die Hälfte der von der Theorie vorhergesagten Anzahl von Elektron-Neutrinos detektiert.

Die Wissenschaftler schlugen schnell eine mögliche Lösung für das sogenannte Sonnen-Neutrino-Problem vor. Nehmen wir an, die

Neutrinos könnten während ihrer 8,3-minütigen Reise vom Kern der Sonne zum Homestake-Labor ihre Art ändern, wie es der italienische Physiker Bruno Pontecorvo bereits 1957 vorgeschlagen hatte: In diesem Fall würden viele der durch die Wasserstofffusion erzeugten Elektron-Neutrinos als Myon- oder Tau-Neutrinos auf der Erde ankommen, die Davis' Anlage nicht nachweisen konnte. Solche sogenannten Neutrino-Oszillationen wurden schließlich 1998 mit dem Super-Kamiokande-Experiment und 2001 mit dem Sudbury Neutrino Observatory in Kanada direkt gemessen.[3]

Neutrino-Oszillationen liefern zwar eine Lösung für das Sonnen-Neutrino-Problem, aber sie haben ihren Preis. Nach der Speziellen Relativitätstheorie können die Teilchen nur dann an dieser seltsamen Persönlichkeitsstörung leiden, wenn sie eine Masse besitzen, sei sie auch noch so klein. Offenbar ist das Standardmodell also irgendwie fehlerhaft, da es vorschreibt, dass Neutrinos komplett masselos zu sein haben, genau wie Photonen. Außerdem wirft die Erkenntnis, dass Neutrinos tatsächlich etwas wiegen könnten, sofort eine weitere Frage auf: Wie viel wiegen sie?

Hier kommt KATRIN ins Spiel. Inzwischen gibt es zwar bereits viele Hinweise darauf, dass Neutrinos 100.000-mal weniger massereich als Elektronen sind, doch KATRIN ist das empfindlichste Instrument überhaupt und kann die notwendigen Messungen durchführen. Keine leichte Aufgabe, wie Sie sich vorstellen können, und nichts, was man mit einem kleinen Gerät auf einem Experimentiertisch machen könnte. Stattdessen füllt das Experiment einige große, vanillefarbene Laborgebäude, darunter die riesige Halle, in der das zeppelinförmige Spektrometer steht.[4]

Das Prinzip des KATRIN-Experiments ist denkbar einfach: Radioaktives Tritium, ein schweres Wasserstoffisotop, zerfällt in Helium-3 und sendet dabei ein Elektron und ein Anti-Elektron-Neutrino aus. Das Energieerhaltungsgesetz besagt nun, dass diese beiden Teilchen zusammen höchstens 18,57 keV an kinetischer Energie tragen können – das wäre der Fall, wenn das Helium-3-Atom am Ende überhaupt keine kinetische Energie mehr hätte. Wenn man also die Energieverteilung der vom zerfallenden Tritium emittierten Elektronen misst, würde man erwarten, dass die energiereichsten Elektronen eine kinetische Energie haben, die knapp unter diesem Spitzenwert liegt. Die Differenz zu diesem Wert entspricht dann der kinetischen Energie der begleitenden Antineutrinos, woraus sich leicht ihre Masse berechnen lässt – sie entspricht der Masse der „normalen" Elektron-Neutrinos.

Im Prinzip einfach, doch in der Praxis äußerst schwierig, unter anderem auch, weil Tritium tödlich ist; das Tritiumlabor Karlsruhe ist das einzige europäische Labor, das die Genehmigung besitzt, mit dem hochradioaktiven Gas zu arbeiten. Die Tritiumquelle muss auf nur 30 Grad über dem absoluten Nullpunkt heruntergekühlt werden, während extrem starke supraleitende Magnete – etwa 100.000-mal stärker als das Erdmagnetfeld – dazu dienen, die Elektronen in das Spektrometer zu leiten. Und das sind eine ganze Menge: Etwa 100 Milliarden Elektronen gelangen jede Sekunde in den riesigen Vakuumtank.

Im Tank angekommen, müssen die negativ geladenen Elektronen gegen ein starkes elektrisches Feld von rund 20.000 Volt „stromaufwärts" reisen. Die meisten von ihnen werden abgebremst, gestoppt und dorthin zurückgeschickt, wo sie herkamen. Nur die energiereichsten Elektronen – vielleicht nur eines von ein paar Billionen – können die empfindlichen Detektoren am anderen Ende des Spektrometers erreichen. Durch genaue Abstimmung der elektrischen Feldstärke können die Physiker die Anzahl der Elektronen bei verschiedenen Energien nahe dem Spitzenwert von 18,57 keV messen.

Neben vielen technischen Problemen war das KATRIN-Projekt auch mit einer logistischen Herausforderung verbunden. Das Spektrometer wurde bei der MAN DWE GmbH, einem Stahlbauunternehmen in Deggendorf, etwa 400 Kilometer östlich von Karlsruhe, gebaut. Da das Gerät aber für den Straßentransport viel zu groß war, musste es einen Umweg von 8600 Kilometern über Wasser nehmen. Im Herbst 2006 reiste der 200 Tonnen schwere Koloss durch die Donau, über das Schwarze Meer, durch den Bosporus und ins Mittelmeer. Danach fuhr es durch die Straße von Gibraltar, die Atlantikküste hinauf, in den Ärmelkanal und bis zum Hafen von Rotterdam. Von dort aus ging es entlang des Rheins nach Leopoldshafen, wo die letzte, aufsehenerregende Straßenfahrt von nur sieben Kilometern stattfand.

Im September 2019 präsentierten die Physiker des KATRIN-Experiments auf der 16. Internationalen Konferenz zu Astroteilchen- und Untergrundphysik in Toyama, Japan, die Ergebnisse ihres ersten experimentellen Durchlaufs. Diese deuten darauf hin, dass Elektron-Neutrinos weniger als 1,1 eV wiegen (im Vergleich zur Elektronenmasse von 511.000 eV).[5] Es wird erwartet, dass künftige Messungen Massen von bis zu 0,2 eV detektieren werden. Inzwischen wird an einer Aufrüstung gearbeitet, die KATRIN in die Lage versetzen soll, sterile Neutrinos aufzuspüren, die überhaupt nicht mit anderen Teilchen wechselwirken – falls sie denn existieren.

Doch warum glauben Physiker eigentlich, dass es eine noch unentdeckte Art von Neutrinos geben könnte? Dafür gibt es im Wesentlichen zwei theoretische Gründe. Erstens würde die Existenz eines massereichen Neutrinos auf ganz natürliche Art und Weise erklären, warum die drei bekannten Neutrino-Varianten so unglaublich leicht sind. Dies hat mit dem komplizierten Konzept der Neutrinomischung zu tun, demzufolge ein Neutrino in Wirklichkeit eine sich ständig verändernde („oszillierende") Kombination verschiedener „Massen-Eigenzustände" ist. Wenn es ein viertes, viel massereicheres Geschwisterchen gäbe, wäre es viel einfacher zu verstehen, warum Elektron-, Myon- und Tau-Neutrinos fast masselos sind.

Der zweite Grund ist die bemerkenswerte Tatsache, dass alle bekannten Neutrinos „linkshändige" Teilchen sind. Die Händigkeit eines Elementarteilchens hängt mit seiner Spinrichtung relativ zu seiner Bewegungsrichtung zusammen. Quarks und Elektronen (sowie Myonen und Tau-Teilchen) gibt es in beiden Varianten, aber niemand hat je ein rechtshändiges Neutrino gesehen, was seltsam ist. Es sei denn, rechtshändige Neutrinos sind aus irgendeinem Grund steril, sodass es nahezu unmöglich ist, sie nachzuweisen.

Und natürlich ist da die aufregende Aussicht, dass sterile Neutrinos das Rätsel der Dunklen Materie lösen könnten. Wie wir in Kapitel elf gesehen haben, sind „normale" Neutrinos nicht massereich genug, um als Teilchen der Dunklen Materie infrage zu kommen: Aufgrund ihrer hohen Geschwindigkeiten (Astrophysiker nennen sie „heiß") wären normale Neutrinos nicht in der Lage gewesen, sich zu den galaxiengroßen Halos aus Dunkler Materie zu verklumpen, die das frühe Universum bevölkerten. Wenn sterile Neutrinos aber zufällig ein paar Tausend Elektronenvolt wögen, wären sie die perfekte Alternative zu WIMPs. Da sterile Neutrinos zudem „wärmer" sind als die standardisierte kalte Dunkle Materie, nach der die Physiker seit Jahrzehnten vergeblich suchen, verschwinden einige der Probleme, die das ΛCDM-Modell mit sich bringt (siehe Kapitel 22), wie Schnee im Sonnenlicht.

Aktuell wird die Existenz steriler Neutrinos noch heftig diskutiert. Einige Neutrino-Experimente haben zwar indirekte Hinweise auf das seltsame Teilchen geliefert, doch diese Ergebnisse sind mit anderen, einschließlich den Daten des IceCube-Detektors, nicht vereinbar. Im Oktober 2021 gaben die Forscher des MicroBooNE-Experiments im Fermilab der Universität Chicago bekannt, dass sie keine Beweise für die Existenz des Teilchens gefunden haben. Künftige Beobachtungen – möglicherweise durch die geplante Aufrüstung von KATRIN oder durch das Deep Underground Neutrino Experiment, das im Sanford-

Labor in South Dakota entsteht – könnten die Frage klären. Doch im Moment existieren sterile Neutrinos nur in den Köpfen origineller Theoretiker.

Das Gleiche gilt für einen weiteren potenziellen Kandidaten für Dunkle-Materie-Teilchen: dem Axion. Tatsächlich weist die Axion-Saga viele Parallelen zur Geschichte der sterilen Neutrinos auf: komplizierte theoretische Gründe, an die Existenz des Teilchens zu glauben, die faszinierende Möglichkeit, dass es das Rätsel der Dunklen Materie lösen könnte, zaghafte Hinweise auf eine mögliche Detektion, laufende Untersuchungen und noch keine endgültige Antwort. In beiden Fällen haben einige Wissenschaftler das Gefühl, dass wir kurz vor einem lange erwarteten Durchbruch stehen, während andere das zunehmende Interesse an sterilen Neutrinos und Axionen als Kandidaten für die Dunkle Materie als Beweis dafür sehen, dass sich verzweifelte Physiker und Kosmologen an Strohhalme klammern, während die jahrzehntewährende Suche nach WIMPs weiterhin ergebnislos bleibt.

Die Begründung für den Glauben an die Existenz von Axionen hat mit Antimaterie zu tun. Man würde eigentlich erwarten, dass die unfassbare Energie des Urknalls ähnliche Mengen von Materie- und Antimaterieteilchen erzeugt hat. Aus irgendeinem Grund besteht jedoch alles im heutigen Universum aus normaler Materie – es gibt keine Galaxien, Sterne, Planeten oder lebende Organismen aus Antimaterie, zumindest soweit wir wissen. Da sich Materie- und Antimaterieteilchen vernichten, sobald sie aufeinandertreffen, müssen die physikalischen Gesetze ein klitzekleines Bisschen verzerrt gewesen sein: Für jede Milliarde Antimaterieteilchen hat die Natur offenbar eine Milliarde plus ein Teilchen normaler Materie geschaffen. Nach der großen Annihilation, die sich kurz nach dem Urknall abspielte, war dieser winzige Rest von Eins-von-einer-Milliarde-Teilchen alles, was übrigblieb, um sich zu Galaxienhaufen, Planetensystemen und

Menschen zusammenzufügen. Dieser minimalen Asymmetrie verdanken wir unsere gesamte Existenz.

Im Jahr 1964 entdeckten Physiker tatsächlich einen winzigen Unterschied in der Art und Weise, wie die schwache Kernkraft auf Materie und Antimaterie wirkt. Insbesondere fanden sie heraus, dass die Verwandlung von Teilchen, die als neutrale Kaonen (auch K-Mesonen) bekannt sind, in ihre Antiteilchen – eine durch die schwache Kraft vermittelte Umwandlung – etwas unwahrscheinlicher ist als der Prozess in umgekehrter Richtung. Diese recht überraschende Eigenschaft der Natur ist als CP-Symmetrieverletzung bekannt, wobei C die Ladung (engl.: charge) und P die Parität (eine Symmetrieeigenschaft physikalischer Systeme) bezeichnet. Es stellte sich jedoch heraus, dass der Effekt viel zu gering ist, um die Materie-Antimaterie-Asymmetrie des Universums allein zu erklären. Wenn aber zusätzlich noch die starke Kernkraft diese fundamentale Symmetrie der Natur verletzen würde, könnte das Rätsel gelöst werden.

Und hier ist das Problem, das Axionen lösen könnten. Denn nach dem Standardmodell der Teilchenphysik ist eine Verletzung der CP-Symmetrie bei der starken Wechselwirkung ebenso möglich wie bei der schwachen Wechselwirkung. Doch trotz intensiver und engagierter Suche schien sie nicht aufzutreten – ein Umstand, der als das starke CP-Problem bekannt ist. Es ist, als ob der Effekt gewaltsam unterdrückt würde; möglicherweise durch ein neues Feld, wie es Roberto Peccei und Helen Quinn 1977 vorschlugen.[6] Und wenn dieses Feld existieren sollte, müsste es auch ein zugehöriges Teilchen geben: das unsichtbare Axion. (Das ähnelt in gewisser Weise der Situation des Higgs-Feldes, das vorgeschlagen wurde, um zu erklären, wie Elementarteilchen Masse erhalten. Das zugehörige Higgs-Teilchen wurde schließlich 2012 am CERN entdeckt.)

Übrigens: Sollte „Axion" Sie eher an eine Waschmittelmarke erinnern, liegt das daran, dass der amerikanische Physiker Frank Wilczek es tatsächlich nach einem Vorwaschmittel und Waschmittelverstärker benannt hat, den er 1978 in einer Werbung sah. So wie die Verpackung „sichere Aufhellungskraft für all Ihre Wäsche" versprach, würde das neue Teilchen das starke CP-Problem in der Physik aus der Welt schaffen. (Das griechische „axios" bedeutet übrigens „würdig" oder „verdienstvoll".)

Doch auch mehr als 40 Jahre nachdem Wilczek den kreativen Namen des Teilchens prägte, weiß noch immer niemand, ob Axionen wirklich existieren. Wenn es sie gibt, müssen sie extrem leicht sein – viel weniger massereich als „gewöhnliche" Neutrinos. In Energieeinheiten ausgedrückt, wobei die Masse eines Protons etwa 1 GeV entspricht und ein Elektron 511 keV wiegt, müsste die Masse des Axions wahrscheinlich in Mikroelektronenvolt gemessen werden.

Wie sieht es also bei Axionen mit der Kandidatur für die Teilchen der Dunklen Materie aus? Theoretisch sind Axionen stabil, haben keine elektrische Ladung und sind in etwa so wechselwirkungsscheu wie sterile Neutrinos – drei entscheidende Eigenschaften jedes Teilchens der Dunklen Materie. Darüber hinaus sagt die Theorie voraus, dass Axionen, wenn sie existieren, unglaublich zahlreich sein müssen. Jeder Kubikzentimeter des Kosmos würde im Durchschnitt Dutzende von Billionen Axionen enthalten. Trotz ihrer extrem geringen Masse könnten sie also dank ihrer unvorstellbaren Fülle den Großteil unseres Universums ausmachen.

Aber Moment mal: Wenn die Masse des Axions so klein ist – bedeutet das nicht, dass es sich ebenfalls mit relativistischer Geschwindigkeit bewegt, genau wie das gewöhnliche Neutrino? Wie wir gesehen haben, können Neutrinos nicht die Teilchen der Dunklen Materie im Universum sein, denn sie sind heiß und können sich nicht einfach zu kleinen Strukturen zusammenballen. Warum sollten Axionen also besser geeignet sein? Weil sie ganz anders entstanden sind. Im Gegensatz zu Neutrinos (und WIMPs) befanden sich Axionen zum Zeitpunkt ihrer Entstehung nicht im thermischen Gleichgewicht mit anderen Teilchen – als sich einzelne Quarks zu neuen Teilchen, einschließlich Protonen und Neutronen, zusammenschlossen. Stattdessen sagt die Quantenphysik voraus, dass Axionen ein sogenanntes Bose-Einstein-Kondensat bildeten, in dem sich große Mengen identischer Teilchen so verhalten, als wären sie ein einziges Teilchen. Das Ergebnis ist, dass sie trotz ihrer winzigen Masse kalte Teilchen sind.

Alles klar, Axionen könnten also tatsächlich existieren und das Rätsel der Dunklen Materie lösen. Sehr gut. Aber wie um alles in der Welt könnte man sie aufspüren? Die gute Nachricht ist, dass Axionen nicht völlig immun gegen die elektromagnetische Kraft sind, auch wenn sie selbst keine elektrische Ladung besitzen. Ein starkes Magnetfeld kann dabei helfen, ein unsichtbares Axion in ein sichtbares Photon zu verwandeln und umgekehrt, wobei die Wellenlänge des Photons – also eines Lichtteilchens – direkt mit der Masse des Axions zusammenhängt. Diese Erkenntnis hat zu einer Reihe von Experimenten geführt: So sucht beispielsweise das CERN Axion Solar Telescope (CAST) in Genf seit 2003 nach relativ massereichen solaren Axionen.[7] Sollten derartige Axionen im Sonnenkern durch die Wechselwirkung von energiereicher Röntgenstrahlung mit geladenen Teilchen entstehen, würden sie in großer Zahl auf der Erde ankommen und ein starkes Magnetfeld könnte einige von ihnen wieder in Röntgenphotonen verwandeln. CAST verwendet einen ausrangierten supraleitenden Testmagneten aus dem Large Hadron Collider des CERN in Kombination mit empfindlichen Röntgendetektoren, um nach diesem Prozess zu suchen – bisher ohne Erfolg.

Im DESY-Forschungslabor in Hamburg verwenden die Physiker des ALPS-Experiments (Any Light Particle Search) eine andere Technik: Sie versuchen, einen Infrarotlaser durch eine Wand zu schicken.[8] Unter normalen Bedingungen würde kein einziges Photon die lichtblockierende Barriere durchdringen können, doch durch Anlegen eines starken Magnetfeldes verwandeln sich einige von ihnen in Axionen (oder Axion-ähnliche Teilchen), bevor sie auf die Wand treffen. Diese Axionen interagieren kaum mit irgendetwas, und wenn sie auf der anderen Seite der Barriere landen, kann dasselbe Magnetfeld einige von ihnen wieder in Infrarot-Photonen verwandeln, die dann detektiert werden können. Ein cleverer Versuchsaufbau, aber genau wie CAST hat er noch keinen Nachweis für Axionen erbracht.

Der bei Weitem aufregendste Axion-Detektor – zumindest für Jäger der Dunklen Materie – befindet sich an der University of Washington in Seattle. Das Axion Dark Matter eXperiment, kurz ADMX, basiert auf einer Idee, die Pierre Sikivie von der University of Florida erstmals vorschlug.[9] Mithilfe von ADMX wird versucht, die massearmen Axionen aufzuspüren, die im Halo der Milchstraße reichlich vorhanden sein könnten – weshalb Sikivie den Namen Axion-Haloskop für das Instrument geprägt hat.[10] Im Grunde handelt es sich um ein zylindrisches Vakuumgefäß (einen sogenannten Resonanzraum), das bis knapp über den absoluten Nullpunkt abgekühlt und von einem Acht-Tesla-Magneten umgeben ist. Dieses starke Magnetfeld würde die Halo-Axionen in Mikrowellen-Photonen verwandeln. Das erwartete Signal (höchstens 10^{-21} Watt, auch ein Zeptowatt genannt) sollte mithilfe von supraleitenden Quantenverstärkern nachgewiesen werden können. ADMX wurde in den 1990er-Jahren konzipiert und ist heute ein Gemeinschaftsprojekt von Forschern aus zwölf Instituten in den Vereinigten Staaten, dem Vereinigten Königreich und Deutschland, das größtenteils vom US-Energieministerium finanziert wird. Das Axion-Haloskop kann auf eine Reihe von Mikrowellenfrequenzen abgestimmt werden, die Axionmassen zwischen einem und 40 Mikroelektronenvolt (μeV) entsprechen. Bislang konnten zwar nur Werte zwischen 2,66 und 3,31 μeV definitiv ausgeschlossen werden, doch irgendwann wird der gesamte Massenbereich der Dunklen Materie erforscht und untersucht werden.

Während die gezielte Suche nach Axionen also bisher erfolglos war, wartet die XENON-Kollaboration von Elena Aprile mit einer faszinierenden Wendung der Geschichte auf. Im Rahmen des ersten Durchlaufs von XENON1T zwischen Februar 2017 und Februar 2018 entdeckte das Instrument einen kleinen Überschuss an Ereignissen mit niedriger Energie: ein paar Dutzend winzige Signale, die nicht auf Wechselwirkungen mit Xenonkernen zurückzuführen sind – wie man sie von WIMPs erwarten würde –, sondern mit Xenonelektronen. Solche Elektronenrückstoß-Ereignisse entstehen normalerweise durch Hintergrundrauschen, wie zum Beispiel den radioaktiven Zerfall von Radon- und Kryptonatomen. Doch auch nach einer sorgfältigen Analyse war das Team nicht in der Lage, die beobachteten Ereignisse bei Energien zwischen zwei und drei keV zu begründen.

Eine mögliche Erklärung, die in einer Veröffentlichung des XENON-Teams in *Physical Review D* vom Oktober 2020 vorgestellt wird, ist die Existenz von Axionen, die nicht von der Art der kalten Dunklen Materie sind, sondern die sich schnell bewegen, im Kern der Sonne erzeugt werden und mehr oder weniger den Axionen ähneln, nach denen das CAST-Experiment sucht.[11] Sollte sich die Entdeckung dieser schnellen Axionen bestätigen, wäre das zwar sehr bedeutsam, doch in Wahrheit kann eine viel banalere Erklärung ebenfalls nicht ausgeschlossen werden: Ein extrem kleiner, nicht nachweisbarer Überschuss an radioaktiven Tritium-Atomen im flüssigen Xenon – nur ein paar Atome pro Kilogramm – würde einen ähnlichen Überschuss erzeugen. In naher Zukunft wird diese Frage wahrscheinlich durch die deutlich aussagekräftigeren Daten des größeren Experiments XENONnT und seines amerikanischen Konkurrenten LUX-ZEPLIN geklärt sein.

Sowohl sterile Neutrinos als auch Axionen wurden erstmals vor Jahrzehnten vorgeschlagen, um lästige Probleme in der Teilchenphysik zu lösen. Schon bald hielten sie verzweifelte Jäger der Dunklen Materie für potenzielle Kandidaten für die unsichtbare gravitative Masse im Universum. Doch die Existenz beider Teilchen ist nach wie vor höchst spekulativ, und in ein paar Jahrzehnten könnten sie auf dem immer größer werdenden Friedhof der theoretischen Sackgassen landen und als hypothetische Teilchen abgetan werden.

Daher ist es an der Zeit, sich nach noch seltsameren Alternativen umzusehen.

24. DUNKLE KRISE

Amsterdam gleicht einer Geisterstadt. Der Platz vor dem Hauptbahnhof aus dem 19. Jahrhundert ist wie leergefegt. Es gibt keine Rucksacktouristen, die an den Grachten entlangradeln. Keine betrunkenen britischen Hooligans, die durch das Rotlichtviertel schlendern. Keine amerikanischen Touristen, die vor dem Van-Gogh-Museum Schlange stehen. Die meisten Schulen, Theater und Geschäfte sind geschlossen. Die Menschen arbeiten von zu Hause aus, um jeglichen persönlichen Kontakt zu vermeiden.

Trotz der von der niederländischen Regierung verhängten strikten Lockdown-Regelungen treffe ich den theoretischen Physiker Erik Verlinde persönlich in seinem kleinen Büro an der gespenstisch ruhigen Universität von Amsterdam.[1] Wir tragen Gesichtsmasken. Wir geben uns nicht die Hand. Wir bleiben auf Abstand. Wie die meisten Wissenschaftler nimmt auch Verlinde das unsichtbare Coronavirus sehr ernst. An Dunkle Materie glaubt er allerdings nicht.

Es ist Dezember 2020 und ich führe mein erstes persönliches Gespräch seit sechs Monaten. Die COVID-19-Pandemie hat meine Buchrecherche komplett durcheinandergebracht. Die alle zwei Jahre stattfindende UCLA-Konferenz zur Dunklen Materie, die für Ende

März geplant war, wurde abgesagt. Die meisten meiner Interviewtermine wurden als Zoom-Meetings neu angesetzt. Ich konnte weder das LUX-ZEPLIN Experiment in South Dakota noch das Dragonfly Telephoto Array in New Mexico besuchen. IDM 2020, eine Konferenz über die Identifizierung Dunkler Materie in Wien, wurde online abgehalten, mit einer reduzierten Anzahl von Vorträgen. Und nein, ich konnte auch nicht zum China Jinping Underground Laboratory reisen, um mir den PandaX-Detektor anzuschauen.

Auch bei der Erforschung der Dunklen Materie hat das Coronavirus somit seine Spuren hinterlassen. Astronomische Observatorien und Physiklabore, darunter CERN und Gran Sasso, mussten geschlossen werden. Reisebeschränkungen und Quarantänebestimmungen sorgten bei internationalen Projekten für Verzögerungen. Forscher erkrankten und einige starben. Die jahrzehntelange Suche nach der wahren Natur der Dunklen Materie kam fast zum Erliegen, doch Wissenschaftler wie Verlinde dachten immer wieder über neue Wege nach, wie diese Krise zu lösen sei.

Nicht die COVID-19-Krise, wohlgemerkt, sondern die Krise der Dunklen Materie. Diese weist, ganz nebenbei gesagt, einige Ähnlichkeiten zur Corona-Pandemie auf. Im Fall der Dunklen Materie sind die Sorgen das Ansteckende: die wachsende Besorgnis unter den Forschern, dass sie auf dem Holzweg sind. Vielleicht besteht die Dunkle Materie doch nicht aus WIMPs. Sogar das ΛCDM-Modell könnte fehlerhaft sein. Vermeintliche Gewissheiten fallen weg und es gibt Raum für – und Bedarf an – neuartigen Ideen. Möglicherweise müssen wir uns sogar auf eine neue Normalität einstellen, auch wenn niemand weiß, wohin wir uns bewegen. Das kennen wir ja schon.

Während alte Hasen wie John Ellis vom CERN und die Leiterin von XENON, Elena Aprile, noch immer glauben, dass unser Sonnensystem durch ein Meer von schwach wechselwirkenden massereichen

Teilchen pflügt, die von irgendeinem zukünftigen unterirdischen Experiment entdeckt werden könnten, ist eine jüngere Generation von Wissenschaftlern – von denen einige noch nicht einmal geboren waren, als das Konzept der WIMPs eingeführt wurde – drauf und dran, sich von dieser Idee zu verabschieden. „Das WIMP-Modell ist zwar nicht tot", sagt die Caltech-Theoretikerin Kathryn Zurek, „aber sein Leben hängt definitiv am seidenen Faden. Wenn ich auf einen Kandidaten für Dunkle Materie wetten müsste, würde ich nicht auf die WIMPs setzen."[2]

Ähnlich sieht es die Theoretikerin und Autorin Sabine Hossenfelder vom Frankfurt Institute for Advanced Studies. Sie ist der Meinung, dass die Suche nach WIMPs schon immer aus der falschen Motivation heraus erfolgte.[3] Wie wir in Kapitel zehn gesehen haben, sagt die Urknalltheorie eine „Reliktdichte" für die hypothetischen WIMPs voraus, die wunderbar mit der Massendichte der kalten Dunklen Materie übereinstimmt. Aber, wie Hossenfelder es sieht, hätte „dieses WIMP-Wunder nicht ernst genommen werden dürfen. Schönheit ist kein wissenschaftliches Argument. Es hätte nie passieren dürfen." Sie ist der festen Überzeugung, dass die Vorliebe für mathematische Schönheit Physiker im Allgemeinen in die Irre führt, sei es bei den Bemühungen, eine Lösung für das Rätsel der Dunklen Materie zu finden, oder bei der Suche nach einer allumfassenden Theorie von allem.

Numerische Argumente und Zufälle spielen oft eine wichtige Rolle bei der Entwicklung neuer physikalischer Theorien. So wundern sich beispielsweise einige Theoretiker über die Tatsache, dass die Massendichte der nicht-baryonischen Dunklen Materie im Universum nicht komplett verschieden von der Massendichte von Atomkernen ist. Sicher, es gibt fünfmal mehr Dunkle Materie als „normale" Materie, doch es ist die gleiche Größenordnung, während es keinen offensichtlichen Grund dafür gibt, weshalb der Unterschied nicht ein

Faktor von einer Milliarde sein sollte. Vielleicht, so argumentieren diese Theoretiker, will uns die Natur also etwas sagen – vielleicht gibt es hier etwas zu erklären. Dieser Gedankengang führte zur Idee der asymmetrischen Dunklen Materie, bei der die Teilchen der Dunklen Materie nicht ihre eigenen Antiteilchen sind – wie es bei den WIMPs der Fall sein könnte –, sondern stattdessen der gleichen Teilchen-Antiteilchen-Asymmetrie unterliegen wie die Baryonen. Wenn das der Fall sein sollte, wäre es nicht überraschend, dass die Gesamtmengen an baryonischer und Dunkler Materie vergleichbar sind.

Da die Suche nach WIMPs bisher erfolglos war, so Hossenfelder, würden Wissenschaftler nun damit anfangen, sich ein wenig umzuorientieren und ihre Horizonte auch auf etwas spekulativere Ideen auszudehnen. Und es stimmt: Wenn Sie mal ein paar Dutzend Ausgaben des *New Scientist* durchblättern oder die Zusammenfassungen von Veröffentlichungen auf dem arXiv-Preprint-Server lesen, stoßen Sie auf eine überwältigende Anzahl verrückter Konzepte und wilder Theorien. Sogar einige Ideen, die vor langer Zeit totgesagt wurden, sind wieder auf dem Tisch.

Nehmen wir zum Beispiel primordiale Schwarze Löcher. Diese winzigen Knoten aus stark gekrümmter Raumzeit, die Bernard Carr und Stephen Hawking erstmals in den 1970er-Jahren vorschlugen, wurden schon bald als Kandidaten für Dunkle-Materie-Teilchen gehandelt, gerieten aber in Ungnade, als sie sich nicht in den Mikrogravitationslinsenmessungen zeigten.[4] Doch jetzt erleben sie ein Comeback wie alte Rockstars.

Um das klarzustellen: Wir sprechen hier von einer ganz bestimmten Art von Schwarzen Löchern, nicht von irgendwelchen. Wenn sie vom Rätsel der Dunklen Materie hören, denken viele Menschen sofort an Schwarze Löcher als die wahrscheinlichste Lösung. Schließlich sind Schwarze Löcher unsichtbar, massereich, stabil und geheimnisvoll – was braucht man also mehr? Die Wahrheit ist jedoch, dass normale Schwarze Löcher – sowohl die relativ leichten, die zurückbleiben, wenn massereiche Sterne zur Supernova werden, als auch die supermassereichen in den Kernen von Galaxien – unmöglich die Bausteine von Dunkler Materie im Universum sein können. Denn nach dem, was Astrophysiker über die Entstehung von Galaxien und Sternen wissen, kann man davon ausgehen, dass höchstens ein Hundertstel Prozent der gesamten Masse im Universum in Schwarzen Löchern enthalten ist. Noch wichtiger ist jedoch, dass all diese Schwarzen Löcher im Laufe von 13,8 Milliarden Jahren kosmischer Geschichte aus baryonischer Materie entstanden sind. Sie gehören zum baryonischen 4,9-Prozent-Stück des kosmischen Kuchens, den Sie aus Kapitel 16 kennen.

Primordiale Schwarze Löcher hingegen könnten aus starken Fluktuationen im Gewebe der Raumzeit selbst während der Geburt des Universums entstanden sein – vielleicht sogar während der kurzen Periode exponentieller Expansion, die als Inflationszeit bekannt ist. Denn diese Zeit war noch vor der Entstehung der Atomkerne und bevor die relativen Mengen an baryonischer und nicht-baryonischer Materie festgeschrieben wurden. Ein Ozean primordialer Schwarzer Löcher, jedes etwa so groß wie ein Atomkern und mit der gleichen Gravitationskraft wie ein kleiner Planet, könnte das Rätsel der Dunklen Materie sehr wohl lösen. Zumindest dachten das einige Physiker.

Als die Experimente MACHO und EROS jedoch keine massereichen, kompakten Objekte im Halo der Milchstraße nachweisen konnten (siehe Kapitel 14), verloren die primordialen Schwarzen Löcher ihren Reiz als Kandidaten für Dunkle Materie.

In jüngster Zeit erfuhren primordiale Schwarze Löcher eine Renaissance. So beschrieben einige Theoretiker die Möglichkeit, dass das Universum viel massereichere Versionen dieser rätselhaften Objekte geschaffen haben könnte, die nicht die Masse eines kleinen Planeten, sondern vielleicht die von Dutzenden Sonnen besitzen.[5]

Wenn die Dunkle Materie im Universum aus primordialen Schwarzen Löchern mit einer Masse von 30 Sonnen bestünde, die viel weiter voneinander entfernt sind als die kleineren hypothetischen primordialen Schwarzen Löcher von früher, wären sie bei den Mikrogravitationslinsenmessungen übersehen worden.

Dieses Beispiel zeigt, was aus der theoretischen Forschung über Dunkle Materie geworden ist: Man lässt eine alte Idee wiederaufleben – oder noch besser, man entwickelt eine völlig neue Idee –, feilt so lange daran, bis sie nicht mehr im Widerspruch zu anerkannten wissenschaftlichen Erkenntnissen und Beobachtungen steht, stellt sicher, dass sie in sich konsistent ist, und schon ist man im Geschäft. Eine experimentelle Begründung brauchen Sie nicht; solange Ihr Vorschlag nicht völlig metaphysisch ist und das Potenzial hat, die Dunkle-Materie-Krise zu lösen, hat er eine gute Chance, in *Physical Review Letters* oder *The Astrophysical Journal* zu erscheinen. Und je länger Ihre Theorie überlebt, desto größer ist Ihre Überzeugung, dass Sie auf dem richtigen Weg sind.

Viele Theoretiker würden sagen, dass das in der Tat der beste Weg sei, um voranzukommen: keinen Stein auf dem anderen zu lassen. Im wissenschaftlichen Jargon: den verfügbaren theoretischen Parameterraum voll ausschöpfen. Aber wie man es auch nennen mag: Dieser Ansatz führt auch zu einer Fülle von weit hergeholten, spekulativen Vermutungen, von denen die allermeisten zwangsläufig falsch sind – schließlich gibt es nur eine Wahrheit.

Doch so funktioniert die Physik nun mal, und im Laufe der Jahre haben die Wissenschaftler eine ganze Reihe exotischer Konzepte entwickelt. Eines davon ist die „fuzzy" (unscharfe) Dunkle Materie, mit der sich Jerry Ostriker derzeit beschäftigt.[6]

Unscharfe Dunkle Materie soll aus Teilchen mit einer unglaublich geringen Masse von 10^{-22} eV bestehen. Aufgrund dieser verschwindend kleinen Masse würde die zugehörige Quantenwellenlänge der Teilchen – ihre „Unschärfe" aufgrund der Quantenmechanik – Tausende von Lichtjahren betragen. Das heißt, dass sich dieses hypothetische Zeug auf großen Skalen ganz anders verhalten würde als jede andere Form teilchenartiger Dunkler Materie, wodurch viele der in Kapitel 21 aufgezeigten Probleme gelöst würden. Es versteht sich von selbst, dass es keinerlei Chance gibt, Teilchen direkt nachzuweisen, die weniger als ein Billionstel eines Billionstels der Masse eines Elektrons wiegen – was übrigens gut für die Langlebigkeit der Theorie sein könnte.

Zu den weiteren neuen Theorien gehört die Idee der zerfallenden Dunklen Materie, die kürzlich vorgeschlagen wurde, um die sogenannte Hubble-Spannung zu entschärfen – die Tatsache, dass sich das Universum deutlich schneller auszudehnen scheint, als man aufgrund der Daten des kosmischen Mikrowellenhintergrunds erwarten würde.[7] Wenn die Teilchen der Dunklen Materie allmählich in eine Art „Dunkle Strahlung" zerfallen würden, nähme ihre gesamte Anziehungskraft mit der Zeit ab. Diese Verringerung der Anziehungskraft würde in Verbindung mit der beschleunigenden Wirkung der Dunklen Energie eine ausreichende Beschleunigung der kosmischen Expansion ermöglichen, um die relativ hohe Expansionsrate zu erklären, die Astronomen beobachtet haben.

Wenn aber die Dunkle Materie in Dunkle Photonen zerfällt, muss sie natürlich einer unbekannten Kraft unterliegen. Einige Physiker spekulieren deshalb sogar darauf, dass es nicht nur eine Art von Teilchen der Dunklen Materie gibt, sondern einen ganzen „verborgenen Sektor" aus Dunklen Teilchen, Dunklen Kräften und Dunklen, kraftübertragenden Bosonen, die auch als Dunkle Photonen bezeichnet werden. Schließlich ist die bekannte subatomare Welt – das Standardmodell – äußerst kompliziert und unelegant, warum sollte man also erwarten, dass die dunkle, verborgene Seite der Natur einfach und minimalistisch ist? Obendrein würde ein bevölkerter verborgener Sektor mit seiner eigenen Vielfalt an Teilchen und Wechselwirkungen eine Fülle neuer Möglichkeiten bieten, die seltsamen beobachteten Eigenschaften des Universums zu erklären.

Eine größere Vielfalt an hypothetischen Teilchen und Kräften wäre auch eine gute Nachricht für erfinderische Physiker, die Experimente entwerfen, mit denen die empirischen Beweise für die wilden Ideen der Theoretiker erbracht werden sollen. Eines dieser neuen Experimente ist ein Detektor namens ForwArd Search ExpeRiment (kurz: FASER), der 2022 am CERN in Betrieb genommen wurde.[8] „Während des nächsten Durchlaufs des Large Hadron Collider, der drei Jahre dauern wird, erwarten wir, dass FASER etwa 100 Dunkle Photonen aufspüren wird", sagt Jamie Boyd, Wissenschaftler am CERN.[9]

Als ich das CERN im Sommer 2019 besuchte, befand sich FASER noch in der frühen Bauphase – die Genehmigung war erst wenige

Abb. 24: FASER (ForwArd Search ExpeRiment), ein neuer Detektor des CERN, der nach Dunklen Photonen und anderen relativ langlebigen Teilchen suchen soll.

Monate vorher erfolgt. Einige der massiven Szintillatoren des Detektors (übrige Teile aus einem älteren Teilchenphysikexperiment am CERN) lagerte Boyd sogar noch in seinem Büro. Am Ende eines langen, schwach beleuchteten Korridors, weit hinter dem kleinen Büro, in dem Tim Berners-Lee Anfang der 1990er-Jahre das World Wide Web entwickelte, führte mich Boyd durch eine Maschinenhalle, in der Techniker Tests an empfindlichen Messmodulen für FASER durchführten – wiederum Bauteile, die eigentlich für andere Experimente entwickelt und gebaut worden waren.

Kurzlebige Teilchen, die beim Zusammenprall von Protonen im Large Hadron Collider entstehen, werden von den großen Detektoren des Colliders, vor allem ATLAS und CMS, aufgefangen. Was aber, wenn nach den Kollisionen zufällig auch Dunkle Photonen entstehen? Sie würden auf einer geraden Bahn tangential zur Kreisbahn des Colliders davonfliegen und erst nach einigen Hundert Metern in hochenergetische Elektron-Positron-Paare zerfallen – weit außerhalb der Teilchendetektoren.

Das 2,5 Millionen Dollar teure FASER-Experiment, an dem Boyd arbeitet, basiert auf einer Idee des Physikers Jonathan Lee Feng von der Universität von Irvine, Kalifornien, und wird in einem alten, verlassenen Tunnelabschnitt gebaut, der zufällig genau an der richtigen Stelle liegt, etwa 480 Meter vom ATLAS-Detektor entfernt. In einigen Jahren könnte FASER tatsächlich die Beweise für die Existenz von Dunklen Photonen oder anderen relativ langlebigen Teilchen liefern. Auf der Website des Projekts wird es BSM-Programm genannt, was für **B**eyond the **S**tandard **M**odel (Jenseits des Standardmodells) steht.

Eine weitere, etwas weiter hergeholte Idee ist die der supraflüssigen Dunklen Materie, die zuerst von Lasha Berezhiani, inzwischen am Max-Planck-Institut für Physik tätig, und Justin Khoury von der University of Pennsylvania entwickelt wurde.[10] So wie Wasser in verschiedenen Phasen existieren kann (als Dampf, Flüssigkeit und Eis), könnten auch extrem leichte, Axion-ähnliche Dunkle-Materie-Teilchen in mehreren Phasen existieren. Bei sehr niedrigem Druck würde sich dieses geheimnisvolle Zeug wie ein normales Gas aus Teilchen verhalten, die nur über die Schwerkraft miteinander wechselwirken. Aber in dichteren Regionen, wie in den Halos aus Dunkler Materie, die Galaxien umgeben, würde eine Art der Selbstwechselwirkung die Teilchen in ein Suprafluid verwandeln, das völlig andere Eigenschaften aufweist – ähnlich wie das reibungsfreie Verhalten von flüssigem Helium.

Spekulativ? Absolut. Doch das Attraktive an der Theorie ist, dass die Wechselwirkung von supraflüssiger Dunkler Materie mit normaler baryonischer Materie eine neue Kraft erzeugen würde, die mehr oder weniger wie die Schwerkraft wirkt. Und das ist auch der Grund, warum Hossenfelder von dieser Idee so angetan ist. „Die Menschen haben versucht, das Rätsel der Dunklen Materie entweder mit einer Art von Teilchen oder mit einer Form von modifizierter Schwerkraft zu lösen", sagt sie. „Die bei Weitem am meisten vernachlässigte Option ist eine Kombination aus beidem."

Wie bereits erwähnt funktioniert das ΛCDM-Modell – mit teilchenartiger Dunkler Materie – sehr gut auf kosmologischen Skalen, doch es versagt auf Skalen einzelner Galaxien, auf denen die modifizierte Newtonsche Dynamik (siehe Kapitel zwölf) viel passender ist. Allerdings, so Hossenfelder, könne MOND nicht die Antwort sein, denn diese Theorie erkläre weder die Eigenschaften von Galaxienhaufen noch den kosmischen Mikrowellenhintergrund. Außerdem gäbe es keine brauchbare relativistische Version der Theorie. Doch eine neue Kraft, die von supraflüssiger Dunkler Materie ausgeübt würde, könnte wie eine Form der modifizierten Schwerkraft auf galaktischen Skalen aussehen. Aus diesem Grund nennt sie Hossenfelder ein „Hochstaplerfeld".

„Die Beobachtungsdaten zeigen uns, dass es einen Bereich gibt, in dem die Dinge anders reagieren", sagt sie. „Es wäre ein Fehler, die Dunkle Teilchenmaterie und die modifizierte Schwerkraft als zwei konkurrierende Theorien zu betrachten, von denen jede mit allen Daten in Einklang gebracht werden muss." Wie sie in ihrem beliebten Blog „Backreaction" und auf ihrem YouTube-Kanal betont, würde man ja auch nicht versuchen, die Bernouilli-Gleichungen, die das Verhalten von fließenden Flüssigkeiten beschreiben, zu ändern, um die Eigenschaften von Eis zu erklären.[11] Sollte tatsächlich ein Phasenübergang stattfinden, müssen wir von zwei komplett verschiedenen Arten Dunkler Materie sprechen, die jeweils eine ganz eigene Beschreibung benötigen.

Sterile Neutrinos, Axionen, asymmetrische Dunkle Materie, unscharfe Dunkle Materie, mehrkomponentige Dunkle Materie, selbstwechselwirkende Dunkle Materie, suprafluide Dunkle Materie – neue theoretische Höhenflüge scheinen schneller aufzutauchen als mutierte Versionen eines tödlichen Virus. Doch ist das tatsächlich ein Zeichen des Fortschritts? Ein Anzeichen dafür, dass wir uns endlich der Lösung des größten Rätsels der Astrophysik nähern? Oder ist es nur die Bestätigung einer echten Krise, in der die Wissenschaftler verzweifelt nach einer Antwort suchen, die ihnen immer wieder entwischt? Vielleicht sind wir wie die blinden Männer in der Hindu-Fabel, die alles mit einer Mauer, einem Speer, einer Schlange, einem Baum, einem Fächer oder einem Seil zu erklären versuchen, ohne den Elefanten als das zu sehen, was er wirklich ist?

An der Universität von Amsterdam geht Erik Verlinde noch einen Schritt weiter. Er glaubt nicht, dass es überhaupt einen Elefanten gibt. Seiner Theorie der emergenten Gravitation zufolge gibt es keine Dunkle Materie.[12] Was wir als Gravitationswirkung des mysteriösen Dunklen Zeugs wahrnehmen, soll in Wirklichkeit die Wechselwirkung zwischen normaler Materie und der allgegenwärtigen Dunklen Energie sein. Die Dunkle Energie soll dabei aus den thermodynamischen Eigenheiten des kosmologischen Horizonts resultieren – dem „Rand" des beobachtbaren Universums. Falls das für Sie unverständlich klingt, seien Sie unbesorgt: Nur wenige Menschen sind mit der spontanen Schwerkraft vertraut, und selbst Verlinde räumt ein, dass es viele lose Enden gibt.

Zusammen mit seinem Zwillingsbruder Herman, der heute Stringtheoretiker an der Princeton University ist, studierte Erik Physik an der Universität Utrecht, wo der niederländische Nobelpreisträger Gerard 't Hooft sein Interesse an Schwarzen Löchern weckte. Damals war die Existenz dieser gefräßigen kosmischen Rätsel noch umstritten, doch Physiker wie Jacob Bekenstein, Hawking und 't Hooft hatten zahlreiche theoretische Forschungen über Schwarze Löcher durchgeführt. Insbesondere Hawking zeigte, dass sie aufgrund von Quanteneffekten in der Nähe des sogenannten Ereignishorizonts – der Entfernung, in der es unmöglich ist, der Schwerkraft eines Schwarzen Lochs zu entkommen – eine winzige Menge an Strahlung abgeben müssten. Bekenstein zeigte unterdessen, dass Schwarze Löcher eine gewisse Entropie (oder Unordnung) aufweisen müssen, die proportional zum Oberflächeninhalt des Ereignishorizonts ist. Und die Beziehung zwischen der Thermodynamik und der Schwerkraft Schwarzer Löcher war ein Schlüsselelement des holografischen Prinzips von 't Hooft, das zu kompliziert ist, um es hier im Detail zu beschreiben.

Die überraschende Verbindung zwischen Thermodynamik und Schwerkraft, die sich in den mathematischen Eigenschaften des Ereignishorizonts eines Schwarzen Lochs zeigt, führte Verlinde zu seiner Theorie der emergenten (oder entropischen) Gravitation. Aufbauend auf der Arbeit von Ted Jacobsen (jetzt an der Universität von Maryland) schlägt Verlinde vor, dass die Gleichungen von Einsteins Allgemeiner Relativitätstheorie – unsere beste Beschreibung der Schwerkraft – aus einigen zugrundeliegenden mikroskopischen Eigenschaften der Raumzeit abgeleitet werden können; genauso wie die Gesetze der Thermodynamik, die von Ludwig Boltzmann in den 1880er-Jahren formuliert wurden, aus der statistischen Mechanik abgeleitet werden können: dem kollektiven mikroskopischen Verhalten einer großen Anzahl von Teilchen.

Mit anderen Worten: Die Schwerkraft ist nicht mit den anderen bekannten Naturkräften vergleichbar – bezeichnenderweise ist sie auch nicht Teil des Standardmodells der Teilchenphysik –, sondern ergibt sich auf makroskopischer Ebene ganz natürlich aus den grundlegenderen Eigenschaften der Raumzeit; so wie die Temperatur eines Gases eine makroskopische physikalische Größe ist, die sich aus den zugrundeliegenden Eigenschaften und dem Verhalten von Billionen von Molekülen ergibt. „Wenn man die statistische Mechanik versteht, versteht man auch die Thermodynamik", sagt Verlinde. „Ebenso würden wir die Schwerkraft verstehen, wenn wir die Raumzeit vollständig verstünden."

Und das ist noch nicht alles. Nach Bekenstein und Hawking hat der Ereignishorizont eines Schwarzen Lochs – die „Oberfläche", über die hinaus keine Informationen zu uns gelangen können – eine bestimmte Temperatur, die mit seiner Entropie zusammenhängt. Nach Verlinde müsste das auch für den kosmologischen Horizont gelten. Und so wie sich die Temperatur des Ereignishorizonts eines Schwarzen Lochs auf das sichtbare Universum in Form von Hawking-Strahlung auswirkt, hinterlassen die thermodynamischen Eigenschaften des kosmologischen Horizonts ihre Spuren im sichtbaren Universum in Form von Dunkler Energie.

Was ist also mit der Dunklen Materie? Unnötig, sagt Verlinde. Was Astrophysiker als Gravitationswirkung der Dunklen Materie interpretieren, sei in Wirklichkeit das Ergebnis einer Wechselwirkung zwischen dieser völlig neuen Beschreibung der Dunklen Energie und der baryonischen Materie im Universum. Interessanterweise stimmen Verlindes vorläufige Berechnungen ziemlich genau mit den Ergebnissen der eher ad hoc aufgestellten Theorie der modifizierten Newtonschen Dynamik überein. „Ich kann sicherlich nicht alles erklären", sagt er, „aber das bedeutet nicht unbedingt, dass die Idee falsch ist."

Bislang ist seine Theorie noch sehr unausgereift und hat noch nicht viele Anhänger. Ein Teil des Problems ist, dass sie so viele kosmologische Lehrmeinungen infrage stellt. Zum Beispiel, wie Verlinde trocken anmerkt, „passt das ganze Konzept des Urknalls nicht wirklich zu meiner Idee". Aber wer weiß, vielleicht ist in Krisenzeiten eine komplette Neuausrichtung der beste Ausweg, genauso wie die COVID-19-Pandemie eine globale Neuausrichtung von Wirtschaft, Gesellschaft und Gesundheitssystemen erforderte.

Als ich das Institut für Theoretische Physik der Universität Amsterdam verlasse, geht die Sonne bereits unter. Draußen wird es dunkel, es regnet. Ich bin deprimiert – niemand weiß, wie lange der Lockdown noch andauern wird. Auch hier gibt es eine düstere Ähnlichkeit zum Rätsel der Dunklen Materie in der Kosmologie. Wird es jemals enden?

Doch schon fünf Tage später sieht die Lage weniger düster aus. Eine Großmutter aus Großbritannien ist die erste Person auf der Welt, die den neu entwickelten Impfstoff von Pfizer/BioNTech erhalten hat. Während in den nächsten Wochen immer mehr Menschen gegen das Coronavirus geimpft werden, wird mir klar, dass es für jede Krise einen Ausweg gibt und dass die Wissenschaft niemals aufgibt.

Wie Robert Kennedy einmal sagte: „Die Zukunft ist kein Geschenk, sie ist eine Errungenschaft".

25. DAS UNSICHTBARE SICHTBAR MACHEN

An der Ostfassade eines großen, weißen Gebäudes befindet sich eine kleine Tür. Auf der Tür steht ein kleines Schild mit der Aufschrift „Salle Blanche Euclid" (Reinraum Euclid). Darunter hat jemand einen Zettel mit einer handschriftlichen Aufforderung geklebt: „Bien fermer la porte – Merci" (Tür bitte fest schließen – danke). Im Inneren des Gebäudes nimmt das nächste Weltraumteleskop der Europäischen Weltraumorganisation Gestalt an.

Es dauert 40 Minuten mit den öffentlichen Verkehrsmitteln vom historischen Place du Capitole im belebten Zentrum von Toulouse bis zum Flugzeughersteller Airbus Defence and Space in der Rue des Cosmonautes.[1] Zehn Minuten später führt mich Projektleiter Laurent Brouard durch den Hightech-Reinraum, in dem zwei Kameras – der Visual Imager sowie das Near-Infrared Spectrometer and Photometer – getestet werden. Beide Kameras sind Teil der Euclid-Mission, einer sechsjährigen Operation, bei der die empfindlichen Instrumente über ein Drittel des Himmels und Milliarden von Galaxien bis zu einer Entfernung von zehn Milliarden Lichtjahren abbilden werden. Das Ziel: die Geometrie des Universums zu kartieren, um Dunkle Energie und Dunkle Materie besser zu verstehen.

Die 800 Millionen Dollar teure Euclid-Mission, benannt nach dem griechischen Begründer der Geometrie, sollte Ende 2022 starten.[2] „Leider kam es aufgrund der COVID-19-Pandemie zu einigen Monaten Verzögerung", erklärt mir Brouard in seinem schweren französischen Akzent. (Das Euclid-Weltraumteleskop wurde schließlich am 1. Juli 2023 gestartet und erreichte am 28. Juli 2023 seinen Zielort im Lagrange-Punkt L2.)

Gekleidet wie die Mitarbeiter einer Intensivstation betreten wir einen dunklen, hochreinen Teil des „salle blanche", in dem das Siliziumkarbid-Nutzlastmodul von Euclid zusammengebaut wird. Mit

Abb. 25: Künstlerische Darstellung des Euclid-Weltraumteleskops der Europäischen Weltraumorganisation (ESA). Euclid wurde am 1. Juli 2023 gestartet und wird die Form sowie die räumliche Verteilung von Milliarden von Galaxien untersuchen.

Lasern und Interferometern überprüfen Techniker die Ausrichtung der silbernen Spiegel des Weltraumteleskops bis auf den Mikrometer, von denen der größte einen Durchmesser von 1,2 Metern hat.

„Gerade montieren wir die Abschirmung des Teleskops", sagt Brouard. „Tatsächlich sind Sie einer der letzten Menschen, die den Hauptspiegel noch zu sehen bekommen". Ein seltsamer Gedanke: In einigen Jahren wird diese glänzende, auf 50 Nanometer genau polierte Oberfläche Milliarden Jahre alte Photonen von weit entfernten Galaxien reflektieren und es den Astronomen ermöglichen, die dreidimensionale Verteilung der Dunklen Materie und die Expansionsgeschichte des Universums zu kartieren. Schwache Gravitationslinsen, verzerrte Galaxienbilder, akustische Baryonenschwingungen, die beschleunigte Expansion des leeren Raumes – ich frage mich, was Euklid von Alexandria über all das gedacht hätte.

Euclid – das Weltraumteleskop – baut zwar auf den Erfahrungen auf, die bei bodengestützten Projekten wie dem schon erwähnten

2dF Galaxy Redshift Survey, dem Sloan Digital Sky Survey, dem Kilo-Degree Survey, dem Dark Energy Survey und dem Hyper Suprime-Cam Survey gesammelt wurden. Doch von seinem Aussichtspunkt im Weltraum aus, der sich von der Sonne aus gesehen 1,5 Millionen Kilometer hinter der Erde befindet, wird das europäische Weltraumobservatorium nicht durch atmosphärische Turbulenzen beeinträchtigt. Mehr noch: Es kann das ferne Universum rund um die Uhr beobachten und ist damit wesentlich effizienter als erdgebundene Teleskope.

Bald schon soll Euclid sogar von einem amerikanischen Gegenstück Gesellschaft bekommen: Der Start des Nancy Grace Roman Space Telescope – früher bekannt als WFIRST (**Wi**deField **I**nfra**R**ed **S**pace **T**elescope) – ist für 2027 geplant.[3] Benannt nach Nancy Grace Roman, der ersten Leiterin für Astronomie- und Relativitätsprogramme der NASA und „Mutter des Hubble-Weltraumteleskops", verfügt das neue Teleskop über einen Primärspiegel, der so groß ist wie der des berühmten Hubble Space Telescope (2,4 Meter), jedoch ein deutlich größeres Sichtfeld hat. Seine 300-Megapixel-Kamera wird zwar weniger kosmische Fläche als Euclid abdecken, dafür aber in größerer Tiefe und bei einem breiteren Spektrum von Wellenlängen beobachten, was die Untersuchung von schwachen Gravitationslinsen, der kosmischen Scherung und akustischen Baryonen-Oszillationen ermöglicht.

Die gleiche Art von Beobachtungen wird auch im Mittelpunkt des Legacy Survey of Space and Time stehen, der mit dem 8,4-Meter-Simonyi-Survey-Teleskop am Vera-C.-Rubin-Observatorium in Chile durchgeführt wird (siehe Kapitel sechs). Zusätzlich werden all diese zukünftigen Projekte stark vom neuen **Dark Energy Spectroscopic Instrument (DESI)** profitieren, das auf dem Vier-Meter-Mayall-Teleskop am Kitt Peak National Observatory in der Nähe von Tucson, Arizona, montiert ist. Während Farbbeobachtungen von

Euclid, Roman und dem Rubin-Observatorium die sogenannte photometrische Rotverschiebung sowie eine grobe Schätzung der Entfernung einer Galaxie liefern, werden die detaillierten spektroskopischen Messungen von DESI präzise Rotverschiebungen und Entfernungen für Dutzende Millionen entfernter Galaxien und Quasare in einem Drittel unseres Himmels liefern.[4]

Die Kombination der Daten verschiedener boden- und weltraumgebundener Geräte ermöglicht es den Astronomen, eine dreidimensionale Karte eines wesentlichen Teils des beobachtbaren Universums zu erstellen. Dabei erlaubt die Untersuchung des Wachstums akustischer Baryonenschwingungen im Laufe der Zeit – jene Muster, die der kosmischen Massenverteilung rund 380.000 Jahre nach dem Urknall aufgeprägt wurden – Rückschlüsse auf die Expansionsgeschichte des Universums, was wiederum Rückschlüsse auf das Verhalten der Dunklen Energie zulässt. Zudem kann mithilfe schwacher Gravitationslinsen sowie der kosmischen Scherung untersucht werden, wie die ungleichmäßige Massenverteilung zwischen fernen Galaxien und der Erde die Form dieser Galaxien verändert. Das gibt Aufschluss darüber, wo im Raum Dunkle Materie zu finden ist.

Während ich dieses Buch schreibe, wird das Euclid-Teleskop für abschließende Tests vorbereitet, die Arbeiten am Roman-Weltraumteleskop stehen kurz vor dem Beginn, der Bau des Vera-Rubin-Observatoriums auf dem Cerro Pachón ist fast vollendet und bei DESI ist alles bereit für die fünfjährige spektroskopische Durchmusterung. (Mittlerweile sendet das Euclid-Teleskop bereits seit über einem Jahr Bilder an die Erde, während das Vera-C.-Rubin-Observatorium in der zweiten Jahreshälfte von 2024 mit der Durchmusterung beginnen soll. DESIs „first light" fand im Jahr 2019 statt.) Zusätzlich wird das Universum von empfindlichen Gravitationswellendetektoren überwacht; das James-Webb-Weltraumteleskop ist bereits im All, europäische Astronomen bauen das Extremely Large Telescope und das

Square Kilometre Array – das größte Radioobservatorium aller Zeiten – wird in Australien und Südafrika errichtet. Gar nicht so einfach, den Überblick über all die neuen Projekte zu behalten. Astrophysiker lassen keine Gelegenheit aus, jedem Photon, das sie in die Finger bekommen, neue Informationen über die dunkle Seite des Universums abzuringen.

Doch wenn man etwas über die zeitliche Entwicklung der Dunklen Energie und die räumliche Verteilung der Dunklen Materie lernt, weiß man noch immer nicht, womit wir es eigentlich zu tun haben. Wir studieren immer noch Fußabdrücke im Schlamm; immer detaillierter, aber ohne die unsichtbare Person wirklich zu identifizieren, die sie hinterlässt. Wenn man die wahre Natur der Dunklen Materie enthüllen will – wenn man den Unsichtbaren wirklich „sehen" will – reichen irdische Teleskope und weltraumgestützte Observatorien nicht aus, egal wie leistungsfähig sie sind. Die Zukunft der Dunkle-Materie-Forschung wird ebenso sehr von Teilchenphysikern wie von Astrophysikern bestimmt (oder errungen, wenn Sie so wollen). „Das neue Motto sollte sein: ‚Kein Stein darf auf dem anderen bleiben'", so die Teilchenphysiker Gianfranco Bertone und Tim Tait in einem *Nature*-Review-Artikel von 2018.[5]

In ihren unterirdischen Höhlen und Tunneln verfolgen die Jäger der Dunklen Materie die gleiche Strategie wie die Astronomen, die den Himmel beobachten: Wenn man etwas sucht, aber nicht findet, baut man einfach ein größeres, empfindlicheres und effizienteres Instrument. Das hat bei Neutrinos und Quarks funktioniert; es hat bei Schwarzen Löchern, extrasolaren Planeten und Gravitationswellen funktioniert, und es hat beim Higgs-Boson funktioniert. Einen offensichtlichen Grund, weshalb es bei Dunkler Materie nicht funktionieren sollte, gibt es also nicht. Und wer weiß, vielleicht liegt die bahnbrechende Entdeckung gerade einfach noch jenseits des Horizonts unserer derzeitigen technischen Möglichkeiten.

Laura Baudis jedenfalls hofft darauf, auch wenn sie weiß, dass „die Natur sich nicht wirklich um unsere Hoffnungen schert", wie sie sagt.[6] Die Teilchen-Astrophysikerin an der Universität Zürich ist Sprecherin der DARWIN-Kollaboration, einer Gruppe von etwa 170 Wissenschaftlerinnen und Wissenschaftlern aus mehr als 30 Instituten in Europa und den USA. Ihr Ziel: den ultimativen Flüssig-Xenon-Detektor für Dunkle Materie zu bauen, der die derzeit modernsten Detektoren – den XENONnT in Italien, den LUX-ZEPLIN in South Dakota und PandaX-4T in China – in den Schatten stellt. Wenn die Genehmigung erteilt wird, so Baudis, könnte der Bau der 150 Millionen Dollar teuren Anlage 2024 beginnen, vermutlich im Gran-Sasso-Labor, und die ersten wissenschaftlichen Ergebnisse würden dann für das Jahr 2027 erwartet.[7]

Baudis erinnert sich, wie sie eines Tages auf dem Flughafen Zürich saß und ein Flugzeug einer kleinen regionalen Fluggesellschaft namens Darwin bemerkte. „Der Name gefiel mir sofort", sagt sie. „Damals wussten wir noch nicht, ob der neue Detektor flüssiges Xenon oder flüssiges Argon verwenden würde und DARWIN wurde zu einem Akronym für DARk matter WIMP search with Noble liquids." (Die Fluggesellschaft ist übrigens Ende 2017 in Konkurs gegangen.) Ausgestattet mit 50 Tonnen flüssigem Xenon wird DARWIN eine noch nie dagewesene Empfindlichkeit haben, die ausreicht, um Wechselwirkungen zwischen Teilchen der Dunklen Materie zu registrieren, die aufgrund ihrer Seltenheit von aktuellen Detektoren noch nicht gemessen werden können. „Es wäre irgendwie verrückt, diese Lücke nicht zu schließen", sagte Baudis der *Nature*-Reporterin Elizabeth Gibney.[8] „Künftige Generationen würden uns dann vielleicht fragen, warum wir das nicht gemacht haben."

Letztendlich werden jedoch die Neutrinos die Tür zum direkten Nachweis von WIMPs schließen. Denn sowohl Neutrinos von der Sonne als auch „atmosphärische Neutrinos", die durch kosmische

Strahlung erzeugt werden, stellen ein schwaches, aber beständiges Hintergrundsignal dar, gegen das keine einzelne Technologie etwas ausrichten kann. Sollten die seit Langem gesuchten Wechselwirkungen mit Dunkler Materie so selten sein, dass sie von diesem Neutrino-Hintergrund überschattet werden, stoßen die Physiker „auf den Neutrinoboden der Tatsachen", wie sie es nennen – und der direkte Nachweis von WIMPs wird unmöglich sein. Sollte DARWIN jedoch die Dunkle Materie entdecken, bevor sie auf den Neutrino-Hintergrund stößt, so Baudis, würde das den Bau eines noch größeren Instruments rechtfertigen, das die Materie im Detail untersuchen kann. „Aber das wäre dann wirklich das Ende der Fahnenstange. Wenn es keine solche Entdeckung gibt, wird DARWIN das Letzte seiner Art sein."

Natürlich könnte die Lösung des Rätsels um die Dunkle Materie auch in anderen Arten von Detektoren liegen, die sich nicht auf WIMPs, sondern auf andere mögliche Teilchenkandidaten konzentrieren. Künftige große Neutrino-Experimente wie der Hyper-Kamiokande in Japan, das Jiangmen Underground Neutrino Observatory in China und das Deep Underground Neutrino Experiment in der alten Homestake-Goldmine in South Dakota könnten mehr Licht auf die Massen der drei Neutrino-Sorten sowie auf die mögliche Existenz eines unsichtbaren, warmen Dunkle-Materie-Ozeans aus viel schwereren, sterilen Neutrinos werfen.[9] Und während das ADMX-Experiment in Seattle, das in Kapitel 23 beschrieben wird, bisher noch gar keine Axion-ähnlichen Teilchen gefunden hat, bereiten Wissenschaftler schon ein viel größeres und empfindlicheres internationales Axion-Observatorium vor. Die Hauptaufgabe des Observatoriums wird die Suche nach Axionen von der Sonne sein, doch es könnte genauso gut Axionen der Dunklen Materie im Halo der Milchstraße aufspüren.[10]

Nach meinem Besuch im Euclid-Reinraum genieße ich ein Glas Wein auf einer der Terrassen am Place du Capitole, umgeben von den charakteristischen roten Backsteinbauten von Toulouse. Erneut versuche ich mir vorzustellen, wie Millionen Teilchen Dunkler Materie in jeder Sekunde durch jeden Quadratzentimeter meines Körpers strömen. Unbemerkt, unsichtbar, geheimnisvoll. Eine allgegenwärtige und geisterhafte Substanz, die unseren Planeten, unser Sonnensystem, die Milchstraße und jeden Winkel unseres expandierenden Universums durchdringt. Und die Wissenschaftler haben keinen blassen Schimmer von der wahren Identität dieses Stoffes.

Innerhalb weniger Generationen haben wir den begrenzten Platz der Menschheit in Raum und Zeit entdeckt. Wir haben das Innere der Erde kartiert, das Geheimnis der Energiequelle der Sonne gelüftet und wir haben einen Blick in den Kern von Atomen geworfen. Wir haben den genetischen Code unserer DNS entschlüsselt, haben gelernt, was ansteckende Viren sind und wie man sie bekämpft. Wir haben sogar künstliche Intelligenz geschaffen. Doch trotz jahrzehntelanger Bemühungen ist es den brillantesten Wissenschaftlern dieser Welt bisher nicht gelungen, eine der grundlegendsten Fragen zu beantworten, die wir uns je gestellt haben: Woraus besteht das materielle Universum?

Vielleicht jagen wir einer Chimäre hinterher, wie Mordehai Milgrom und Erik Verlinde glauben – eine teilchenhafte der Dunklen Materie existiert vielleicht gar nicht. Es ist durchaus möglich, dass wir nicht den richtigen Ansatz verfolgen; wie Sabine Hossenfelder sagt, müssen wir aus dem „hohlen Kreislauf der theoretischen Erfindung neuer Dinge, dem Bau neuer Detektoren, um nach ihnen zu suchen, und dem anschließenden Finden von Nichts, immer und immer wieder – eine Verschwendung von Zeit und Geld" aussteigen. Und wer weiß, vielleicht sind wir einfach nicht richtig ausgestattet, um die Natur auf ihrer tiefsten Ebene zu verstehen. Eine Eidechse wird schließlich nie die Thermodynamik verstehen und von einem Hund erwarten wir auch nicht, dass er die Gleichungen der Quantenmechanik löst – warum sollte der Homo sapiens also das erste Tier sein, das die Funktionsweise des Universums vollständig begreift? Schließlich ist die Natur nicht verpflichtet, für unser mickriges 1300-Gramm-Gehirn verständlich zu sein.

Doch trotz aller Rückschläge, Zweifel, Nullergebnisse und Sackgassen geben die Wissenschaftler nicht auf. Wenn das aktuelle Experiment keine Lösung bringt, dann vielleicht das nächste oder das danach. Wir könnten der Natur nicht vorschreiben, wie sie sich zu verhalten hat, sagt Baudis, „aber wir dürfen die Hoffnung nicht aufgeben. Es gibt viele Beispiele dafür, dass es Jahrzehnte gedauert hat, bis sich theoretische Vorhersagen durch Beobachtungen bestätigt haben. Als Experimentalphysiker kann man nicht nur im Hier und Jetzt leben – man bereitet sich auch immer schon auf die nächste Phase vor."

Die Teilchenphysikerin Suzan Başeğmez vom Nationalen Institut für subatomare Physik (Nikhef) in Amsterdam ist noch freimütiger.[11] Başeğmez wurde in der Türkei geboren, zwei Jahre nachdem Jim Peebles seine bahnbrechende Arbeit über nicht-baryonische kalte Dunkle Materie veröffentlicht hatte. 2007 wechselte sie zum CERN; seit 2018 lebt und arbeitet sie in den Niederlanden. „Die Dunkle Materie ist eines der größten Rätsel der modernen Wissenschaft", sagt sie, „und deshalb geben wir niemals auf. Ich hoffe wirklich, dass das Problem innerhalb der nächsten zehn Jahre gelöst wird. Wenn wir bis dahin immer noch mit leeren Händen dastehen, müssen wir uns vielleicht etwas Neues einfallen lassen. Oder neue Experimente entwerfen."

Başeğmez ist Teil von drei Kollaborationen, die bei der Lösung des Rätsels eine Rolle spielen könnten. Ihre Experimente suchen am Boden, im Ozean und hoch über unseren Köpfen nach Anzeichen der Dunklen Materie: Am CERN könnte der CMS-Detektor eines Tages Teilchen der Dunklen Materie in den Trümmern von Protonenkollisionen entdecken. Im Mittelmeer bauen europäische Institute den Unterwasser-Neutrino-Detektor KM_3NeT, der Neutrinos aufspüren könnte, die bei der Annihilation oder dem Zerfall von Teilchen der Dunklen Materie entstehen.[12] Und Sam Tings Alpha Magnetic Spectrometer (AMS) an Bord der Internationalen Raumstation sammelt seit seiner spektakulären und teuren Reparatur Ende 2019 und Anfang 2020 noch für viele Jahre die Daten der kosmischen Strahlung und findet möglicherweise sogar Beweise für die Annihilation Dunkler Materie im Universum.

„Gleichzeitig an drei Experimenten zu arbeiten, macht es einfacher, die verschiedenen Messungen zu kombinieren und die Daten in Beziehung zueinander zu bringen", sagt Başeğmez. „Zum Beispiel können uns die AMS-Daten anhand verschiedener theoretischer Modelle Aufschluss darüber geben, welche Art von Neutrino-Signal wir in KM_3NeT zu erwarten haben." Gleichzeitig bleibt sie hoffnungsvoll, dass Experimente zum direkten Nachweis wie XENONnT, LUX-ZEPLIN und DARWIN in naher Zukunft ein WIMP-ähnliches Teilchen der Dunklen Materie aufspüren könnten. Was die Produktion Dunkler Materie in Teilchenbeschleunigern angeht, so freut sie sich auf den Future Circular Collider, eine geplante Multimilliarden-Dollar-Anlage, die fast viermal größer und siebenmal leistungsfähiger ist als der Large Hadron Collider des CERN. „Er wird definitiv sehr nützlich für die Erforschung Dunkler Materie sein", sagt sie. „Im Grunde haben wir keine Idee, was wir erwarten dürfen, aber ich bin nicht der Typ, der aufgibt."

Und dann gibt es noch die erfinderischen Wissenschaftler, die völlig neue Wege gehen, um Dunkle Materie aufzuspüren – Methoden, die vorher nicht möglich waren, weil die Technologie nicht weit genug fortgeschritten war und in einigen Fällen immer noch nicht ist. So glauben einige Physiker, aufbauend auf einer alten Idee von Daniel Snowden-Ifft, Eric Freeman und Bruford Price, dass sich in bestimmten unterirdischen Mineralien fossile Spuren von Teilchen der Dunklen Materie finden lassen.[13] Eine WIMP-Wechselwirkung würde einem Atomkern einen kleinen Anstoß geben, erklärt Sebastian Baum von der Stanford University, und der energetische Kern würde die Kristallstruktur des Minerals durcheinander bringen und eine erkennbare mikroskopische Spur von höchstens einigen zehn Nanometern Länge hinterlassen. „In Tiefen von mehr als fünf Kilometern, die von der kosmischen Strahlung völlig abgeschirmt sind, könnten sich solche verräterischen Spuren über Hunderte von Millionen von Jahren angesammelt haben", sagt Baum. „Es braucht Zeit, die Menschen zu überzeugen, und das Verfahren ist noch nicht erprobt, doch ‚Paläodetektoren' könnten schon in zehn Jahren Realität sein."[14]

Eine noch größere Herausforderung ist der Gravitationskopplungsdetektor, der vom Dunkle-Materie-Jäger Rafael Lang und seinem Team an der Purdue University entwickelt wird. Mithilfe einer Matrix aus vielen Millionen winziger Zepto-Newton-Sensoren, die auf unglaublich kleine Kräfte reagieren – ein Zepto-Newton oder 10^{-21} N entspricht etwa einem Zehnmillionstel des Gewichts einer typischen Bakterie –, könnte es möglich sein, die Gravitationswirkung eines vorbeiziehenden Teilchens der Dunklen Materie nachzuweisen; vorausgesetzt, der Verursacher ist extrem massereich, wie einige spekulative Theorien nahelegen. „Wir sind uns alle einig, dass es ein bisschen verrückt ist", sagte Lang dem Journalisten Adam Mann im Jahr 2020, „aber ich denke, jeder wird eine andere Vorstellung davon haben, wie verrückt es tatsächlich ist."[15]

„Verrückt" ist vielleicht das beste Wort, um das Rätsel um die Dunkle Materie zu beschreiben. Verrückt und in den Wahnsinn treibend. Im Mai 2022 ist es genau ein Jahrhundert her, dass Jacobus Kapteyn in seinem bahnbrechenden Artikel im *Astrophysical Journal* der Welt die Dunkle Materie, wie wir sie kennen, vorstellte. Seitdem haben Astronomen die Sterne, Galaxien und Sternhaufen immer genauer untersucht. Ihr Bestreben, die materielle Zusammensetzung des Universums zu enträtseln, hat zur Urknalltheorie, zum Verständnis der Nukleosynthese in den ersten Minuten der kosmischen Geschichte und zur Entdeckung des kosmischen Mikrowellenhintergrunds geführt. Forscher maßen die Rotation von Galaxien, erstellten 3D-Karten des Universums und simulierten das Wachstum von Strukturen im großen Maßstab mithilfe von Supercomputern. Gravitationslinsen und weit entfernte Supernova-Explosionen boten neue Möglichkeiten, die Verteilung der Materie und die sich beschleunigende Expansion des leeren Raums zu untersuchen.

Währenddessen entdeckten Teilchenphysiker die Neutrinos, die Antimaterie, Quarks und kraftübertragende Bosonen, die Kapteyn und seine Zeitgenossen noch gar nicht kannten. Die Forscher entwickelten das erfolgreiche Standardmodell und bauten immer größere Teilchenbeschleuniger und unterirdische Detektoren, um dessen Vorhersagen zu testen und nach Abweichungen zu suchen, die auf die Existenz unbekannter Teilchen hindeuten. Ihre experimentellen Erkundungen haben Enthüllungen über die subatomare Welt hervorgebracht, und ihre theoretischen Bemühungen könnten eines Tages zu einer fruchtbaren Verbindung von Allgemeiner Relativitätstheorie und Quantenmechanik führen – dem Heiligen Gral der fundamentalen Physik.

Doch die wahre Natur der Dunklen Materie ist noch immer ein Rätsel. Trotz der Bemühungen vieler Hunderter hartnäckiger Wissenschaftler, Petabytes an Daten und Tausender aufwendiger Veröffentlichungen haben wir von mehr als 80 Prozent des materiellen Universums noch immer keine Ahnung. Wir spüren das Flattern eines Ohrs und die Schärfe eines Stoßzahns. Wir hören das Stampfen eines Fußes und das Schnauben eines Rüssels. Vor allem aber erleben wir die gewaltige Masse. Doch vom Elefanten selbst haben wir keinen blassen Schimmer.

Und vielleicht ist das in Ordnung. Vielleicht ist die jahrzehntelange Suche nach Dunkler Materie der bestmögliche Katalysator für die wissenschaftliche Erforschung, sowohl des Makro- als auch des Mikrokosmos – ganz so, wie die Suche nach außerirdischem Leben die Planetenforschung, die Astrochemie und die Suche nach extrasolaren Planeten inspiriert hat. Selbst wenn wir das Ziel nie erreichen, gibt es auf dem Weg dorthin unglaubliche Ausblicke zu genießen.

Dunkle Materie beherrscht unser Universum. Ohne sie wären wir wahrscheinlich nicht hier, um uns über die Natur des Kosmos zu wundern. Und damit einher geht, dass wir nie damit aufhören werden, nach Antworten zu suchen. Auf die eine oder andere Weise bestimmt sie, wer wir sind.

DANKSAGUNG

Viele Menschen haben mir geholfen, dieses Buch zu realisieren. Zunächst danke ich meinen Agenten, Peter Tallack von der Science Factory, und Janice Audet von der Harvard University Press für ihr Vertrauen, ihren Enthusiasmus und ihre Unterstützung. Ebenso bin ich den beiden anonymen Gutachtern, die meinen Manuskriptentwurf auf sachliche Fehler und Ungereimtheiten überprüft haben, sehr dankbar für ihre Anmerkungen. Mein Dank geht außerdem an Simon Waxman für die sorgfältige Verbesserung von Stil und Grammatik meines ursprünglichen Manuskripts. Und ich danke Avi Loeb für das Schreiben des Vorworts.

Vor allem aber möchte ich den vielen Astrophysikern, Radioastronomen, Kosmologen, Teilchenphysikern, Theoretikern, Computerfachleuten und Instrumentenbauern danken, die mich großzügig in ihren Forschungseinrichtungen herumgeführt, ihre Geschichten und Gedanken mit mir geteilt und mir geholfen haben, das Manuskript zu verbessern. Natürlich sind alle verbleibenden sachlichen Fehler meine eigene Schuld. Insbesondere danken möchte ich Bob Abraham, Charles Alcock, Elena Aprile, Eric Aubourg, Suzan Başeğmez, Laura Baudis, Sebastian Baum, Melissa van Beekveld, Rita Bernabei, Gianfranco Bertone, Albert Bosma, Jamie Boyd, Laurent Brouard, Douglas Clowe, Dan Coe, Auke Pieter Colijn, Patrick Decowski, Eleonora Di Valentino, Pieter van Dokkum, George Efstathiou, Daniel Eisenstein, John Ellis, Sandra Faber, Kent und Ellen Ford, Katherine Freese, Carlos Frenk, Rick Gaitskell, Amina Helmi, Dan Hooper, Sabine Hossenfelder, Koen Kuijken, Eric Laenen, Avi Loeb, Jennifer Lotz, Reina Maruyama, Stacy McGaugh, Daan Meerburg, Mordehai Milgrom, Jerry Ostriker, Mercedes Paniccia, Marcel Pawlowski, Jim Peebles, Tristan du Pree, Joel Primack, Morton Roberts, Diederik Roest, Gray Rybka, Joop Schaye, Jacques und Renee Sebag, Seth Shostak, Tracy

Slayter, Markus Steidl, Jaco de Swart, Samuel Ting, Erik Verlinde, Ivo van Vulpen, Simon White, dem verstorbenen Hugo van Woerden, Alfredo Zenteno und Kathryn Zurek.

Teile des Kapitels 22 wurden erstmals als „Constant Controversy" (Ständiger Streit) in der Juni-Ausgabe 2019 von *Sky & Telescope* veröffentlicht. Sie werden hier mit Genehmigung wiedergegeben.

QUELLENANGABEN

1. Materie, aber nicht, wie wir sie kennen

1. James Peebles, Interview mit dem Autor, 17. Januar 2020, Princeton University.
2. James Peebles, Interview mit Martin Harwit, 27. September 1984, Princeton University, Oral History Interviews, American Institute of Physics, https://www.aip.org/history-programs/niels-bohr-library/oral-histories/4814.
3. P. J. E. Peebles, *Physical Cosmology* (Princeton: Princeton University Press, 1971).
4. P. J. E. Peebles, „How Physical Cosmology Grew", Nobelpreis-Vorlesung, 8. Dezember 2019, https://www.nobelprize.org/prizes/physics/2019/peebles/lecture.
5. James Peebles, „Nobel Prize in Physics 2019: Official Interview", Telefoninterview mit Adam Smith, 6. Dezember 2019, https://www.nobelprize.org/prizes/physics/2019/peebles/interview.

2. Phantome des Untergrunds

1. Laboratori Nazionali del Gran Sasso (LNGS), https://www.lngs.infu.it/en.
2. Rafael Lang, „The XENON Experiment: Enlightening the Dark", Xenon Dark Matter Project, 14. April 2017, http://www.xenonit.org.

3. H. G. Wells, *Der Unsichtbare* (London: C. Arthur Pearson, 1897).
4. Ich besuchte L'Aquila und die Laboratori Nazionali del Gran Sasso am 4. und 5. November 2019.
5. Borexino ist die italienische Verkleinerungsform von BOREX, das **BOR**on solar neutrino **EX**periment.
6. CUPID: CUORE Upgrade with Particle IDentification, wobei CUORE für Cryogenic Underground Observatory for Rare Events steht; VIP: VIolation of the Pauli exclusion principle; COBRA ist eine Abkürzung für Cadmium-Zinc-Telluride O-neutrino double-Beta Research Apparatus; GERDA: **GER**manium **D**etector **A**rray.
7. CRESST: Cryogenic Rare Event Search with Superconducting Thermometers; DAMA: **DA**rk **MA**tter Experiment (siehe Kapitel 19); COSINUS: Cryogenic Observatory for SIgnatures seen in Next-generation Underground Searches.

3. Die Pioniere

1. Ein kompakter historischer Überblick über die Dunkle Materie findet sich in G. Bertone und D. Hooper, „History of Dark Matter", *Reviews of Modern Physics* 90, Nr. 4 (2018), doi: 10.1103/RevModPhys.90.045002.
2. Eine wenig technische Biografie von Kapteyn schrieb P. C. van der Kruit, *Pioneer of Galactic Astronomy: A Biography of Jacobus C. Kapteyn* (New York: Springer, 2021).
3. J. C. Kapteyn, „First Attempt at a Theory of the Arrangement and Motion of the Sidereal System", *The Astrophysical Journal*, Nr. 55 (1922): 302, doi: 10.1086/142670. Der Begriff „matière obscure", französisch für Dunkle Materie, wurde bereits 1906 von Henri Poincaré verwendet, der versuchte, die Vorstellung zu widerlegen, dass Dunkle Materie einen bedeutenden Teil des Universums ausmacht.
4. W. Thomson, *Baltimore Lectures on Molecular Dynamics and the Wave Theory of Light* (London: C. J. Clay and Sons, 1904), https://archive.org/details/baltimorelectureookelviala.

5. Kapteyn, „First Attempt at a Theory of the Arrangement and Motion of the Sidereal System", 302. Kursivdruck im Original.
6. Eine wenig technische Biografie von Oort schrieb P. C. van der Kruit, *Master of Galactic Astronomy: A Biography of Jan Hendrik Oort* (New York: Springer, 2021).
7. J. H. Oort, „The Stars of High Velocity" (Dissertation, Universität Grangen, 1926).
8. J. H. Oort, „The Force Exerted by the Stellar System in the Direction Perpendicular to the Galactic Plane and Some Related Problems", *Bulletin of the Astronomical Institutes of the Netherlands* 6, Nr. 238 (1932): 249–287, https://openaccess.leidenuniv.nl/handle/1887/6025.
9. Eine neuere Biografie über Zwicky schrieb J. Johnson Jr., *Zwicky: The Outcast Genius Who Unmasked the Universe* (Cambridge, MA: Harvard University Press, 2019).
10. F. Zwicky, „Die Rotverschiebung von extragalaktischen Nebeln", *Helvetica Physica Acta* 6, Nr. 2 (1933): 110–127. Englische Übersetzung verfügbar unter https://ned.ipac.caltech.edu/level5/March17/Zwicky/translation.pdf.
11. S. Smith, „The Mass of the Virgo Cluster", *The Astrophysical Journal*, Nr. 83 (1936): 23, doi: 10.1086/143697; F. Zwicky, „On the Masses of Nebulae and Clusters of Nebulae", *The Astrophysical Journal*, Nr. 86 (1937): 217, doi: 10.1086/143864.
12. F. Zwicky, *Morphologische Astronomie* (Berlin: Springer-Verlag, 1957).
13. J. H. Oort, „Note on the Determination of K_z and on the Mass Density Near the Sun", *Bulletin of the Astronomical Institutes of the Netherlands* 494 (1960): 45–53, https://adsabs.harvard.edu/full/1960BAN....15...45O.
14. Koen Kuijken, Telefoninterview mit dem Autor, 24. April 2020.
15. K. Kuijken und G. Gilmore, „The Mass Distribution in the Galactic Disc", *Monthly Notices of the Royal Astronomical Society* 239, Nr. 3

(1989); Teil 1: 571–603, doi: 10.1093/mnras/239.2.571; Teil 2: 605–649, doi: 10.1093/mnras/239.2.605; Teil 3: 651–654, doi: 10.1093/mnras/239.2.651.

16. G. Schilling, „Altijd Geboeid door de Grootste Structuren in het Heelal", *Zenit* 14 (1987): 358.

4. Der Halo-Effekt

1. Den kompletten Text von Alicia Suskin Ostrikers „Dark Matter and Dark Energy" finden Sie unter https://poets.org/poem/dark-matter-and-dark-energy.
2. Jeremiah Ostriker, Interview mit dem Autor, 17. Januar 2020, Columbia University.
3. J. P. Ostriker und J. W.-K. Mark, „Rapidly Rotating Stars. I. The Self-Consistent-Field Method", *The Astrophysical Journal*, Nr. 151 (1968): 1075–1088, doi: 10.1086/149506. Links zu den Teilen 2–8 der Serie finden Sie unter https://ui.adsabs.harvard.edu/abs/1968ApJ...151.1075O/abstract.
4. R. H. Miller, K. H. Prendergast, und W. J. Quirk, „Numerical Experiments on Spiral Structure", *The Astrophysical Journal*, Nr. 161 (1970): 903–916, doi: 10.1086/150593; und F. Hohl, „Numerical Experiments with a Disk of Stars", *The Astrophysical Journal*, Nr. 168 (1971): 343–351, doi: 10.1086/151091.
5. J. P. Ostriker und P. J. E. Peebles, „A Numerical Study of the Stability of Flattened Galaxies: Or, Can Cold Galaxies Survive?", *The Astrophysical Journal*, Nr. 186 (1973): 467–480, doi: 10.1086/152513.
6. J. H. Oort in *Transactions of the International Astronomical Union* XIIA (1965), 789.
7. J. P. Ostriker, P. J. E. Peebles und A. Yahil, „The Size and Mass of Galaxies, and the Mass of the Universe", *The Astrophysical Journal*, Nr. 193 (1974): L1–L4, doi: 10.1086/181617.
8. F. D. Kahn und L. Woltjer, „Intergalactic Matter and the Galaxy", *The Astrophysical Journal*, Nr. 130/3 (1959): 705–717, doi: 10.1086/146762.

9. J. Einasto, A. Kaasik, und E. Saar, „Dynamic Evidence on Massive Coronas of Galaxies", *Nature 250* (1974): 309–310, doi: 10.1038/250309a0.
10. J. P. Ostriker und S. Mitton, *Heart of Darkness: Unraveling the Mysteries of the Invisible Universe* (Princeton: Princeton University Press, 2013).

5. Die Kurve abflachen

1. Kent Ford, Interview mit dem Autor, 13. Januar 2020, Millboro Springs, VA.
2. V. C. Rubin und W. K. Ford Jr., „Rotation of the Andromeda Nebula from a Spectroscopic Survey of Emission Regions", *The Astrophysical Journal*, Nr. 159 (1970): 379–403, doi: 10.1086/150317.
3. V. C. Rubin, W. K. Ford Jr. und N. Thonnard, „Extended Rotation Curves of High-Luminosity Spiral Galaxies. IV. Systematic Dynamical Properties, Sa→Sc", *The Astrophysical Journal*, Nr. 225 (1978): L107–L113, doi: 10.1086/182804.
4. V. C. Rubin, W. K. Ford Jr. und N. Thonnard, „Rotational Properties of 21 SC Galaxies with a Large Range of Luminosities and Radii, from NGC 4605 (R = 4kpc) to UGC 2885 (R = 122kpc)", *The Astrophysical Journal*, Nr. 238 (1980): 471–487, doi: 10.1086/158003.
5. W. Tucker und K. Tucker, *The Dark Matter: Contemporary Science's Quest for the Mass Hidden in Our Universe* (New York: William Morrow, 1988).
6. L. Randall, „Why Vera Rubin Deserved a Nobel", *New York Times*, 4. Januar 2017.

6. Kosmische Kartografie

1. Vera C. Rubin-Observatorium, https://rubinobservatory.org/
2. Mein Besuch in Chile im Juni 2019 wurde vom niederländischen Reiseveranstalter SNP Natuurreizen gesponsert.

3. Den Cerro Pachón besuchte ich am 26. Juni 2019.
4. M. Seldner, B. Siebers, E. J. Groth und P. J. E. Peebles, „New Reduction of the Lick Catalog of Galaxies", *The Astronomical Journal*, Nr. 82 (1977): 249–256, Tafeln 313–314, doi: 10.1086/112039.
5. M. Davis, J. Huchra, D. W. Latham und J. Tonry, „A Survey of Galaxy Redshifts. II. The Large Scale Space Distribution", *The Astrophysical Journal*, Nr. 253 (1982): 423–445, doi: 10.1086/159646. Links zu den anderen Artikeln der Serie finden Sie unter https://ui.adsabs.harvard.edu/abs/1982ApJ...253..423D/abstract.
6. John Huchra, „The CfA Redshift Survey", n.d., Center for Astrophysics, Cambridge, MA, https://lweb.cfa.harvard.edu/~dfabricant/huchra/zcat/.
7. Matthew Colless, „The 2dF Galaxy Redshift Survey", Veröffentlichung der endgültigen Daten, 30. Juni 2003, http://www.2dfgrs.net.
8. The Sloan Digital Sky Survey, https://www.sdss.org.

7. Big-Bang-Baryonen

1. C. H. Payne, „Stellar Atmospheres: A Contribution to the Observational Study of High Temperature in the Reversing Layers of Stars" (Dissertation, Universität Cambridge, 1925).
2. A. S. Eddington, „The Internal Constitution of the Stars", *Nature* 106, Nr. 2653 (1920): 14–20, doi: 10.1038/106014a0.
3. R. A. Alpher, H. Bethe und G. Gamow, „The Origin of Chemical Elements", *Physical Review 73*, Nr. 7 (1948): 803–804, doi: 10.1103/PhysRev.73.803.
4. F. Hoyle, „The Synthesis of the Elements from Hydrogen", *Monthly Notices of the Royal Astronomical Society 106*, Nr. 5 (1946): 343–383, doi: 10.1093/mnras/106.5.343; F. Hoyle, „On Nuclear Reactions Occurring in Very Hot Stars. I. The Synthesis of Elements from Carbon to Nickel", *Astrophysical Journal Supplement 1* (1954): 121–146, doi: 10.1086/190005; E. Burbidge, G. R. Burbidge, W A. Fowler und

F. Hoyle, „Synthesis of the Elements in Stars", *Reviews of Modern Physics* 29 (1957): 547–650, doi: 10.1103/RevModPhys.29.547.

5. P. J. E. Peebles, „Primordial Helium Abundance and the Primordial Fireball", *The Astrophysical Journal*, Nr. 146 (1966): 542–552, doi: 10.1086/148918.

6. R. V. Wagoner, W. A. Fowler und F. Hoyle, „On the Synthesis of Elements at Very High Temperatures", *The Astrophysical Journal*, Nr. 148 (1967): 3–49, doi: 10.1086/149126.

7. R. V. Wagoner, „Big-Bang Nucleosynthesis Revisited", *The Astrophysical Journal*, Nr. 179 (1973): 343–360, doi: 10.1086/151873.

8. J. B. Rogerson und D. G. York, „Interstellar Deuterium Abundance in the Direction of Beta Centauri", *The Astrophysical Journal*, Nr. 186 (1973): L95, doi: 10.1086/181366.

9. D. G. York und J. B. Rogerson, „The Abundance of Deuterium Relative to Hydrogen in Interstellar Space", *The Astrophysical Journal*, Nr. 203 (1976): 378–385, doi: 10.1086/154089.

10. J. R. Gott III, J. E. Gunn, S. N. Schramm und B. M. Tinsley, „An Unbound Universe?", *The Astrophysical Journal*, Nr. 194 (1974): 543–553, doi: 10.1086/153273.

8. Radio-Erinnerungen

1. Albert Bosma, Interview mit dem Autor, 11. November 2019, Radio-Observatorium Westerbork.

2. K. Freeman und G. McNamara, *In Search of Dark Matter* (New York: Springer, 2006).

3. H. W. Babcock, „The Rotation of the Andromeda Nebula", *Lick Observatory Bulletin 19*, Nr. 498 (1939): 41–51, doi: 10.5479/ ADS/bib/1939LicOB.19.41B.

4. W. Baade und N. U. Mayall, „Distribution and Motions of Gaseous Masses in Spirals", in *Problems of Cosmical Aerodynamics; Proceedings of a Symposium on the Motion of Gaseous Masses of Cosmical Dimensions* (Paris: IAU and IUTAP, 1951).

5. K. C. Freeman, „On the Disks of Spiral and So Galaxies", *The Astrophysical Journal*, Nr. 160 (1970): 811-830, doi: 10.1086/150474.
6. National Radio Astronomy Observatory, https://public.nrao.edu.
7. H. I. Ewen und E. M. Purcell, „Observation of a Line in the Galactic Radio Spectrum: Radiation from Galactic Hydrogen at 1420 Mc./sec.", *Nature 168* (1951): 356, doi: 10.1038/168356a0; C. A. Muller und J. H. Oort, „Observation of a Line in the Galactic Radio Spectrum: The interstellar Hydrogen Line at 1,420 Mc./sec., and an Estimate of Galactic Rotation", *Nature 368* (1951): 357–358, doi: 10.1038/168357a0; J. L. Pawsey, *Nature 368* (1951): 358, doi: 10.1038/168358a0.
8. H. C. van de Hulst, E. Raimond und H. van Woerden, „Rotation and Density Distribution of the Andromeda Nebula Derived from Observations of the 21-cm Line", *Bulletin of the Astronomical Institutes of the Netherlands 14*, Nr. 480 (1957): 1–16, https://openaccess.leidenuniv.nl/handle/1887/5894.
9. Hugo van Woerden, Telefoninterview mit dem Autor, 31. März 2020. Hugo van Woerden verstarb am 4. September 2020 im Alter von 94 Jahren.
10. SETI-Institut, https://www.seti.org.
11. Seth Shostak, Interview mit dem Autor über Zoom, 16. Juni 2020.
12. G. Cocconi und P. Morrison, „Searching for Interstellar Communications", *Nature 184* (1959): 844–846, doi: 10.1038/184844a0.
13. D. H. Rogstad und G. S. Shostak, „Gross Properties of Five Scd Galaxies as Determined from 21-centimeter Observations", *The Astrophysical Journal*, Nr. 176 (1972): 315–321, doi: 10.1086/151636.
14. M. S. Roberts, „A High-Resolution 21-cm Hydrogen-Line Survey of the Andromeda Nebula", *The Astrophysical Journal*, Nr. 144 (1966): 639–656, doi: 10.1086/148645.
15. Morton Roberts, Interview mit dem Autor über Zoom, 17. Juni 2020.

16. M. S. Roberts und R. N. Whitehurst, „The Rotation Curve and Geometry of M31 at Large Galactocentric Distances", *The Astrophysical Journal*, Nr. 201 (1975): 327–346, doi: 10.1086/153889.
17. Westerbork Synthesis Radio Telescope, https://www.astron.nl/telescopes/wsrt-apertif.
18. A. Bosma, „The Distribution and Kinematics of Neutral Hydrogen in Spiral Galaxies of Various Morphological Types" (Dissertation, Universität Groningen, 1978).
19. Katherine Freese, *The Cosmic Cocktail: Three Parts Dark Matter* (Princeton: Princeton University Press, 2016).
20. N. A. Bahcall, „Vera Rubin (1928–2016)", *Nature 542* (2017): 32, doi: 10.1038/ 542032a.
21. A. Bosma, „Vera Rubin and the Dark Matter Problem", *Nature 543* (2017): 179, doi: 10.1038/543179d.

9. Ab in die Kälte

1. S. M. Faber und J. Gallagher, „Masses and Mass-to-Light Ratios of Galaxies", *Annual Review of Astronomy and Astrophysics 17* (1979): 135–187, doi: 10.1146/annurev.aa.17.090179.001031.
2. Sandra Faber, Telefoninterview mit dem Autor, 28. März 2020.
3. Jaan Einasto, „Dark Matter: Early Considerations", in *Frontiers of Cosmology*, ed. A. Blanchard und M. Signore, NATO Science Series (Dordrecht: Springer, 2005).
4. Joel Primack, Interview mit dem Autor über Zoom, 24. März 2020.
5. G. R. Blumenthal, H. Pagels, und J. R. Primack, „Galaxy Formation by Dissipationless Particles Heavier than Neutrinos", *Nature 299* (1982): 37–38, doi: 10.1938/299037a0.
6. P. J. E. Peebles, „Large-Scale Background Temperature and Mass Fluctuations Due to Scale-Invariant Primeval Perturbations", *The Astrophysical Journal Letters 263* (1982): L1, doi: 10.1086/183911.

7. Die Verwendung der Begriffe „kalt" und „heiß" für sich langsam bewegende bzw. sich schnell bewegende (relativistische) Teilchen wurde 1983 von Joel Primack und Dick Bond eingeführt.
8. G. R. Blumenthal, S. M. Faber, J. R. Primack, und M.J. Rees, „Formation of Galaxies and Large-Scale Structure with Cold Dark Matter", *Nature 311* (1984): 517–525, doi: 10.1038/311517a0.

10. Wundersame WIMPs

1. Ich besuchte das CERN im Juni 2019 im Rahmen einer Gruppenveranstaltung, organisiert von der niederländischen Ausgabe der Zeitschrift *New Scientist*.
2. Large Hadron Collider, https://home.cern/science/accelerators/large-hadron-collider.
3. Die Bezeichnung „WIMP" wurde im Artikel „Cosmological Constraints on the Properties of Weakly Interacting Massive Particles" von Gary Steigman und Michael Turner geprägt, *Nuclear Physics B 253* (1985): 375–386, doi: 10.1016/0550-3213(85) 90537-1.
4. J.-L. Gervais und B. Sakita, „Field Theory Interpretation of Supergauges in Dual Models", *Nuclear Physics B 34* (1971): 632–639, doi: 10.1016/0550-3213(71)90351-8; Y. A. Gol'fand und E. P. Likhtman, „Extension of the Algebra of Poincare Group Generators and Violation of p Invariance", *JETP Letters 13* (1971): 323, doi: 10.1142/9789814542340_0001; D. V. Kolkov und V. P. Akulov, *Prisma Zh. Eksp. Teor. Fiz. 16* (1972): 621; J. Wess und B. Zumino, „Supergauge Transformations in Four Dimensions", *Nuclear Physics B 70* (1974): 39–50, doi: 10.1016/0550-3213(74)90355-1
5. A Toroidal LHC ApparatuS, https://atlas.cern.
6. John Ellis, Interview mit dem Autor, 6. Juni 2019, am CERN.
7. J. R. Ellis, J. S. Hagelin, D. V. Nanopoulos, K. A. Olive, und M. Srednicki, „Supersymmetric Relics from the Big Bang", *Nuclear Physics B 238* (1984): 453–476, doi: 10.1016/0550-3213(84)90461-9.

11. Die Simulation des Universums

1. IllustrisTNG-Projekt, https://www.tng-project.org.
2. George Efstathiou, Carlos Frenk und Simon White, Interview mit dem Autor, 16. September 2019, während des Symposiums zum zehnjährigen Bestehen des Kavli Institute for Cosmology in Cambridge, UK.
3. W. H. Press und P. Schechter, „Formation of Galaxies and Clusters of Galaxies by Self-Similar Gravitational Condensation", *The Astrophysical Journal*, Nr. 187 (1974): 425–438, doi: 10.1086/152650.
4. S. D. M. White, C. S. Frenk, und M. Davis, „Clustering in a Neutrino Dominated Universe", *The Astrophysical Journal*, Nr. 274 (1983): L1–L5, doi: 10.1086/184139.
5. M. Davis, G. Efstathiou, C. S. Frenk, und S. D. M. White, The Evolution of Large-Scale Structure in a Universe Dominated by Cold Dark Matter, *The Astrophysical Journal*, Nr. 292 (1985): 371–394, doi: 10.1086/163168.
6. C. S. Frenk, S. D. M. White, G. Efstathiou und M. Davis, „Cold Dark Matter, the Structure of Galactic Haloes and the Origin of the Hubble Sequence", *Nature 317* (1985): 595–597, doi: 10.1038/317595a0.
7. S. D. M. White, C. S. Frenk, M. Davis, und G. Efstathiou, „Clusters, Filaments, and Voids in a Universe Dominated by Cold Dark Matter", *The Astrophysical Journal*, Nr. 313 (1987): 505–516, doi: 10.1086/164990; S. D. M. White, M. Davis, G. Efstathiou und C. S. Frenk, „Galaxy Distribution in a Cold Dark Matter Universe", *Nature 330* (1987): 451–453, doi: 10.1038/330451a0; C. S. Frenk, S. D. M. White, M. Davis und G. Efstathiou, „The Formation of Dark Halos in a Universe Dominated by Cold Dark Matter", *The Astrophysical Journal*, Nr. 327 (1988): 507–525, doi: 10.1086/166213.
8. S. D. M. White, J. F. Navarro, A. E. Evrard und C. S. Frenk, „The Baryon Content of Galaxy Clusters: A Challenge to Cosmological Orthodoxy", *Nature 366* (1993): 429–433, doi: 10.1038/366429a0.

9. Millennium-Simulationsprojekt, https://wwwmpa.mpa-garching.mpg.de/galform/virgo/millennium.

10. V. Springel, S. D. M. White, A. Jenkins, et al., „Simulations of the Formation, Evolution and Clustering of Galaxies and Quasars", *Nature 435* (2005): 629–636, doi: 10.1038/nature03597.

11. EAGLE-Simulationen, http://eagle.strw.leidenuniv.nl.

12. J. Schaye, R. A. Crain, R. G. Bower, et al., „The EAGLE Project: Simulating the Evolution and Assembly of Galaxies and Their Environments", *Monthly Notices of the Royal Astronomical Society 446* (2015): 521–554, doi: 10.1093/mnras/stu2058; „A Simulation of the Universe with Realistic Galaxies", Pressemitteilung der Durham University, 2. Januar 2015, https://www.dur.ac.uk/news/newsitem/?itemno=23257.

12. Die Ketzer

1. W. Tucker und K. Tucker, *The Dark Matter: Contemporary Science Quest for the Mass Hidden in Our Universe* (New York: William Morrow, 1988).

2. T. Standage, *The Neptune File: Planet Detectives and the Discovery of Worlds Unseen* (London: Penguin, 2000).

3. T. Levenson, *The Hunt for Vulcan ... and How Albert Einstein Destroyed a Planet, Discovered Relativity, and Deciphered the Universe* (New York: Random House, 2015).

4. A. Finzi, „On the Validity of Newton's Law at a Long Distance", *Monthly Notices of the Royal Astronomical Society 127* (1963): 21–30, doi: 10.1093/mnras/127.1.21.

5. Mordehai Milgrom, Interview mit dem Autor, 23. September 2019, im Rahmen des Workshops „The Functioning of Galaxies: Challenges for Newtonian and Milgromian Dynamics", Bonn, Deutschland.

6. M. Milgrom, „A Modification of the Newtonian Dynamics as a Possible Alternative to the Hidden Mass Hypothesis", *The Astrophy-*

sical Journal, Nr. 270 (1983): 365–370, doi: 10.1086/161130; M. Milgrom, „A Modification of the Newtonian Dynamics: Implications for Galaxies", The Astrophysical Journal, Nr. 270 (1983): 371–383, doi: 10.1068/161131; M. Milgrom, „A Modification of the Newtonian Dynamics: Implications for Galaxy Systems", The Astrophysical Journal, Nr. 270 (1983): 384–389, doi: 10.1086/161132.

7. J. D. Bekenstein, „Relativistic Gravitation Theory for the Modified Newtonian Dynamics Paradigm", *Physical Review D 70* (2004), art. 083509, doi: 10.1103/PhysRevD.70.083509.

8. R. H. Sandes, „Does GW170817 Falsify MOND?", *International Journal of Modern Physics D 27* (2018), doi: 10.1142/S0218271818470272.

9. C. Skordis und T. Zlosnik, „Gravitational Alternatives to Dark Matter with Tensor Mode Speed Equaling the Speed of Light", *Physical Review D 100* (2019), art.104013, doi: 10.1103/PhysRevD.100.104013; C. Skordis und T. Zlosnik, „New Relativistic Theory for Modified Newtonian Dynamics", *Physical Review Letters 127*, Nr. 16 (2021), doi: 10.1103/PhysRevLett.127.161302.

10. Stacy McGaugh, Telefoninterview mit dem Autor, 30. März 2020.

11. S. McGaugh, „Predictions and Outcomes for the Dynamics of Rotating Galaxies", *Galaxies 8*, Nr. 2 (2020): 35, doi: 10.3390/galaxies8020035.

12. G. Schilling, „Battlefield Galactica: Dark Matter vs. MOND", *Sky &Telescope 113*, Nr. 4 (April 2007): 30–36.

13. R. H. Sanders, *The Dark Matter Problem: A Historical Perspective* (Cambridge: Cambridge University Press, 2010).

13. Hinter den Kulissen

1. A. Einstein, „Lens-like Action of a Star by the Deviation of Light in the Gravitational Field", *Science 84* (1936): 506–507, doi: 10.1126/science.84.2188.506.

2. F. Zwicky, „Nebulae as Gravitational Lenses", *Physical Review 51* (1937): 290, doi: 10.1103/PhysRev.51.290.

3. D. Walsh, R. F. Carswell und R. J. Weymann, „0957 + 561 A, B: Twin Quasistellar Objects or Gravitational Lens?", *Nature 279* (1979): 381–384, doi: 10.1038/279381a0.

4. J. E. Gunn, „On the Propagation of Light in Inhomogeneous Cosmologies. I. Mean Effects", *The Astrophysical Journal*, Nr. 150 (1967): 737–753, doi: 10.1086/r49378.

5. J. A. Tyson, F. Valdes, J. F. Jarvis und A. P. Millis Jr., „Galaxy Mass Distribution from Gravitational Light Deflection", *The Astrophysical Journal*, Nr. 281 (1984): L59–L62, doi: 10.1086/184285.

6. M. Markevitch, A. H. Gonzalez, L. David, et al., „A Textbook Example of a Bow Shock in the Merging Galaxy Cluster 1E 0657-56", *The Astrophysical Journal Letters 567* (2002): L27–L31, doi: 10.1086/339619.

7. Douglas Clowe, Interview mit dem Autor über Zoom, 21. Juli 2020.

8. D. Clowe, A. Gonzalez und M. Markevitch, „Weak-Lensing Mass Reconstruction of the Interacting Cluster 1E 0657-558: Direct Evidence for the Existence of Dark Matter", *The Astrophysical Journal*, Nr. 604 (2004): 596–603, doi: 10.1086/381970.

9. D. Clowe, M. Bradac, A. H. Gonzalez, et al., „A Direct Empirical Proof of the Existence of Dark Matter", *The Astrophysical Journal*, Nr. 648 (2006): L109–L113, doi: 10.1086/508162.

10. „NASA Finds Direct Proof of Dark Matter", NASA-Pressemitteilung 06-297, 21. August 2006, https://chandra.harvard.edu/press/06_releases/press_082106.html.

11. R. H. Sanders, *The Dark Matter Problem: A Historical Perspective* (Cambridge: Cambridge University Press, 2010).

12. R. Massey, T. Kitching und J. Richard, „The Dark Matter of Gravitational Lensing", *Reports on Progress in Physics 73*, Nr. 8 (2010), 086901, doi: 10.1088/0034-4885/73/8/086901.

13. Hubble Frontier Fields Program, https://frontierfields.org.

14. L. van Waerbeke, Y. Mellier, T. Erben, et al., „Detection of Correlated Galaxy Ellipticities from CFHT Data: First Evidence for Gravitational Lensing by Large-Scale Structures", *Astronomy*

and Astrophysics 358 (2000): 30–44, https://arxiv.org/abs/astro-ph/0002500; D. M. Wittman, J. A. Tyson, G. Bernstein, et al., „Detection of Weak Gravitational Lensing Distortions of Distant Galaxies by Cosmic Dark Matter at Large Scales", *Nature* 405 (2000): 143–148, doi: 10.1038/35012001; D. J. Bacon, A. R. Refregier, and R. S. Ellis, „Detection of Weak Gravitational Lensing by Large-Scale Structure", *Monthly Notices of the Royal Astronomical Society* 318 (2000): 625–640, doi: 10.1046/j.1365-8711.2000.03851.x; N. Kaiser, „A New Shear Estimator for Weak Lensing Observations", *The Astrophysical Journal*, Nr, 537 (2000): 555–577, doi:10.1086/309041.
15. Extremely Large Telescope, https://elt.eso.org.

14. MACHO-Kultur

1. S. Refsdal, „The Gravitational Lens Effect", *Monthly Notices of the Royal Astronomical Society* 128 (1964): 295–306, doi: 10.1093/mnras/128.4.295.
2. Eine detaillierte Geschichte des Gravitationslinseneffekts, einschließlich weiterer Informationen über Maria Petrou, finden Sie in David Valls-Gabaud, „Gravitational Lensing: The Early History", aus der Präsentation vom 17. September 2023, http://www.cpt.univ-mrs.fr/~cosmo/EcoleCosmologie/DossierCours11/Se%CC%81minaires/valls-gabaud.pdf.
3. B. Paczynski, „Gravitational Microlensing by the Galactic Halo", *The Astrophysical Journal*, Nr. 304 (1986): 1–5, doi: 10.1086/164140.
4. Charles Alcock, Telefoninterview mit dem Autor, 9. Juli 2020.
5. Eric Aubourg, Telefoninterview mit dem Autor, 9. Juli 2020.
6. Optical Gravitational Lensing Experiment, http://ogle.astrouw.edu.pl.
7. C. Alcock, C. W. Akerlof, R. A. Allsman, et al., „Possible Gravitational Microlensing of a Star in the Large Magellanic Cloud", *Nature* 365 (1993): 621–623, doi: 10.1038/365621a0; E. Aubourg, P. Bareyre,

S. Brehin, et al., „Evidence for Gravitational Microlensing by Dark Objects in the Galactic Halo", *Nature 365* (1993): 623–625, doi: 10.1038/365623a0.

8. C. Hogan, „In Search of the Halo Grail", *Nature 365* (1993): 602–603, doi: 10.1038/365602a0.

9. C. Alcock, R. A. Allsman, D. Alves, et al., „EROS and MACHO Combined Limits on Planetary-Mass Dark Matter in the Galactic Halo", *The Astrophysical Journal*, Nr. 499 (1998): L9–L12, doi: 10.1086/311355.

10. C. Alcock, R. A. Allsman, D. Alves, et al., „The MACHO Project: Microlensing Results from 5.7 Years of Large Magellanic Cloud Observations", *The Astrophysical Journal*, Nr. 542 (2000): 281–307, doi: 10.1086/309512.

11. P. Tisserand, L. Le Guillou, C. Afonso, et al., „Limits on the MACHO Content of the Galactic Halo from the EROS-2 Survey of the Magellanic Clouds", *Astronomy and Astrophysics 469* (2007): 387–404, doi: 10.1051/0004-6361:20066017.

15. Das rasende Universum

1. A. R. Sandage, „Cosmology: A Search for Two Numbers", *Physics Today 23* (1970): 34–41, doi: 10.1063/1.3021960.

2. W. L. Freedman, B. F. Madore, B. K. Gibson, et al., „Final Results from the Hubble Space Telescope Key Project to Measure the Hubble Constant", *The Astrophysical Journal*, Nr. 533 (2001): 47–72, doi: 10.1086/320638.

3. A. H. Guth, „Inflationary Universe: A Possible Solution to the Horizon and Flatness Problem", *Physical Review D 23* (1981): 347–356, doi: 10.1103/Phys RevD.23.347.

4. A. H. Guth, *The Inflationary Universe: The Quest for a New Theory of Cosmic Origins* (New York: Basic Books, 1998).

5. A. G. Riess, A. V. Filippenko, P. Challis, et al, „Observational Evidence from Supernovae for an Accelerating Universe and a Cosmo-

logical Constant", *The Astronomical Journal*, Nr. 116 (1998): 1009–1038, doi: 10.1086/300499.
6. S. Perlmutter, G. Aldering, G. Goldhaber, et al., „Measurements of Ω and Λ from 42 High-Redshift Supernovae", *The Astrophysical Journal*, Nr. 517 (1999): 565–586, doi: 10.1086/307221.
7. D. Overbye, „Studies of Universe's Expansion Win Physics Nobel", *New York Times*, Oktober 4, 2011.

16. Kosmologische Kuchenstücke

1. C. O'Raifeartaigh, „Investigating the Legend of Einstein's 'Biggest Blunder'", *Physics Today*, 30. Oktober 2018, doi: 10.1063/PT.6.3.20181030a.
2. J. P. Ostriker und P. J. Steinhardt, „The Observational Case for a Low Density Universe with a Non-Zero Cosmological Constant", *Nature 377* (1995): 600–602, doi: 10.1038/377600a0.
3. R. Panek, *The 4% Universe: Dark Matter, Dark Energy, and the Race to Discover the Rest of Reality* (New York: Houghton Miffiin Harcourt, 2011).
4. J. Colin, R. Mohayaee, M. Rameez und S. Sarkar, „Evidence for Anisotropy of Cosmic Acceleration", *Astronomy and Astrophysics 631* (2019): L13, doi: 10.1051/0004-6361/201936373.
5. Y. Kang, Y.-W. Lee, Y.-L. Kirn, et al. „Early-Type Host Galaxies of Type Ia Supernovae. II. Evidence for Luminosity Evolution in Supernova Cosmology", *The Astrophysical Journal*, Nr. 889 (2020): 8, doi: 10.3847/1538-4357/ab5afc.
6. J. Cartwright, „Dark Energy Is the Biggest Mystery in Cosmology, but lt May Not Exist at All", *Horizon*, 2. September 2018, https://ec.europa.eu/research-and-innovation/de/horizon-magazine/dark-energy-biggest-mystery-cosmology-it-may-not-exist-all-leading-physicist.
7. „New evidence shows that the key assumption made in the discovery of dark energy is in error", Yonsei University Press Release,

5. Januar 2020, https://devcms.yonsei.ac.kr/galaxy_en/galaxy01/research.do?mode=view&article No=78249.

8. R. R. Caldwell, M. Kamionkowski, und N. N. Weinberg, „Phantom Energy: Dark Energy with $\omega < -1$ Causes a Cosmic Doomsday", *Physical Review Letters 91* (2003), 071301, doi: 10.1103/PhysRevLett.91.071301.

17. Verräterische Muster

1. Planck-Mission, https://sci.esa.int/web/planck. Ich habe auf Einladung der Europäischen Weltraumorganisation am 4. Mai 2009 am Start von Planck in Französisch-Guyana teilgenommen.
2. R. K. Sachs und A. M. Wolfe, „Perturbations of a Cosmological Model and Angular Variations of the Microwave Background", *The Astrophysical Journal*, Nr. 147 (1967): 73–90, doi: 10.1086/148982.
3. N. Aghanim, Y Akrami, F. Arroja, et al. „Planck 2018 Results. I. Overview and the Cosmological Legacy of Planck", *Astronomy and Astrophysics 641* (2018), article A1, doi: 10.1051/0004-6361/201833880. Links zu den anderen Beiträgen der Reihe finden Sie unter https://www.cosmos.esa.int/web/planck/publications.
4. N. Aghanim, Y. Akrami, M. Ashdown, et al., „Planck 2018 Results. VI. Cosmological Parameters", *Astronomy and Astrophysics 641* (2018), article A6, doi: 10.1051/0004-6361/201833910.
5. S. Cole, W. J. Percival, J. A. Peacock, et al., The 2dF Galaxy Redshift Survey: Power-Spectrum Analysis of the Final Data Set and Cosmological Implications, *Monthly Notices of the Royal Astronomical Society 362* (2005): 505–534, doi: 10.1111/j.1365-2966.2005.09318.x; D. J. Eisenstein, I. Zehavi, D. W. Hogg, et al., Detection of the Baryon Acoustic Peak in the Large-Scale Correlation Function of SDSS Luminous Red Galaxies, *The Astrophysical Journal*, Nr. 633 (2005): 560–574, doi: 10.1086/466512.

18. Die Xenon-Kriege

1. Elena Aprile, Interview mit dem Autor, 18. Januar 2020, New York.
2. XENON-Experiment, https://xenonexperiment.org/.
3. Sudbury Neutrino Observatory Laboratory, https://www.snolab.ca.
4. Imaging Cosmic And Rare Underground Signals, http://icarus.lngs.infn.it.
5. J. Angle, E. Aprile, F. Arneodo, et al., „First Results from the XENON10 Dark Matter Experiment at the Gran Sasso National Laboratory", *Physical Review Letters* 100 (2008), 021303, doi: 10.1103/PhysRevLett.100.021303.
6. Richard Gaitskell, Interview mit dem Autor, 16. Januar 2020, Brown University, Providence, RI.
7. Das Cryogenic-Dark-Matter-Search-Experiment (CDMS) hat sich inzwischen zu SuperCDMS entwickelt, https://supercdms.slac.stanford.edu.
8. Sanford Underground Research Facility, https://sanfordlab.org.
9. E. Aprile, M. Alfonsi, K. Arisaka, et al., „Dark Matter Results from 225 Live Days of XENON100 Data", *Physical Review Letters* 109 (2012), 181301, doi: 10.1103/PhysRevLett.109.181301; D. S. Akerib, H. M. Araujo, X. Bai, et al, „First Results from the LUX Dark Matter Experiment at the Sanford Underground Research Facility", *Physical Review Letters* 112 (2014), 091303, doi: 10.1103/PhysRevLett.112.091303.
10. E. Aprile, J. Aalbers, F. Agostini, et al. „First Dark Matter Search Results from the XENON1T Experiment", *Physical Review Letters* 119 (2017), 181301, doi: 10.1103/PhysRevLett.119.181301.
11. PandaX Experiment, https://pandax.sjtu.edu.cn.
12. LUX-ZEPLIN-Experiment, https://lz.lbl.gov.

19. Den Wind einfangen

1. Rita Bernabei, E-Mail-Nachricht an den Autor, 11. September 2020.
2. M. W. Goodman und E. Witten, „Detectability of Certain Dark-Matter Candidates", *Physical Review D* 31 (1985): 3059–3063, doi: 10.1103/PhysRevD.31.3059.

3. A. K. Drukier, K. Freese, and D. N. Spergel, „Detecting Cold Dark Matter Candidates", *Physical Review D 33* (1986): 3495–3608, doi: 10.1103/physrevd.33.3495.

4. Das Cryogenic-Dark-Matter-Search-Experiment (CDMS) hat sich inzwischen zu SuperCDMS entwickelt, https://supercdms.slac.stanford.edu.

5. Expérience pour Détecter Les WIMP En Site Souterrain, http://edelweiss.in2p3.fr.

6. DAMA-Projekt, https://dama.web.roma2.infn.it/.

7. R. Bernabei, P. Belli, F. Montecchia, et al. „Searching for WIMPs by the Annual Modulation Signature", *Physics Letters B 424* (1998): 195–201, doi: 10.1016/S0370-2693(98)00172-5.

8. R. Bernabei, P. Belli, F. Cappella, et al., „Dark Matter Search", *La Rivista del Nuovo Cimento 26* (2003): 1–73.

9. R. Bernabei, P. Belli, F. Cappella, et al., „Final Model Independent Result of DAMA/LIBRA-phaser", *European Physical Journal C 73* (2013): 1–11, doi: 10.1140/epjc/s10052-013-2648-7.

10. R. Bernabei, P. Belli, A. Bussolotti, et al. „First Model Independent Results from DAMA/LIBRA-phase2", *Nuclear Physics and Atomic Energy 19*, Nr. 4 (2018): 307–325, doi: 10.15407/jnpae2018.04.307.

11. Reina Maruyama, Telefoninterview mit dem Autor, 29. September 2020.

12. COSINE-100 Collaboration, „An Experiment to Search for Dark Matter Interactions Using Sodium Iodide Detectors", *Nature 564* (2018): 83–86, doi: 10.1038/s41586-018-0739-1.

13. J. Amare, S. Cebrian, D. Cintas, et al., „Annual Modulation Results from Three-Year Exposure of ANAIS-112", *Physical Review D 103* (2021), 102005, doi: 10.1103/PhysRevD.103.102005.

14. SABRE-Experiment, https://www.lngs.infn.it/en/sabre-eng.

15. K. Freese, *The Cosmic Cocktail: Three Parts Dark Matter* (Princeton: Princeton University Press, 2014).

16. A. K. Drukier, K. Freese, A. Lopez, et al., „New Dark Matter Detectors Using DNA or RNA for Nanometer Tracking", arXiv: 1206.6809v2; A. K. Drukier, C. Cantor, M. Chonofsky, et al., „New Class of Biological Detectors for WIMPs", *International Journal of Modern Physics A* 29 (2014), 1443007, doi: 10.1142/S0217751X14430076.

20. Boten aus dem All

1. Luca Parmitano, Twitter-Nachricht, 3. Februar 2020, http://twitter.com/astro_luca/status/1224315152746602497.
2. Samuel Ting, Interview mit dem Autor über Zoom, 22. September 2020.
3. J. Alcaraz, D. Alvisi, B. Alpat, et al., „Protons in Near Earth Orbit", *Physics Letters B* 472 (2000): 215–226, doi: 10.1016/S0370-2693(99)01427-6. J. Alcaraz, B. Alpat, G. Ambrosi, et al., „Leptons in Near Earth Orbit", *Physics Letters B* 484 (2000): 10–22, doi: 10.1016/S0370-2693(00)00588-8.
4. AMS-02-Projekt, https://ams02.space.
5. O. Adriani, G. C. Barbarino, G. A., Bazilevskaya, et al., „Anomalous Positron Abundance in Cosmic Rays with Energies 1.5–100 GeV", *Nature* 458 (2009): 607–609, doi: 10.1038/nature07942.
6. G. Brumfiel, „Physicists Await Dark-Matter Confirmation", *Nature* 454 (2008): 808–809, doi: 10.1038/454808b.
7. Fermi Gamma-ray Space Telescope, https://fermi.gsfc.nasa.gov.
8. Tracy Slatyer, Interview mit dem Autor, 15. Januar 2020, MIT, Cambridge, MA.
9. G. Dobler, D. P. Finkbeiner, I. Cholis, T. R. Slatyer, und N. Weiner, „The Fermi Haze: A Gamma-Ray Counterpart to the Microwave Haze", *The Astrophysical Journal*, Nr. 717 (2010): 825–842, doi: 10.1088/0004-637X/717/2/825.
10. M. Su, T. R. Slatyer, und D. P. Finkbeiner, „Giant Gamma-Ray Bubbles from Fermi-LAT: Active Galactic Nucleus Activity or Bipo-

lar Galactic Wind?", *The Astrophysical Journal*, Nr. 724 (2010): 1044–1082, doi: 10.1088/0004-637X/724/2/1044.
11. Dan Hooper, Telefoninterview mit dem Autor, 23. März 2020.
12. D. Hooper und T. R. Slatyer, „Two Emission Mechanisms in the Fermi Bubbles: A Possible Signal of Annihilating Dark Matter", *Physics of the Dark Universe 2* (2013): 118–138, doi: 10.1016/j.dark.2013.06.003.
13. R. K. Leane und T. R. Slatyer, „Revival of the Dark Matter Hypothesis for the Galactic Center Gamma-Ray Excess", *Physical Review Letters 123* (2019), 241101, doi: 10.1103/PhysRevLett.123.241101.
14. Ich besuchte das AMS Payload Operations Control Centre am CERN am 6. Juni 2019.
15. M. Aguilar, G. Alberti, B. Alpat, et al., „First Result from the Alpha Magnetic Spectrometer on the International Space Station: Precision Measurement of the Positron Fraction in Primary Cosmic Rays of 0.5–350 GeV", *Physical Review Letters 110* (2013), 141102, doi: 10.1103/PhysRevLett.110.141102; M. Aguilar, L. Ali Cavasonza, G. Ambrosi, et al., „Toward Understanding the Origin of Cosmic-Ray Positrons", *Physical Review Letters 122* (2019), 041102, doi: 10.1103 /PhysRevLett.122.041102.

21. Abtrünnige Zwerge

1. Pieter van Dokkum, Interview mit dem Autor, 7. Januar 2020, auf der 235. Tagung der American Astronomical Society, Honolulu.
2. Dragonfly Telephoto Array, https://www.dragonflytelescope.org.
3. MOND-Befürworter sind übrigens anderer Meinung: Die merkwürdige Kinematik der Zwerggalaxie könnte auf die Nähe der größeren Galaxie NGC 1052 mit ihrem (MONDschen) Gravitationseinfluss zurückzuführen sein – dem sogenannten externen Feldeffekt.
4. H. Shapley, „Two Stellar Systems of a New Kind", *Nature 142* (1938): 715–716, doi: doi.org/10.1038/142715b0.

5. J. Kormendy und K. C. Freeman, „Scaling Laws for Dark Matter Halos in Late-Type and Dwarf Spheroidal Galaxies", *Proceedings of the International Astronomical Union, Vol. 220: Dark Matter in Galaxies* (2004): 377–397, doi: 10.1017/S0074180900183706.

6. J. F. Navarro, C. S. Frenk, und S. D. M. White, „The Structure of Cold Dark Matter Halos", *The Astrophysical Journal*, Nr. 462 (1996): 563–575, doi: 10.1086/177173.

7. P. G. van Dokkum, *Dragonflies: Magnificent Creatures of Water, Air, and Land* (New Haven: Yale University Press, 2015).

8. New Mexico Skies Observatories, https://www.nmskies.com.

9. P. G. van Dokkum, R. Abraham, A. Merritt, J. Zhang, M. Geha, und C. Conroy, „Forty-Seven Milky Way-Sized, Extremely Diffuse Galaxies in the Coma Cluster", *The Astrophysical Journal Letters 798* (2015): L45, doi: 10.1088/2041-8205/798/2/L45.

10. P. G. van Dokkum, A. J. Romanowsky, R. Abraham, et al., „Spectroscopic Confirmation of the Existence of Large, Diffuse Galaxies in the Coma Cluster", *The Astrophysical Journal Letters 804* (2015): L26, doi: 10.1088/2041-8205/804/1/L26.

11. P. G. van Dokkum, R. Abraham, J. Brodie, et al., „A High Stellar Velocity Dispersion and ~100 Globular Clusters for the Ultra-Diffuse Galaxy Dragonfly 44", *The Astrophysical Journal Letters 828* (2016): L6, doi: 10.3847/2041-8205/828/1/L6.

12. Stacy McGaugh, Telefoninterview mit dem Autor, 30. März 2020.

13. P. G. van Dokkum, S. Danieli, Y. Cohen, et al., „A Galaxy Lacking Dark Matter", *Nature 555* (2018): 629–632, doi: 10.1038/nature25767.

14. P. G. van Dokkum, S. Danieli, R. Abraham, C. Conroy, and A. Romanowsky, „A Second Galaxy Missing Dark Matter in the NGC 1052 Group", *The Astrophysical Journal Letters 874* (2019): L5, doi: 10.3847/2041-8213/ab0d92.

15. P. Kroupa, C. Theis, und C. M. Boily, „The Great Disk of Milky-Way Satellites and Cosmological Sub-Structures", *Astronomy and Astrophysics 431* (2005): 517–521, doi: 10.1051/0004-6361:20041122.

16. R. A. Ibata, G. F. Lewis, A. R. Conn, et al., „A Vast, Thin Plane of Corotating Dwarf Galaxies Orbiting the Andromeda Galaxy", *Nature 493* (2013): 62–65, doi: 10.1038/nature11717.
17. O. Müller, M. Pawlowski, H. Jerjen, und F. Lelli, „A Whirling Plane of Satellite Galaxies around Centaurus A Challenges Cold Dark Matter Cosmology", *Science 359* (2018): 534–537, doi: 10.1126/science.aao1858.
18. Marcel Pawlowski, Interview mit dem Autor, 23. September 2019, im Rahmen des Workshops „The Functioning of Galaxies: Challenges for Newtonian and Milgromian Dynamics", Bonn, Deutschland.
19. M. Pawlowski, „The Planes of Satellite Galaxies Problem, Suggested Solutions, and Open Questions", *Modern Physics Letters A 33* (2018), 1830004, doi: 10.1142/S0217732318300045.

22. Kosmologische Spannung

1. „The Hubble Constant Controversy: Status, Implications and Solutions", WE-Heraeus-Symposium, 10. November 2018, Berlin, https://www.we-heraeus-stiftung.de/veranstaltungen/tagungen/2018/hubble2018.
2. W. L. Freedman, B. F. Madore, B. K. Gibson, et al., „Final Results from the Hubble Space Telescope Key Project to Measure the Hubble Constant", *The Astrophysical Journal*, Nr. 553 (2001): 47–72, doi: 10.1086/320638.
3. N. Aghanim, Y. Akrami, M. Ashdown, et al., „Planck 2018 Results. VI. Cosmological Parameters", *Astronomy and Astrophysics 641* (2020), A6, doi: 10.1051/0004-6361/201833910.
4. A. Riess, S. Casertano, W. Yuan, L. M. Macri, and D. Scolnic, „Large Magellanic Cloud Cepheid Standards Provide a 1% Foundation for the Determination of the Hubble Constant and Stronger Evidence for Physics beyond ΛCDM", *The Astrophysical Journal*, Nr. 876 (2019): 85, doi: 10.3847/1538-4357/ab1422.

5. K. C. Wong, S. H. Suyu, G. C.-F. Chen, et al., „HoLiCOW XIII. A 2.4 per cent measurement of H_0 from lensed Quasars: 5.3σ tension between early- and late-Universe Probes", *Monthly Notices of the Royal Astronomical Society* 498 (2020): 1420–1439, doi: 10.1093/mnras/stz3094.

6. W. L. Freedman, B. F. Madore, T. Hoyt, et al., „Calibration of the Tip of the Red Giant Branch (TRGB)", *The Astrophysical Journal*, Nr. 891 (2020): 57, doi: 10.3847/1538-4357/ab7339.

7. Natalie Wolchover, „Cosmologists Debate How Fast the Universe Is Expanding", *Quanta Magazine*, August 8, 2019, https://www.quantamagazine.org/cosmologists-debate-how-fast-the-universe-is-expanding-20190808.

8. Kilo-Degree Survey, http://kids.strw.leidenuniv.nl.

9. Dark Energy Survey, https://www.darkenergysurvey.org.

10. Hyper Suprime-Cam Subaru Strategic Program, https://hsc.mtk.nao.ac.jp/ssp.

11. E. Di Valentino, „The Tension Cosmology", Vortrag auf dem VII. Meeting of Fundamental Cosmology, Madrid, 9.–11. September 2019, https://agenda.ciemat.es/event/1126/contributions/2119/attachments/1604/1919/divalentino.pdf.

12. Eleonora Di Valentino, Interview mit dem Autor über Zoom, 21. Dezember 2020.

13. George Efstathiou, E-Mail-Nachricht an den Autor, 11. November 2020.

23. Flüchtige Gespenster

1. Karlsruhe Tritium Neutrino Experiment, https://www.katrin.kit.edu.

2. S. Dodelson und L. M. Widrow, „Sterile Neutrinos as Dark Matter", *Physical Review Letters* 72 (1994): 17–20, doi: 10.1103/PhysRevLett.72.17.

3. Y. Fukuda, T. Hayakawa, E. Ichihara, et al., „Evidence for Oscillation of Atmospheric Neutrinos", *Physical Review Letters 81* (1998): 1562–1567, doi: 10.1103/PhysRevLett.81.1562; Q. R. Ahmad, R. C. Allen, T. C. Andersen, et al., „Measurement of the Rate of $v_e + d \to p + p + e^-$ Interactions Produced by ^{8}B Solar Neutrinos at the Sudbury Neutrino Observatory", *Physical Review Letters 87* (2001), 071301, doi: 10.1103/PhysRevLett.87.071301.

4. Ich besuchte das Karlsruher Tritium-Neutrino-Experiment am 5. September 2019.

5. M. Aker, K. Altenmüller, N. Arenz, et al., „Improved Upper Limit on the Neutrino Mass from a Direct Kinematic Method by KATRIN", *Physical Review Letters 123* (2019), 221802, doi: 10.1103/PhysRevLett.123.221802.

6. R. D. Peccei und H. R. Quinn, „CP Conservation in the Presence of Pseudoparticles", *Physical Review Letters 38* (1977): 1440–1443, doi: 10.1103/PhysRevLett.38.1440.

7. CERN Axion Solar Telescope, https://home.cern/science/experiments/cast.

8. Any Light Particle Search, https://alps.desy.de.

9. P. Sikivie, „Experimental Tests of the ‚Invisible' Axion", *Physical Review Letters 51* (1983): 14151417, doi: 10.1103/PhysRevLett.51.1415.

10. Axion Dark Matter eXperiment, https://depts.washington.edu/admx.

11. E. Aprile, J. Aalbers, F. Agostini, et al., „Excess Electronic Recoil Events in XENON1T", *Physical Review D 102* (2020), 072004, doi: 10.1103/PhysRevD.102.072004.

24. Dunkle Krise

1. Erik Verlinde, Interview mit dem Autor, 3. Dezember 2020, Universität Amsterdam.

2. Kathryn Zurek, Interview mit dem Autor via Zoom, 17. September 2020.

3. Sabine Hossenfelder, Interview mit dem Autor via Zoom, 2. Dezember 2020.
4. B. J. Carr und S. W. Hawking, „Black Holes in the Early Universe", *Monthly Notices of the Royal Astronomical Society* 168 (1974): 399–415, doi: 10.1093/mnras/168.2.399.
5. K. Jedarnzik, „Primordial Black Hole Dark Matter and the LIGO/Virgo Observations", *Journal of Cosmology and Astroparticle Physics* 2020 (2020), 022, doi: 10.1088/r475-7516/2020/09/022.
6. L. Hui, J. P. Ostriker, S. Tremaine und E. Witten, „Ultralight Scalare as Cosmological Dark Matter", *Physical Review D* 95 (2017), 043541, doi: 10.1103/PhysRevD.95.043541.
7. K. Vattis, S. M. Koushiappas, and A. Loeb, „Dark Matter Decaying in the Late Universe Can Relieve the H_0 Tension", *Physical Review D* 99 (2019), 121302, doi: 10.1103/PhysRevD.99.121302.
8. ForwArd SEaRch experiment, https://faser.web.cern.ch.
9. Jamie Boyd, Interview mit dem Autor, 4. Juni 2019, CERN.
10. L. Berezhiani und J. Khoury, „Theory of Dark Matter Superfluidity", *Physical Review D* 92 (2015), 103510, doi: 10.1103/PhysRevD.92.103510.
11. S. Hossenfelder, „Superfluid Dark Matter", 24. März 2019, https://youtu.be/ 468cyBZ_cq4.
12. E. P. Verlinde, „Emergent Gravity and the Dark Universe", *SciPost Physics* 2 (2017), 016, doi: 10.2r468/SciPostPhys.2.3.016.

25. Das Unsichtbare sichtbar machen

1. Ich besuchte Airbus Defence and Space in Toulouse am 3. August 2020.
2. Euclid-Mission, https://sci.esa.int/web/euclid.
3. Nancy Grace Roman Space Telescope, https://roman.gsfc.nasa.gov.
4. Dark Energy Spectroscopic Instrument, https://www.desi.lbl.gov.
5. G. Bertone und T. M. P. Tait, „A New Era in the Search for Dark Matter", *Nature* 562 (2018): 51–56, doi: 10.1038/s41586-018-0542-z.

6. Laura Baudis, Interview mit dem Autor über Zoom, 14. Dezember 2020.
7. DARWIN-project, https://darwin.physik.uzh.ch.
8. E. Gibney, „Last Chance for WIMPs: Physicists Launch All-Out Hunt for Dark-Matter Candidate", *Nature 586* (2020): 344-345, doi: 10.1038/d41586-020-02741-3.
9. Hyper-Kamiokande, https://www.hyperk.org; Jiangmen Underground Neutrino Observatory, http://juno.ihep.cas.cn; Deep Underground Neutrino Experiment, https://www.dunescience.org.
10. International Axion-Observatorium, https://iaxo.web.cern.ch.
11. Suzan Başeğmez, Telefoninterview mit dem Autor, 4. Januar 2021.
12. KM$_3$NeT, https://www.km3net.org.
13. D. P. Snowden-Ifft, E. S. Freeman, und P. B. Price, „Limits on Dark Matter Using Ancient Mica", *Physical Review Letters 74* (1995): 4133–4136, doi: 10.1103/PhysRevLett.74.4133.
14. Sebastian Baum, Telefoninterview mit dem Autor, 30. September 2020.
15. A. Mann, „The Detector with a Billion Sensors That May Finally Snare Dark Matter", *New Scientist*, 1. Juli 2020, https://www.newscientist.com/article/mg2463289r-200-the-detector-with-a-billion-sensors-that-may-finally-snare-dark-matter.

REGISTER

αβγ-Paper 103ff.
21-Zentimeter-Linie 116f.
3D-Karte der Galaxienverteilung 94f., 158ff., 351
51 Pegasi 12

A

Abraham, Roberto 295ff.
Alpha Magnetic Spectrometer (AMS) 280ff.
Alpher, Ralph 103
ALPS-Experiment 331
ANAIS-Experiment 275
Andromeda-Galaxie 72, 76, 80ff., 114ff., 296, 306
Anglo-Australian Telescope 61
Annihilation 150, 281, 286, 289
Antimaterie 149, 280f., 286, 328
Apache Point Observatory 97
Aprile, Elena 44, 251ff., 333
Ariane-Rakete 236
Äther 31
ATLAS (A Toroidal LHC ApparatuS) 142, 147, 342
Axion Dark Matter eXperiment 332
Axion 148, 328ff.

B

B^2FH-Paper 104f.
Baade, Walter 55
Baryonen 100ff., 106ff., 111, 142
Baryonische akustische Oszillationen 25, 242ff.
Bekenstein, Jacob 177
Bernabei, Rita 266ff.
Bethe, Hans 101, 103
Big Rip 233
Blumenthal, George 134f., 138
Borexino-Experiment 41
Bose-Einstein-Kondensat 331
Bosma, Albert 113
Bosonen 142, 144f.
Brauner Zwerg 197
Bullet Cluster 183, 187ff.
Burke, Bernard 77

C

Cape Photographic Durchmusterung 49, 93
Carnegie Image Tube 78f.
CCD-Mosaik 202f.
CDMS-Experiment 268ff.
Centaurus A 306
Cepheide 310f.
CERN Axion Solar Telescope 331

CERN 141ff., 252f., 341f.
Cerro Pachón 90ff.
Chandra-Röntgenobservatorium 187f.
Chandrasekhar, Subrahmanyan 64f.
Clowe, Douglas 190
CMB 237ff.
COBE-Satellit 239
COBRA 42
Colijn, Auke Pieter 40f.
Colless, Matthew 96
Coma-Galaxienhaufen 54, 57f., 60, 164, 185, 302
Computersimulation 66ff., 153ff., 247
Core-Cusp-Problem 300
COSINE-100-Experiment 275
COSINUS 45
CP-Symmetrieverletzung 329
CRESST 45
CUPID 41

D
DAMA-Experiment 45, 266, 270ff.
DANN 277ff.
Dark Energy Survey 317, 350
DARWIN-Kollaboration 353
Davis, Marc 156f.
de Lapparent, Valérie 95

Deferent 32f.
DEFW-Artikel 163
Deuterium 73, 106, 108
Dichte, des Universums 163ff.
Dichte, kritische 215ff., 228
Dichtefluktuationen 157
Dicke, Robert 22, 23
DM-Ice-Experiment 274
Dokkum, Pieter van 295ff.
Dragonfly Telephoto Array 295, 300ff.
Drake, Frank 116
Drehimpuls 66
DRIFT-Experiment 277
Dunkle Energie 164, 212ff., 225ff., 345f.
Dunkle Materie, kalte 28f., 137ff., 149, 161
Dunkle Photonen 340f.
Dwingeloo-Radioteleskop 118

E
$E = mc^2$ 131, 141, 149
Eddington, Arthur 102, 183
EDELWEISS-Experiment 270
Efstathiou, George 156, 159
Einstein, Albert 30, 31, 131, 152, 170, 183, 226
Einstein-Kreuz 186
Einstein-Ring 185
Elektron 131, 237, 325

Elektronenvolt 131, 134, 141
Ellis, John 151f.
Endeavour (Space Shuttle) 284
Entfernungsleiter, kosmische 310f.
Entropie 345f.
Epizykel 32f., 229, 230
EROS (Expérience pour la Recherche d'Objets Sombres) 204ff., 338
Euclid-Weltraumteleskop 348f.
Exoplanet 37
Expansion, kosmische 211ff.

F
Faber, Sandra 121f., 126, 128ff.
Fermi haze 287f.
Fermi, Enrico 322
Fermi-Blasen 288
Fermionen 145
Fermi-Weltraumteleskop 286f.
Filippenko, Alex 223
Finkbeiner, Douglas 287f.
Fisher, Richard 176
Fluchtgeschwindigkeit 56f., 79, 213ff., 310, 313
Ford, Kent 27, 74, 75ff.
ForwArd Search ExpeRiment 341
Frenk, Carlos 156, 160

G
Gaia-Satellit 320
Gaitskell, Richard 44, 255, 260ff.
Galaxie(n) 51, 55f., 68ff., 79, 95ff., 115, 127f., 185ff., 213, 220ff.
– elliptische 129
– Entstehung 133, 137, 139, 161, 167
– ultradiffuse 302ff.
Galaxienhaufen 154, 183, 185ff., 239
Gallagher, John 128f.
Gamow, George 103
Garnavich, Peter 211ff.
Gates, Bill 89
Gell-Mann, Murray 145
GERDA 42
Gill, David 49
Gilmore, Gerry 61
Gold, Thomas 103
Gran-Sasso-Labor 256f.
Gravitation, emergente 344ff.
Gravitationsbeschleunigung 175
Gravitationsfeld 175
Gravitationsgesetz 172ff.
Gravitationslinse 98, 314
Gravitationslinseneffekt 198ff.

– schwacher 186f., 189ff., 317
– starker 183ff.
Gravitationswellen 12f., 152
Gravitino 136
Great Melbourne Teleskope 202f.
Green Bank Observatory 116, 119
Guth, Alan 217, 227

H
Hale, George Ellery 49, 55
Halo 61, 63ff., 115, 127, 137, 194, 198ff., 267, 297ff.
Händigkeit 327
Haute-Provence-Observatorium 209
Hawking, Stephen 337, 345
Helium 102, 104, 107
Herschel-Weltraumteleskop 237
HI (neutraler Wasserstoff) 118ff.
Higgs-Boson 142, 146f.
HII-Regionen 81f.
Hintergrundstrahlung 25, 27, 105, 136ff., 237ff.
HoLiCOW-Projekt 315
Holye, Fred 103
Hooker, John D. 49

Hossenfelder, Sabine 336, 343
Hubble Key Project 311f.
Hubble, Edwin 51, 55, 213
Hubble-Konstante (bzw. Hubble-Paramater) 214ff., 310ff.
Hubble-Weltraumteleskop 192, 231, 311, 313
Huchra, John 95
Hulst, Henk van de 117
Huygens, Christiaan 31

I
IllustrisTNG-Computersimulation 155ff., 297
Inflation 213, 217, 227, 241, 245, 338
Interferometer 120
Internationale Raumstation 280ff.

J
James-Webb-Weltraumteleskop 319, 320
Jansky, Karl 116
Jodrell-Bank-Observatorium 119

K
Kahn, Steve 88
Kapteyn, Jacobus Cornelius 47ff., 58f.

Kartografie, kosmische 88ff.
KATRIN-Experiment 321ff.
Kepler, Johannes 173
Kernfusion 102
Kilo-Degree Survey 317
Kitt Peak National Observatory 82
KM3NeT-Detektor 357
Kopernikus, Nikolaus 33
Kopernikus-Satellit 109f.
Kosmische Scherung 194f., 317
Kosmische Strahlung 38
Kosmisches Netz 247
Kosmologische Konstante 226ff., 232
Kugelsternhaufen 70, 139, 303f.
Kuijken, Koen 61

L
L'Aquila 39f.
Laboratori Nazionali del Gran Sasso 35ff.
Lambda-CDM-Modell 18, 28, 165, 235
La-Silla-Observatorium 205
Lavoisier, Antoine 32
Le Verrier, Urbain 169
Lemaître, Georges 51, 101, 213
LHC (Large Hadron Collider) 141ff.
Lichtkurve 207

Loeb, Avi 9ff., 309
Lokale Gruppe 120, 316
Lowell Observatory 81
LSST (Legacy Survey of Space and Time) 88ff., 350
LUX-Experiment 262f.
LUX-ZEPLIN-Experiment 44, 323

M
M 33 120
M 81 124
M 101 120
MACHO 17, 196ff., 338
Magellansche Wolken 202ff., 296
Masse 80ff.
 – baryonische 179
 – dynamische 60
Massebestimmung 71
Massendichte, des Universums 112
Masse-zu-Licht-Verhältnis 72f., 111, 128f.
Materie, baryonische 128, 130, 166, 196f., 241
Materie, nicht-baryonische 150, 156, 192f.
Materiedichte 53
Mather, John 240
Mayor, Michel 12, 28

Mendelejew, Dmitri 145
Merkur 169
Mikrolinsen 200ff.
Mikrowellenhintergrund, kosmischer 237ff., 312
Milchstraße 50, 52ff., 68, 198ff., 288
Milgrom, Mordehai 168ff.
Millennium-Simulation 165f.
Millikan, Robert 55
Mitchell, Joni 104
MOND (modifizierte Newtonsche Dynamik) 17, 170ff., 191ff., 295, 343
Mount Wilson Observatory 49, 60
Müller, Oliver 306
Multi-Objekt-Spektroskopie 95f.
Myon 38

N
Naganoma, Junji 34ff.
Nancy Grace Roman Space Telescope 350
Neutralino 148, 151
Neutrino 30, 131ff., 150, 158, 177, 237, 321ff., 353f.
– steriles 323, 326f.
– Detektor 253, 256
– Oszillationen 324

Neutron 43f., 106f., 237
Newton, Isaac 36
NGC 1052-DF2 296f., 304
NGC 2403 119, 120
N-Körper-Simulation 67, 157f.
Nobelpreis 22, 28, 87, 126, 212, 224, 240, 280
Nukleosynthese 105, 107, 164

O
OGLE 206
One Million Galaxies 93, 94, 136
Oort, Jan Hendrik 47, 52f., 60ff., 118
Orbiting Astronomical Observatory 3 (OAO-3) 109f.
Ostriker, Jeremiah 27, 63ff., 228f., 339

P
Paczynski, Bohdan 199f.
Palomar Observatory Sky Survey 93
PAMELA-Detektor 285f., 292
PandaX-Experiment 45, 263f.
Parmitano, Luca 280f.
Parsec 214
Pauli, Wolfgang 322
Payne, Cecilia 101

Peebles, James 15, 21ff., 106ff., 136f.
Penzias, Arno 25, 105, 238
Perioden-Leuchtkraft-Beziehung 311
Perlmutter, Saul 211ff., 218, 226
Petrou, Maria 198f.
Phantomenergie 233
Phlogiston 32
Photomultiplier 38
Photon 238
Planck-Satellit 237, 240f.
Planes of Satellite Galaxies-Problem 305
Planet 197
Plasma 237f., 248
Positron 292
Primack, Joel 101f., 106f., 131, 134f., 141, 147
Psion 282
Ptolemäus 32f.
Pulsar 289, 293

Q

Quantenfluktuationen 242
Quantengravitation 146
Quark 106, 142, 145
Quasar 185, 314
Queloz, Didier 12, 28
Quintessenz 232

R

Radioastronomie 52, 113ff.
Randall, Lisa 86
Reber, Grote 116
Rees, Martin 138
Refsdal, Sjur 198
Relativitätstheorie
– Allgemeine 30, 170, 226f., 345
– Spezielle 324
Riess, Adam 222f., 226
Roberts, Morton 84, 87, 121ff.
Röntgenstrahlen 60
Rotationsgeschwindigkeit 80
Rotationskurve 81ff., 114ff., 162, 172ff.
Rotverschiebung 55f., 79, 94, 218ff., 310
Rubbia, Carlo 141f., 252f.
Rubin, Vera 16, 27, 74, 76ff., 88, 121, 126
Ryle, Martin 124

S

SABRE-Experiment 275
Sandage, Allen 216
Saxe, John Godfrey 7f.
Schmidt, Brian 221f., 226, 308
Schwarzes Loch 112, 139, 154, 166, 345f.
– primordiales 337

Schwerkraft 36, 66f., 153, 169ff., 188, 227, 247, 316, 346
SETI 120
Shane, Donald 93
Shapley, Harlow 52, 296
SHoES-Kollaboration 313f., 320
Shostak, Seth 119
Simonyi Survey Telescope 88f.
Simonyi, Charles 89
Slipher, Vesto 49, 79, 213
Sloan Digital Sky Survey (SDSS) 96f., 248
Smith, Sinclair 60
Smoot, George 240
Sonne 80, 101f.
Sonnenfinsternis 99, 183
Sonnen-Neutrino-Problem 323f.
Sonnensystem 80
Spektrograf 78ff., 94
Spektrum 78ff.
Spiralnebel 48, 50f.
Springel, Volker 165
Square Kilometre Array 294
Stahl, Georg 32
Standardmodell (der Teilchenphysik) 142ff.
Star Trek 26, 113
Starlink-Computernetzwerk 160

Steady-State-Modell 103, 105
Stringtheorie 146
Supernova 211ff., 218ff., 230ff., 311
Supersymmetrie 136, 144f.
Suskin Ostriker, Alicia 63, 75

T
't Hooft, Gerard 345
TeVeS-Theorie 177
The Dish (Radioteleskop) 119
Thonnard, Norbert 84f.
Ting, Samuel 280ff.
Tortendiagramm 234f.
Tritium 324f.
Tully, Brent 176
Tully-Fisher-Beziehung 176
Two Degree Field (2dF) Galaxy Redshift Survey 96, 248
Tyson, Anthony 89, 187

U
Universum
– beschleunigtes 223f., 229
– Dichte 215ff., 234
– Krümmung 215ff., 245
Uranus 169
Uratom 101
Urknall 24ff., 73, 100ff., 103, 105f., 128, 130, 149, 211, 316, 323

V

Vakuumenergie 227
Vera C. Rubin
  Observatory 88ff.
Verlinde, Erik 344f.
Very Large Telescope 182, 196
VIP 42
Virgo-Haufen 316
Voids (Leerräume zwischen
  Galaxienhaufen) 132, 158

W

Walls (Wände von
  Galaxien) 95
Walsh, Dennis 185
Wasserstoff 73, 101f., 107, 116ff.
Wega 276
Weißer Zwerg 64f., 197, 219
Weizsäcker, Carl Friedrich
  von 101
Wells, H. G. 36
Weltbild, heliozentrisches 33
Westerbork Synthesis Radio
  Telescope 113f., 123
White, Simon 156, 160
Wilczek, Frank 329f.
Wilkinson, David 23
Wilson, Robert 25, 105, 238
WIMP 17, 140, 158, 190, 254ff.,
  267ff., 336
Wirtanen, Carl 93
WMAP-Satellit 240

X

Xenon 251ff.
XENON-Experiment 252ff., 333
XENONnT 35, 40f.

Z

Zeldovich, Yakov 132ff.
ZEPLIN-Experiment 253ff.
Zichichi, Antonino 38f.
Zwerggalaxie 71, 161, 295ff.
Zwicky, Fritz 47, 54ff., 184

Impressum

Aus dem Englischen übersetzt von Susanne Richter.

Titel der Originalausgabe: „The Elephant in the Universe",
erschienen bei Harvard University Press unter der
ISBN 978-0-674-24899-1.
Copyright © 2022 by Govert Schilling. This translation of
THE ELEPHANT IN THE UNIVERSE is published by
arrangement with Govert Schilling.

Umschlaggestaltung von Büro Jorge Schmidt, München,
unter Verwendung von Illustrationen von Starostov/
Shutterstock (Elefant), Andy Holmes/Unsplash (Sternen-
himmel-Hintergrund), Codioful/Unsplash (Farbverlauf)
und Oleksii Lishchyshyn/Shutterstock (Wurmloch-Gitter).

Mit 17 Schwarzweißfotos und acht Schwarzweißillustrationen

Unser gesamtes Programm finden Sie unter **kosmos.de**.
Über Neuigkeiten informieren Sie regelmäßig unsere
Newsletter, einfach anmelden unter **kosmos.de/newsletter**.

Gedruckt auf chlorfrei gebleichtem Papier

MIX
Papier | Fördert
gute Waldnutzung
FSC
www.fsc.org   FSC® C014889

Für die deutschsprachige Ausgabe
© 2024, Franckh-Kosmos Verlags-GmbH & Co. KG,
Pfizerstraße 5–7, 70184 Stuttgart
Alle Rechte vorbehalten
Wir behalten uns auch die Nutzung von uns veröffentlichter Werke
für Text und Data Mining im Sinne von § 44b UrhG ausdrücklich vor.

ISBN 978-3-440-17719-8
Redaktion: Sven Melchert
Gestaltung und Satz: DOPPELPUNKT, Stuttgart
Produktion: Ralf Paucke
Druck und Bindung: Friedrich Pustet GmbH & Co. KG, Regensburg
Printed in Germany/Imprimé en Allemagne

BILDNACHWEIS

Seite 23: Mit freundlicher Genehmigung von P. J. E. Peebles
Seite 43: XENON-Kollaboration
Seite 58: NASA, ESA, and the Digitized Sky Survey 2. Acknowledgment: Davide De Martin (ESA/Hubble)
Seite 69: ESO/L. Calçada
Seite 77: Carnegie Institution für Wissenschaft/DTM-Archiv
Seite 92: Todd Mason, Mason Productions Inc./Rubin-Observatorium/NSF/AURA
Seite 110: NASA
Seite 123: Marcel Schmeier
Seite 135: © The Regents of the University of California. Mit freundlicher Genehmigung der Sondersammlungen der Universitätsbibliothek; Universität von Kalifornien, Santa Cruz: US Santa Cruz Photography Services Photographs.
Seite 142: CERN/Maximilien Brice
Seite 155: D. Nelson/IllustrisTNG-Kollaboration
Seite 171: Jana Zd'árská
Seite 191: NASA/Chandra-Röntgenzentrum, D. Clowe, M. Markevitch
Seite 203: Museums Victoria
Seite 220: NASA/ESA/A. Riess (Space Telescope Science Institute/Johns Hopkins University)/S. Rodney (Johns Hopkins University)
Seite 235: Kosmos Verlag
Seite 241: ESA/Planck-Kollaboration
Seite 254: XENON-Kollaboration
Seite 269: Reidar Hahn, Fermilab
Seite 285: NASA
Seite 301: Mit freundlicher Genehmigung von Pieter van Dokkum
Seite 319: NASA
Seite 322: Pressestelle des Karlsruher Institut für Technologie
Seite 341: CERN
Seite 349: ESA/C. Carreau